Nie allein zu Haus

Rob Dunn

Nie allein zu Haus

Von Mikroben über Tausendfüßer und
Höhlenschrecken bis zu Honigbienen –
die Naturgeschichte unserer Häuser

Aus dem Englischen übersetzt von Katharina Katic

 Springer

Rob Dunn
Applied Ecology
North Carolina State University
Raleigh, NC, USA

ISBN 978-3-662-61585-0   ISBN 978-3-662-61586-7   (eBook)
https://doi.org/10.1007/978-3-662-61586-7

Die Deutsche Nationalbibliothek verzeichnet diese Publikation in der Deutschen Nationalbibliografie;
detaillierte bibliografische Daten sind im Internet über http://dnb.d-nb.de abrufbar.

Einbandabbildung: © artrise/stock.adobe.com (Haus)

Planung/Lektorat: Stefanie Wolf
Springer ist ein Imprint der eingetragenen Gesellschaft Springer-Verlag GmbH, DE und ist ein Teil von
Springer Nature.
Die Anschrift der Gesellschaft ist: Heidelberger Platz 3, 14197 Berlin, Germany

Für Monica, Olivia und August und alle Arten, mit denen wir je gelebt haben

Vorwort – Homo imhausus

Als Kind verbrachte ich die meiste Zeit im Freien. Meine Schwester und ich bauten Burgen und gruben Löcher, wir legten Trampelpfade an und schaukelten an Lianen. Im Haus waren wir nur zum Schlafen, oder aber zum Spielen, wenn es draußen so kalt war, dass unsere Finger vor Kälte gefühllos wurden (wir lebten im ländlichen Michigan, wo dies bis in den Frühling hinein der Fall sein konnte). Unser eigentliches Leben spielte sich im Freien ab.

Seit unserer Kindheit hat sich die Welt fundamental verändert. Heute verbringen Kinder die meiste Zeit drinnen, und ihr Leben wird nur immer wieder von kurzen Bewegungsperioden unterbrochen, in denen sie sich von einem Gebäude zum nächsten bewegen. Dies ist keine Übertreibung: Amerikanische Kinder verbringen heute durchschnittlich 93 Prozent ihrer Zeit in Gebäuden oder Fahrzeugen – und nicht nur amerikanische Kinder, auch in Kanada und in weiten Teilen Europas und Asiens sieht es ähnlich aus [1, 2].[1] Ich erwähne dies nicht, um den Zustand der Welt zu beklagen, sondern um darauf hinzuweisen, dass wir in der kulturellen Geschichte unserer Art eine völlig neue Stufe erreicht haben. Wir sind zum Homo imhausus, einer Menschenart, die sich vor allem drinnen aufhält, geworden oder sind dabei, dies zu werden. Wir leben heute in einer Welt, die durch die Wände unserer Häuser und Wohnungen begrenzt ist, und diese haben mehr Verbindungen zu Fluren und anderen Gebäuden als nach draußen. Angesichts dieser Tatsache sollte es uns interessieren, welche Arten

---

[1]Klepeis et al. 2001 oder siehe z. B. Ergebnisse für Kanada: Matz et al. 2014.

in unseren Häusern leben und wie diese unser Wohlergehen beeinflussen. Leider ist unser Wissen in dieser Hinsicht jedoch noch sehr begrenzt.

Seit den Anfängen der Mikrobiologie wissen wir von der Existenz anderer Lebewesen in unseren Häusern. Zu jener Zeit befasste sich vor allem ein Mann, Antoni van Leeuwenhoek, mit diesem Thema, und er entdeckte in seinem Zuhause, auf seinem Körper und in den Häusern und auf den Körpern seiner Nachbarn eine erstaunliche Vielfalt an Lebensformen. Er untersuchte diese Arten mit obsessiver Leidenschaft, ja mit ehrfürchtigem Staunen. Aber nach seinem Tod setzte ein Jahrhundert lang niemand seine Studien fort, und als schließlich herausgefunden wurde, dass uns einige der Arten, die in unseren Häusern vorkommen, krank machen können, verschob sich der Fokus auf diese Arten, die Pathogene. Es folgte ein fundamentaler Wechsel in der allgemeinen Wahrnehmung. Die Arten in unseren Häusern wurden als unerwünscht angesehen, als etwas, das vernichtet werden müsse. Dieser neue Fokus hat manch ein Menschenleben gerettet, aber man ging dabei zu weit: Niemand nahm sich mehr die Zeit, die übrigen Lebewesen in unseren Häusern zu untersuchen und ihnen Aufmerksamkeit zu schenken, bis sich dies vor einigen Jahren abermals grundlegend änderte.

Forschungsgruppen, darunter auch meine eigene, wandten sich diesem Thema erneut zu. Wir begannen, das Leben in unseren Häusern auf dieselbe Weise zu inventarisieren, wie man vielleicht den Regenwald in Costa Rica oder das Grasland in Südafrika untersucht, und dabei erwartete uns eine Überraschung: Wir hatten angenommen, dass wir Hunderte von Arten finden würden; stattdessen entdeckten wir – je nach Berechnungsmethode – mehr als 200.000 Arten. Viele dieser Arten sind mikroskopisch klein, andere wiederum sind größer und werden dennoch übersehen. Atmen Sie ein. Lassen Sie die Luft tief in die Lunge einströmen. Mit jedem Atemzug transportieren Sie nicht nur Sauerstoff, sondern auch Hunderte oder Tausende von Arten tief in die Alveolen der Lungen. Setzen Sie sich. Egal wohin Sie sich setzen, schwebt, hüpft und kriecht ein wahrer Zirkus von Tausenden Arten um Sie herum. Wir sind nie allein zu Haus.

Aber welche Arten sind es, die mit uns leben? Es gibt natürlich die großen Arten, das sichtbare Leben. Weltweit finden sich Dutzende, vielleicht Hunderte unterschiedlicher Wirbeltiere und eine noch größere Anzahl an Pflanzenarten in unseren Häusern. Weitaus vielfältiger als die Wirbeltiere und die Pflanzen sind die noch immer mit bloßem Auge sichtbaren Gliederfüßer, die Insekten und ihre Verwandten. Noch vielfältiger als die Gliederfüßer – und oft, aber nicht immer auch kleiner – sind die Arten aus dem Reich der Pilze. Kleiner als die Pilze und völlig unsichtbar für das bloße

Auge sind die Bakterien. Die Anzahl der Bakterienarten, die in Häusern gefunden wurden, übersteigt die Anzahl der auf der Erde lebenden Vögel und Säugetiere. Noch kleiner als die Bakterien sind die Viren, zu denen sowohl die Viren, die Pflanzen und Tiere befallen, als auch die spezialisierten Bakteriophagen, die Bakterien angreifen, gehören. Wir erfassen alle diese unterschiedlichen Lebewesen unabhängig voneinander. In Wahrheit gelangen sie jedoch oft gemeinsam in unsere Häuser. Wenn z. B. unsere Hunde durch die Haustür kommen, bringen sie nicht nur Flöhe, sondern auch Pilze und Bakterien im Darm der Flöhe mit, auf denen wiederum Bakteriophagen leben. Als der Autor von Gullivers Reisen, Jonathan Swift, bemerkte, dass alle Flöhe kleinere Flöhe haben, die sie beißen, konnte er nicht wissen, wie recht er damit hatte.

Wenn Sie von all diesen Lebewesen hören, möchten Sie vielleicht am liebsten sofort nach Hause gehen und anfangen, gründlich zu putzen, aber nun folgt eine weitere Überraschung. Meine Kollegen und ich haben bei unseren Untersuchungen über das Leben in Häusern entdeckt, dass viele der Arten in den Häusern mit einer großen Artenvielfalt nützlich für uns sind, und nicht nur nützlich, sondern sogar unverzichtbar. Einige dieser Arten unterstützen unser Immunsystem. Andere helfen, Pathogene und Ungeziefer in Schach zu halten, indem sie mit ihnen konkurrieren. Viele sind potenzielle Ausgangsstoffe für neue Enzyme oder Medikamente. Einige können die Fermentation neuer Bier- und Brotsorten unterstützen, und Tausende sind an ökologischen Prozessen beteiligt, die für die Menschheit von großem Wert sind, indem sie z. B. dafür sorgen, dass unser Leitungswasser frei von Pathogenen bleibt. Die meisten Lebewesen in unseren Häusern sind entweder harmlos oder nützlich.

Unglücklicherweise verstärkt die Gesellschaft gerade jetzt, wo Wissenschaftler langsam herausfinden, dass viele Arten in unseren Häusern nützlich oder sogar unverzichtbar für uns sind, ihre Bemühungen, die Wohnräume zu sterilisieren. Der vermehrte Aufwand, der betrieben wird, um das Leben in unseren Häusern abzutöten, hat unbeabsichtigte, aber leicht vorhersehbare Folgen. Der Einsatz von Pestiziden und antimikrobiellen Substanzen bewirkt in Verbindung mit den fortlaufenden Versuchen, unsere Häuser gegen die Umwelt abzudichten, dass nützliche Arten, die diesen Angriffen nicht standhalten, abgetötet werden und aus unseren Häusern verschwinden. Dadurch unterstützen wir unbeabsichtigt resistente Arten wie die deutsche Küchenschabe und die Bettwanze sowie die tödlichen MRSA-Bakterien (die Methicillin-resistenten Arten von Staphylococcus aureus). Durch unsere Bemühungen werden diese resistenten Arten nicht nur noch hartnäckiger, wir beschleunigen geradezu ihre Evolution. Manche behaupten, dass die Evolution der Arten in unseren Häusern schneller verläuft als die Evolution irgendeiner anderen Art auf der Erde und vielleicht sogar schneller als irgendeine andere Evolution in der gesamten Geschichte der Erde. Wir beschleunigen den Evolutionsprozess in unseren Häusern zu unserem eigenen Nachteil. Gleichzeitig sind die empfindlichen Arten verschwunden, die mit diesen neu entwickelten und immer problematischeren Stämmen konkurrieren könnten. Erwähnenswert ist, dass von diesen Änderungen ein riesiges Gebiet betroffen ist: Der Innenraum von Gebäuden stellt eines der am schnellsten anwachsenden Biome auf unserem Planeten dar, es ist mittlerweile größer als einige Biome im Freien.

Vielleicht lässt sich diese Entwicklung am besten anhand eines bestimmten Orts verdeutlichen. Richten wir unseren Blick auf New York, und innerhalb New Yorks auf Manhattan. In der Abb. 1 ist die Bodenfläche in Manhattan dargestellt: Der größere Kreis ist die Innenfläche in Gebäuden; und der kleinere ist die Freilandfläche. Die Innenfläche in Manhattan ist nun dreimal so groß wie die Freilandfläche. In den Innenräumen finden die Arten, die dort überleben können, riesige Mengen an Nahrung (unseren Körper, unser Essen, die Materialien in unseren Wohnungen) und ein günstiges, unveränderliches Klima, sodass wir in unseren Gebäuden niemals sterile Verhältnisse vorfinden werden. Es wird manchmal behauptet, dass die Natur kein Vakuum zulasse. Dies stimmt aber nicht ganz. Man sollte besser sagen, dass die Natur jedes Vakuum verschlingt. Alle Arten, die ohne Konkurrenz einen Lebensraum mit reichlich Nahrung besiedeln können, werden dies genauso rasch und unvermeidlich tun, wie die Gezeiten ansteigen. Sie dringen unter unseren Türen ein und kriechen um jede Ecke, um nach und nach unsere Schränke und Betten zu besiedeln. Wir können nur darauf hoffen, dass unsere Wohnungen mit Arten besiedelt werden, die uns mehr nützen als schaden. In diesem Fall müssen wir aber zuerst die etwa 200.000 Arten verstehen, die bereits ihren Weg nach drinnen gefunden haben und über die wir bisher so wenig wissen.

Dieses Buch enthält die Geschichte des Lebens, mit dem die meisten von uns ihren Wohnraum teilen, und beschreibt, wie sich dieses Leben verändert. Welche Lebewesen unsere Wohnungen besiedeln, sagt viel über unsere Geheimnisse, unsere Präferenzen und unsere Zukunft aus. Sie beeinflussen unsere Gesundheit und unser Wohlergehen; sie stecken voller Rätsel und überraschender Details, und ihr Vorhandensein hat tiefgreifende Auswirkungen. Die Geschichte der meisten Arten in unseren Häusern ist uns unbekannt, aber über manche liegen Kenntnisse vor, die Sie überraschen

Abb. 1 Die Innenfläche in Manhattan ist heute beinahe dreimal so groß wie die geografische Bodenfläche der Insel. Da die städtische Bevölkerung immer weiterwächst und auf immer engerem Raum lebt, wird in der Zukunft weltweit ein Großteil der Menschen in Gebieten mit mehr Innen- als Außenfläche leben. (Angepasste Abbildung entnommen aus [3])

werden. Bei den Arten, die sich um uns herum vermehren, ernähren und gedeihen, ist nichts, wie es auf den ersten Blick scheint.

Literatur

1. Klepeis NE, Nelson WC, Ott WR, Robinson JP, Tsang AM, Switzer P, Behar JV, Hern SC, Engelmann WH (2001) The National Human Activity Pattern Survey (NHAPS): A Resource for Assessing Exposure to Environmental Pollutants. J Expo Sci Environ Epidemiol 11(3):231
2. Matz CJ, Stieb DM, Davis K, Egyed M, Rose A, Chou B, Brion O (2014) Effects of Age, Season, Gender and Urban-Rural Status on Time-Activity: Canadian Human Activity Pattern Survey 2 (CHAPS 2). Int J Environ Res Public Health 11(2):2108–2124

3. NESCent Working Group on the Evolutionary Biology of the Built Environment et al (2015) Evolution of the Indoor Biome. Trends Ecol Evol 30(4):223–232

Inhaltsverzeichnis

1

Wunder

Meine langjährige Arbeit hatte nicht den Zweck, die Anerkennung zu erhalten, die ich heute genieße, sondern entsprang hauptsächlich einer Neugier, die in mir stärker als in den meisten anderen Menschen ist. Wann immer ich etwas Bemerkenswertes entdeckte, hielt ich es deshalb für meine Pflicht, meine Entdeckungen zu Papier zu bringen, sodass sich alle Interessierten darüber informieren können (Antoni van Leeuwenhoek in einem Brief vom 12. Juni 1716).

Wann das Studium allen natürlichen Lebens in Häusern seinen Anfang nahm, lässt sich nicht genau bestimmen, aber ein Tag in Delft im Jahr 1676 muss fraglos erwähnt werden: An diesem Tag trat Antoni van Leeuwenhoek aus seinem Haus, schlenderte am Fischmarkt, am Metzger und am Rathaus vorbei und gelangte schließlich zum nahegelegenen Markt, wo er schwarzen Pfeffer kaufte. Er bezahlte den Pfeffer, bedankte sich beim Händler und kehrte nach Hause zurück. Zu Hause angekommen, verwendete Leeuwenhoek den Pfeffer nicht dazu, sein Essen zu würzen, sondern schüttete 90 g des schwarzen Gewürzes vorsichtig in eine mit Wasser gefüllte Teetasse und ließ die Pfefferkörner stehen, um sie aufzuweichen und herauszufinden, was genau für ihren Geschmack verantwortlich war. Im Lauf der nächsten Wochen sah er sich die Pfefferkörner immer wieder an. Dann, nach ungefähr drei Wochen, traf er eine Entscheidung von großer Tragweite. Er beschloss, eine Probe des Pfefferwassers in eine dünne, selbstgeblasene Glasröhre zu saugen. Das Wasser sah erstaunlich trüb aus. Er betrachtete es durch ein Mikroskop, eine Einzellinse, die in einem Metallrahmen befestigt war. Diese Apparatur eignete sich gut für durchsichtige

© Springer-Verlag GmbH Deutschland, ein Teil von Springer Nature 2021
R. Dunn, *Nie allein zu Haus,* https://doi.org/10.1007/978-3-662-61586-7_1

Stoffe wie Pfefferwasser oder für die dünnen Querschnitte fester Stoffe, die er später herzustellen lernte [1].[1]

Als Leeuwenhoek das Pfefferwasser durch seine Linse betrachtete, erblickte er etwas Ungewöhnliches. Erst nach mehreren Versuchen und Feinanpassungen verstand er, worum es sich dabei handelte. Um besser sehen zu können, verschob er bei Nacht wahrscheinlich immer wieder die Kerze; bei Tageslicht am Fenster änderte er wahrscheinlich immer wieder seine eigene Position. Er untersuchte verschiedene Proben. Dann, am 24. April 1676, kam er zu einem eindeutigen Schluss: Was er sah, war etwas ganz Besonderes, nämlich „eine unglaubliche Vielzahl von sehr kleinen Tierchen verschiedener Art", so drückte er es aus. Mikroskopisch kleine Lebewesen hatte er auch zuvor schon gesehen, aber nie etwas so Winziges. Er wiederholte die Prozedur in verschiedenen Varianten eine Woche später, dann noch einmal, noch einmal mit gemahlenem Pfeffer, dann mit Pfeffer in Regenwasser, dann mit anderen Gewürzen. Jede Substanz ließ er in einer Teetasse ziehen. Bei jeder Wiederholung sah er weitere Lebewesen. Dies war das erste Mal, dass ein Mensch Bakterien erblickte. Und diese Entdeckungen wurden zu Hause gemacht, bei der Untersuchung von Stoffen, die sich in jeder Küche finden: schwarzem Pfeffer und Wasser. Vor Leeuwenhoek eröffnete sich eine Wildnis, die Miniaturwildnis seines eigenen Zuhauses. Er hatte eine Dimension der lebendigen Welt erblickt, die niemals zuvor wahrgenommen worden war. Die Frage war nur, ob ihm jemand glauben würde, was er gesehen hatte.

Leeuwenhoek hatte vermutlich schon zehn Jahre vorher, im Jahr 1667, damit begonnen, das Leben um sich herum – in seinem Zuhause, aber auch außerhalb – mit Mikroskopen zu erforschen. Seine Entdeckung der Bakterien im Pfefferwasser machte er erst, nachdem er Hunderte, möglicherweise Tausende von Stunden damit verbracht hatte, Dinge in seinem Haus und allgemein in seinem täglichen Leben zu untersuchen. Das Glück steht auf der Seite derjenigen, die einen offenen Geist haben, und noch mehr auf der Seite derjenigen, die sich obsessiv mit etwas beschäftigen. Obsession liegt Wissenschaftlern im Blut. Sie entsteht, wenn Fokus und hartnäckige Neugier zusammenkommen, und sie kann jeden befallen.

---

[1]Die Mikrobiologin und Historikerin Lesley Robertson konnte ähnliche Mikroskope wie Leeuwenhoek verwenden und beobachtete viele der Organismen, die auch Leeuwenhoek erblickt hatte, darunter Kieselalgen, *Vorticella*, Cyanobakterien und andere Bakterienarten. Die Arbeit forderte ihr – ebenso wie Leeuwenhoek selbst – viel Geduld und Neugier sowie die Bereitschaft ab, die Lichtverhältnisse und Probenpräparation immer wieder aufs Neue abzuändern und anzupassen.

Leeuwenhoek war kein Wissenschaftler im traditionellen Sinn. Beruflich beschäftigte er sich mit Stoffen und verkaufte Tuchwaren, Knöpfe und andere Kurzwaren in einem Laden, der in seinem Haus in Delft untergebracht war.[2] Leeuwenhoek verwendete Linsen zu Anfang vermutlich, um die feinen Fäden in bestimmten Geweben zu begutachten [2],[3] aber irgendetwas brachte ihn dann dazu, auch andere Dinge in seinem Zuhause zu untersuchen. Vielleicht war es das von Robert Hooke veröffentlichte Buch *Micrographia* [3].[4] Leeuwenhoek sprach nur Holländisch, konnte also Hookes Text nicht lesen, aber die Abbildungen dessen, was Hooke in seinem Mikroskop gesehen hatte, reichten vielleicht schon als Anreiz [4].[5] Angesichts der Persönlichkeit Leeuwenhoeks ist es auch gut vorstellbar, dass die Abbildungen ihn motivierten, sich mit dem ersten (im Jahr 1648 veröffentlichten) englisch-holländischen Wörterbuch Absatz für Absatz durch Hookes Werk durchzuarbeiten.

Als Leeuwenhoek seine Untersuchungen mit dem Mikroskop begann, hatten bereits andere Wissenschaftler Mikroskope dazu verwendet, neue Details der kleinen Wesen zu betrachten, die unsere Häuser bewohnen. Diese Wissenschaftler, darunter auch Hooke, hatten bis dahin unbekannte Muster in den Nischen des Lebens entdeckt, die auf das Vorhandensein einer Welt jenseits des Bekannten hindeuteten. Das Bein eines Flohs, das Auge einer Fliege und die langfädigen Sporenbehälter (Sporangien) des Pilzes *Mucor,* der auf einem Bucheinband in Hookes Bibliothek wuchs – all dies offenbarte noch nie gesehene Einzelheiten, die zuvor noch nicht einmal vorstellbar gewesen waren. Wenn wir dieselben Arten heute mit demselben Vergrößerungsfaktor untersuchen, ist die Erfahrung natürlich eine ganz andere als im 16. Jahrhundert, denn auch wenn wir beim Anblick mikroskopischer Details staunen, wissen wir bereits, dass es diese gibt. Die Wissenschaftler in den ersten Tagen der Mikroskopie machten eine sehr viel überraschendere Erfahrung – es war, als entdeckten sie plötzlich auf jeder Oberfläche der lebendigen Welt geheime Botschaften, die noch nie ein Mensch bemerkt hatte.

---

[2]Zu der Zeit, als Leeuwenhoek Mikroskope verwendete, stammte ein Großteil seines Einkommens vermutlich von einem kleineren Posten als Stadtbeamter. Diese Anstellung verschaffte Leeuwenhoek einen gewissen Wohlstand, der es ihm erlaubte, in der freien Zeit seiner Obsession nachzugehen.

[3]Leeuwenhoek verwendete diese als Fadenzähler bezeichneten Linsen, um die Qualität von Flachs, Wolle und Stoffen zu untersuchen. Siehe: Robertson et al. 2016 [1].

[4]Das Buch ist jetzt über das Projekt Gutenberg online frei verfügbar und enthält viele große und kleine staunenswerte Fakten.

[5]Samuel Pepys nannte es das genialste Buch, das er je gelesen habe. Siehe: Hooke 1665 [3].

Auch Leeuwenhoek erblickte neue Details, als er das Leben in und um sein Zuhause unter dem Mikroskop betrachtete. Er untersuchte z. B. Flöhe und zeichnete viele der Details, die auch Hooke abgebildet hatte, aber er bemerkte darüber hinaus Dinge, die Hooke entgangen waren: Ihm fielen z. B. die Samenbläschen des Flohs auf, die nicht größer als ein Sandkorn waren, und er sah sogar das Flohsperma in diesen Bläschen und verglich es anschließend mit seinem eigenen Sperma.[6] Als er weiter forschte, entdeckte er ganze Lebensformen, die bislang unbekannt gewesen waren und ohne Mikroskop völlig unsichtbar blieben. Leeuwenhoeks Entdeckungen waren nicht trivial, sondern vielmehr von großer Bedeutung: Er fand die sogenannten Protisten, ein Sammelsurium von einzelligen Lebewesen, deren einziges gemeinsames Merkmal ihre Größe ist. Sie teilten sich, sie bewegten sich, und es gab viele verschiedene Arten: Manche waren größer, andere kleiner; manche waren haarig, andere glatt; manche hatten Schwänze, andere nicht; manche hefteten sich an Oberflächen fest, andere bewegten sich frei.

Leeuwenhoek erzählte Bekannten in Delft von seinen Entdeckungen. Er hatte viele Freunde, darunter Fischhändler, Chirurgen, Anatomen und Adlige, und einer davon war Regnier de Graaf, der in der Nähe von Leeuwenhoek wohnte. De Graaf war ein junger Mann mit versierten Kenntnissen. Im Alter von 32 Jahren hatte er z. B. schon herausgefunden, wie Eileiter funktionieren. Leeuwenhoeks Erkenntnisse beeindruckten de Graaf so sehr, dass er am 28. April 1673 im Namen Leeuwenhoeks einen Brief an Henry Oldenburg, den Sekretär der Royal Society in London schickte, obwohl er zu diesem Zeitpunkt den Tod eines neugeborenen Kindes betrauerte. Im Brief erklärte de Graaf, dass Leeuwenhoek über wunderbare Mikroskope verfüge, und drängte Oldenburg und die Royal Society, Leeuwenhoek angesichts seiner Fähigkeiten mit besonderen Aufgaben zu betrauen und ihn mit der mikroskopischen Untersuchung bestimmter

---

[6]Zu jener Zeit glaubte man noch nicht einmal, dass Flöhe sich fortpflanzten, sondern nahm an, dass Flöhe spontan aus einer Brühe mit der richtigen Mischung aus Urin, Staub und Flohfäkalien entständen. Leeuwenhoek dokumentierte den Paarungsvorgang von Flöhen (dabei hängt das kleinere Flohmännchen unter dem Bauch des Weibchens). Er dokumentierte auch das Sperma und den Penis des Männchens (im Lauf seines Lebens würde er das Sperma von mehr als 30 verschiedenen Tieren beschreiben, auch sein eigenes). Er fand die Eier, die von den Weibchen produziert werden; er zeichnete die Eier, während sie sich entwickelten, und beobachtete die Larven und ihre Metamorphose. Nach seinen Annahmen konnte der Prozess der Paarung, der Befruchtung, der Eiablage und der weiteren Entwicklung sieben- oder achtmal im Jahr durchlaufen werden. Immer hatte er schon den nächsten Schritt im Sinn, und das unabhängig davon, ob ihm jemand Beachtung schenkte oder nicht. Wo immer er hinging, führte er Floheier in einer Tasche mit sich, so wie sich ein Kind einen Frosch als Haustier hält. Siehe: Robertson et al. 2016 [2].

Gegenstände zu beauftragen. Dem Brief legte de Graaf auch einige von Leeuwenhoeks Notizen über seine Entdeckungen bei.

Nachdem Oldenburg den Brief erhalten hatte, schrieb er direkt an Leeuwenhoek und bat ihn, seine Beschreibungen mit Bildern zu ergänzen [5].[7] Im August (zu diesem Zeitpunkt war de Graaf bereits unter tragischen Umständen verstorben) antwortete Leeuwenhoek und ergänzte weitere Details, die anderen Wissenschaftlern (darunter auch Hooke) bisher entgangen waren: das physische Aussehen von Schimmel, den Stachel, den Kopf und das Auge einer Biene, den Körper einer Laus. In der Zwischenzeit war Leeuwenhoeks erster Brief, den de Graaf in seinem Namen weitergeleitet hatte, am 19. Mai in den seit acht Jahren erscheinenden *Philosophical Transactions of the Royal Society*, der zweitältesten wissenschaftlichen Zeitschrift der Welt, veröffentlicht worden. Dies sollte der erste vieler Briefe sein, die heutigen Blog-Beiträgen ähnelten. Sie wurden weder streng redigiert noch waren sie immer strukturiert; oft waren sie abschweifend und steckten voller Wiederholungen, aber die täglichen Beobachtungen der kleinen Dinge in Leeuwenhoeks Zuhause und seiner Stadt waren neuartig; es handelte sich um Beobachtungen von Lebewesen, die kein Mensch vor ihm gesehen hatte. Im 18. Brief, der am 9. Oktober 1676 verschickt wurde, hielt Leeuwenhoek seine Beobachtungen über das Pfefferwasser fest.[8]

Leeuwenhoek sah im Pfefferwasser Protisten. Zur Gruppe der Protisten zählen viele Arten von einzelligen Organismen, die alle enger mit Tieren, Pflanzen oder Pilzen verwandt sind als mit Bakterien. Leeuwenhoek beschrieb Protistenarten, die vermutlich den Gattungen *Bodo*, *Cyclidium* und *Vorticella* angehörten und sich von Bakterien ernährten. *Bodo* hat einen langen geißelartigen Schwanz (Flagellum), *Cyclidium* ist mit sich schlängelnden Wimpern (Zilien) bedeckt, und *Vorticella* heftet sich mittels eines Stiels an Oberflächen fest (und filtert Nahrung aus dem Wasser). Dann machte er aber eine weitere Entdeckung. Nach seiner Berechnung waren die kleinsten Organismen im Pfefferwasser nur ein Hundertstel so groß wie ein Sandkorn und entsprachen einem Millionstel seines Volumens. Aus heutiger Sicht ist klar, dass etwas so Kleines nur ein Bakterium gewesen sein kann, aber bis zum Jahr 1676 waren Bakterien unentdeckt geblieben, sodass dies

---

[7]Das ungekürzte Begleitschreiben de Graafs kann hier nachgelesen werden: Leeuwenhoek 1673 [5].

[8]Leeuwenhoeks Timing war gut. In der Wissenschaft gab es damals einen Wechsel weg vom reinen Studium alter Texte und abstrakter Gedanken hin zur direkten Beobachtung. Inspiriert von den Arbeiten des französischen Philosophen René Descartes glaubte diese neue Generation von Wissenschaftlern, dass neue Erkenntnisse am besten über Beobachtungen gewonnen werden könnten.

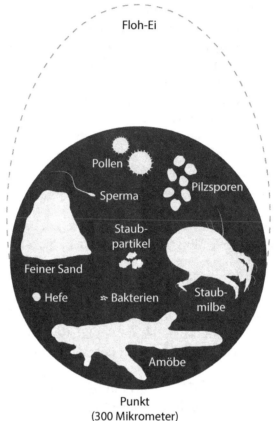

Abb. 1.1 Verschiedene maßstabsgetreu dargestellte Organismen und Partikel, die Leeuwenhoek durch seine Mikroskope beobachtete, wobei der schwarze Kreis größenmäßig einem Punkt am Satzende entspricht. (Abbildung von Neil McCoy)

ihr erster großer Auftritt war (Abb. 1.1). Leeuwenhoek war begeistert und schrieb umgehend an die Royal Society:

> Von all den Wunderdingen, die ich in der Natur bisher gefunden habe, war dies das wunderbarste. Ich muss sagen, dass meine Augen noch nie etwas Erfreulicheres erblickt haben, als dass sich in einem einzigen kleinen Wassertropfen so viele tausend Lebewesen zusammendrängen und durcheinander wirbeln, jedes mit seiner eigenen Bewegung [6].

Die Royal Society war über die ersten 17 Briefe Leeuwenhoeks erfreut gewesen. Mit dem Brief über das Pfefferwasser war er ihr jedoch eindeutig zu weit gegangen. Gewiss war er vom Pfad der Wahrheit abgekommen und hatte sich zu sehr seiner Fantasie überlassen. Insbesondere Robert

Hooke begegnete den Behauptungen Leeuwenhoeks mit großer Skepsis. Hooke galt dank des Erfolgs von *Micrographia* als führender Experte der Mikroskopie und hatte noch nie so kleine Lebewesen gesehen. Er und ein anderes etabliertes Mitglied der Royal Society, Nehemiah Grew, versuchten, Leeuwenhoeks Experimente zu wiederholen, um zu beweisen, dass die Beobachtungen falsch seien. Es gehörte zu den regulären Aufgaben der Society, Experimente durchzuführen oder zu wiederholen. In der Regel waren es einfache Demonstrationen. In diesem Fall war das Experiment jedoch nicht nur eine Demonstration, es diente auch der Überprüfung der von Leeuwenhoek gemeldeten Ergebnisse.

Als Erstes versuchte Nehemiah Grew, Leeuwenhoeks Ergebnisse nachzustellen, aber er scheiterte. Daraufhin versuchte es Hooke selbst. Hooke wiederholte jeden Schritt, den Leeuwenhoek mit dem Pfeffer, dem Wasser und dem Mikroskop unternommen hatte – und sah nichts. Er ärgerte sich, er spottete, aber er gab nicht auf, sondern verstärkte seine Bemühungen, indem er bessere Mikroskope anfertigte. Erst beim dritten Versuch konnten er und die anderen Mitglieder der Royal Society schließlich einige der Dinge wahrnehmen, die Leeuwenhoek gesehen hatte. In der Zwischenzeit war Leeuwenhoeks Brief zum Pfefferwasser (nach einer Übersetzung ins Englische durch Oldenburg) von der Royal Society veröffentlicht worden. Mit der Veröffentlichung des Briefs und der Bestätigung von Leeuwenhoeks Beobachtungen durch die Royal Society nahm die wissenschaftliche Untersuchung von Bakterien – die Bakteriologie – ihren Anfang. Beachtenswert ist, dass dieser Wissenschaftszweig mit der Untersuchung einer Mischung von gewöhnlichem Pfeffer und Wasser begründet wurde, mit einem Bakterium, das in einem Haus gefunden wurde.

Drei Jahre später wiederholte Leeuwenhoek das Pfefferexperiment, aber dieses Mal bewahrte er das Pfefferwasser in einer versiegelten Röhre auf. Auch nachdem die Bakterien den in der Röhre enthaltenen Sauerstoff vollständig verbraucht hatten, setzten die Organismen ihr Wachstum fort und es bildete sich Schaum. Leeuwenhoek war mit dem Pfefferwasser erneut zu einer Entdeckung gelangt. Dieses Mal wies er die Existenz von anaeroben Bakterien nach, Bakterien, die in der Lage sind, ohne Sauerstoff zu wachsen und sich zu teilen. Wieder machte er diese Entdeckung beim Studium des Lebens in seinem eigenen Zuhause. Sowohl das Studium der Bakterien allgemein als auch das Studium der anaeroben Bakterien nahm mit der Untersuchung des Lebens in einem Haus seinen Anfang.

Wir wissen, dass sich Bakterien wirklich überall finden, an Orten mit und ohne Sauerstoff, an heißen und an kalten Orten. Auf jeder Oberfläche findet sich eine mal dünne, mal dicke Schicht von Lebewesen, innerhalb jedes Körpers, in der Luft, in den Wolken und auf dem Meeresgrund. Bisher wurden Zehntausende Bakterienarten identifiziert, und es wird angenommen, dass Millionen (vielleicht Billionen) weiterer Arten existieren. Aber im Jahr 1677 waren die Bakterien, die Leeuwenhoek und einige Mitglieder der Royal Society gesehen hatten, weltweit die einzigen bekannten Bakterien.

Leeuwenhoeks Arbeit wurde und wird manchmal so bewertet, als habe er einfach ein neues Werkzeug zur Untersuchung der ihn umgebenden Organismen verwendet und dabei neue Welten enthüllt. Bei dieser Erzählweise liegt der Fokus auf dem Mikroskop und seiner Linse, aber die Realität ist komplexer. Heute können Sie ein Mikroskop mit demselben Vergrößerungsfaktor, wie ihn Leeuwenhoek verwendete, an Ihrer Kamera befestigen (und ich empfehle Ihnen unbedingt, dies zu tun) und nach Organismen in Ihrem Haus suchen, aber Sie werden die Welt dennoch nicht genauso sehen wie Leeuwenhoek. Seine Entdeckungen waren nicht einfach eine Folge dessen, dass er eine Vielzahl exzellenter Mikroskope mit gut konstruierten Linsen besaß, sondern sie basierten auf seiner Geduld, seiner Hartnäckigkeit und seinen technischen Fähigkeiten. Seine Mikroskope allein waren nicht magisch, sie wurden es erst in Kombination mit seinen fähigen Händen und seinem neugierigen Geist.

Leeuwenhoek konnte diese Welt besser als jeder andere in all ihrer Großartigkeit wahrnehmen. Dies erforderte aber einen Aufwand, den andere für unzumutbar hielten. So setzten die Mitglieder der Royal Society – obwohl sie die von Leeuwenhoek entdeckte Welt gesehen hatte – die mikrobiellen Untersuchungen nicht ernsthaft fort. Nachdem Hooke Leeuwenhoeks Beobachtungen von Mikroben bestätigt hatte, studierte er das mikrobielle Leben mit seinen eigenen Mikroskopen noch weitere sechs Monate, aber dann war das Thema für ihn erledigt. Hooke und die anderen Wissenschaftler überließen Leeuwenhoek das Feld. Auf sich allein gestellt wurde dieser zu einem Pionier der Erforschung des mikrobiellen Reichs, dessen Vielfalt und Komplexität außer ihm niemand zu verstehen schien.

In den nächsten fünf Jahrzehnten seines Lebens dokumentierte Leeuwenhoek systematisch jeden Gegenstand um sich herum; er dokumentierte ganz Delft, aber auch andere Orte (oft mithilfe von Proben, die ihm Freunde vorbeibrachten), seine besondere Aufmerksamkeit galt jedoch den Lebewesen in seinem eigenen Zuhause. Alles konnte sein Interesse wecken. Er untersuchte das Wasser im Abwasserkanal, den Regen und geschmolzenen Schnee. Er entdeckte Mikroben zunächst in seinem eigenen

Mund und dann im Mund seines Nachbarn. Er beobachtete (immer wieder) lebendes Sperma und zeigte, wie es sich von Art zu Art unterschied. Er wies nach, dass Maden aus den Eiern von Fliegen schlüpfen und nicht spontan auf Dreck entstehen. Er dokumentierte erstmals, wie eine Wespenart ihre Eier im Körper von Blattläusen ablegte. Er war auch der Erste, der bemerkte, dass erwachsene Wespen den Winter überleben, indem sie ihren Stoffwechsel verlangsamen und in einen Ruhezustand wechseln. In seinen langjährigen, hingebungsvollen Studien sah er zahlreiche Protisten als erster Mensch: die ersten Speichervakuolen[9], die gebänderten Muster in Muskeln. Er entdeckte Organismen einfach überall, sei es in der Rinde von Käse oder im Weizenmehl. Über 50 Jahre seines 90-jährigen Lebens suchte und fand er Dinge, stellte Fragen und machte Entdeckungen. Wie Galileo ließ er sich von allem verblüffen und inspirieren. Aber während Galileo sich damit begnügen musste, hinaus in das Universum zu blicken und die Bewegungen ferner Sterne und Planeten zu beobachten, um seine Thesen zu beweisen, konnte Leeuwenhoek die von ihm gefundene Welt anfassen. Er konnte das Leben im Wasser entdecken und dieses anschließend trinken; er konnte das Leben im Essig untersuchen und diesen dann verwenden; er konnte die Arten auf seinem eigenen Körper studieren und im Anschluss wieder seinen alltäglichen Tätigkeiten nachgehen.

Es ist schwierig, Leeuwenhoeks Beschreibungen des Lebens um ihn herum mit den modernen Artnamen abzugleichen. Deshalb können wir nicht genau beziffern, wie viele verschiedene Lebewesen er entdeckt hat, aber es waren sicherlich Tausende. Die Versuchung, eine gerade Linie von Leeuwenhoek zu den modernen Studien der Lebewesen in unseren Häusern zu ziehen, ist groß, aber das wäre falsch. Mit Leeuwenhoeks Tod wurden die Studien der Organismen in unseren Häusern um ihrer selbst willen weitgehend aufgegeben. Leeuwenhoek hat zwar viele Menschen inspiriert, aber nach dem Tod von de Graaf hatte er in Delft keine wahren Mitstreiter mehr.[10] Möglicherweise half ihm in den späteren Jahren seine Tochter,

---

[9]Vakuolen sind bemerkenswerte Speichermedien in Pflanzen-, Tier-, Protisten-, Pilz- und sogar Bakterienzellen. Sie können nicht nur Nährstoffe, sondern auch Abfallprodukte speichern. Die in den Vakuolen herrschenden Bedingungen können sich von denen im Rest der Zelle unterscheiden. Man kann Vakuolen am ehesten mit den in den frühen Zeiten der Menschheit verbreiteten Tongefäßen und Weidenkörben vergleichen; Vakuolen sind vielfältig einsetzbare Behälter, die von unterschiedlichen Arten zu verschiedenen Zeiten für unterschiedliche Dinge verwendet werden.

[10]Leeuwenhoeks Heimatort Delft war das Epizentrum für das Studium des Lebens in Häusern, allerdings vor allem für Maler, nicht für Wissenschaftler. Die Maler von Delft spezialisierten sich auf Stadtansichten und das Abbilden von Innenräumen. Sie stellten in ihren Kunstwerken die wichtigsten der von Leeuwenhoek erforschten Habitate dar. Pieter de Hooch malte Szenen von Innenhöfen; das berühmteste Werk von Carel Fabritius ist *Der Distelfink*, der in seinem Käfig dargestellt wird, aber dieser Maler bildete auch die Landschaft um Delft ab. Und dann gab es ja noch Johannes (oder Jan) Vermeer. Vermeer malte dieselben drei Räume immer wieder aufs Neue und porträtierte darin kleine Gruppen von Menschen, die er zu Stillleben einfrieren ließ.

aber nach seinem Tod verfolgte sie die Studien nicht weiter. Solange sie lebte, bewahrte sie seine Proben und Mikroskope auf, verwendet wurden sie jedoch nicht mehr. Als sie starb, wurden die Proben und Geräte gemäß Leeuwenhoeks Letztem Willen versteigert. Die meisten Mikroskope sind verloren gegangen. Die Gärten, in denen er seine Beobachtungen angestellt hat, sind in dem sich ausbreitenden Delft verschwunden. Sein Elternhaus, in dem seine Neugier als Erstes erwacht sein muss, verfiel und wurde im 19. Jahrhundert abgerissen; an seiner Stelle befindet sich nun ein Spielplatz für eine Schule. Das Haus, in dem er später so viele Entdeckungen machte, wurde ebenfalls abgerissen.[11] Eine Gedenktafel mit einem Hinweis auf den ehemaligen Standort des Hauses wurde am falschen Ort angebracht. Auch eine weitere Tafel, die aufgestellt wurde, um den Fehler zu beheben, verfehlt den richtigen Ort (sie befindet sich je nach Zählweise ein bis zwei Häuser daneben).

Als über 100 Jahre später andere Wissenschaftler erneut damit begannen, das Leben auf dem menschlichen Körper und in Häusern zu untersuchen, wusste man bereits, dass einige mikrobielle Arten Krankheiten hervorrufen können. Diese Arten wurden Pathogene genannt. Die Idee, dass Pathogene menschliche Krankheiten verursachen, bildet die Grundlage der Keimtheorie, die Louis Pasteur zugeschrieben wird (obwohl zum Zeitpunkt, als Pasteur nachwies, dass mikroskopische Arten menschliche Krankheiten auslösen können, bereits bekannt war, dass solche Arten Krankheiten in Nutzpflanzen hervorrufen können). Mit dem Aufkommen der Keimtheorie konzentrierten sich Studien des mikrobiellen Lebens in Häusern auf Pathogene. Leeuwenhoek scheint geahnt zu haben, dass mikroskopische Arten Probleme verursachen können (er wies nach, dass einige Mikroben guten Wein in schlechten Essig verwandeln können). Allerdings nahm er an, dass die meisten von ihm entdeckten Lebewesen harmlos seien, und damit hatte er völlig recht. Von allen Bakterienarten weltweit lösen z. B. weniger als 50 regelmäßig Krankheiten aus – lediglich 50. Alle anderen Arten sind für

---

[11]Auf dem Grundstück von Leeuwenhoeks Haus wurden nie Ausgrabungen durchgeführt. Vielleicht sind im Boden noch immer Mikroskope, Proben oder andere interessante Dinge verborgen. Heute befindet sich auf dem Grundstück ein schickes Café. Lesley Robertson und ich versuchten, die Besitzer zu überzeugen, uns ein Loch in ihren neu verlegten Boden bohren zu lassen, um unter ihrem Lokal nach Artefakten aus Leeuwenhoeks Leben zu suchen. Verständlicherweise lehnten sie dies ab, und so verbrachte ich die nächsten Tage einfach damit, durch das Fenster auf den Hinterhof zu blicken, in dem Leeuwenhoek so viel Zeit verbracht hatte.

uns Menschen entweder harmlos oder nützlich, und dasselbe gilt für beinahe alle Protisten und sogar für die Viren (diese wurden erst im Jahr 1898 entdeckt, und zwar ebenfalls in Delft). Seit bekannt wurde, dass Pathogene Teil der unsichtbaren Welt sind, wurde allem mikroskopischen Leben in Häusern der Kampf angesagt. Je näher uns dieses Leben kam, desto aggressiver wurde es bekämpft. Die Forschung an Pfefferkörnern, Abflusswasser und den wunderlichen, wirbelnden Wesen, die sich in jedem durchschnittlichen Zuhause finden, wurde immer mehr vernachlässigt, bis sich das Interesse an ihnen mit der Zeit ganz verlor.

Bis zum Jahr 1970 konzentrierten sich beinahe alle Studien, die in Häusern durchgeführt wurden, auf Pathogene und Ungeziefer und darauf, wie man sie kontrollieren könne. Die Mikrobiologen, die das Leben in Häusern untersuchten, wollten nur noch herausfinden, wie die Pathogene vernichtet werden könnten. Und nicht nur Mikrobiologen folgten diesem Prinzip: Insektenkundler, die Häuser untersuchten, wollten herausfinden, wie man die Insekten vernichten könnte; Pflanzenbiologen, die Häuser untersuchten, interessierte, wie man den Pollen loswerden könnte; Ernährungswissenschaftler, die Pfeffer untersuchten, wollten wissen, inwieweit dieser Krankheiten auslösen könnte. Wir vergaßen, das Leben um uns herum einfach zu bestaunen, und es blieb kein Raum für die Erkenntnis, dass die Arten um uns herum, möglicherweise nicht nur lästig, sondern auch hilfreich sind. Wir konzentrierten uns ausschließlich auf einen Teil der Geschichte. Dies war ein großer Fehler, und erst kürzlich haben wir begonnen, ihn zu beheben. Die ersten großen Schritte zurück zu einer ganzheitlicheren Sicht auf das Leben um uns herum wurden an heißen Quellen im Yellowstone National Park und in Island unternommen – also an Orten, die auf den ersten Blick gar nichts mit unseren Häusern und Wohnungen zu tun haben.

Literatur

1. Robertson LA (2015) Historical microbiology: is it relevant in the 21st century? FEMS Microbiol Lett 362(9):fnv057
2. Robertson L, Backer J, Biemans C, van Doorn J, Krab K, Reijnders W, Smit H, Willemsen P (2016) Antoni van Leeuwenhoek: Master of the Minuscule. Brill, Boston
3. Hooke (1665) Micrographia. Projekt Gutenberg. https://www.gutenberg.org/files/15491/15491-h/15491-h.htm. Zugegriffen: 25. Aug. 2020.

4. Hooke R (1665) Micrographia: or some physiological descriptions of minute bodies made by magnifying glasses with questions and inquiries thereupon. In: Martyn J, Allestry J (2016) (Hrsg) Micrographia. Hansebooks, Noderstedt
5. Leeuwenhoek M (1673) A specimen of some observations made by microscope, contrived by M. Leeuwenhoek in Holland, lately communicated by Dr. Regnerus de Graaf. Philos Trans Royal Soc 8:6037–6038
6. Hall AR (1989) The Leeuwenhoek Lecture, 1988, Antoni Van Leeuwenhoek 1632–1723. Notes Rec 43(2):249–273

2

Heiße Quelle im Keller

Mögen uns sowohl die Neugier als auch das Gruseln, das uns gleichzeitig erschreckt und fesselt, zu neuen Entdeckungen inspirieren. Wenden wir uns den seltsamen, winzigen Dingen zu, die wir am liebsten ignorieren würden (Brooke Borel) [1].

Im Frühling 2017 war ich in Island, um einen Dokumentarfilm über Mikroben zu drehen.[1] Während der Dreharbeiten standen wir immer wieder neben sprudelnden, heißen, schweflig riechenden Geysiren, auf die ich zeigen sollte, während ich vor der Kamera über die Ursprünge des Lebens sprach. Einmal wurde ich sogar bei einem solchen Geysir vergessen, und mir blieb nichts anderes übrig, als zu warten, bis man mich wieder abholte.[2] Filmcrews können den am Film Beteiligten einiges abfordern. Während ich so gestrandet war, hatte ich Zeit, mir die Geysire[3] in Ruhe anzuschauen. Es war ein kalter Tag, und ich blieb trotz des Schwefelgeruchs dicht bei den Geysiren, denn sie hielten mich warm. Das durch den Vulkanismus unter der Erdkruste erwärmte Wasser der Geysire sprudelte kochend aus den Erdspalten. Vielerorts kann man die Erdtektonik leicht vergessen, so wie man gegenüber dem Nachthimmel gleichgültig werden kann, aber auf Island ist

---

[1]Die Dokumentation *The Fifth Kingdom: How Fungi Made the World* erzählt die Geschichte der Pilze, ihrer Evolution und ihrer Auswirkungen. Ich stand neben heißen Quellen, um vor einer von Vulkanen und Mikroben geprägten Kulisse über die Evolution von Pilzen zu sprechen.

[2]Mir ist klar, dass Wissenschaftler anderen auf die Nerven gehen können, aber ich nehme an, dass die hektische Filmcrew in ihrem Eifer, den perfekten Geysir zu finden, einfach nur vergaß, vor der Abfahrt alle Beteiligten durchzuzählen.

[3]Der Begriff Geysir geht auf das isländische Wort für eine heiße Quelle zurück.

© Springer-Verlag GmbH Deutschland, ein Teil von Springer Nature 2021
R. Dunn, *Nie allein zu Haus*, https://doi.org/10.1007/978-3-662-61586-7_2

das anders. Die westliche und östliche Hälfte der Insel driften auseinander, Gestein und Erde werden aufgebrochen und auseinandergerissen, und die Folgen sind nicht zu übersehen. Manchmal brechen Vulkane so heftig aus, dass sich der Himmel verdunkelt, und tagtäglich sprudeln Geysire wie diejenigen, neben denen ich stand, aus der Erde. Sie bieten einen eigenen Lebensraum für Mikroorganismen, und diese haben viel mehr mit den Vorgängen in Ihrem Haus zu tun, als Sie vielleicht denken.

Dass im warmen Wasser der Geysire Arten überleben und gedeihen, wurde erst in den 1960er-Jahren von Thomas Brock entdeckt. Dieser war damals Mitarbeiter der Indiana University und forschte in Yellowstone und später auch auf Island, nicht weit von dem Ort entfernt, an dem ich gerade stand. Brock war von den farbenprächtigen Mustern, die die Geysire umgeben, fasziniert. Er bewunderte die bunte Farbpalette, bei der gelbe, rote und sogar rosa Farbtöne in grün und lila übergingen. Brock nahm an, dass diese Muster durch einzellige Organismen verursacht würden [2],[4] und damit lag er richtig. Zu den vorhandenen Arten gehörten Bakterien, aber auch die Archaeen, eine völlig eigenständige Domäne von Lebewesen, so alt und einzigartig wie die Bakterien selbst [3].[5] Zudem machte Brock die Entdeckung, dass viele der Arten in den Geysiren chemotrophe Organismen sind – Arten, die die chemische Energie der Geysire in biologische Energie umwandeln können, indem sie tote Materie ohne Sonnenenergie in lebendige Materie umwandeln.[6] Diese Art Mikroben gab es wahrscheinlich schon lange vor der Entwicklung der Fotosynthese, und ihr Zusammenleben erinnert an einige der ersten Gemeinschaften und an die ältesten biochemischen Reaktionen, die auf der Erde stattgefunden haben. Ich konnte

---

[4]Brock hat eine sehr spannende Autobiografie veröffentlicht: Brock 1995 [2].

[5]Die Archaeen entwickelten sich wie Bakterien vor Milliarden von Jahren. Archaeen sind wie Bakterien einzellig, und wie Bakterien haben sie keinen Zellkern. Das sind jedoch die einzigen Ähnlichkeiten. Zwischen den Zellen von Archaeen und Bakterienzellen gibt es mehr Unterschiede als zwischen menschlichen Zellen und Pflanzenzellen. Archaeen wurden Mitte des 19. Jahrhunderts entdeckt. Sie sind sehr vielfältig, aber besiedeln häufig (wenn auch nicht immer) extreme Habitate. Sie sind noch nie als menschliche Parasiten in Erscheinung getreten und wachsen oft relativ langsam. Außerdem weisen sie eine außergewöhnliche Vielfalt in Bezug auf ihre Stoffwechselleistungen auf. Ich liebe Bakterien, sie hören nicht auf, mich zu faszinieren, und überraschen mich immer wieder aufs Neue. Die Archaeen übertreffen sie aber noch. Sie sind eine uralte Lebensform, sind niemals als schädliche Organismen in Erscheinung getreten, führen grundlegende ökologische Prozesse durch und sind nur wenig erforscht. Erst kürzlich hat sich herausgestellt, dass sie manchmal an Plätzen mit einem direkten Bezug zu unserem Alltag leben, z. B. in unserem Bauchnabel. Leeuwenhoek sind sie entgangen, was nahelegt, dass wir einen größeren Hang zur Nabelschau haben als er. Siehe: Hulcr et al. 2012 [3].

[6]Chemolithotrophe Organismen decken ihren Nahrungsbedarf über chemische Reaktionen, bei denen anorganische Verbindungen oxidiert werden, um Energie zu gewinnen.

sehen, wie sie in einer flächigen Kruste um die Geysire herum wuchsen, und spürte ihre Wärme.

Aber dies waren nicht die einzigen Organismen in den Geysiren: Im heißen Wasser lebten auch Fotosynthese betreibende Cyanobakterien. Außerdem fand Brock Bakterien, die sich von der organischen, im sprudelnden Wasser herumwirbelnden Materie ernährten, z. B. von Zellen anderer Bakterien oder toten Fliegen. Oberflächlich betrachtet waren diese Räuber nicht wirklich interessant. Anders als die chemotrophen Bakterien, die Brock erforschte, waren sie nicht in der Lage, chemische Energie in Leben zu verwandeln, und mussten sich stattdessen von der lebenden und toten Materie anderer Arten ernähren. Brock kam jedoch nach einigen Untersuchungen zum Schluss, dass sie zu einer neuen Art und sogar zu einer ganz neuen Gattung gehörten, und er gab ihnen aus naheliegenden Gründen den Gattungsnamen *Thermus* und den Artnamen *aquaticus,* um auf ihr Habitat hinzuweisen. Bei Säugetieren oder Vögeln ist die Entdeckung einer neuen Art noch immer ein bemerkenswertes Ereignis und die Entdeckung einer neuen Gattung erst recht.[7] Bei Bakterien liegt der Fall jedoch anders: Es ist nicht weiter schwierig, neue Bakterien zu finden, und diese neue Art, *Thermus aquaticus,* schien nicht sehr interessant zu sein; sie hatte keines der Merkmale, auf die Mikrobiologen besonderen Wert legen; sie bildete keine Sporen, ihre Zellen waren gelbe Stäbchen, und sie war gramnegativ. All dies ist nicht weiter bemerkenswert – aber da war noch etwas anderes.

---

[7]Jede Art, egal ob es sich um ein Bakterium oder einen Affen handelt, hat einen Gattungs- und einen Artnamen. Der Gattungsname bezeichnet die größere Gruppe, zu der die Art gehört. Wir Menschen gehören zur Gattung Homo und zur Art sapiens (verständig), und daraus ergibt sich die Bezeichnung Homo sapiens. Die Abgrenzung zwischen verschiedenen Arten ist oft unklar, und dies gilt umso mehr für die Abgrenzung zwischen Gattungen. Theoretisch sollten Gattungen von Wissenschaftlern tendenziell so bezeichnet und gruppiert werden, dass eine Gattung von Primaten und eine Gattung von Bakterien ungefähr gleich alt ist. Praktisch variiert jedoch zwischen den unterschiedlichen wissenschaftlichen Bereichen, wie viele Arten in eine Gattung aufgenommen werden. Die Gattungen von Bakterien umfassen oft viele Arten und sind alt (*Thermus* ist möglicherweise Dutzende von Jahrmillionen alt, wenn nicht älter). Gattungen von Lebewesen, die uns mehr ähneln, enthalten meist weniger und jüngere Arten. Dieser Unterschied hängt vor allem mit den unterschiedlichen Präferenzen der Mikrobiologen und Primatenforscher zusammen und hat eher wenig mit den Unterschieden zwischen Bakterien und Primaten selbst zu tun. Die Gattungs- und Artnamen von Organismen werden immer kursiv gedruckt (auch im vorliegenden Text), außer wenn eine Art noch keinen endgültigen Namen hat. In diesem Fall wird die Gattung kursiv gedruckt, nicht aber der provisorische Name der Art. Dafür ist *Thermus* X1 ein Beispiel. Hier weist X1 darauf hin, dass es sich wahrscheinlich um eine neue Art handelt, auch wenn diese noch keinen Artnamen erhalten hat. Bei den meisten Gruppen von Organismen, außer bei Wirbeltieren und Pflanzen, tragen viele Arten solche provisorischen Namen, weil sie noch niemand formal benannt hat, obwohl ihre Existenz bekannt ist.

Brock konnte *Thermus aquaticus* im Labor erst sehen, als er das Medium (die Kulturen) bei Temperaturen über 70 Grad Celsius vermehrte. Das Bakterium bevorzugte sogar noch heißere Temperaturen und konnte auch bei Temperaturen von 80 Grad Celsius überleben. Zum Vergleich: Der Siedepunkt von Wasser liegt bei 100 Grad Celsius, in höheren Lagen bei einer geringeren Temperatur. Die von Brock kultivierten Bakterien gehörten zu den hitzeverträglichsten Bakterien auf der Welt [4].[8] Später merkte Brock an, dass es nicht weiter schwierig gewesen sei, diese Lebewesen zu finden. Es hatte einfach noch nie jemand versucht, Mikroben bei so hohen Temperaturen zu vermehren. In anderen Laboren waren Proben aus heißen Quellen bei 55 Grad Celsius kultiviert worden, und diese Bedingungen waren für *Thermus aquaticus* zu kühl, um gut zu gedeihen. In nachfolgenden Untersuchungen zeigte sich, dass eine Vielzahl von Bakterien und Archaeen sehr heiße Bedingungen benötigt. Für solche Mikroben sind unsere normalen Temperaturen einfach zu kalt zum Überleben.

Was aber hat die Geschichte von *Thermus aquaticus* in einem Buch über Häuser verloren? Die Temperaturen und Bedingungen, die in Geysiren und anderen heißen Quellen vorkommen, sind – so verwunderlich das klingt – denen unserer alltäglichen Umgebung sehr ähnlich. Ein Student in Brocks Labor hielt es sogar für möglich, dass *Thermus aquaticus* oder andere ähnliche Bakterien unbemerkt mit uns zusammenleben könnten. In diesem Zusammenhang untersuchten der Student und Brock die Kaffeemaschine in Brocks Labor, ein Gerät, in dem das Wasser auf für *Thermus* verträgliche Temperaturen erhitzt wurde. Wenn man bedenkt, wie sehr die Arbeit im Labor durch dieses Gerät gefördert wurde, wäre es durchaus angemessen gewesen, die Art dort zu finden, aber dem war nicht so.

Brock fing nun an, über andere Orte mit heißen Flüssigkeiten in seiner Umgebung nachzudenken, z. B. den menschlichen Körper. Der menschliche Körper ist zwar nicht annähernd so warm wie eine heiße Quelle, aber Brock überlegte, ob das Bakterium möglicherweise dennoch vorhanden sein könnte, um günstige Gelegenheiten wie Fieber abzuwarten. Wer konnte dies schon wissen? Eine Überprüfung war nicht weiter schwierig. Er besorgte sich eine Speichelprobe (da Brock keine näheren Angaben dazu machte, war es wahrscheinlich sein eigener Speichel, zumindest vermute ich das angesichts meiner Erfahrungen mit Wissenschaftlern) und versuchte, *Thermus aquaticus*

---

[8]Als Brock *Thermus aquaticus* kultivierte, versuchte er eigentlich, eine Art zu kultivieren, die er einfach „rosa Bakterien" nannte und die unter noch heißeren Bedingungen lebt. Es gelang ihm nicht, die rosa Bakterien zu kultivieren, und anscheinend hatte bisher noch niemand Erfolg damit. Informationen zur ersten Untersuchung zu *Thermus* finden Sie in: Brock und Freeze 1969 [4].

auf dem Speichel zu kultivieren, aber ohne Erfolg. Er untersuchte Zähne und Zahnfleisch von Menschen (so wie es auch bei Leeuwenhoek vorstellbar gewesen wäre), aber wieder entwickelten sich weder *Thermus aquaticus* noch andere wärmeliebende Bakterien. Dasselbe galt auch für einen See und ein naheliegendes Wasserreservoir, denen er eine Probe entnahm. Er prüfte sogar den Kaktus im Wintergarten seines Gebäudes in Jordan Hall. Wieder hatte er keinen Erfolg. Vielleicht konnte man diese Bakterienart wirklich nur in heißen Quellen finden.

Nur um sicherzugehen, nahm Brock noch eine letzte Probe: Er untersuchte das Wasser aus der Warmwasserleitung in seinem Labor in Jordan Hall. Obwohl Brocks Labor mehr als 300 km von der nächsten heißen Quelle entfernt war, schien das Leitungswasser *Thermus aquaticus* zu enthalten. Brock war begeistert. Er überlegte, ob das eigentliche Habitat der Mikroben die Heißwasserbereiter waren, denn das Wasser in der Leitung war zwar warm, aber nicht so warm wie in einer heißen Quelle. Der Heißwasserbereiter selbst hatte jedoch eine nahezu perfekte Temperatur. Vielleicht lebten die Bakterien im Heißwasserbereiter und wurden von Zeit zu Zeit zufällig mit dem Wasser zum Hahn geschwemmt.

Schließlich nahm ein weiteres Forscherteam, Robert Ramaley und Jane Hixson, die beide an der Indiana University arbeiteten, weitere Proben von thermophilen Bakterien um Jordan Hall. Auch sie fanden eine Art von thermotoleranten Bakterien, die der von Brock beschriebenen Art *Thermus aquaticus* ähnelte. Da sie jedoch nicht identisch war, nannten sie sie zunächst *Thermus* X-1 [5]. Anders als *Thermus aquaticus* war sie nicht gelb, sondern durchsichtig. Außerdem wuchs sie schneller als *Thermus aquaticus*. Ramaley mutmaßte daher, dass es sich vielleicht um einen neuen Stamm von *Thermus aquaticus* handeln könne. Vielleicht war das gelbe Pigment von *Thermus aquaticus* eine Anpassung, um sich an den exponierten heißen Quellen vor Sonneneinstrahlung zu schützen. Eventuell hatte der Stamm nach der Besiedelung der Wasserquellen in Gebäuden die Fähigkeit, dieses aufwendige und überflüssige Pigment zu erzeugen, verloren. Brock, der in der Zwischenzeit an die University of Wisconsin gewechselt war, beschloss, dass es an der Zeit sei, diese in Gebäuden vorkommende *Thermus*-Art selbst zu untersuchen.

Zusammen mit seiner Labortechnikerin Kathryn Boylen untersuchte Brock Heißwasserbereiter in Häusern und Waschsalons in der Nähe der University of Wisconsin. In Waschsalons sind Heißwasserbereiter oft größer und werden regelmäßiger genutzt als in anderen Häusern, sodass eine Besiedlung mit thermophilen Mikroorganismen noch wahrscheinlicher war. In jedem Salon ließen Brock und Boylen Wasser aus einem Heißwasserbereiter ab und untersuchten seinen Inhalt. Wie in heißen

Quellen sind in Heißwasserbereitern sehr hohe Temperaturen möglich. Außerdem enthält Leitungswasser immer organisches Material, was vielleicht für *Thermus aquaticus* schon als Nahrungsquelle ausreichte.

Vor über einem Jahrhundert prägte der Ökologe Joseph Grinnell den Begriff Nische, um die speziellen Bedingungen zu beschreiben, die eine Art zum Überleben braucht. Das Wort *Nische* stammt vom mittelfranzösischen Wort *nicher,* das „nisten" bedeutet. Mit dem Wort wurde zunächst eine flache Einbuchtung in antiken griechischen und römischen Mauern bezeichnet, in der eine Statue oder ein anderes Objekt aufgestellt werden konnte.[9] Die Nischen hatten genau die richtige Größe für die Statuen, so wie auch die Temperatur und die Nahrungsressourcen in Heißwasserbereitern genau den Anforderungen von *Thermus aquaticus* entsprechen. Aber nur, weil eine Art irgendwo überleben kann, heißt dies noch lange nicht, dass sie diesen Platz auch besiedelt. Wissenschaftler unterscheiden heute zwischen der fundamentalen Nische einer Art (d. h. den Bedingungen, unter denen sie theoretisch leben könnte) und der realisierten Nische (den Bedingungen, unter denen sie tatsächlich lebt). Heißwasserbereiter sind unbestritten eine fundamentale Nische von *Thermus aquaticus,* aber ob diese tatsächlich zu einer realisierten Nische geworden waren, war eine ganz andere Frage.

Brock und Boylen stellten fest, dass es so war. Diese Art der Gattung *Thermus* lebte nicht nur in vom Magma erhitzten Geysiren, sondern auch im Leitungswasser in Jordan Hall an der Indiana University und in Heißwasserbereitern von Gebäuden und Waschsalons in und um Madison, Wisconsin. Und nicht nur das: Die Bakterien in diesen Heißwasserbereitern tolerierten die extremsten Temperaturen, bei denen überhaupt je Lebewesen gefunden worden waren. Brock war an die entferntesten Orte der Erde gereist, um Arten der Gattung *Thermus* zu finden, aber dieselbe Entdeckung hätte er genauso gut in der unmittelbaren Nachbarschaft seines Labors oder im Hinterzimmer des nächsten Waschsalons machen können [6].

Seit Brocks Studien haben keine weiteren Wissenschaftler Arbeiten zu *Thermus aquaticus* in Heißwasserbereitern veröffentlicht. Eine neue *Thermus*-Art wurde jedoch in heißem Leitungswasser auf Island entdeckt [7]. Es handelte sich um die gleiche pigmentlose Art, die Brock und Boylen in Heißwasserbereitern gefunden hatten, und sie war mittlerweile von *Thermus* X-1 in *Thermus scotoductus* umbenannt worden [7]. Eine Studentin an der Pennsylvania State University, Regina Wilpiszeski

---

[9]Die Wirtschaftswissenschaften borgten sich diesen Begriff später wiederum von der Ökologie.

untersuchte in den letzten Jahren Proben aus Heißwasserbereitern daraufhin, ob *Thermus scotoductus* die vorherrschende Art in diesem Habitat ist,
und dies scheint der Fall zu sein. Die Art konnte in Heißwasserbereitern
in den gesamten Vereinigten Staaten nachgewiesen werden. In 35 von
100 Proben aus Heißwasserbereitern fand Wilpiszeski *Thermus scotoductus*.
Wilpiszeskis Arbeit ist noch nicht abgeschlossen, aber schon jetzt wirft
sie neue Fragen auf: Warum siedelt sich diese Art in Heißwasserbereitern
an, und wie gelangt sie dorthin? Weshalb haben all die anderen wärme-
liebenden Bakterien, die in heißen Quellen überleben, sich noch nicht
in Heißwasserbereitern angesiedelt? Weshalb beherbergen sehr alte
Heißwasserbereiter nicht die bunte mikrobielle Vielfalt heißer Quellen? Bisher wurde keine dieser Fragen beantwortet.

Ich habe den Verdacht, dass sich in den Heißwasserbereitern anderer
Regionen noch weitere wärmeliebende Bakterien finden ließen. Gut möglich, dass in den Heißwasserbereitern im entfernten Neuseeland oder
Madagaskar völlig einzigartige Arten leben. Bisher wissen wir es einfach
nicht. Schon die Anstrengungen Leeuwenhoeks wurden nur von wenigen
fortgeführt, und Ähnliches gilt für die Studien Brocks.[10] Auch Wilpiszeski
ist eine Einzelkämpferin. Wir wissen nicht, ob *Thermus scotoductus* (positive
oder negative) Auswirkungen auf uns oder unsere Heißwasserbereiter
hat. Genauso wenig ist bekannt, ob die Bakterienart *Thermus aquaticus* in
Heißwasserbereitern besondere nützliche Eigenschaften hat. Diese Art
scheint in anderen Habitaten, giftige Formen von Chrom in ungiftige
umwandeln zu können und auch weitere Kunstgriffe zu beherrschen [8,
9].[11] In der Geschichte des Studiums des Lebens in unseren Häusern
kommt den Arbeiten zu *Thermus* eine Schlüsselrolle zu. Sie liefern einen
Hinweis – die deutlichste Erinnerung seit Leeuwenhoeks Zeiten – dass
die Ökosysteme in unseren Häusern vielfältiger sind, als wir uns das vor-
gestellt hatten, und nicht nur die Pathogene beherbergen, die bisher so
viel Beachtung fanden. Außerdem deutet die Existenz von *Thermus* in
Heißwasserbereitern darauf hin, dass wir mit den Bedingungen in modernen
Gebäuden möglicherweise ganz neue Arten in unsere Häuser eingeladen

---

[10]Auf einen zentralen Punkt kommt Brock in seinen Aufzeichnungen immer wieder zurück: Während
die Industrie die extremen Mikroben bereits nutzt, die er und seine Kollegen in den 1970er- und
1980er-Jahren entdeckten, wurden die Studien zur Ökologie dieser Organismen in ihrer natürlichen
Umgebung nur von sehr wenigen Forschern fortgesetzt. Siehe: Brock 1995, S. 1–28 [2].

[11]Mikroben überraschen immer wieder aufs Neue: So wurde bei einem anderen neuen Stamm dieser
Art festgestellt, dass er auch als chemotropher Organismus kultiviert werden kann, wenn dies erforderlich ist. Wissenschaftlich ausgedrückt handelt es sich um einen mixotrophen Organismus.

haben, ohne dass wir ihren Einzug bemerkt hätten. Schließlich stieß die Anwesenheit von *Thermus* in Heißwasserbereitern im Lauf der Zeit eine umfassendere Suche nach lebendigen Organismen in unseren Häusern an. Menschen wie ich begannen zu überlegen, ob *Thermus* möglicherweise kein Einzelfall, sondern Teil einer größeren Geschichte sein könnte. In Häusern gibt es Bedingungen wie in den kältesten und heißesten Gegenden der Erde. Es findet sich ein Mikrokosmos der Konditionen auf der ganzen Welt. Es war durchaus denkbar, dass die entsprechenden Mikroben die extremen Bedingungen in unseren Häusern aufgespürt und besiedelt hatten, auch wenn sich noch niemand die Mühe gemacht hatte, nach ihnen zu suchen. Die nächste Revolution beim Studium unserer Häuser war mit neuen Methoden verknüpft: Methoden, mit denen Mikroben auch ohne ein Kultivieren in Petrischalen identifiziert werden können. Und es stellte sich heraus, dass diese Methoden ausgerechnet auf der ungewöhnlichen Biologie von *Thermus* beruhen sollten.

Wir wissen schon seit geraumer Zeit, dass sich die meisten Bakterienarten nicht in Laboren vermehren lassen; sie sind noch nicht kultivierbar. Wir können zwar Proben von ihnen nehmen, aber wir wissen nicht, welche Nahrung oder Bedingungen sie benötigen, sodass sie nie sichtbar für uns werden. Das heißt, bis vor einiger Zeit waren in der Mikrobiologie keine Untersuchungen zu diesen Arten möglich, außer wenn es einem schlauen und hartnäckigen Biologen gelang, die Anforderungen einer solchen bisher nicht kultivierbaren Art zu erkennen und diese dann zu kultivieren. Auch die Arten der Gattung *Thermus* waren unsichtbar, bis Brock versuchte, sie bei hohen Temperaturen zu vermehren. Unsere Fähigkeit, nichtkultivierbare Organismen wahrzunehmen, hat sich jedoch in jüngster Zeit geändert; wir können nun Arten untersuchen und verstehen, von denen wir nicht wissen, wie wir sie vermehren können – und dies verdanken wir allein der Art *Thermus aquaticus* und ihren Verwandten [10].[12]

Die gebräuchlichste Methode zum Aufspüren und Identifizieren von nichtkultivierbaren Arten besteht aus einer Reihe von Laborschritten mit einer hohen Durchsatzleistung, die in einer bestimmten Reihenfolge

---

[12]Weitere Informationen dazu, warum so viele Bakterien noch nicht kultivierbar sind, finden Sie in: Pande und Kost 2017 [10].

ausgeführt werden müssen und oft als *Pipeline* bezeichnet werden.[13] Am Anfang der Pipeline steht eine Probe, am anderen Ende der Pipeline erhält man eine Liste der in der Probe enthaltenen Arten, und zwar unabhängig davon, ob die entsprechenden Organismen leben, sich im Ruhezustand befinden oder tot sind. Da das Konzept der Pipeline bei unserer Forschung sehr zentral ist, möchte ich es genauer erläutern.

Die Pipeline beginnt mit dem Sammeln von Proben. Im Labor werden die Proben dann in Röhrchen übertragen, die einen Tropfen Flüssigkeit enthalten. Bei den Proben kann es sich um Staub, Fäkalien oder Wasser handeln – generell kommt alles dafür infrage, was lebende Zellen und DNA enthält oder enthalten kann. Die Flüssigkeit besteht aus Seife, Enzymen und winzigen runden Glasperlen in Sandkorngröße, die die Zellen aufbrechen, um an die DNA, den genetischen Code der Bakterien, zu gelangen. Das Röhrchen wird anschließend abgedichtet, erwärmt, geschüttelt und zentrifugiert. Die schweren Perlen und viele Zellpartikel sinken auf den Boden des Röhrchens. Die eigentlich wertvollen Bestandteile, die langen Stränge der weniger dichten DNA, steigen nach oben und können dann abgeschöpft werden wie tote Fliegen von der Oberfläche eines Teichs.[14] All dies ist ziemlich unkompliziert und kann in einem Labor für Einführungskurse in Biologie durchgeführt werden, auch wenn manche Studenten so schläfrig sind, dass sie die meisten Anweisungen ignorieren.

Um die unterschiedlichen Organismen auf der Basis der ermittelten (aus den Zellen extrahierten) DNA zu identifizieren, müssen wir die DNA mithilfe eines Prozesses lesen, der in der Wissenschaft als DNA-Sequenzierung bezeichnet wird. Dies ist der komplizierte Teil des Prozesses. Bei Mikroskopen werden die beobachteten Gegenstände vergrößert; bei der Sequenzierung werden die unsichtbaren Informationen dagegen in der DNA angereichert, um sie sichtbar zu machen. Die DNA wird also repliziert, damit die Nukleotide der DNA, ihre genetischen Buchstaben, gelesen werden können. Jede DNA, außer die DNA von Viren, besteht aus einem Doppelstrang. Die zwei komplementären Stränge werden durch eine Art molekularen Reißverschluss zusammengehalten. Schon seit Langem ist das folgende Prinzip bekannt: Wenn es gelingt, die beiden DNA-Stränge (vorsichtig) zu trennen,

---

[13]„Hoher Durchsatz" ist ein komplizierter Begriff dafür, dass viele Prozesse parallel durchgeführt werden können. In diesem Fall ist es z. B. möglich, die Sequenzen vieler Organismen gleichzeitig zu entschlüsseln. Die hohe Durchsatzleistung der Sequenzierung lässt sich durchaus mit der hohen Durchsatzleistung in der Bereitstellung von Essen bei McDonalds vergleichen. Der Begriff „Zukunftstechnologie" ist nur bedingt zutreffend, denn die neuen Methoden entwickeln sich so schnell weiter, dass frühere Zukunftstechnologien bei den innovativsten Wissenschaftlern schnell wieder als völlig veraltet gelten.

[14]Meist gibt es noch einige Zusatzschritte, um alles in der Probe zu eliminieren, was nicht zur DNA gehört. Hier wird nur ein grober Überblick gegeben.

kann jeder Strang kopiert werden. Dies kann so oft wiederholt werden, bis genügend DNA für die Analyse und Entschlüsselung vorhanden ist. Die Trennung der beiden DNA-Stränge erfolgt mithilfe von Hitze. Bis hierhin war alles ganz einfach. Für das Kopieren der aufgetrennten DNA-Stränge war dann nur noch ein Enzym erforderlich, die Polymerase. Dies ist das Enzym, das die Zellen selbst – auch die menschlichen Zellen – verwenden, um ihre DNA zu kopieren. Es war möglich, die beiden DNA-Stränge zu trennen, Polymerase, einen Primer (den DNA-Abschnitt, der die Polymerase darüber informiert, welcher DNA-Teil, welches Gen, kopiert werden soll) und einige Nukleotide hinzuzufügen, und der Prozess konnte starten. Das Problem bestand aber darin, dass bei den hohen Temperaturen, die für das Trennen der beiden DNA-Stränge erforderlich waren, die Polymerase zerstört wird. Ein umständlicher, aufwendiger und arbeitsintensiver Weg, dieses Problem zu umgehen, bestand darin, Polymerase und Primer nach jedem Erwärmen neu hinzuzufügen. Diese Methode funktionierte, war aber so langsam, dass es für die meisten Mikrobiologen immer noch einfacher war, sich nur auf die kultivierbaren Arten zu konzentrieren und die unbekannten, nichtkultivierbaren Bakterien zunächst zu ignorieren.

Aber schon bald sollte eine Lösung gefunden werden, und zwar mithilfe von *Thermus aquaticus*. Die Polymerase von *Thermus aquaticus* lässt sich bei hohen Temperaturen verwenden (sie funktioniert sogar bei hohen Temperaturen *am allerbesten*), erfüllt die Anforderungen also perfekt. Einige Jahre, nachdem Brock *Thermus aquaticus* gefunden hatte, stellte man fest, dass die Polymerase von *Thermus aquaticus* (auch als „Taq" bezeichnet) bei hohen Temperaturen zur DNA hinzugefügt und kopiert werden konnte. Das Kopieren von DNA mit thermotoleranten Polymerasen, ein Vorgang, der auch als Polymerase-Kettenreaktion (englisch „Polymerase Chain Reaction" (PCR)) bezeichnet wird, mag abstrakt erscheinen – nicht mehr als eine wissenschaftliche Fußnote – aber er bildet die Grundlage beinahe jedes Gentests auf der Welt, egal ob es sich um einen Vaterschaftstest oder die Analyse der Bakterien in einer Staubprobe handelt. Der in heißen Quellen und Heißwasserbereitern gefundene Bakterienstamm inspiriert nicht nur unsere Suche nach ungewöhnlichen Lebensformen in Häusern, sondern liefert auch die Enzyme für die DNA-Entschlüsselung in allen Zweigen der modernen wissenschaftlichen Forschung.[15]

---

[15]Im Lauf der Zeit führte die Forschung, die durch die Arbeit von Brock und seinen Kollegen und Zeitgenossen vorangetrieben wurde, sowohl zur Entdeckung weiterer thermophiler und sogar hyperthermophiler Mikroben als auch zu einem umfassenden Katalog ihrer Enzyme, deren Fähigkeiten sich jeweils leicht unterscheiden. Auch in *Pyrococcus furiosus* wurde beispielsweise eine Polymerase identifiziert, die wie Taq funktioniert, bei hohen Temperaturen aber noch stabilere Eigenschaften aufweist.

Welche Gene genau von Wissenschaftlern, Technikern oder Klinikern bei der Polymerase-Kettenreaktion kopiert werden und wie die daraus resultierenden DNA-Kopien entschlüsselt werden, hängt vom Ziel der Studie und den verwendeten Technologien ab. Bei Studien, in denen versucht wird, alle in einer bestimmten Probe enthaltenen Bakterien zu identifizieren, wird oft ein einziges Gen, das 16S rRNA-Gen, kopiert, denn dieses Gen ist für die Funktionsweise von Bakterien und Archaeen so wichtig, dass es sich in den letzten vier Milliarden Jahren nur wenig verändert hat. Aus diesem Grund können sich Wissenschaftler darauf verlassen, dass das Gen in jeder beliebigen untersuchten Bakterien- oder Archaeenart vorhanden ist. Das Gen unterscheidet sich bei den einzelnen Arten genug, um ein Auseinanderhalten zu ermöglichen, aber nicht so stark, dass es nicht mehr erkannt werden könnte. Die bei der Entschlüsselung der vielen Kopien dieses Gens eingesetzten Technologien variieren enorm. Bei einigen werden markierte Nukleotide (die genetischen Buchstaben) zu den kopierten oder noch zu kopierenden Proben hinzugefügt. Diese Nukleotide werden mit Substanzen markiert, die vom Sequenzierautomat gelesen werden können. Der Automat beginnt damit, jede Kopie des Primers, des Anfangsabschnitts der Nukleotide, zu lesen, und liest dann die nachfolgenden Buchstaben. Er führt dies für alle der vielleicht Milliarden von einzelnen Kopien der DNA in einer Probe durch, und dabei werden riesige Datendateien erzeugt, in denen der Code jedes kopierten DNA-Abschnitts aufgeführt wird. Diese Kopien werden dann abhängig von ihrer Ähnlichkeit in Gruppen zusammengefasst, und die Codes dieser Sequenzgruppen können dann mit den genetischen Sequenzen von Arten verglichen werden, die aus anderen Studien in der Datenbank hinterlegt sind.[16] Die genauen Abläufe dieses Verfahrens ändern sich ständig, ein Trend bleibt aber gleich: Das Verfahren wird von Jahr zu Jahr immer kostengünstiger. Bald werden Handgeräte zum Sequenzieren verfügbar sein (Es gibt sie bereits, aber sie machen beim Lesen

---

[16]Standardmäßig werden Organismen bei einer Sequenzierung nicht so genau identifiziert, dass sie präzise bereits benannten Arten zugeordnet werden können. Stattdessen wird eine Liste aller Lebensformen ausgegeben, die nach ihren Gattungen gruppiert sind: *Thermus* 1, *Thermus* 2 usw. Einzelne Sequenzen werden nach diesen Namen, diesen Taxa, gruppiert, um die Ähnlichkeit ihrer DNA-Sequenzen aufzuzeigen. Mikrobiologen bezeichnen diese Taxa als „operative taxonomische Einheiten" (englisch „Operational Taxonomic Units", OTUs), um anzuerkennen, dass es sich eigentlich nicht um Arten handelt. In einigen Fällen kann eine einzelne OTU tatsächlich mehrere Arten umfassen, während in anderen Fällen der Sachverhalt genau umgekehrt liegt (zwei OTUs gehören zur selben Art). Wir befinden uns noch immer in einer relativ chaotischen Phase der Benennung des mikrobiellen Lebens. Auch wenn OTUs keine perfekte Methode zum Gruppieren von Organismen bieten, ermöglichen sie dennoch eine Weiterentwicklung, während gleichzeitig versucht wird, neue und alte Strategien der Klassifizierung des Lebens miteinander in Einklang zu bringen.

der DNA häufig noch Fehler. Im Lauf der Zeit werden sie bestimmt noch besser).

Thermus aquaticus hat also einen großen Anteil daran, dass wir heute eine Probe in der Sequenzierungs-Pipeline so aufbereiten können, dass wir die lebenden und toten Arten in der Probe identifizieren können. Man muss dafür nicht wissen, welche Arten in der Probe enthalten sind, und diese nicht vermehren. Das Leben im Boden, im Meereswasser, in den Wolken, in Fäkalien und überall sonst kann von Biologen identifiziert werden; Biologen können nicht nur die kultivierbaren Arten, sondern auch die zahlreichen Arten erkennen, die heute noch nicht kultiviert werden können. Zur Zeit meines Studiums war dies weder möglich noch vorstellbar. Heute ist diese Methode ein Standardverfahren.[17] Vor 10 Jahren beschlossen meine Kollegen und ich, auf diese Weise das Leben in unseren Häusern zu untersuchen. Zu jener Zeit war es möglich und erschwinglich geworden, eine Probe von einem Türrahmen, einem Tropfen Leitungswasser oder sogar einem Kleidungsstück aus dem Schrank zu nehmen und durch eine Entschlüsselung der DNA fast alle darin enthaltenen Arten zu erkennen. Leeuwenhoek untersuchte das Leben um sich herum mit einer einzelnen Linse. Wir analysieren es über die Sequenzierungs-Pipeline. Zu Beginn hatten wir keine Ahnung, wie die Ergebnisse aussehen würden, und uns erwarteten einige Überraschungen – nicht nur in Bezug darauf, wie viele Arten vorhanden waren, sondern auch darauf, welche Arten fehlten.

Literatur

1. Borel B (2015) Infested: how the bed bug infiltrated our bedrooms and took over the world. University of Chicago Press, Chicago
2. Brock TD (1995) The road to Yellowstone – and beyond. Annu Rev Microbiol 49:1–28
3. Hulcr J, Latimer AM, Henley JB, Rountree NR, Fierer N, Lucky A, Lowman MD, Dunn RR (2012) A jungle in there: bacteria in belly buttons are highly diverse, but predictable. PLoS ONE 7(11):e47712
4. Brock TD, Freeze H (1969) *Thermus aquaticus* gen. n. and sp. n., a Nonsporulating Extreme Thermophile. J Bacteriol 98(1):289–297

---

[17]Vor kurzem hat Regina Wilpiszeski diese Methoden verwendet, um in Heißwasserbereitern nach weiteren thermophilen Bakterien neben *Thermus scotoductus* zu suchen. Sie war erfolgreich und fand ein halbes Dutzend Bakterien, die meist nur in heißen Quellen vorkommen. Einige von ihnen können noch nicht kultiviert, aber dennoch nachgewiesen werden.

5. Ramaley RF, Hixson J (1970) Isolation of a nonpigmented, thermophilic bacterium similar to *Thermus aquaticus*. J Bacteriol 103(2):527
6. Brock TD, Boylen KL (1973) Presence of thermophilic bacteria in laundry and domestic hot-water heaters. Appl Microbiol 25(1):72–76
7. Kristjánsson JK, Hjörleifsdóttir S, Marteinsson VT, Alfredsson GA (1994) *Thermus scotoductus*, sp. nov., a pigment-producing thermophilic bacterium from hot tap water in Iceland and including *Thermus* sp. X-1. Syst Appl Microbiol 17(1):44–50
8. Opperman DJ, Piater LA, van Heerden E (2008) A novel chromate reductase from *Thermus scotoductus* SA-01 related to old yellow enzyme. J Bacteriol 190(8):3076–3082
9. Skirnisdottir S, Hreggvidsson GO, Holst O, Kristjansson JK (2001) Isolation and characterization of a mixotrophic sulfur-oxidizing *Thermus scotoductus*. Extremophiles 5(1):45–51
10. Pande S, Kost C (2017) Bacterial unculturability and the formation of intercellular metabolic networks. Trends Microbiol 25(5):349–361

3

Licht ins Dunkel

Wir hörten auf, nach Monstern unter unserem Bett zu suchen, als wir bemerkten, dass sie in uns waren (Charles Darwin).

Mein Bemühen, das Leben in unseren Häusern zu verstehen, nahm seinen Anfang im Regenwald. Als junger Student arbeitete ich einige Zeit in der Forschungsstation La Selva Biological Station in Costa Rica, wo Sam Messier, eine Absolventin der University of Colorado, Boulder, die Termitenart *Nasutitermes corniger* erforschte. Arbeitertermiten ernähren sich von Totholz und Blättern im Wald, und beides enthält viel Kohlenstoff, aber nur wenig Stickstoff. Um den Mangel an Stickstoff in ihrer Ernährung auszugleichen, leben im Darm der Termiten Bakterien, die Stickstoff aus der Luft binden können. Kolonien dieser Arbeitertermiten, ihre Königinnen und Könige und die Brut werden von Soldaten mit langen Nasenkanonen verteidigt, mit denen sie eine Art Terpentin auf ihre Feinde – hauptsächlich Ameisen und Ameisenbären – spritzen. Die Nasenkanonen dieser Soldaten sind so lang, dass sie nicht in der Lage sind, alleine zu essen, und darauf angewiesen sind, dass die Arbeitertermiten oder die stickstoffbindenden Bakterien sie mit Nährstoffen versorgen. In manchen Kolonien von *Nasutitermes corniger* leben viele dieser bedürftigen, abhängigen Soldaten, in anderen nur wenige. Sam Messier wollte herausfinden, ob Kolonien nach wiederholten Angriffen von Ameisenbären mehr Soldaten heranzogen. Zur Überprüfung von Sam Messiers Hypothese gab es einen einfachen Test: Man musste die Auswirkungen eines Ameisenbärenangriffs bei manchen Termitennestern simulieren, während andere Nester verschont blieben.

© Springer-Verlag GmbH Deutschland, ein Teil von Springer Nature 2021
R. Dunn, *Nie allein zu Haus,* https://doi.org/10.1007/978-3-662-61586-7_3

Diese Simulation durchzuführen, war meine Aufgabe, und so ging ich Tag für Tag mit einer Machete von einem Termitennest zum nächsten.

Für das Kind in meinem 20-jährigen Selbst war diese Aufgabe wunderbar – ich genoss es, mir mit einer Machete den Weg freizuhacken – und der junge Wissenschaftler in mir profitierte sogar noch mehr. Während der Arbeit unterhielt ich mich mit Sam Messier über Wissenschaft, und beim Mittag- und Abendessen löcherte ich die anderen Wissenschaftler mit meinen Fragen, bis sie genug davon hatten. Wenn ich niemanden mehr fand, der bereit war, meine Fragen zu beantworten, zog ich auf eigene Faust los. Nachts durchstreifte ich, ausgestattet mit einer Stirnlampe, einer Taschenlampe und einer Ersatztaschenlampe, den Regenwald.[1] Der nächtliche Wald war erfüllt von den Geräuschen und Gerüchen des Lebens, aber ich konnte nur das sehen, was vom Lichtkegel meiner Taschenlampe erhellt wurde. Das Licht schien die Arten überhaupt erst zu erschaffen. Ich lernte, zwischen der Augenreflektion von Schlangen, Fröschen und Säugetieren zu unterscheiden und die Silhouette von schlafenden Vögeln zu erkennen. Ich begann, Blätter und Rinden geduldig zu betrachten, denn dort ließen sich riesige Spinnen, Grashüpfer und Insekten finden, die Vogelexkremente nachahmten. In manchen Nächten überredete ich einen deutschen Fledermauswissenschaftler, mich mitzunehmen, wenn er mit Netzen auf Fledermausjagd ging. Ich war nicht gegen Tollwut geimpft, aber das störte ihn nicht, und mit meinen 20 Jahren machte auch ich mir keine Gedanken darüber. Er brachte mir bei, Fledermäuse zu identifizieren und Nektar-, Insekten- und Fruchtfresser auseinanderzuhalten. Auch der riesigen Art *Vampyrum spectrum* begegnete ich, die sich von Vögeln ernährt und so groß wird, dass die Fangnetze manchmal zerrissen. Meine Beobachtungen waren anekdotisch, aber ich konnte dabei erste eigene Hypothesen entwickeln. Mich begeisterte der Gedanke, dass die meisten Entdeckungen noch nicht gemacht worden sind. Ich verliebte mich in das Entdecken und war insbesondere davon beeindruckt, dass man mit Geduld unter beinahe jedem Baumstamm oder Blatt Unbekanntes aufspüren konnte.

Am Ende meines Aufenthalts in Costa Rica hatte ich Sam Messier geholfen nachzuweisen, dass Kolonien mehr Soldaten produzieren, wenn sie öfter mit einer Machete gestört werden [1]. Damit endete die Studie, aber die damit verbundenen Erfahrungen wirkten weiter. Einen Großteil

---

[1] Mehrmals entfernte ich mich so weit, dass die Batterien aller drei Taschenlampen erschöpft waren und ich im Mondschein meinen Weg zurück zur Station suchen musste, was in einem Wald voller Giftschlangen natürlich überaus leichtsinnig war.

der nächsten 10 Jahre verbrachte ich in Bolivien, Ecuador, Peru, Australien, Singapur, Thailand, Ghana und an anderen Orten, wo ich Tropenwälder durchstreifte, um die größeren Zusammenhänge zu begreifen. Zwischenzeitlich kehrte ich in die gemäßigte Zone zurück, nach Michigan, Connecticut oder Tennessee. Dann bot mir jemand eine neue Chance – ein kostenloses Flugticket, eine Aufgabe und das Essen zum Leben – und plötzlich fand ich mich erneut im Dschungel wieder. Im Lauf der Zeit fand ich heraus, dass ich auch in anderen Sphären (in Wüsten oder in den Wäldern der gemäßigten Zone) dieselben Entdeckungen und Erfahrungen machen konnte wie im Regenwald. Ich begann sogar in Hinterhöfen, neues Leben zu finden. Auf Hinterhöfe wurde ich aufmerksam, als ein neuer Student, Benoit Guenard, in mein Labor kam. Benoit Guenard war von Ameisen fasziniert. Als Benoit Guenard in Raleigh ankam, begann er, die Wälder von Raleigh unermüdlich nach Ameisen zu durchsuchen, und fand dabei eine Art, die weder mir noch ihm bekannt war. Es handelte sich um eine eingewanderte Art, die asiatische Nadelameise *Brachyponera chinensis* [2], die sich in Raleigh verbreitet hatte, ohne dass irgendjemand davon Notiz genommen hatte. Als Benoit Guenard begann, diese Ameise zu studieren, beobachtete er Verhaltensweisen, die noch nie zuvor bei Insekten bemerkt worden waren. Wenn eine futtersuchende Ameise Nahrung findet, legt sie z. B. keine Pheromonspur, der ihre Nestgenossinnen folgen könnten, sondern sie kehrt zum Nest zurück, greift sich eine andere futtersuchende Ameise, trägt sie zur Nahrungsquelle und wirft sie auf den Boden, wie um zu sagen: „Hier, Futter!" [3]. Benoit Guenard untersuchte die asiatische Nadelameise auch in Japan, ihrer eigentlichen Heimat. Dort fand er eine völlig neue, mit der asiatischen Nadelameise verwandte Ameisenart, die in weiten Teilen Südjapans – auch in und nahe bei Städten – weitverbreitet ist, aber vorher nicht aufgefallen war [4]. Diese Entdeckungen waren jedoch erst der Anfang.

In dieser Zeit kam auch eine Gymnasiastin, Katherine Driscoll, ins Labor von Raleigh. Katherine Driscoll wollte Tiger erforschen. Da ich mich nicht mit Tigern beschäftige, beauftragten Benoit Guenard und ich Katherine Driscoll damit, die „Tigerameise" *Discothyrea testacea* zu suchen und zu erforschen. Dabei erzählten wir Katherine Driscoll nicht, dass wir uns den Namen „Tigerameise" gerade ausgedacht hatten, und wir verschwiegen ihr außerdem, dass niemand je eine lebende Kolonie dieser Ameisen gesehen hatte. Katherine Driscoll begann zu suchen. Ich rechnete damit, dass sie während ihrer Suche abgelenkt und etwas anderes Interessantes finden würde. Entgegen meiner Annahme entdeckte Katherine Driscoll jedoch die „Tigerameise", und das sogar direkt hinter dem Gebäude, in dem sich mein Labor und Büro befinden. Im Alter von 18 Jahren war sie die erste Person, die je eine lebende Königin der „Tigerameise" *Discothyrea testacea* erblickte [5].[2] Bald darauf rekrutierten wir auch die Hilfe jüngerer Schüler beim Sammeln von Ameisen in Hinterhöfen und beschränkten uns nicht mehr auf Raleigh [6].[3] Wir stellten ein Set zusammen, mit dem Kinder überall in den Vereinigten Staaten Ameisen in ihren Hinterhöfen sammeln können, und damit beschleunigte sich das Tempo, in dem neue Entdeckungen gemacht wurden. Ein achtjähriges Kind entdeckte die asiatische Nadelameise in Wisconsin, und ein anderes achtjähriges Kind fand sie im Bundesstaat Washington, obwohl zuvor angenommen worden war, dass diese Art nur im Südwesten der Vereinigten Staaten vorkommt.

Die Unterstützung von Kindern bei der Erforschung von Hinterhofameisen blieb nicht ohne Folgen für das Labor; wir begannen, die Öffentlichkeit immer häufiger bei der Suche nach neuen Erkenntnissen einzubeziehen. Zuerst beteiligten sich Dutzende Menschen, dann waren es Hunderte und schon bald Tausende, die sich in ihrer Umgebung auf die Suche nach neuen Erkenntnissen machten. Durch diese Funde unter Mitwirkung der Öffentlichkeit wurde unser Interesse am Leben in Häusern geweckt. Laien beim Auffinden neuer Arten und Verhaltensweisen einzubeziehen war besonders spannend, weil diese Entdeckungen direkt mit dem Alltag der Menschen zu tun hatten. Wir erinnerten die Menschen daran, dass die sie umgebende Welt noch immer Geheimnisse birgt, und konnten, so hoffte ich, in den Menschen eine ähnliche Begeisterung wecken, wie ich sie als 20-Jähriger in Costa Rica erlebt hatte. Vielleicht hätte ich dieselben Erfahrungen ja auch in Michigan machen können, wenn mir klar gewesen wäre, dass auch hier neue Entdeckungen möglich sind. Wir überlegten, ob es für Laien nicht noch spannender wäre, neue Arten, Verhaltensweisen und andere Erkenntnisse genau dort zu finden, wo sie die meiste Zeit verbringen: in der Wildnis ihres eigenen Zuhauses.

Die meisten bisherigen Studien zum Leben in Häusern haben sich mit Ungeziefer und Pathogenen befasst, deshalb war es naheliegend, dass man andere Arten übersehen haben musste. Einige Wissenschaftler hatten allerdings hier und da einzelne Studien zu interessanten Arten in Häusern gemacht, bei denen es sich weder um Pathogene noch um

---

[2]Es gab davor nur eine einzige Arbeit zu dieser Ameise (aus dem Jahr 1954): Smith und Wing 1954 [5]. Mich interessierte, womit sich Katherine Driscoll heute beschäftigt, und meine Nachforschungen ergaben, dass sie als Tierpflegerin im Zoo von El Paso arbeitet. Ihr Interesse für Großkatzen war also stärker als meine Anreize, es umzulenken.

[3]Diese Arbeit wurde von Andrea Lucky initiiert und durchgeführt, die heute Assistenzprofessorin an der University of Florida ist.

Ungeziefer handelte (z. B. die Studie zum Bakterium *Thermus scotoductus* in Heißwasserbereitern), aber dies waren kurzzeitige, kleine Studien und keine umfangreichen, aufwendigen Arbeiten. Es gab z. B. keine Feldstation, die sich mit dem Studium der Innenräume der Feldstation beschäftigte. Ich stellte ein Team zusammen, um das Leben in Häusern zu untersuchen, das seither immer weiter wächst und an dem nicht nur Wissenschaftler überall auf der Welt beteiligt sind, sondern auch die Öffentlichkeit – Erwachsene, Familien und Kinder. Uns einte der Wunsch, Leeuwenhoeks Begeisterung zu erleben, die verrückte Begeisterung über das, was möglich ist. Dass wir ein Projekt starten wollten, war klar, aber es gab noch eine Schwierigkeit: Wo sollten wir beginnen und auf welche Weise konnten wir das Verborgene sichtbar machen? Wir beschlossen, mit Bakterien zu beginnen. Seit meiner Arbeit mit Sam Messier zu den *Nasutitermes*-Termiten interessierte ich mich für Bakterien. Außerdem: War ein Haus nicht eine Art großes Nest? Sehr wahrscheinlich würden wir gerade unter den Bakterien und anderen Mikroben, den für das bloße Auge unsichtbaren Arten, die größten Entdeckungen machen. Allerdings hatten sich die Zeiten geändert; für die Untersuchung dieser Arten würde mehr nötig sein als ein Mikroskop mit einer Einzellinse. An dieser Stelle kam Noah Fierer, ein Mikrobiologe an der University of Colorado, Boulder (wo auch Sam Messier Studentin war), ins Spiel: Er stellte das Werkzeug bereit, das uns einen Blick auf das Leben in Häusern ermöglichte. Mit seiner Hilfe konnten wir die Arten im Staub der Häuser anhand ihrer DNA identifizieren, die Organismen im Staub sequenzieren und so das unsichtbare Leben enthüllen, das uns umgibt und das wir einatmen [7].[4]

Noah Fierer ist ausgebildet als Bodenmikrobiologe, und hier liegt auch sein Interessenschwerpunkt. Ihn fasziniert der Boden wie mich der Dschungel; der Boden macht ihn staunen und bietet ihm immer wieder die Möglichkeit, sich in Entdeckungen zu verlieren. Zum Glück kann sein Interesse manchmal auch für Organismen anderswo geweckt oder vielmehr auf diese *umgelenkt* werden, zumindest wenn sie nicht größer als Pilzsporen sind. Ich vermeide es allerdings, mit Noah Fierer über Ameisen oder Eidechsen zu sprechen, denn sonst bekommt er sofort einen abwesenden Blick. Noah Fierer hat unabhängig vom Habitat, in dem er Kleinlebewesen

---

[4]Lange bevor wir je daran gedacht hatten, eines Tages die Bauchnabel oder Häuser von Menschen zu untersuchen, arbeiteten Noah Fierer und ich in einem von Jiri Hulcr geleiteten Projekt zu Ambrosiakäfern. Jiri Hulcr studierte die Pilze und Bakterien, die diese Käfer von Ort zu Ort transportieren und kultivieren, um ihre Nachkommen zu ernähren. Über diese Verbindung entstand die Zusammenarbeit zwischen mir und Noah Fierer.

Abb. 3.1 Jessica Henley beim Verarbeiten von DNA-Proben, die anschließend zentrifugiert werden sollten. Dies ist einer der Schritte für die Vorbereitung der aus Umweltproben isolierten DNA für die Sequenzierung. (Foto von Lauren M. Nichols)

untersucht, wie Leeuwenhoek ein besonderes Talent dafür, ein gewöhnliches Werkzeug auf neue Weise einzusetzen. Oft wird gesagt, Leeuwenhoek habe das Mikroskop erfunden, aber dies stimmt nicht; er hatte noch nicht einmal besonders gute Mikroskope. Erst durch Leeuwenhoeks Persönlichkeit wurden seine Mikroskope zu etwas Besonderem. Ganz ähnlich ist das Bemerkenswerte an Noah Fierers Analysen nicht, dass er über großartige Geräte zum Entschlüsseln der Identität von Mikroben in einer Probe verfügt (obwohl auch dies zutrifft), sondern dass er die Geräte und Methoden so nutzt, dass er Dinge sieht, die anderen entgehen. Noah Fierer sollte die Arten in Proben aus Häusern identifizieren, indem er die darin enthaltene DNA sequenzierte. Er und Mitarbeiter seines Labors sollten die DNA aus jeder Probe extrahieren, mit den Enzymen von *Thermus aquaticus* (oder einer anderen zu diesem Zeitpunkt bekannten thermophilen Mikrobe) weitere Kopien der DNA anfertigen und anschließend die Gensequenz bestimmter Gene entschlüsseln, die allen Arten der Probe gemeinsam waren (Abb. 3.1). So sollten nicht nur die Arten gefunden werden, die von Wissenschaftlern kultiviert werden können, sondern auch die, bei denen dies noch nicht möglich ist. Mit der Hilfe von Laien und Noah Fierer wollten wir alle Organismen in Häusern aufspüren, egal ob sie tot oder lebendig, aktiv oder inaktiv waren.

Wir wollten mit Wattestäbchen Staubproben von 10 Habitaten in 40 Häusern sammeln. Alle Häuser befanden sich in Raleigh in North Carolina, der Stadt, in der ich auch heute noch lebe. Irgendwo mussten wir beginnen, und wir wussten so wenig über die Umgebungsmikroben in Innenräumen, dass wir auch einfach in Raleigh beginnen konnten. Wir beschlossen, die Teilnehmer Proben aus Kühlschränken sammeln zu lassen, und zwar nicht von den Nahrungsmitteln selbst, sondern vom Leben, das sich neben den Nahrungsmitteln entwickelt; außerdem Proben vom Staub auf Türrahmen drinnen und draußen sowie Proben von den Kissenbezügen in Betten, von Toiletten, Türgriffen und Küchenarbeitsplatten.

Alle Teilnehmer[5] bekamen Wattetupfer zugeschickt, mit denen sie die Proben abnehmen sollten. Der Staub auf den verwendeten Watte-tupfern würde das enthalten, was Hannah Holmes als „Fragmente einer sich auflösenden Welt" bezeichnete: Partikel von Farbe, Kleidern, Schneckenhäusern, Couchgewebe, Hundehaaren, Krabbenschalen, Marihuanarückständen und Haut, zudem noch lebende und tote Bakterien [8]. Die Teilnehmer sollten die Wattetupfer dann in luftdichten Röhrchen versiegeln und diese an Noah Fierers Labor schicken, wo alle Bakterienarten in jeder Staubprobe identifiziert werden sollten. Noah Fierers Labor würde uns gleichsam als Lichtkegel dienen, der das verborgene Leben im Staub ent-hüllen würde.

Was sich Noah Fierer von dieser Studie zu Häusern versprach, weiß ich nicht genau, aber ich möchte an dieser Stelle kurz umreißen, was zu Beginn unserer Studie in der wissenschaftlichen Literatur zu diesem Thema bekannt war und welche neuen Erkenntnisse seit der Arbeit Leeuwenhoeks im 16. Jahrhundert gewonnen worden waren. Schon in den 1940er-Jahren hatten Studien gezeigt, dass Körperbakterien in Häusern vorhanden sind. Dort, wo sich Menschen länger aufhalten, insbesondere an Stellen, die sie mit ihrer nackten Haut berühren (z. B. auf Toilettensitzen, Kissenbezügen oder Fernbedienungen), leben viele Körperbakterien. In diesen Studien konzentrierte man sich auf problematische Arten, z. B. Fäkalbakterien auf Blumenkohl und Hautpathogene auf Kissenbezügen, und auf ihre Eliminierung. Alles, was nicht besorgniserregend war, war uninteressant. Neuere Studien ab den 1970er-Jahren führten zur Entdeckung weiterer in Häusern vorkommender Arten, z. B. von *Thermus* in Wasserbereitern und

---

[5]Zunächst kamen die Teilnehmer oft aus unserem Bekanntenkreis, aber mit unseren Projekten wuchs auch der Kreis der Teilnehmer.

einigen ungewöhnlichen Bakterien in Abflüssen. Diese neueren Untersuchungen ließen uns vermuten, dass wir bei der Untersuchung von Häusern viele neue Lebewesen finden würden, und so war es.

In den 40 Häusern fanden wir beinahe 8000 Bakterienarten – dies entspricht ungefähr der Zahl der Vogel- und Säugetierarten auf dem gesamten amerikanischen Kontinent. Dazu gehörten nicht nur die Arten, von denen bekannt ist, dass sie auf dem menschlichen Körper leben, sondern auch andere Lebewesen, darunter einige äußerst ungewöhnliche. Mit der Studie der 40 Häuser drehten wir metaphorisch gesprochen 40 Pflanzenblätter um und fanden auf ihrer Unterseite wildes Leben. Viele der Arten konnten keinerlei früheren Forschungsergebnissen zugeordnet werden, es waren ganz neue Arten oder sogar neue Gattungen. Ich war euphorisch, denn ich war wieder im Dschungel, wenn auch im Dschungel des alltäglichen Lebens.

Wir beschlossen, die Anzahl der Teilnehmer zu erhöhen, um weitere Häuser zu untersuchen. Es gelang uns schließlich, von der Sloan Foundation, die damals das ehrgeizige Ziel hatte, Studien zum Leben in Häusern zu finanzieren, Geld für eine größer angelegte Studie zu bekommen. Außerdem fanden wir weitere tausend Menschen aus verschiedenen Teilen der Vereinigten Staaten, die bereit waren, uns Wattetupfer mit Proben von vier Stellen aus ihren Häusern zu schicken.[6]

Auch aus den Proben dieser 1000 Häuser identifizierten wir die Bakterien. Die naheliegende Erwartung, bei dieser zweiten Versuchsreihe ähnliche Arten wie in Raleigh zu finden, wurde in einem gewissen Maß erfüllt: Viele der in Raleigh gefundenen Arten fanden sich auch in den Häusern in Florida und sogar Alaska. Darüber hinaus gab es aber auch Arten, die in Raleigh nicht vorkamen, neue Arten in jeder Region und in jedem Haus. Wir fanden insgesamt ca. 80.000 Arten von Bakterien und Archaeen, zehnmal so viele wie bei der ersten Studie in Raleigh.

Zu den 80.000 von uns gefundenen Arten gehörten Arten aus fast allen der ältesten Zweige des Lebens. Die Arten von Bakterien und Archaeen werden in Gattungen gruppiert, diese wiederum in Familien und diese wiederum in Ordnungen. Die Ordnungen werden in Klassen zusammengefasst, und diese wiederum in Stämmen. Einige Stämme sind zwar sehr alt, kommen aber äußerst selten vor. Dennoch haben wir fast alle bisher bekannten Bakterien- und Archaeenstämme der Erde in Häusern gefunden.

---

[6]Für Noahs technische Mitarbeiterin Jessica Henley bedeutete dies, dass sie die Enden von 4000 Wattestäbchen abtrennen und in 4000 Glasgefäße füllen musste. Dafür schulde ich ihr zweifellos eine Entschuldigung, vor allem aber ein großes Dankeschön.

Wir fanden Stämme, deren Existenz 10 Jahre zuvor noch gar nicht bekannt war, und wir fanden sie auf Kissen oder in Kühlschränken. Hier zeigte sich in Alltagsgegenständen die Großartigkeit des Lebens und der Naturgeschichte auf der Erde. Wenn wir das Leben in unseren Häusern wirklich verstehen wollen, müssen wir die Naturgeschichte von zehntausenden Arten detailliert erforschen (das wird noch Jahrzehnte dauern), aber schon jetzt können wir ein grobes Muster erkennen und die vielen Organismen in Gruppen einteilen, um sie etwas besser zu begreifen.

Einige der in Gebäuden gefundenen Bakterien waren auch schon davor aufgefallen: die Körperbakterien. Die meisten dieser Arten sind allerdings keine Pathogene, sondern detritivore Arten, deren Leben mit der bizarren Tatsache zusammenhängt, dass unser Körper schon während unseres Lebens langsam zerfällt. Wo immer wir gehen, lassen wir eine Wolke von Lebewesen zurück. Unser Körper stößt fortlaufend Hautschuppen ab (dieser Prozess wird als Abschuppung bezeichnet). Jeder von uns verliert ca. 50 Mio. Schuppen pro Tag, und diese dienen als Lebens- oder Nahrungsgrundlage für Tausende von Bakterien. Wie auf Fallschirmen schweben die Bakterien durch die Luft und umgeben uns wie ein stetiges Schneegestöber. Auch auf den Körperflüssigkeiten, z. B. Speicheltröpfchen und Fäkalienpartikeln, die wir hier und da hinterlassen, siedeln sich Bakterien an, sodass zu Hause überall, wo wir uns aufhalten, unsere Spuren zurückbleiben. Alle von den Bewohnern häufig aufgesuchten Orte in den von uns untersuchten Häusern wiesen mikrobielles Leben auf, das die menschliche Präsenz belegte [9].[7]

Dass wir überall eine Spur von Bakterien zurücklassen, ist nicht weiter überraschend. Dies ist unvermeidlich und größtenteils unbedenklich, zumindest in Szenarien mit modernen Abfallbehandlungsanlagen und einer Versorgung mit sauberem Trinkwasser (dazu später mehr). Die allermeisten

---

[7]An einigen Stellen in Häusern kann man über eine Analyse der Organismen genau erkennen, wo wir unseren Körper platzieren. Interessant ist auch eine Studie von Matt Colloff, einem Ökologen und Milbenbiologen, der damals an der University of Glasgow arbeitete: Er nahm Nacht für Nacht Proben aus seinem eigenen Bett und untersuchte sie. Colloff konfigurierte Geräte, um die Temperatur und Feuchtigkeit von neun Quadraten seines Betts zu überwachen, während er darin schlief. Das Bett war Colloffs Angaben zufolge ein 15 Jahre altes Doppelbett mit einer ebenso alten Matratze. Während er schlief, zeichnete das Gerät die Daten zu seiner Matratze immer zur vollen Stunde auf. Colloff erwartete, dass sich an den wärmeren und feuchteren Stellen eine höhere Milbenzahl finden würde, aber damit lag er falsch. Er machte stattdessen eine andere Entdeckung: Unabhängig von der Temperatur waren die meisten Milben jeweils dort, wo sich sein Körper befand. Colloff fand insgesamt 18 Milbenarten, darunter Staubmilben, aber auch ihre Feinde, und alle lebten gerade da, wo er schlief, und ernährten sich von seinen körperlichen Abfallprodukten. Man kann sich vorstellen, dass auch die Mikroben ein ähnliches Muster zeigen und besonders dicht an den Stellen auftreten, wo wir die meiste Zeit verbringen. Colloff erklärte sich die große Vielfalt in seinem Bett mit dem hohen Alter seiner Matratze.

Arten, die Sie oder andere auf einem Stuhl hinterlassen, sind nützliche oder harmlose Arten, die sich kurzzeitig von abgestoßenen Teilen Ihres Körpers ernähren, bevor sie sterben. Dazu gehören Darmbakterien, die Sie bei der Verdauung unterstützen und wichtige Vitamine produzieren, aber auch Hautbakterien, die überall auf Ihrem Körper leben, z. B. in Ihren Achselhöhlen, und Ihnen helfen, neu ankommende Pathogene abzuwehren. Hunderte von Studien, über die auch immer wieder in den Medien berichtet wird, haben sich mit dieser Mikrobenspur beschäftigt, die wir auf allen unseren Wegen hinterlassen. Menschliche Bakterien finden sich auf allem, was wir anfassen – auf Mobiltelefonen, an den Stangen in U-Bahnen und auf Türgriffen – und ihre Konzentration steigt mit der Bevölkerungsdichte. Dies ist völlig in Ordnung und wird sich auch nicht ändern.

Neben den Arten, die mit dem Zerfall unseres Körpers zusammenhängen, fanden wir auch Arten, die an der Zersetzung und Fäulnis unserer Nahrungsmittel beteiligt sind. Die Konzentration dieser Arten ist verständlicherweise in Kühlschränken und auf Schneidebrettern am höchsten, aber sie leben auch an anderen Orten. Eine der Proben von einem Fernseher enthielt z. B. fast ausschließlich mit Nahrungsmitteln assoziierte Bakterien, und wir konnten uns nicht richtig erklären, wie diese Probe zustande kam. Die Wissenschaft kann nicht immer alles auflösen.[8] Hätten wir in unseren Häusern nur die Arten gefunden, die unsere Nahrung zersetzen und sich von den Zerfallsprodukten unseres Körpers ernähren, wäre die Studie nicht weiter bemerkenswert gewesen; man hätte sie mit einer Reise nach Costa Rica vergleichen können, bei der uns aufgefallen wäre, dass im Regenwald Bäume wachsen. Die Körper- und Nahrungsmittelmikroben waren aber bei Weitem nicht die einzigen Organismen.

Bei einer genaueren Untersuchung fanden wir auch Arten von Mikroben, Bakterien und Archaeen, die denen ähnelten, die Brock interessiert hatten, nämlich extremophile Organismen, die sich unter extremen Bedingungen am wohlsten fühlen. Für einen Organismus von der Größe eines Archaeons oder Bakteriums gibt es in Ihrem Zuhause unglaublich extreme Umgebungen, meist neue Habitate, die wir unbeabsichtigt erschaffen haben. In Gebäuden befinden sich Kühlschränke und Gefriertruhen, die so kalt werden können wie die kälteste Tundra. Sie enthalten Backöfen, die heißer sind als die heißesten Wüsten, und Heißwasserbereiter, die die extremen

---

[8]Später gab es einen ähnlichen Vorfall in einer Studie zum Leben in Bauchnabeln. Bei einem Teilnehmer, einem ziemlich renommierten Journalisten, enthielt der Bauchnabel fast ausschließlich Bakterien, die mit Nahrungsmitteln in Verbindung gebracht werden. Wir konnten keine Erklärung dafür finden; manche Rätsel des Lebens lassen sich wissenschaftlich nicht auflösen.

Temperaturen heißer Quellen erreichen. In Häusern gibt es aber auch sehr saure Bedingungen, z. B. in Nahrungsmitteln wie Starterkulturen von Sauerteigbrot, und sehr alkalische (basische) Bedingungen wie in Zahnpasta, Bleich- und Reinigungsmitteln. In diesen extremen Habitaten von Gebäuden leben Arten, die zuvor nur in der Tiefsee, auf Gletschern oder in fernen Salz wüsten vermutet wurden.

Die Seifenbehälter von Geschirrspülern enthalten z. B. ein einzigartiges Ökosystem von Mikroben, die unter heißen, trockenen und nassen Bedingungen überleben können [10]. Backöfen beherbergen Bakterien mit einer Toleranz für extreme Hitze. Kürzlich wurde eine Archaeenart gefunden, die in Autoklaven überleben kann, den extrem heißen Geräten zum Sterilisieren der Ausrüstung in Kliniken und Laboren [11].[9] Vor langer Zeit zeigte Leeuwenhoek, dass sich auf Pfeffer ungewöhnliche Organismen ansiedeln können. Für Salz gilt das Gleiche: Manche der in frisch gekauftem Salz enthaltenen Bakterien kommen normalerweise nur in Salzwüsten und Gegenden früherer Ozeane vor. Abflüsse in Spülbecken enthalten eine einzigartige Mischung von Bakterien und winzigen Schmetterlingsmücken, deren Larven sich von den Abflussbakterien ernähren. (Schmetterlingsmücken sehen Sie wahrscheinlich oft, ohne es zu realisieren. Ihre Flügel sind herzförmig und sehen aus, als wären sie mit einem Spitzenmuster überzogen.) Wir haben entdeckt, dass die Düsen in Duschköpfen, die abwechselnd trocken und nass sind, mit einem Film ungewöhnlicher, normalerweise in Sümpfen vorkommender Mikroben beschichtet sind. Diese neuen Ökosysteme sind oft kleinräumig, und die Arten benötigen sehr spezielle Bedingungen, sodass ihre Nischen oft stark eingegrenzt und die Arten leicht zu übersehen sind – ebenso leicht wie die Arten mit einer eingegrenzten Nische in der freien Natur. Zum Beispiel ist die von Katherine Driscoll gefundene „Tigerameise" schwer zu finden, da sie nur in den unterirdisch abgelegten Eipaketen von Spinnen lebt.

Das Leben in extremen Habitaten war nicht die letzte Überraschung, die uns in Häusern erwartete. Manche der von uns gefundenen Arten kamen nur in einigen Häusern vor, und obwohl sie nicht immer verbreitet waren, machten sie einen Großteil der insgesamt gefundenen biologischen Vielfalt

---

[9]Stamm 121 – so wurde die Art benannt – wurde ursprünglich in der Nähe von Hydrothermalquellen im Meer entdeckt, bei denen eine Wassertemperatur von 130 Grad Celsius erreicht werden kann. Diese Art toleriert weitaus höhere Temperaturen, als zuvor für möglich gehalten worden war. Ein Autoklav funktioniert wie ein unter Druck gesetzter Dampfkochtopf und kann dauerhaft eine Temperatur von ungefähr 121 Grad Celsius erreichen. Dabei werden alle Lebewesen abgetötet, insbesondere Bakterien, die die Laborausrüstung verunreinigen können. Die meisten Sterilisationszyklen im Autoklav dauern nur ein oder zwei Stunden, aber der Stamm 121 kann im Autoklav länger als 24 h überleben.

aus. Es handelte sich um Arten, die wir aus natürlichen Wäldern und
Grünland kennen; sie leben in der Regel im Boden, auf den Wurzeln von
Pflanzen, auf Blättern oder auch im Darm von Insekten. Diese natürliche
biologische Vielfalt fand sich häufiger auf der äußeren als auf der inneren
Türschwelle und trat hier und da auch in anderen Habitaten mancher
Häuser auf. Diese Arten können in der Luft, auf kleinen Dreckkrümeln und
auf anderen Substanzen leben, mit denen sie nach drinnen gelangen. Sie
können sich im Ruhezustand befinden, während sie auf geeignete Nahrung
warten, oder auch tot sein. Welche dieser Arten von draußen nach drinnen
gelangen, scheint von der Umgebung abzuhängen. Je vielfältiger und natürlicher das Leben außerhalb eines Hauses, desto vielfältiger die Organismen, die in der Luft schweben und sich auf den Türen absetzen [12].[10]
Man könnte denken, dass diese in der Luft treibenden natürlichen Arten,
die wie Strandgut an den Schwellen unserer Häuser angeschwemmt werden,
irrelevant seien, aber diese Annahme wäre falsch.

Bevor ich darauf eingehe, welche einzelnen Arten Sie gerade jetzt einatmen
oder was es bedeutet, wenn sich in Häusern viele Bakterien von draußen
ansiedeln, oder welche anderen Organismen (Gliederfüßer, Pilze usw.) mit
uns leben, möchte ich zunächst kurz auf die größeren Zusammenhänge des
Lebens in Gebäuden eingehen. Um zu verstehen, welche Arten in unseren
Häusern leben, müssen wir uns mit der Vergangenheit, mit der Geschichte
unserer Häuser, auseinandersetzen.

Während eines Großteils ihrer Vorgeschichte haben Menschen in Nestern
aus Ästen und Blättern geschlafen. Dies lässt sich aus dem Verhalten der
modernen Menschenaffen ableiten, die bekanntlich dieselben Vorfahren
haben wie wir. Die Merkmale, in denen sich die verschiedenen Arten der
Menschenaffen unterscheiden, sagen nur wenig über unseren gemeinsamen
Vorfahren aus, aber die Merkmale, die sie alle teilen, fanden sich vermutlich auch bei unseren Vorfahren. Alle heute lebenden Menschenaffen –
Schimpansen, Bonobos, Gorillas und Orang-Utans – bauen sich Nester
aus Ästen und Blättern, die sie lose miteinander verflechten [13, 14]. Meist
nutzen sie ihre Nester nur eine Nacht und verlassen sie danach, sodass diese
mehr die Funktion von Betten haben als von Häusern. Man kann sie als in
kurzlebigen Siedlungen gebaute Betten oder – etwas malerisch – als „Schlaf-
säle" beschreiben.

---

[10]Später wiesen wir nach, dass dies auf Wohnungstüren weniger zutrifft (hier finden sich dieselben
Arten wie in der Wohnung).

Vor Kurzem studierte Megan Thoemmes, eine Studentin in meinem Labor an der North Carolina State University, die Bakterien und Insekten in Schimpansennestern. Eigentlich würde man annehmen, dass sich in diesen Nestern vor allem Arten befinden, die mit dem Körper von Schimpansen assoziiert sind, Körperbakterien von Schimpansen oder vielleicht sogar größere Arten, die auf den Schimpansen leben. (Das Fell von Faultieren beherbergt ja bekanntlich ein ganzes Ökosystem von Gliederfüßern und Algen [15],[11] warum also nicht das Fell von Schimpansen?) Denkbar wären Pelzmilben, Hausstaubmilben, vielleicht auch Dornspeckkäfer oder Diebskäfer, denn diese Arten leben auch gerne in menschlichen Betten [16] und bilden das Ökosystem unseres Zerfalls, das uns im Schlaf umgibt. Megan Thoemmes fand aber in den Nestern stattdessen beinahe ausschließlich Umweltbakterien sowie Bakterien des Bodens und der Blätter [17, 18].[12] Welche Bakterien genau vorkamen, hing davon ab, ob die Proben während der Trocken- oder Regenzeit gesammelt worden waren. Wahrscheinlich lebten genau solche Arten in den Nestern unserer Vorfahren – bis sie damit begannen, Häuser zu bauen. Mit anderen Worten: Über Jahrmillionen waren unsere Vorfahren gegenüber Bakterien exponiert, die aus der Umwelt stammten und sich mit den Jahreszeiten und den Orten änderten.

Als unsere Vorfahren dann dauerhaftere Schlafplätze als Nester suchten, bezogen sie wahrscheinlich zunächst Höhlen, bevor sie schließlich damit begannen, Häuser zu bauen. Die ältesten von unseren Vorfahren errichteten Behausungen wurden auf einem Lagerplatz nahe einem Strand bei Terra Amata (in der Nähe des heutigen Nizza) nachgewiesen [19]. Dort fand ein Archäologe Überreste von mindestens 20 Hütten, die damals direkt an der Küste standen. Die am besten erhaltenen zeigen einen Ring aus Steinen um einen Boden aus Asche, wobei man auf dem Boden noch Spuren der Pfosten sehen kann, die das Dach trugen. Um die Steine gab es offenbar einen zweiten Ring aus nach innen gelehnten Pfosten, die einen Raum bildeten.

---

[11]Dreifinger-Faultiere bewältigen den mühsamen Abstieg von ihren sicheren Sitzplätzen in den Baumkronen zum Waldboden nur etwa alle drei Wochen, um ihre Notdurft zu verrichten. Bei dieser Gelegenheit legen die in ihrem Fell lebenden Motten Eier im Faultierkot ab. Die Mottenlarven durchlaufen all ihre Entwicklungsstadien im Kot. Wenn sie ihre Entwicklung abgeschlossen haben, fliegen sie in die Baumkronen, um sich im Fell eines Faultiers anzusiedeln. Ein einziges Dreifinger-Faultier kann zwischen 4 und 35 Motten beherbergen. Manche behaupten, dass die Motten Nährstoffe bereitstellen, die das Wachstum der ebenfalls im Faultierfell lebenden Algen fördern. Die Faultiere ergänzen ihre Ernährung mit den Algen, da diese mehr Lipide enthalten als Blätter.

[12]Schimpansen verrichten ihre Notdurft niemals in ihren Nestern, sie scheinen nicht viel Nahrung zurückzulassen und bauen in den meisten Nächten ein neues Nest. All das verhindert, dass sich Mikroben und andere mit den Schimpansenkörpern assoziierte Lebensformen akkumulieren. Die Studie von Megan Thoemmes findet sich in: Thoemmes et al. 2018 [18]

Diese Hütten wurden vor mehr als 300.000 Jahren von einem alten Hominiden (wahrscheinlich *Homo heidelbergensis*) errichtet.[13] Wir wissen nur wenig darüber, wie gebräuchlich solche Hütten damals waren, ab wann sie gebaut wurden und ob es verschiedene Bauweisen gab. Bisher hat uns die Archäologie nur wenige und sporadische Anhaltspunkte geliefert. Zum Beispiel wurde ein den Hominiden (in diesem Fall den modernen Menschen) zugeordneter 140.000 Jahre alter Unterstand an einer archäologischen Stätte in Südafrika entdeckt, außerdem 70.000 Jahre alte Betten an einer anderen Stätte in Südafrika [20]. Unsere Vorfahren haben zumindest teilweise in Behausungen geschlafen und damit eine leichte Trennung von ihrer Außenwelt geschaffen.

Vor 20.000 Jahren tauchten dann überall auf der Welt Siedlungen mit Häusern auf. In beinahe allen Fällen waren die Häuser rund und hatten eine Kuppel, einfache Konstruktionen ähnlich den Kammern, die ein Termitenkönig und eine Termitenkönigin für sich errichten. An manchen Orten wurden sie aus Ästen, an anderen aus Lehm erbaut, andere im hohen Norden wiederum aus Mammutknochen. Diese Häuser waren mehr oder weniger provisorisch – manche waren möglicherweise nur für einige Tage oder Wochen bewohnt – aber ich vermute, dass sich schon in diesen Häusern die Zusammensetzung der Arten änderte. Der beste Beweis dafür kann mit Studien über heute lebende Menschen erbracht werden, die in ähnlichen Häusern wie unsere Vorfahren wohnen. Im brasilianischen Amazonien leben die indigenen Achuar in traditionellen Häusern mit offenen Wänden und Palmdächern, und hier dominieren Umweltbakterien [21]. Megan Thoemmes stellte allerdings fest, dass auch wenn die Häuser der Himba in Nordnamibia nur aus einem einzigen Raum mit einem runden Kuppeldach bestehen, die Schlafplätze andere Mikroben aufweisen als die Kochplätze. Die Körpermikroben reichern sich also selbst in einfachen Häusern an. Die Häuser der Himba und Achuar enthalten aber nicht nur Körpermikroben, sondern auch – ähnlich wie ein Schimpansennest – die gleiche Vielfalt an Umweltbakterien wie die Luft um ihre Häuser. In den Unterkünften der heute lebenden Himba und Achuar leben zwar mehr auf Innenräume spezialisierte Mikroben, aber es sind auch noch Umweltbakterien vorhanden. Auch wenn die Behausungen der frühen Menschen

---

[13]Es ist nur schwer vorstellbar, dass Hominide sich vor über 1,7 Mio. Jahren in Europa ansiedelten, ohne sich einen Unterstand bauen zu können. Das Problem ist, dass die Materialien, aus denen die ersten Häuser erbaut wurden – Äste, Blätter und Lehm – nicht lange Bestand haben. Es erfordert aber nicht viele Schritte, um über das Bauen eines Nests und das Errichten eines Windschutzes zum Konstruieren eines einfachen gewölbten Dachs zu gelangen.

mit den heutigen Häusern der Himba und Achuar nicht identisch sind, kann man dennoch mit einiger Sicherheit behaupten, dass unsere Vorfahren von ähnlichen Mikroben umgeben waren wie die Achuar und Himba heute und dass auch in den früheren Häusern die Umweltmikroben vorherrschten.

Vor ungefähr 12.000 Jahren begannen Menschen dann neben runden auch viereckige Wohnhäuser zu bauen. Diese bieten zwar etwas weniger nutzbare Innenfläche als runde Gebäude, aber ermöglichen eine modulare Bauweise, bei der viele Häuser dicht nebeneinander oder sogar übereinander angeordnet werden können. Der Wechsel von runden zu viereckigen Häusern erfolgte fast überall, wo sich eine Landwirtschaft entwickelte und die Bevölkerungsdichte zunahm. Häuser waren nun stärker von der Außenwelt getrennt – mehr als bisher gab es ein Innen und ein Außen. Trotzdem wurde die alte Bauweise nach wie vor verwendet. Runde und eckige Häuser existierten Seite an Seite.

Machen wir nun einen Zeitsprung von 12.000 Jahren: Heute leben die allermeisten Menschen in Städten, ein Trend, der sich immer weiter verstärkt, und in den Städten leben immer mehr Menschen in Wohnungen. Die Distanz, die ein Bakterium überwinden muss, um in eine Wohnung zu gelangen, kann ziemlich groß sein. Wenn die Fenster der Wohnung geschlossen bleiben, muss es über die Treppe, den Flur und an mehreren Türen vorbei, bis es in die Wohnung hineinhuschen kann. Wir stellen uns vor, dass wir eine sterile Welt erschaffen können, aber in Wohnungen, in denen die Fenster geschlossen bleiben und Parks weit entfernt sind, entsteht stattdessen eine Welt, in der die Mikroben dominieren, die mit dem Zerfall unseres Körpers, unserer Nahrungsmittel und unserer Gebäude zusammenhängen. Früher lebten wir in Nestern, in denen wir von Umweltmikroben umgeben waren; unser Einfluss auf unsere Aufenthalts- und Schlafplätze war gering, kaum wahrnehmbar. In einigen der heutigen Wohnungen ist unser Einfluss auf die Umgebung, auf die Natur, unübersehbar, aber ich möchte in diesem Zusammenhang auf einen wichtigen Punkt hinweisen: Unsere Studienergebnisse haben gezeigt, dass es zwischen den einzelnen Wohnungen und Häusern große Unterschiede gibt. Manche sind tatsächlich von der Umgebung abgeschnitten; andere, wie z. B. die Unterkünfte der heutigen Himba oder Achuar, sind eng mit ihr verbunden. Wir haben die Wahl, wie viel vom Reichtum des Lebens wir in unsere Häuser hineinlassen.

Wenn Menschen bewusst wird, dass ihre Wohnungen Tausende von Bakterienarten beherbergen – seien es mit dem Zerfall assoziierte Arten, extreme Arten oder Arten aus Wäldern oder Böden – gibt es meiner Erfahrung nach drei mögliche Reaktionen: Mikrobiologen, mit denen ich relativ viel zu tun habe, sind vielleicht schon beeindruckt, aber nicht über-wältigt. „Ihr habt 80.000 Bakterien gefunden? Ich hätte gedacht, es sind mehr. Habt Ihr auch im Winter Proben genommen, und habt Ihr auch Hunde untersucht?" Mikrobiologen beschäftigen sich jeden Tag mit der Großartigkeit und Vulgarität des Unbekannten, und manchmal führt dies zu einer gewissen Abstumpfung. Auf die Mikrobiologen möchte ich zunächst nicht weiter eingehen.

Einige Menschen empfinden Ehrfurcht, und zu diesen gehöre auch ich. Ich hoffe, dass diese neuen Erkenntnisse auch in anderen Menschen Staunen hervorrufen. Die uns umgebende Vielfalt, deren Erforschung gerade erst begonnen hat, ist ehrfurchtgebietend. Die Entwicklung der heute in Häusern vorhandenen mikrobiellen Vielfalt hat vier Milliarden Jahre gedauert. Jede Wohnung enthält bisher unbenannte Arten, von denen wir nichts wissen; einige von ihnen begleiten uns möglicherweise schon seit Millionen von Jahren, während sich andere erst in jüngerer Zeit bei uns niedergelassen und an die Ecken und Schlupfwinkel unseres modernen Lebens angepasst haben. Ohne das Haus zu verlassen können wir neue Arten, neue Phänomene und unbekannte Tatsachen entdecken.

Aber viele Menschen empfinden Ekel. Wieso ich das denke? Wenn wir Entdeckungen in Häusern machen, benachrichtigen wir die Bewohner über die Ergebnisse. Daraufhin schicken uns die Menschen E-Mails mit Fragen, und ich liebe diese Fragen. Sie erinnern mich manchmal an die Fragen, die ich den Feldbiologen in der La Selva Biological Station in Costa Rica stellte: „Was ist über diese Art bekannt, und was macht sie eigentlich?" Oft gebe ich den Menschen eine ähnliche Antwort wie die Tropenbiologen damals mir: „Wir wissen es nicht, Sie sollten diese Art untersuchen." Oder: „Wir wissen es nicht, wir sollten sie gemeinsam untersuchen." Manchmal gehen die Fragen aber auch in eine andere Richtung: „Okay, es gibt Tausende von Bakterienarten in meinem Hausstaub, wie kann ich sie loswerden?" Meine Antwort darauf ist, dass das eine schlechte Idee wäre.

Unser Zuhause sollte idealerweise einem Garten gleichen. In einem Garten entfernt man das Unkraut und bekämpft das Ungeziefer, aber man kümmert sich um die vielen verschiedenen Arten, die man anbauen möchte. In unseren Häusern müssen wir die Arten loswerden, die unsere Gesundheit oder unser Leben gefährden können – aber die Anzahl dieser Arten ist geringer, als wir uns das normalerweise vorstellen. So gut wie alle ansteckenden Krankheiten auf der ganzen Welt werden von weniger als 100 Arten von Viren, Bakterien und Protisten ausgelöst. Durch Hände-waschen können wir verhindern, dass Fäkalmikroben unbeabsichtigt über die Hände in den Mund gelangen. Durch diese Maßnahme wird die dicke natürliche Mikrobenschicht auf der Haut nicht geschädigt, es werden nur die neu angekommenen Organismen entfernt. Wir haben auch die Möglichkeit, uns gegen pathogene Arten impfen zu lassen. Unsere Regierungen und unser Gesundheitssystem unterstützen den Kampf gegen die schädlichen Arten, indem sie Richtlinien festlegen und die Infrastruktur für die Versorgung mit Trinkwasser bereitstellen, das keine Pathogene (aber dennoch lebendige Organismen) enthält. Sie setzen sich auch dafür ein, die Verbreitung von Pathogenen wie Gelbfieber oder Malaria durch Insekten zu unterbinden. Schließlich sollten Ärzte Antibiotika verabreichen, wenn bakterielle Pathogene zu einem Problem werden, das auf keine andere Weise bekämpft werden kann (aber wirklich nur dann). All diese Ansätze zur Kontrolle der problematischen Arten haben Hunderten Millionen Menschen das Leben gerettet und können dies – bei richtiger Anwendung – auch weiterhin tun.

All diese Maßnahmen funktionieren jedoch am besten, wenn sie genau auf die problematischen Arten zugeschnitten sind. Wenn unbeabsichtigt auch andere Arten abgetötet werden (z. B. die ca. 79.950 anderen Bakterienarten in Häusern), hat dies meist negative Auswirkungen. Ich werde in diesem Buch immer wieder darauf zurückkommen, was geschieht, wenn wir die biologische Vielfalt in unseren Häusern zu eliminieren versuchen. An dieser Stelle möchte ich nur kurz sagen, dass wir damit in der Regel die Verbreitung, Vermehrung und Weiterentwicklung der Pathogene und Schädlinge fördern und unser Immunsystem in seiner normalen Funktion beeinträchtigen. In den allermeisten Fällen gilt für Häuser: Je *größer* die biologische Vielfalt, besonders in Bezug auf Organismen aus dem Boden und aus Wäldern, desto gesünder – vorausgesetzt die gefährlichen Arten sind unter Kontrolle. Dies ist zwar eine Vereinfachung (und in der Biologie ist nichts einfach), aber dennoch weitgehend zutreffend [22–24].[14]

---

[14]Wir Menschen tendieren dazu, die nützlichen Arten in unseren Häusern abzutöten und damit unbeabsichtigt die schlechten zu fördern. Die Termiten verfolgen in ihren Häusern die gegenteilige Strategie. Formosan-Termiten (*Coptotermes*-Unterart) können z. B. Pilze auf ihren Körpern oder ihren Nestern am Geruch erkennen, indem sie ihre Fühler in den dunklen Kammern ihrer Nester hin und her bewegen. Sie können außerdem beim Reinigen ihrer Körper einzelne Pilzsporen entfernen. Sobald sie Pilzsporen bemerken, fressen sie sie auf und entfernen sie so. Im Termitendarm werden die Pilze im Kot, einem wirksamen Biozid, eingeschlossen, so wie das Perlmutt einer Austernperle eine Bandwurmzyste umschließt. Aus ihrem Kot, ihrem antimikrobiellen Speichel und Erde errichten die Termiten anschließend Nestmauern, in denen die Pilze eingesperrt weiterleben. Durch dieses Maßnahmenbündel – Aufspüren, Verzehr und Mauerbau – gelingt es diesen Termiten, eine Umgebung zu schaffen, in der ihre schlimmsten Feinde ausgeschaltet sind, während gleichzeitig andere Arten, z. B. diejenigen, die sie für die Verdauung brauchen, unversehrt bleiben.

Ein Nutzen der nichtpathogenen Mikroben auf unseren Körpern und in unseren Häusern ist, dass sie uns im Kampf gegen die Pathogene unterstützen. Trotzdem nehmen sich manche Menschen vor, alles Leben abzutöten. Vielleicht stellen sie sich vor, dass gar keine Pathogene mehr vorhanden wären, wenn sie alle Bakterien in ihrem Zuhause abtöten würden, dass also gar nichts mehr da wäre, das die Mikroben bekämpfen müssten: nur noch leere Flächen. Reinigungsmittel werben oft damit, dass sie 99 % der Keime abtöten (damit lassen sie nur die wirklich widerstandsfähigen und problematischen Keime zurück), aber manche Menschen nehmen sich vor, auch das letzte Prozent zu erwischen. Es gibt tatsächlich einen Innenraum, in dem dieser Versuch ernsthaft verfolgt wurde und der als Beispiel dafür dienen kann, was möglich ist: die Internationale Raumstation (ISS). Sollten Sie die Vorstellung haben, dass es Ihnen gelingen könnte, Ihr Zuhause komplett von bakteriellem Leben zu befreien, können Sie am Beispiel der ISS sehen, was Sie erreichen können.

Schon früh entschied die National Aeronautics and Space Administration (NASA), dass es wichtig sei zu verhindern, dass Mikroben ins All transportiert würden. Zunächst wurde im Planetary Protection Office der NASA befürchtet, dass mit den Raumfähren unbeabsichtigt Mikroben der Erde in den Sonnensystemen verbreitet werden könnten [25] oder extraterrestrisches Leben auf die Erde gelangen könnte. Mit der Zeit begannen Wissenschaftler der NASA aber auch, sich Sorgen darüber zu machen, welche Auswirkungen es auf die Astronauten in den Raumfähren und später auf der ISS haben könnte, über einen langen Zeitraum mit den dort vorkommenden Pathogenen isoliert zu sein. Die Befürchtungen der NASA waren z. T. überflüssig, denn aufgrund der im All herrschenden Gesetze ist eine zufällige Besiedlung von Organismen aus dem All in den Raumfähren oder der ISS völlig ausgeschlossen. Wenn Sie auf der Erde ein Fenster öffnen, werden Mikroben von draußen hineingeweht; wenn Sie eine Luke der ISS öffnen, werden Sie selbst (und alles Leben um Sie herum) durch das Vakuum im All nach draußen gesogen. Außerdem ist das Gesamtvolumen der Luft in der ISS im Vergleich zu einem Wohnblock relativ klein, sodass man die Luftfeuchtigkeit und den Luftstrom relativ gut steuern kann. Die NASA baute schließlich eine hochmoderne Anlage, in der jedes Nahrungsmittel und Material, das in die ISS gebracht wurde, vorher gereinigt werden konnte. Kurz gesagt: Es wird Ihnen höchstwahrscheinlich nicht gelingen, das Leben in Ihrem Haus effektiver zu eliminieren als auf der ISS. Die Frage ist, ob neben den Menschen noch anderes Leben auf der ISS zu finden ist.

Das Leben auf der ISS wurde detailliert erforscht, und es laufen weitere Studien. In einer neuen Studie wurde das Leben auf der ISS nach demselben Ansatz erforscht, den wir bei unserer Studie zu Häusern in Raleigh nutzten, und dies ist kein Zufall. Im Jahr 2013, nicht lange nach der Veröffentlichung unserer Studie zu den ersten 40 Häusern, schrieb mir Jonathan Eisen, ein Mikrobiologe an der University of California, Davis; er wollte Proben von der ISS sammeln und fragte, ob er unser Konzept kopieren dürfe. Genauso wie wir unsere Studienteilnehmer um Proben aus ihren Häusern gebeten hatten, wollte er die Astronauten bitten, Proben auf der Raumstation zu sammeln. Er wollte dieselben Wattetupfer verwenden und ähnliche Stellen untersuchen, obwohl sich einige Änderungen nicht vermeiden ließen. Wir hatten die Teilnehmer um Staubproben auf ihren Türrahmen gebeten, weil wir uns davon Informationen über die in der Luft schwebenden Organismen versprachen, die sich in Häusern ablagern. Aufgrund der geringen Schwerkraft im All lagert sich der Staub in der ISS nicht ab, sodass die Astronauten nicht Proben von den Türrahmen, sondern stattdessen von den Luftfiltern sammelten. Die Studie verwendete auch ähnliche Einwilligungserklärungen wie in unserer Studie (um den Wissenschaftlern die Erlaubnis für die Auswertung der Daten zu geben). Eine Ausnahme gab es allerdings: Bei der Untersuchung von Häusern auf der Erde anonymisieren wir die Ergebnisse unserer Proben (die Teilnehmer selbst können ihre eigenen Ergebnisse sehen, aber niemand sonst). Auf der ISS war dies nicht möglich. Astronauten haben viele Eigenschaften, aber anonym sind sie selten. Zu dieser Zeit lebten auf der ISS die NASA-Astronauten Steve Swanson und Rick Mastracchio, die Kosmonauten Oleg Artemjew, Alexander Skworzow und Michail Tjurin und der Kommandeur Kōichi Wakata, aus der Japan Aerospace Exploration Agency. Kōichi Wakata übernahm das Sammeln der Proben auf der ISS. Die Wattetupfer wurden später zur Erde zurückgebracht und zu Jonathan Eisens Labor an der University of California, Davis, weitergeleitet, wo sie von Jenna Lang, einer Studentin von Jonathan Eisen, untersucht wurden.

In früheren Untersuchungen der ISS hatte sich herausgestellt, dass Umweltbakterien weitgehend fehlten; ebenso wilde Arten aus Wäldern und Grünland und mit Nahrungsmitteln assoziierte Arten. Dies hätte als Erfolgszeichen für eine Eliminierung des Lebens auf der ISS gewertet werden können; aber die ISS ist tatsächlich alles andere als bakterienfrei. Sie beherbergt vielmehr eine Fülle bakteriellen Lebens, auch wenn fast all dieses Leben zum selben Grundtyp gehört: zu den Körperbakterien der Astronauten. Diese zentrale Erkenntnis wurde sowohl in den frühen Studien

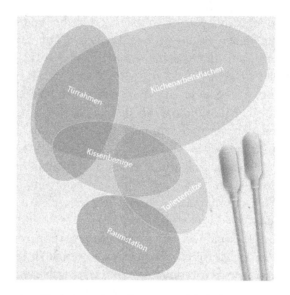

Abb. 3.2 Die ovalen Flächen stehen für unterschiedliche Habitate, aus denen in unserer Studie zu Häusern in Raleigh und in einer kürzlich durchgeführten Studie auf der Internationalen Raumstation (ISS) Bakterienproben gesammelt wurden. Je größer eine Fläche ist, desto mehr unterscheidet sich die bakterielle Zusammensetzung eines bestimmten Habitats von einer Probe zur anderen. Je mehr sich die Flächen überschneiden, desto mehr ähnelt sich die Zusammensetzung der dort gefundenen Bakterien. In den Habitaten unten sind Körperbakterien vorherrschend, in den Habitaten oben rechts die mit Nahrung assoziierten Bakterien und in denen oben links die Boden- und anderen Umweltbakterien. (Grafik von Neil McCoy)

zur ISS als auch in Jenna Langs Studie gewonnen. Um diesen Punkt zu unterstreichen und ihn im Kontext darzustellen, werden in Abb. 3.2 die Bakterientypen der Raumstation mit denen anderer Habitate verglichen, insbesondere denen der 40 Häuser in Raleigh. In dieser Grafik liegen die Proben, die sich im Hinblick auf die darin enthaltenen Bakterientypen ähneln, näher beisammen. Weniger ähnliche Proben sind weiter entfernt dargestellt. Diese Grafik bildet einiges ab, was Sie bereits über die Häuser in Raleigh wissen: Proben von Türschwellen weisen sowohl Arten von drinnen als auch von draußen auf und ähneln einander. Proben aus Küchen liegen ebenfalls nah beieinander, weil sie in der Regel mit Nahrungsmitteln assoziierte Bakterien enthalten. Außerdem unterscheiden sich die Proben von Kissenbezügen und Toilettensitzen voneinander, aber möglicherweise nicht so stark, wie Sie sich das wünschen würden. Ganz unten in der Grafik sieht man die ISS-Proben, und zwar alle Proben, egal, von welchem Ort der ISS sie stammten. Wenn man sie mit den auf der Erde genommenen Proben vergleicht, entsprechen Sie am ehesten denen von Kissenbezügen oder Toilettensitzen [26, 27].[15]

Wie Kissenbezüge und Toilettensitze enthielten die ISS-Proben Fäkalmikroben. Jenna Lang fand mit *Escherichia coli* und *Enterobacter* verwandte Arten [28].[16] Sie fand außerdem eine Art eines Fäkalbakteriums, das bisher auf der Erde nur wenig erforscht war; es hatte noch nicht einmal einen Namen. Fürs Erste wird es als „Unclassified Rikenellaceae/S24-7" bezeichnet. Die ISS-Proben waren nicht ganz identisch mit denjenigen von Toilettensitzen oder Kissenbezügen; sie enthielten z. B. in der Regel weniger mit Speichel assoziierte Bakterienarten als Kissen und mehr Hautbakterien als Toiletten. In früheren Untersuchungen hatte sich gezeigt, dass Schweißfußbakterien der Art *Bacillus subtilis* auf der ISS stark verbreitet waren. Auch Jenna Lang fand diese Bakterien, aber sogar noch mehr Bakterien der Gattung *Corynebacterium*. Die *Corynebacterium*-Arten sind für Achselschweiß verantwortlich. Angesichts des Vorkommens von *Bacillus* und *Corynebacterium* ist es nicht weiter überraschend, dass die ISS laut Berichten nach einer Mischung aus Plastik, Müll und Schweiß riecht [29]. Auch auf der Erde gibt es in Häusern, in denen nur Männer wohnen, meist mehr *Corynebacterium*-Achselhöhlenbakterien, und die ISS war zu diesem Zeitpunkt nur mit Männern besetzt. Es gab einen weiteren Punkt, in dem sich die ISS von den Häusern auf der Erde unterschied: Auf der ISS kamen vaginale Bakterien oder Bakterienarten, die typischerweise in vaginalen Bakteriengemeinschaften vorkommen, z. B. *Lactobacillus*-Arten, relativ selten vor. Vermutlich hat dies damit zu tun, dass zum Zeitpunkt der Probennahme keine weibliche Astronautin auf der ISS war.

Die Bakterien auf der ISS entsprechen in fast jeder Hinsicht den Bakterien, die wir bei einem Ausschluss aller Umwelteinflüsse in einem Haus auf der Erde erwarten würden. Wenn Sie also versuchen, alles porentief zu reinigen und alle Fenster, Türen und Luken schließen, können Sie einen ähnlichen Zustand wie auf der ISS erreichen. Allerdings fiel noch etwas anderes auf: Die Proben von den unterschiedlichen Stellen auf der ISS waren sich alle sehr ähnlich: Alle Bakterien waren überall gleichermaßen vorhanden. In diesem einen Punkt kann man die ISS mit kleinen, traditionellen Häusern aus Lehm oder Blättern vergleichen, denn auch in solchen Häusern ist die Zusammensetzung der Bakterien (anders

---

[15]in Bezug auf Bakterien; den Pilzen wenden wir uns noch zu.

[16]Die Studie mit der längsten Laufzeit ermittelte Dutzende von Bakteriengattungen, wobei die Achselbakterien *(Corynebacterium)* und Aknebakterien (Propionibacterium) am häufigsten vorkamen.

als in gewöhnlichen Häusern) überall gleich. Dennoch gibt es einen entscheidenden Unterschied: In den kleinen, traditionellen Häusern – egal, ob in Namibia oder in Amazonien – sind die Mikroben im ganzen Haus meist relativ ähnlich, weil die Umweltmikroben allgegenwärtig sind. Auf der ISS ähnelten sich die unterschiedlichen Probenorte zwar auch, aber hier enthielten sie ausschließlich menschliche Bakterien, die aufgrund der geringen Schwerkraft und der Abwesenheit anderer Lebensformen gleichmäßig verteilt waren. Genau dies können Sie erreichen, wenn Sie versuchen, Ihr Haus wirklich gründlich zu reinigen, und in einigen Wohnungen in Manhattan wird ein ähnlicher Zustand tatsächlich erreicht. Aber in immer mehr Studien, die wir oder andere Kollegen durchgeführt haben, zeigte sich bei solchen Wohnungen ein Problem. Dieses besteht nicht in dem, was vorhanden ist, sondern in dem, was fehlt. Es hat damit zu tun, was geschieht, wenn wir ein Zuhause schaffen, in dem beinahe jede biologische Vielfalt fehlt und in dem nur noch Organismen existieren, die sich von unseren Zerfallsprodukten ernähren – vor allem wenn wir uns 23 h am Tag in Innenräumen aufhalten.

Literatur

1. Messier SH (1996) Ecology and division of labor in *Nasutitermes corniger*: the effect of environmental variation on caste ratios. Dissertation, University of Colorado
2. Guénard B, Dunn RR (2010) A new (Old), invasive ant in the hardwood forests of eastern North America and its potentially widespread impacts. PLoS ONE 5(7):e11614
3. Guénard B, Silverman J (2011) Tandem carrying, a new foraging strategy in ants: description, function, and adaptive significance relative to other described foraging strategies. Sci Nat 98(8):651–659
4. Yashiro T, Matsuura K, Guenard B, Terayama M, Dunn RR (2010) On the evolution of the species complex *Pachycondyla chinensis* (Hymenoptera: Formicidae: Ponerinae), including the origin of its invasive form and description of a new species. Zootaxa 2685(1):39–50
5. Smith MR, Wing MW (1954) Redescription of *Discothyrea testacea* roger, a little-known North American ant, with notes on the genus (Hymenoptera: Formicidae). J N Y Entomol Soc 62(2):105–112

6. Lucky A, Savage AM, Nichols LM, Castracani C, Shell L, Grasso DA, Mori A, Dunn RR (2014) Ecologists, educators, and writers collaborate with the public to assess backyard diversity in the school of ants project. Ecosphere 5(7):1–23

7. Hulcr J, Rountree NR, Diamond SE, Stelinski LL, Fierer N, Dunn RR (2012) Mycangia of ambrosia beetles host communities of bacteria. Microb Ecol 64(3):784–793

8. Holmes H (2001) The secret life of dust: from the cosmos to the kitchen counter, the big consequences of small things. Wiley, Hoboken

9. Colloff MJ (1988) Mite ecology and microclimate in my bed. In: A De Weck, A Todt (Hrsg) Mite allergy: A worldwide problem. UCB Institute of Allergy, Brüssel, S 51–54

10. Zalar P, Novak M, De Hoog GS, Gunde-Cimerman N (2011) Dishwashers— a man-made ecological niche accommodating human opportunistic fungal pathogens. Fungal Biol 115(10):997–1007

11. Kashefi K, Lovley DR (2003) Extending the upper temperature limit for life. Science 301(5635):934–934

12. Dunn RR, Fierer N, Henley JB, Leff JW, Menninger HL (2013) Home life: factors structuring the bacterial diversity found within and between homes. PLoS ONE 8(5):e64133

13. Fruth B, Hohmann G (1996) Nest building behavior in the great apes: the great leap forward? In: WC McGrew, LF Marchant , T Nishida (Hrsg) Great ape societies. Cambridge University Press, New York, S 225

14. Prasetyo D, Ancrenaz M, Morrogh-Bernard HC, Utami Atmoko SS, Wich SA, van Schaik CP (2009) Nest building in orangutans. In: Wich SA, Atmoko SU, Setia TM, van Schaik CP (Hrsg) Orangutans: geographical variation in behavioral ecology. Oxford University Press, Oxford, S 269–277

15. Pauli JN, Mendoza JE, Steffan SA, Carey CC, Weimer PJ, Peery MZ (2014) A syndrome of mutualism reinforces the lifestyle of a sloth. Proc R Soc B 281(1778):20133006

16. Colloff MJ (1987) Mites from house dust in Glasgow. Med Vet Entomol 1(2):163–168

17. Samson DR, Muehlenbein MP, Hunt KD (2013) Do chimpanzees (*Pantroglodytes schweinfurthii*) exhibit sleep related behaviors that minimize exposure to parasitic arthropods? A preliminary report on the possible anti-vector function of chimpanzee sleeping platforms. Primates 54(1):73–80

18. Thoemmes MS, Stewart FA, Hernandez-Aguilar RA, Bertone M, Baltzegar DA, Cole KP, Cohen N, Piel AK, Dunn RR (2018) Ecology of sleeping: the microbial and arthropod associates of chimpanzee beds. R Soc Open Sci 5:180382. https://doi.org/10.1098/rsos.180382

19. De Lumley H (1969) A paleolithic camp at Nice. Sci Am 220(5):42–51

20. Wadley L, Sievers C, Bamford M, Goldberg P, Berna F, Miller C (2011) Middle stone age bedding construction and settlement patterns at Sibudu, South Africa. Science 334(6061):1388–1391

21. Ruiz-Calderon JF, Cavallin H, Song SJ, Novoselac A, Pericchi LR, Hernandez JN, Rios R et al (2016) Walls talk: microbial biogeography of homes spanning urbanization. Sci Adv 2(2):e1501061

22. Yanagawa A, Yokohari F, Shimizu S (2010a) Defense mechanism of the termite, *Coptotermes formosanus* Shiraki, to entomopathogenic fungi. J Invertebr Pathol 97(2):165–170

23. Yanagawa A, Yokohari F, Shimizu S (2010b) Influence of fungal odor on grooming behavior of the termite *Coptotermes formosanus*. J Insect Sci 10(1):141

24. Yanagawa A, Fujiwara-Tsujii N, Akino T, Yoshimura T, Yanagawa T, Shimizu S (2011) Musty odor of entomopathogens enhances disease-prevention behaviors in the termite *Coptotermes formosanus*. J Invertebr Pathol 108(1):1–6

25. Pierson DL (2007) Microbial contamination of spacecraft. Gravit Space Res 14(2):1–6

26. Novikova N (2004) Review of the knowledge of microbial contamination of the Russian manned spacecraft. Microb Ecol 47(2):127–132

27. Novikova N, De Boever P, Poddubko S, Deshevaya E, Polikarpov N, Rakova N, Coninx I, Mergeay M (2006) Survey of environmental biocontamination on board the International Space Station. Res Microbiol 157(1):5–12

28. Checinska A, Probst AJ, Vaishampayan P, White JR, Kumar D, Stepanov VG, Fox GR, Nilsson HR, Pierson DL, Perry J, Venkateswaran K (2015) Microbiomes of the dust particles collected from the International Space Station and spacecraft assembly facilities. Microbiome 3(1):50

29. Kelly S (2017) Endurance: a year in space, a lifetime of discovery. Knopf, New York, S 387

4

Krankheit durch fehlende Vielfalt

Neben jeder Straße strömte Wasser aus Rohren, auf dem vollgesogene Ratten-leichen mit dem Bauch nach oben zwischen Apfelschalen, Spargelstangen und Kohlstrünken trieben. Die Szene erinnerte an eine riesige Kariesinfektion, an einen aufgeblähten faulenden Magen, an den Gestank eines sturzbetrunkenen Mannes, an den eingetrockneten Schweiß verwesender Tiere, an die saure Aus-dünstung einer Bettpfanne... Diese Lawine von Ausscheidungen stürzte am Rand dreckverkrusteter Straßen hinab... und gab ihre nächtlichen Gerüche ab (Le Figaro).

Im 19. Jahrhundert wurde die Welt wiederholt von Choleraausbrüchen heimgesucht. Die erste Pandemie begann im Jahr 1816 in Indien und dehnte sich nach China aus, wo mehr als 100.000 Menschen daran starben. Eine zweite Pandemie brach im Jahr 1829 aus und verbreitete sich zunächst in ganz Europa. Als sie 30 Jahre später endete, hatten Hunderttausende von Menschen zwischen Russland und New York ihr Leben verloren. Im Jahr 1854 brach die Cholera erneut aus, diesmal weltweit. In einer Stadt nach der anderen starben ganze Familien, und ihre Leichen wurden zusammen auf Wägen verladen. Allein in Russland fielen der Cholera mehr als eine Million Menschen zum Opfer. Mehrfamilienhäuser, in denen zuvor Arbeiter und Familien unbeschwert ihrem Alltag nachgegangen waren, wurden zu leeren Hüllen. In einigen Städten starben mehr Menschen, als geboren wurden. Ökologen haben für Szenarios, in denen die Bevölkerungszahl nur durch Einwanderung auf demselben Stand gehalten werden kann, einen

© Springer-Verlag GmbH Deutschland, ein Teil von Springer Nature 2021
R. Dunn, *Nie allein zu Haus*, https://doi.org/10.1007/978-3-662-61586-7_4

euphemistischen Begriff: *Populationssenken* [1].[1] Städte wurden zu Senkgruben, in denen das Leben der Menschen versickerte.

Damals führte man die Verbreitung der Cholera auf Miasmen zurück. Nach der Miasmentheorie wurden Krankheiten, einschließlich der Cholera, durch üble Dünste (Miasmen), insbesondere Nachtdünste, verursacht. Heute ist es leicht, diese Vorstellung als lächerlich abzutun, aber sie ist nachvollziehbar, denn sie basiert auf der Beobachtung, dass es zwischen Krankheiten und schlechten Gerüchen einen Zusammenhang gibt. Evolutionsbiologen behaupten, dass dieser Zusammenhang schon seit den frühen Tagen der Menschheit bekannt ist und dass dieses Wissen tief in unserem Unterbewusstsein verankert ist [2].[2] In unserer langen Evolutionsgeschichte konnten unsere Vorfahren ihre Überlebenschancen erhöhen, wenn sie abstoßenden Gerüchen aus dem Weg gingen.[3] Wenn sie z. B. Leichen- und Fäkaliengerüche mieden, verringerten sie das Risiko, sich mit den entsprechenden Pathogenen anzustecken. Das Miasmenkonzept ist also so alt, dass es fast als angeboren angesehen werden kann. Mit der Entwicklung der Städte wurde dieses Wissen um den Zusammenhang zwischen üblen Gerüchen und Krankheiten leider irrelevant, denn alles roch hier schlecht; man konnte üble Gerüche nur vermeiden, indem man die Stadt verließ, was sich nur Reiche leisten konnten.

Die Suche nach der wahren Ursache der Cholera war jahrzehntelang von Fehlversuchen und einer allgemeinen Unfähigkeit der Wissenschaftler und der Öffentlichkeit geprägt, den augenfälligen Tatsachen die nötige Aufmerksamkeit zu schenken. Mitte des 19. Jahrhunderts war ein Londoner, John Snow, jedoch etwas aufmerksamer als die anderen. Snow war zu der Ansicht gelangt, dass die Cholera durch eine Art „Keim" verursacht würde, der nicht über die Luft, sondern oral über Fäkalien übertragen würde. Er nahm an, dass diese Keime im Gegensatz zu den Fäkalien selbst nicht stänken. Diese Idee traf zunächst auf Ablehnung, denn sie widersprach der Miasmentheorie

---

[1] Eine erste Erörterung findet sich in einer Arbeit von Ron Pulliam. Siehe: Pulliam 1988 [1].

[2] Dan Janzen brachte die Theorie auf, dass einige Bakterien abstoßende Gerüche nicht als Abfallstoffe produzieren, sondern um zu verhindern, dass ihre Nahrung von uns verzehrt wird. Seiner Meinung nach stinken sie, um sich in Ruhe der Nahrungsaufnahme widmen zu können. Manchmal habe ich den Verdacht, meine Sitznachbarn in Flugzeugen verfolgen dieselbe Strategie. Siehe: Janzen 1977 [2].

[3] Welche Gerüche genau wir als abstoßend empfinden, wird sowohl von unserer evolutionären Vergangenheit als auch von unserer Kultur bestimmt. Unsere Kultur beeinflusst, wie wir über einen bestimmten Geruch denken (z. B. den Geruch von Fischpaste); die Evolution dagegen bestimmt, ob die durch einen Geruch in unserem Gehirn ausgelösten Signale als unangenehm wahrgenommen werden. Diese Wahrnehmungen sind immer artspezifisch, d. h. die „miasmatischen" Gerüche, die Menschen abstoßen, können in einem Mistkäfer oder Truthahngeier die gegenteilige Reaktion auslösen.

und war für viele abstoßend. Aber im Jahr 1854 begann Snow auf der Grundlage einer Arbeit von Reverend Henry Whitehead damit, Daten zu sammeln, wo genau im besonders stark von der Cholera betroffenen Londoner Stadtteil Soho Menschen erkrankt waren (Abb. 4.1).

Schließlich erkannte Snow, dass sich die Todesfälle in Soho in einer bestimmten Gegend stark ballten, und bald verstand er auch den Grund dafür. Alle Menschen in dieser Gegend hatten Wasser von ein und derselben Pumpe in der Broad Street (heute Broadwick Street) getrunken. Unter den Todesfällen waren auch einige Familien, die die Broad-Street-Pumpe normalerweise nicht nutzten, aber es stellte sich heraus, dass auch diese Familien zumindest einmal Wasser von der Broad-Street-Pumpe getrunken hatten, als ihre eigene einen Miasmengeruch hatte. Snow trug die neueren, durch Cholera verursachten Todesfälle in Soho dann auf einer Karte ein, um zu zeigen, dass sie auf die Pumpe in der Broad Street zurückzuführen waren.

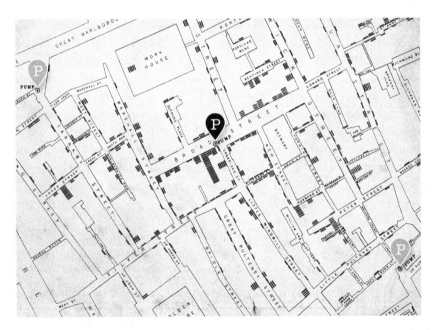

Abb. 4.1 Nachzeichnung der Karte von Dr. John Snow, auf der die Wohnorte der im Jahr 1854 an Cholera Verstorbenen im Londoner Stadtteil Soho eingezeichnet sind. Jeder schwarze Balken steht für einen Todesfall, und jedes P bezeichnet den Ort einer Wasserpumpe. Anhand dieser Karte wies Snow nach, dass die meisten Verstorbenen in der Nähe der Broad-Street-Pumpe gelebt oder Wasser von dieser Pumpe getrunken hatten. (Modifizierte Abbildung einer [im Jahr 2010] von John Mackenzie erstellten Karte, die auf der Originalkarte von John Snow [aus dem Jahr 1854] basiert)

Mithilfe seiner Karte argumentierte Snow, dass die Menschen wegen einer Verunreinigung der Broad-Street-Pumpe erkrankt waren und dass durch ein Entfernen des Pumpenschwengels (und ein Schließen der Wasserquelle) weitere Choleratodesfälle verhindert werden könnten.[4] Seine Annahmen waren richtig, aber es dauerte noch Jahre, bis er seine Zeitgenossen davon überzeugen konnte. Die Choleraepidemie in Soho verebbte in der Zwischenzeit von selbst [3].[5] Im Nachhinein stellte sich heraus, dass eine alte Windel in einer stillgelegten Klärgrube neben der Pumpe der Grund für die Verunreinigung war. Jahre später entdeckte der Mikrobiologe Robert Koch, der auch *Mycobacterium tuberculosis* als Ursache für die Tuberkulose identifizierte, dass die Cholera durch *Vibrio cholerae* verursacht wird. Das Pathogen hatte sich in Indien entwickelt und im frühen 18. Jahrhundert mit dem Handel nach London und über die ganze Welt ausgebreitet.

Es dauerte Jahrzehnte, bis die Städte neue Baukonzepte entworfen hatten, um solche Verunreinigungen zu verhindern. In London wurde als erste Reaktion das Wasser von weither in die Stadt gepumpt; außerdem begannen Städte wie London, sich mehr um die Beseitigung menschlicher Abfälle zu kümmern. Mancherorts begann man, das in die Städte geleitete Wasser zu behandeln. Hunderte von Millionen, vielleicht sogar Milliarden Menschenleben wurden dadurch gerettet.[6] Dass die orale Einnahme von Pathogenen aus Fäkalien unterbunden wurde, zeigte Wirkung.

Nach Snows Erfolg wurden Karten zur Ausbreitung einer Krankheit zu einem oft eingesetzten Instrument der Epidemiologie. Studenten der Epidemiologie lernen, dass Snows Karte die erste Abbildung gewesen sei, die die Ausbreitung einer Krankheit darstellte (was nicht stimmt). Sie lernen außerdem, wie mithilfe einer Karte der wahrscheinliche Ursprungsort einer Krankheit erkannt und auf eine potenzielle Ursache geschlossen werden

---

[4]Genaugenommen geht es hier eigentlich nicht um die Biologie in Häusern, aber wenn alle ihr Wasser an einer gemeinsam genutzten Wasserquelle in der Stadt holen, überträgt dies die Biologie der Stadt in die Häuser.

[5]Ein Grund für das Verebben von Choleraepidemien ist, dass es Viren (Vibriophagen) gibt, die *Vibrio cholerae* angreifen. Mit der Zunahme von *Vibrio cholerae* verbreiten sich auch die Vibriophagen, bis diese so zahlreich geworden sind, dass die Populationen von *Vibrio cholerae* kollabieren. Anschließend brechen die Populationen der Vibriophagen zusammen, sodass *Vibrio cholerae* sich wieder stärker ausbreiten kann. Am Ganges sind Aufstieg und Fall von *Vibrio cholerae* und seinem Virus saisonal, sodass auch die Zahl der Cholerafälle mit den Jahreszeiten schwankt.

[6]Noch immer sterben jedes Jahr Millionen von Menschen an Cholera, und die Herausforderung liegt heute darin sicherzustellen, dass die entsprechenden Wasser- und Abfallsysteme für jedermann verfügbar sind. Die Schwierigkeit besteht nicht mehr darin, die Krankheitsursache zu finden, sondern darin, die bereits dafür bekannte Lösung – sauberes Trinkwasser – weltweit für alle Menschen verfügbar zu machen. Es geht nicht mehr darum, eine mysteriöse, durch Miasmen ausgelöste Krankheit zu verhindern, sondern ein schwieriges Dilemma von globaler Ungleichheit und Geopolitik aufzulösen.

kann. In der Regel werden die Karten also verwendet, um zu beschreiben, wann und wo eine bestimmte pathogene Art auftritt, und dann ihre Ursache abzuleiten. Karten stellen in der Epidemiologie Korrelationen dar und helfen, Kausalzusammenhänge zu erkennen. Karten können aber auch unsere Ignoranz aufzeigen, wie in den 1950er-Jahren, als eine Reihe neuer Krankheiten aufkam.

Zu ihnen gehörten Morbus Crohn, entzündliche Darmerkrankungen, Asthma, Allergien und multiple Sklerose – Plagen der Moderne, die unsere Gesundheit stark beeinträchtigen. Alle diese Krankheiten sind auf die eine oder andere Weise mit chronischen Entzündungen verknüpft, deren Auslöser unbekannt sind.

Die Krankheiten waren zu neu, um rein genetische Ursachen zu haben. Außerdem gab es wie bei der Cholera in London einen geografischen Zusammenhang, der allerdings überraschend war, denn die Krankheiten traten – im Unterschied zur Cholera – häufiger in Gegenden mit guten Gesundheitssystemen und einer entwickelten Infrastruktur auf. Je wohlhabender eine Gegend war, desto mehr Menschen litten an diesen Krankheiten. Dieses Muster widersprach unserem Verständnis von Keimen und ihren geografischen Voraussetzungen, das wir seit Snows Arbeit haben. Dennoch konnte man bei der Analyse von Karten in Bezug auf die geografischen Voraussetzungen der Krankheiten oder andere Faktoren noch immer wie Snow vorgehen. Dieser hätte anhand der verfügbaren Karten zu den Krankheiten Hypothesen für ihre Ursachen abgeleitet und sich dann natürliche Experimente ausgedacht, um seine Hypothesen zu überprüfen. Nach einem erfolgreichen Test der überzeugendsten Hypothese hätte er sich erneut die Karten vorgenommen, um die Richtigkeit seiner Annahmen zu bestätigen. Erst dann hätte er sich bemüht, die Biologie der Krankheitserreger im Detail zu verstehen. So musste auch bei den neuen Krankheiten vorgegangen werden. Zunächst musste jemand Hypothesen entwickeln, die dann mithilfe von natürlichen Experimenten überprüft werden konnten.

Für die Krankheiten wurden neue Pathogene, Kühlschränke und sogar Zahnpasta verantwortlich gemacht. Der Ökologe Ilkka Hanski stellte aber mit zwei anderen Forschern eine ganz andere These auf: Die Ursache des Problems sei nicht die Exposition gegenüber einem bestimmten Bakterium, sondern das Fehlen von Expositionen. Hanskis Interesse für chronische Erkrankungen und Bakterien war zunächst überraschend, denn er begann seine Karriere als weltweit anerkannter Experte für Mistkäfer. Seine Geschichte lässt sich in seiner Autobiografie nachlesen, die er im Jahr 2014 niederzuschreiben begann, wobei er keine Zeit zu verlieren hatte, da er – wie er seinen Freunden im März 2014 berichtete – bald an Krebs sterben würde.

Sein Ziel war es, für die Nachwelt festzuhalten, was ihm in Bezug auf die biologische Welt am wichtigsten schien.

Hanski beschreibt in seinem Buch die unterschiedlichen Phasen seines Werdegangs. In allen Phasen beschäftigte er sich mit dem Studium kleiner Areale von inselähnlichen Habitaten. Zunächst waren diese Areale Dunghaufen. Für einen Käfer ist ein Dunghaufen eine Insel, die entdeckt und sehr schnell besiedelt werden muss. Hanski führte am Berg Gunung Mulu in Borneo eine Studie durch und verwendete menschlichen Kot oder tote Fische als Köder für Käfer, um zu verstehen, welche allgemeinen Regeln bestimmen, ob viele verschiedene Arten um einen Dunghaufen konkurrieren oder nur wenige. Dann untersuchte Hanski auf den Ålandinseln vor der Küste Südfinnlands eine bestimmte Schmetterlingsart, den Wegerich-Scheckenfalter *(Melitaea cinxia)*. Anhand dieser Schmetterlingsart versuchte er zu verstehen, nach welchen Mustern seltene Arten in kleinen Habitatarealen zu- und abnehmen. Jahrzehntelang folgte er an mehr als 4000 Arealen (die immer noch überwacht werden) diesem Schmetterling und seinen Parasiten und Pathogenen. In seiner Arbeit entwickelte er mathematische Modelle, die quantitativ angeben, wie klein und isoliert Habitate werden können, bevor die Arten in diesen Habitaten aussterben. Später beschäftigte sich Hanski mit der Frage, weshalb einige Individuen einer bestimmten Schmetterlingsart selbst bei einer Fragmentierung der Habitate erfolgreich überleben können. Er entdeckte Genversionen, die anscheinend mit der Fähigkeit einiger Schmetterlingsindividuen verknüpft waren, sich auch in einer Umgebung mit kleinen Arealen geeigneter Habitate erfolgreich zu vermehren. Aufgrund seiner Erkenntnisse aus seinen Feldarbeiten, Theorien, Vorhersagen und Tests wurde ihm im Jahr 2011 der Crafoord-Preis für Biowissenschaften verliehen, die ökologische Version des Nobelpreises.

Im Lauf der Jahrzehnte wurde Hanskis Arbeit immer fokussierter: Nach der Erforschung ganzer Mistkäfergemeinschaften wandte er sich einer einzelnen Schmetterlingsart zu, bevor er schließlich eine genetische Variante einer Schmetterlingsart untersuchte. Plötzlich aber begann er, sich für chronisch entzündliche Erkrankungen bei Menschen zu interessieren. Dieser Wandel wurde durch eine zufällige Begegnung angestoßen. Im Jahr 2010 besuchte Hanski einen Vortrag von Tari Haahtela, dem herausragenden finnischen Epidemiologen für chronisch entzündliche Erkrankungen [4]. Das von Haahtela präsentierte Thema hatte nichts mit den bisherigen Studien oder Interessen Hanskis zu tun, aber der Vortrag beeindruckte ihn dennoch tief. Haahtela beschrieb den Anstieg der Fälle von chronisch entzündlichen Erkrankungen und demonstrierte, dass sich die Häufigkeit der Krankheiten

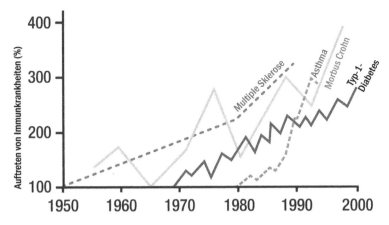

Abb. 4.2 Die Häufigkeit von Immunkrankheiten nahm zwischen 1950 und 2000 stetig zu, und dieser Trend hält an. (Modifizierte Grafik von Jean-Francois Bach [5])

seit 1950 alle 20 Jahre verdoppelte, dass wohlhabendere Länder besonders stark betroffen waren und dass sich dieser Trend immer weiter fortsetzte. In den letzten 20 Jahren haben in den Vereinigten Staaten z. B. Fälle von Allergien um 50 % zugenommen und Asthmafälle um 30 %. Wenn ärmere Länder in die Stadtentwicklung investieren, kommt es auch dort immer zu einem vermehrten Auftreten von Entzündungskrankheiten. Dieses weltweite Muster ist sowohl bemerkenswert als auch besorgniserregend. Die ansteigenden Kurven in Haahtelas Diagrammen hätten Aktienkurse, steigende Bevölkerungszahlen oder Butterpreise sein können, nur dass sie für ganz andere Dinge standen, nämlich für gefürchtete und gefährliche chronische Erkrankungen. Haahtela präsentierte Karten, in denen eingezeichnet war, wo diese Krankheiten häufig vorkommen und wo nicht (Abb. 4.2).

Haahtela stellte in seinem Vortrag die Behauptung auf, dass die Erkrankungen nicht durch Pathogene verursacht würden; sie hätten nichts mit der Keimtheorie zu tun, sondern vielmehr mit ihrem Gegenteil. Seiner Ansicht nach wurden die Menschen krank, weil die Expositionen gegenüber manchen entscheidenden Arten fehlten. Haahtela hatte keine Ahnung, welche Arten dies sein könnten, genauso wenig wie Snow gewusst hatte, was für eine Verunreinigung in der Pumpe die Cholera auslöste, aber Hanski kam beim Betrachten der Karten eine Idee. Für Hanski sahen die von Haahtela präsentierten Karten und Kurven wie das Gegenteil der Diagramme aus, die er in seinen eigenen Vorträgen zeigte, wo es um den weltweiten Verlust von alten Waldbeständen und ihrer biologischen Vielfalt von Mistkäfern, Schmetterlingen, Vögeln und vielen anderen Organismen ging. Mit abnehmender biologischer Vielfalt schien die Häufigkeit chronischer Erkrankungen zuzunehmen. Mehr noch: Am häufigsten waren die Erkrankungen in den entwickelten Regionen, in denen bereits die meiste biologische Vielfalt verloren gegangen war (und in denen Menschen ihren Alltag vorrangig in Innenräumen verbringen). Hanski überlegte, ob die Krankheitsursache nicht so sehr das Fehlen einer bestimmten Art im Leben der Menschen sein könnte, sondern vielmehr generell der Verlust der biologischen Vielfalt. Zum ersten Mal in der Geschichte der Wirbeltiere, vielleicht in der gesamten Naturgeschichte, fehlt vielerorts die wilde Natur: in Hinterhöfen, Häusern, städtischen Wohnungen ebenso wie auf der Internationalen Raumstation (ISS).

Auch Haahtela hatte zu dieser Zeit schon über den Zusammenhang zwischen der biologischen Vielfalt und dem Aufkommen von Krankheiten nachgedacht – nicht nur anhand von harten Fakten, sondern auch auf der Grundlage von Bildern. Im Jahr 2009 hatte er in einer Arbeit beschrieben, dass in Gegenden, in denen die Vielfalt von finnischen Schmetterlingen abnahm, chronische Entzündungen zunahmen. Seine Arbeit enthielt Fotos einiger seiner Lieblingsschmetterlinge: des Elba-Wiesenvögelchens, eines Mohrenfalters *(Erebia nivalis),* des Erdbeerbaumfalters, eines Perlmuttfalters *(Boloria polaris),* eines Bläulings *(Tomares nogelii)* und eines halben Dutzends weiterer Arten. Wenn das Habitat dieser Arten zu stark fragmentiert und rar wurde, begannen sie auszusterben, und gleichzeitig wurden die Menschen krank [6].[7] Anhand der Schmetterlinge ließ sich eine tiefere Verbindung zwischen der Wildnis draußen und der Wildnis in den Wohnungen sowie die Folgen ihres Fehlens erkennen. Wenn Menschen den Kontakt zu natürlich vorkommenden Pathogenen wie Cholera meiden, ist das gut, aber inzwischen war die Entwicklung zu weit gegangen. Die Menschen hatten nicht nur aufgehört, Kontakt zu den wenigen Arten zu haben, die eine reale und tödliche Gefahr sind, sondern auch zur übrigen biologischen Vielfalt, auch zu nützlichen Arten.

Haahtela ging nach dem Vortrag auf Hanski zu, und die beiden Männer begannen miteinander zu reden. Sie kannten sich von früher, als Haahtela, der Schmetterlinge hobbymäßig fotografiert, Hanski auf die Art des Wegerich-Scheckenfalters als mögliches Forschungsobjekt hingewiesen hatte. Bei ihrem Wiedersehen lebte ihre gegenseitige Sympathie wieder

---

[7]Als hätte er ihre spätere Zusammenarbeit vorausgeahnt, stammten zwei der insgesamt nur 23 Arbeiten, auf die Haahtela in seinem Artikel verwies, von Hanski. Siehe: Haahtela 2009 [6].

auf. Beide liebten Schmetterlinge, und nun verband sie auch das Interesse an einer Reihe von Megatrends: dem Verlust der biologischen Vielfalt, den steigenden Zahlen chronisch entzündlicher Erkrankungen und dem gesellschaftlichen Wandel, der dazu führte, dass die Menschen immer mehr Zeit in Innenräumen verbrachten, wo die biologische Vielfalt noch geringer als draußen geworden war [7]. Wenn es tatsächlich einen Zusammenhang zwischen diesen beiden Trends gab, drohte die Situation sich noch weiter zu verschlimmern, denn der Artenreichtum ist immer gefährdeter und wir verbringen immer mehr Zeit in Innenräumen mit geringer biologischer Vielfalt. Haahtela lud Hanski zu einem seiner Labortreffen ein, wo Hanski auch Leena von Hertzen kennenlernte, eine Mikrobiologin, die anschließend zu einer wichtigen Mitstreiterin werden sollte. Bei diesem Treffen waren alle drei Forscher wie elektrisiert. Hanski schrieb später in seiner Autobiografie, dass er sich fühlte, als stünde er vor der aufregendsten Zusammenarbeit seines Lebens. Man schien kurz davorzustehen, einem wesentlichen Sachverhalt auf die Spur zu kommen.

Als Snow behauptete, dass durch Fäkalien im Wasser etwas an Menschen weitergegeben werde, was die Cholera auslöste, hatte er keine Ahnung, was genau dies war. Auch Hanski, Haahtela und von Hertzen wussten nicht, welcher Aspekt des Verlusts der biologischen Vielfalt die Menschen erkranken ließ, aber sie ahnten, *auf welche Weise* dieser Verlust zu einer Erkrankung führen konnte. Der mögliche Zusammenhang zwischen der Exposition gegenüber biologischer Vielfalt und dem menschlichen Wohlergehen sowohl in Bezug auf ein gesundes Immunsystem als auch allgemein wurde jahrzehntelang diskutiert. E. O. Wilson argumentiert in seiner Biophilie-Hypothese, dass wir Menschen eine angeborene Affinität zu biologischer Vielfalt haben und unser emotionales Wohlbefinden leidet, wenn diese verloren geht [8]. Roger Ulrich erörterte, dass das Erleben von Natur Stress reduziert, und Stephen Kaplan schrieb, dass sich die Aufmerksamkeitsspanne erhöht, wenn Menschen gegenüber einer biologischen Vielfalt exponiert sind [9].[8] Das Natur-Defizit-Syndrom ist eine Erweiterung dieser Hypothese und geht darauf ein, wie biologische Vielfalt und Naturerfahrungen das Lernen bei Kindern und ihr psychisches Wohl fördern können [10]. Diese Theorien legen nahe, dass der Verlust der biologischen Vielfalt uns emotional, psychologisch und intellektuell beeinträchtigt. Hanski und Haahtela wurden von all diesen Arbeiten beeinflusst, hatten aber den Verdacht, dass der Verlust der biologischen Vielfalt darüber

---

[8]Siehe z. B. Zitate und Erörterung in: Marselle et al. 2016 [9].

hinaus auch noch zu einer Beeinträchtigung und Störung unseres Immunsystems führen könnte. Sie bezogen sich bei ihren Überlegungen direkt auf eine schon existierende Hypothese und eine Reihe von Studien, in denen aufgezeigt wurde, dass chronische Autoimmunerkrankungen mit zu viel Sauberkeit und Hygiene zusammenhängen. Diese „Hygiene-Hypothese" wurde erstmals im Jahr 1989 von David Strachan aufgestellt, einem Epidemiologen an der St. George's University in London. Strachan wies darauf hin, dass durch unsere modernen Vorstellungen von Sauberkeit wichtige Expositionen weggefallen waren [11]. Hanski und Haahtela glaubten, dass es insbesondere die Exposition gegenüber einer großen biologischen Vielfalt war, die fehlte.

Das menschliche Immunsystem funktioniert wie ein kleiner Staat mit Befehls- und Wirkungsketten auf der Basis von Regeln, die meist, aber nicht immer eingehalten werden. Bei chronisch entzündlichen Erkrankungen sind zwei Prozesse relevant. Der erste dieser Prozesse ist schon länger bekannt: Wenn eine Substanz (ein Antigen), z. B. ein Staubmilbenprotein oder ein totes Pathogen, von Immunzellen auf der Haut, im Darm oder in den Lungen entdeckt wird, löst dies eine Kette von Signalen aus, die zur Entscheidung führen, ob das Immunsystem (mithilfe der weißen Blutkörperchen, z. B. der Eosinophile) das Antigen jetzt und in der Zukunft angreift. Nach dem Auslösen der Abwehrreaktion wird eine Signalkaskade von einer Zellenart zur nächsten gesendet, um eine Vielzahl verschiedenartiger weißer Blutkörperchen anzuwerben und (in manchen Fällen) die Produktion von spezifischen Immunglobulin-E-Antikörpern (IgE-Antikörpern) anzustoßen. Die IgE-Antikörper erinnern sich an das Antigen und binden sich an dieses, wann immer es erneut auftritt. Zentral bei diesem Prozess ist, dass das Immunsystem Antigene entdeckt und entscheidet, ob eine sofortige Abwehrreaktion erfolgen und außerdem eine zukünftige Verteidigung ermöglicht werden soll. Läuft dieser Prozess korrekt ab, kann das Immunsystem auf Pathogene schnell reagieren. Läuft er falsch ab, reagiert das Immunsystem auf irrelevante Reize, was zu Allergien, Asthma und anderen Entzündungskrankheiten führt. Als Gegengewicht zur Immunreaktion gibt es einen zweiten Prozess, der die Anhäufung von weißen Blutkörperchen wie Eosinophilen verhindert und die Reaktion der IgE-Antikörper auf die entdeckten Antigene unterdrückt. Dieser separate Prozess (der über eigene Rezeptoren, eine Reihe von regulatorischen Stoffen und Signalmoleküle verfügt) stellt sicher, dass das Immunsystem Ruhe bewahrt, wenn dies sinnvoll ist – also meistens. Die meisten Antigene sind ungefährlich, besonders die Antigene, die häufig vorkommen und mit gewöhnlichen Umweltexpositionen oder den auf der Haut, in den Lungen oder im Darm lebenden

Arten assoziiert sind. Dieser regulatorische Prozess hat die Aufgabe, den Körper daran zu erinnern, dass es oft sinnvoller ist, Ruhe zu bewahren. Strachan und andere Wissenschaftler nahmen an, dass dieser regulatorische Prozess, quasi die Stimme der Vernunft, bei den gewöhnlichen alltäglichen Expositionen nicht ausreichend stimuliert werde. Ungeklärt blieb jedoch, was genau Stadtkindern oder Kindern in einer übermäßig sauberen Umgebung fehlte und welcher Mangel genau zu einer fehlenden Regulation führte. Hanski, Haahtela und von Hertzen dachten, dass eine Exposition gegenüber der biologischen Vielfalt in der Umgebung, in Häusern und auf dem Körper dafür sorgen werde, dass der regulatorische Prozess des Immunsystems normal funktioniere. Fehle die Exposition gegenüber der biologischen Vielfalt, werde das Immunsystem als Reaktion auf viele eigentlich ungefährliche Antigene, z. B. Partikel von Staubmilben, deutsche Schaben, Pilze oder sogar körpereigene Zellen, IgE-Antikörper und Entzündungen produzieren. Wenn Kinder zu wenig natürlichen Arten ausgesetzt seien, werde der regulatorische Prozess nicht korrekt funktionieren; sie würden Allergien und Asthma entwickeln, und weitere Probleme würden folgen. Dies waren die Mutmaßungen der Forscher – aber so interessant diese Thesen waren, sie mussten überprüft werden.

Im Lauf der Diskussionen darüber, wie und wo Studien zur Überprüfung dieser Thesen durchgeführt werden sollten, kam das Gespräch immer wieder auf eine Gegend im heutigen Finnland zurück. Finnland ist seit dem Ende des Zweiten Weltkriegs Schauplatz eines natürlichen Experiments: Unter der Bevölkerung im ganzen Land nahmen die Fälle von chronischen Entzündungskrankheiten zu, außer in einer bestimmten Region, der ehemals zu Finnland gehörenden, russischen Hälfte Kareliens. Vor dem Zweiten Weltkrieg war die gesamte karelische Region unter finnischer Herrschaft. Nach dem Krieg wurde die Region durch eine geänderte Grenzführung geteilt, sodass es plötzlich russische und finnische Karelier gab: Menschen mit einem gemeinsamen Erbe, aber einer getrennten Zukunft.

Im russischen Teil Kareliens ist die Lebenserwartung aufgrund von Verkehrsunfällen, Alkoholismus, Rauchen und den verschiedenen Kombinationen dieser Probleme relativ niedrig; im finnischen Teil Kareliens sind all diese Todesursachen weniger häufig. Grundsätzlich lässt sich sagen, dass die Menschen im finnischen Teil Kareliens die besseren Karten gezogen haben – mit einer Ausnahme: Die finnischen Karelier leiden häufiger an chronischen entzündlichen Erkrankungen, von denen die russischen Karelier weitestgehend verschont bleiben. Asthma, Heuschnupfen, Ekzeme und Rhinitis waren (und sind) in Finnland drei- bis zehnmal häufiger als in Russland. Heuschnupfen und Erdnussallergie sind im russischen Karelien unbekannt [12]. Der finnische Teil Kareliens ist ein Mikrokosmos für die Teile der Welt, in denen sich chronisch entzündliche Erkrankungen mehren. Seit dem Krieg steigt die Wahrscheinlichkeit für eine Entzündungskrankheit im finnischen Karelien mit jeder Generation, wohingegen die Menschen im russischen Teil Kareliens davon verschont bleiben.

Haahtela und von Hertzen hatten fast 10 Jahre lang das Leben von Menschen auf beiden Seiten der Grenze im sogenannten „Karelien-Projekt" verglichen. Auf der Grundlage von aufwendigen Umfragen und Bluttests für mit Allergien assoziierte IgE-Antikörper konnten sie die Unterschiede in der Verbreitung von Allergien zwischen den beiden Bevölkerungsgruppen nachweisen. Noch bedeutsamer war, dass sie zu dem Schluss kamen, dass die Krankheiten im finnischen Teil Kareliens durch eine fehlende Exposition gegenüber Umweltmikroben verursacht wurden.

Russische Karelier leben noch ziemlich genauso wie ihre Vorfahren vor 50 oder 100 Jahren. Sie leben in kleinen, ländlichen Häusern ohne zentrale Heiz- und Klimaanlage, haben Tag für Tag mit ihren Haus- und Nutztieren (z. B. Kühen) zu tun und bauen einen Großteil ihres Obsts und Gemüses in kleinen Gärten an. Ihr Trinkwasser kommt aus Brunnen hinter dem Haus, mit dem sie das Grundwasser anzapfen, oder es stammt vom Oberflächenwasser des nahegelegenen Ladogasees. Die Region ist weitgehend bewaldet und biologisch vielfältig. Die finnischen Karelier dagegen leben in einer ganz anderen Umgebung: Sie wohnen in höher entwickelten Dörfern und Städten mit sehr viel weniger biologischer Vielfalt. Im Vergleich zu ihren russischen Landsleuten verbringen finnische Karelier sehr viel mehr Zeit drinnen, von der äußeren Umwelt getrennt, in Häusern. Die Organismen, gegenüber denen sie exponiert sind, ähneln immer mehr denjenigen auf der ISS und immer weniger denjenigen auf einem Pfad in einem alten natürlich gewachsenen Wald.

Haahtela und von Hertzen hatten bereits gemeinsam mit ihren Studenten gezeigt, dass im Alltag von Kindern im finnischen Karelien offenbar einige pflanzenassoziierte Mikroben fehlen, aber sie hatten noch nicht alle Daten miteinander verknüpft. In Zusammenarbeit mit Hanski begannen sie nun, ihre These zu vervollständigen. Diese besagte, dass der Verlust der biologischen Vielfalt in der freien Natur (egal, ob an Schmetterlingen, Pflanzen oder etwas anderem) zum Verlust der biologischen Vielfalt in Häusern führt und infolgedessen im Immunsystem zu viele Eosinophile produziert werden, die chronisch entzündliche Erkrankungen auslösen. Leena von Hertzen bezeichnete dieses Konzept in einer Arbeit als „Biodiversitätshypothese" [13], und sie überprüfte diese gemeinsam mit ihren Kollegen weiter.

Ideal wäre es gewesen, die biologische Vielfalt, der Kinder in ihrem Zuhause und in ihren Hinterhöfen ausgesetzt sind, experimentell zu ändern und das Leben dieser Kinder über Jahrzehnte weiter zu verfolgen. Theoretisch wäre dies vielleicht denkbar gewesen, aber es wäre ein sehr langes, aufwendiges Projekt geworden. Alternativ hätte man das Leben und die Expositionen der Karelier in Russland und Finnland (vergleichend) untersuchen können, aber auch das ließ sich zu jener Zeit nicht umsetzen. Deshalb entschieden sich Hanski, Haahtela und von Hertzen für einen dritten Ansatz, nämlich dafür, eine einzige Region in Finnland zu untersuchen, wo Haahtela und von Hertzen seit 2003 gearbeitet hatten. Hier würden sie prüfen, ob Teenager (zwischen 14 und 18 Jahren) aus Häusern mit einer geringen biologischen Vielfalt häufiger an einer Störung des Immunsystems wie Allergie oder Asthma erkrankten.

Die ausgewählte Region war ein Quadrat mit einer Länge und Breite von jeweils 100 km und umfasste eine kleine Stadt, Dörfer verschiedener Größe sowie isolierte Häuser. Haahtela und von Hertzen wählten willkürlich einige Häuser aus. Fast alle Familien lebten schon viele Jahre dort, sodass die Teenager der Familien ihre gesamte Kindheit in den Häusern verbracht hatten (in vielen Regionen stellt dies eine unmögliche Voraussetzung dar). Man könnte die Wissenschaftler dafür kritisieren, keine Region mit verschiedenartigeren Bedingungen oder nicht mehrere Regionen ausgewählt zu haben – man könnte vieles kritisieren, aber schon der Ökologe Dan Janzen pflegte zu sagen [14],[9] dass die Brüder Wright ihre Pionierflüge nicht während eines Gewitters starteten. Hanski, Haahtela und von Hertzen beschlossen, ihre Studie in dieser Region zu beginnen, da sie hier sehr viele äußere Faktoren kontrollieren und sich auf bereits gesammelte Daten stützen konnten.

Die Mitarbeiter des Teams testeten alle Teenager auf Allergien und ermittelten außerdem die biologische Vielfalt in ihren Hinterhöfen und auf ihrer Haut. Sie nahmen an, dass bei einer geringeren biologischen Vielfalt in den Hinterhöfen auch die Haut weniger Artenvielfalt aufwiese und dass die Teenager folglich eher unter Allergien leiden würden. Sie erfassten die biologische Vielfalt, indem sie die fremden, einheimischen und seltenen einheimischen Pflanzenarten in jedem Hinterhof zählten. Tendenziell sind mit jeder Pflanze spezifische Bakterien, Pilze und Insekten assoziiert, sodass von den Pflanzen auf die übrigen Organismen geschlossen werden konnte, mit

---

[9]Auch wenn die Bedingungen für ein von Janzen geleitetes Projekt zunächst günstig waren, wurde es nie abgeschlossen. Es war unterfinanziert, und die Feldarbeit und Taxonomie wurden ausschließlich von einer Handvoll engagierter Freunde durchgeführt. Siehe: Kaiser 1997 [14]. Dieses Projekt wurde nie zu Ende geführt und bleibt wohl auch unvollendet.

denen die Teenager Kontakt hatten. Pflanzen sind einfacher zu zählen als andere Organismen, weil sie (im Gegensatz zu den Mikroben) sichtbar sind und sich (anders als z. B. Schmetterlinge oder Vögel) nicht bewegen.[10] Die bakterielle Vielfalt auf der Haut wurde am mittleren Unterarm der Schreibhand der Teenager untersucht und auf ganz ähnliche Weise gemessen wie bei unserer Studie zu Häusern in Raleigh. Schließlich wurden auch die IgE-Antikörper im Blut der Teenager analysiert, da ein erhöhter Wert dieser Antikörper in der Regel mit einem vermehrten Auftreten von Allergien korreliert. Teenager mit höheren IgE-Leveln wurden zudem auf Allergien gegen spezifische Antigene wie Katzen, Hunde oder Beifuß getestet.

Die Studie war klar konzipiert, und alle Beteiligten hatten ihre genau definierte Rolle. Haahtela war für die Blutproben der Allergietests verantwortlich, von Hertzen für die Hautproben zur Erfassung der bakteriellen Gemeinschaften, und Hanski für die Beprobung und Untersuchung der biologischen Pflanzenvielfalt. Die Analysen entstanden in Zusammenarbeit aller drei Wissenschaftler. Das Projekt war aufregend, möglicherweise ein großer Schritt nach vorn, auch wenn es teilweise auf vagen Annahmen basierte.

Als Hanski und seine Kollegen die Daten analysierten, waren sie gespannt, aber auch etwas besorgt: Würde die Vielfalt der Pflanzen um die Häuser der Teenager wirklich einen Einfluss auf ihre Gesundheit haben? Obwohl die Wissenschaftler möglichst viele Faktoren kontrollierten, ist eine Vorhersage in Bezug auf die menschliche Gesundheit bekanntermaßen schwierig. Für Hanski war dies eine besondere Herausforderung, denn die Untersuchung von Menschen – das lernte er schnell – war sehr viel schwieriger als die Untersuchung von Mistkäfern oder Schmetterlingen. Gerne hätte er ein Experiment durchgeführt, denn er befürchtete, dass das Projekt bedeutungslos bliebe, wenn kein Muster erkennbar würde. Vielleicht müssten sie mehr Teenager in mehreren Ländern analysieren oder das Projekt über einen längeren Zeitraum verfolgen.

Die Auswertung ergab jedoch ein bemerkenswert klares Muster: Auf der Haut von Teenagern aus Häusern mit einer höheren Vielfalt von seltenen einheimischen Pflanzen in ihren Hinterhöfen lebten andere bakterielle Arten. Sie wiesen eine größere bakterielle Vielfalt auf der Haut auf, insbesondere an Bodenbakterien. Vermutlich gelangten diese Bakterien auf die Haut der Teenager, wenn diese Zeit im Freien verbrachten, oder schwebten

---

[10]Ein Projekt desselben Umfangs in Raleigh wäre z. B. unglaublich mühsam, und es würden vielleicht Tausende mehrzellige Arten und noch mehr Bakterien gefunden.

durch offene Fenster und Türen in die Häuser und landeten auf den Bewohnern, während diese ihren Tätigkeiten nachgingen oder schliefen. Außerdem sank mit einer größeren Anzahl an seltenen einheimischen Arten in den Hinterhöfen und einer größeren Vielfalt von Hautbakterien das Risiko, an einer Allergie zu erkranken [15]. Die Wissenschaftler hatten kein Experiment durchgeführt, sondern lediglich eine Korrelation beobachtet, die jedoch ihre Hypothese exakt bestätigte.

Besonders eine bestimmte Gruppe von Bakterien, die Gammaproteobacteria, schien bei einer hohen Pflanzenvielfalt vielfältiger zu sein und konnte bei Teenagern mit weniger Allergien häufiger gefunden werden. Mehr als 40 Jahre zuvor war nachgewiesen worden, dass die Häufigkeit dieser Bakterien auf der menschlichen Haut im Lauf der Jahreszeiten variiert [16]. Auch in den Proben, die Megan Thoemmes aus Schlafnestern von Schimpansen nahm, änderte sich die Menge der Gammaproteobacteria mit den Jahreszeiten. Hanski, Haahtela und von Hertzen stellten außerdem fest, dass die Häufigkeit der Gammaproteobacteria räumlich variierte. Es spielte keine Rolle, ob es um Allergien gegen Katzen, Hunde, Pferde, Birkenpollen, Lieschgras oder Beifuß ging: Personen mit mehr Arten von Gammaproteobacteria, besonders mit Arten der Gattung *Acinetobacter*, auf ihrem Körper waren in jedem Fall seltener von Allergien betroffen. In einer (erneut in Finnland durchgeführten) Folgestudie konnten Hanski und Haahtela gemeinsam mit einer anderen Forschergruppe zeigen, dass das Immunsystem von Personen mit mehr Bakterien einer *Acinetobacter*-Art auf der Haut tendenziell mehr Substanzen produzierte, die eine Überreaktion des Immunsystems verhinderten [17]. Auch Labormäuse produzierten mehr entzündungshemmende Stoffe, wenn ihnen experimentell *Acinetobacter* verabreicht wurde [17].

Die These, dass eine hohe bakterielle Vielfalt und insbesondere das Vorkommen von *Acinetobacter* Allergien verhindern, hat Haahtela auch in einer Studie geprüft, bei der er die Bakterien auf der Haut von Teenagern im russischen und finnischen Teil Kareliens verglich. Er nahm an, dass die biologische Vielfalt in Hinterhöfen im russischen Karelien höher sei als im finnischen, was sich bestätigte. Außerdem erwartete er, dass die biologische Vielfalt auf der Haut der russischen Karelier höher sei als bei ihren finnischen Nachbarn, und auch damit lag er richtig. Zuletzt vermutete er, dass die Häufigkeit der *Acinetobacter*-Bakterien auf der Haut von Teenagern im russischen Teil Kareliens höher sei als im finnischen Teil, und auch das stimmte [12].

Die Ergebnisse der Studie von Hanski, Haahtela und von Hertzen zeigen einen direkten Zusammenhang zwischen der Exposition gegenüber einer Vielfalt an einheimischen Pflanzen und der Anwesenheit von

Gammaproteobacteria auf der Haut (und anderen Bakterien mit ähnlicher Wirkung in Lunge und Darm), die den regulatorischen Prozess des Immunsystems anstoßen und Entzündungen in Schach halten [17]. Viele Jahrmillionen waren diese Expositionen sichergestellt, ohne dass wir uns darum bemühen mussten. Es gibt viele unterschiedliche Gammaproteobacteria auf wilden Pflanzen, aber auch auf unseren Nahrungspflanzen, die in einer mutualistischen Beziehung mit Samen, Früchten oder Stängeln leben. In der Frühzeit waren wir immer und überall von diesen Bakterien umgeben, atmeten sie ein, aßen sie. Dann fingen wir an, in Behausungen zu wohnen, wo die Gammaproteobacteria seltener wurden. Auf sehr kalt aufbewahrten Nahrungsmitteln kommen sie nur selten vor; wenn Nahrungspflanzen weiterverarbeitet werden, verschwinden sie ganz. Auf der ISS fehlten sie völlig, und in den meisten von uns untersuchten städtischen Wohnungen waren sie selten. Vielleicht könnte uns die Vielfalt von Gammaproteobacteria nicht nur im Garten, sondern auch in Innenräumen auf Topfpflanzen und frischem Obst und Gemüse zugutekommen [18]. Um die besondere Rolle der Gammaproteobacteria zu untersuchen, müssten Wissenschaftler die pflanzliche Vielfalt in Hinterhöfen ändern, eine Vielfalt von Pflanzen in Häuser bringen, Familien mit frischem Obst und Gemüse (das entweder sterilisiert wurde oder nicht) versorgen und anschließend untersuchen, ob diese Änderungen im Lauf der Jahre das Immunsystem und die Gesundheit beeinflussen. Dieser Schritt wäre analog zu Snows Entfernen des Pumpenschwengels, nur dass in diesem Fall etwas hinzugefügt würde, um die biologische Vielfalt zu fördern. Eine solche Untersuchung wurde zwar bisher noch nicht durchgeführt, wäre aber durchaus machbar.[11] Eine Studie, bei der Daten von amischen Kindern, Huttererkindern und Mäusen ausgewertet wurden, ist einem solchen Projekt schon ziemlich nahegekommen.

Die Amischen und die Hutterer kamen im 18. und 19. Jahrhundert in die Vereinigten Staaten. Sie haben einen vergleichbaren genetischen Hintergrund, insbesondere in Bezug auf Gene, die die Anfälligkeit für Asthma beeinflussen. Kulturell haben sie eine sehr ähnliche Lebensweise: Sie essen dasselbe herkömmliche deutsche Essen, haben große Familien, lassen sich

---

[11]Wir wissen so wenig, dass die Antwort sehr vielschichtig sein könnte. Megan Thoemmes hat z. B. die Verbreitung von Gammaproteobacteria in traditionellen Himbahäusern in Namibia mit der in Häusern in den Vereinigten Staaten verglichen. Hanski und seine Kollegen nahmen an, dass die Gammaproteobacteria in den aus Lehm und Dung errichteten Himbahäusern im Busch häufiger vorkommen würden als in den Häusern in den Vereinigten Staaten, aber Megan Thoemmes hat genau das Gegenteil festgestellt. Wenn diese Zusammenhänge einfach wären, hätten wir bereits eine Lösung.

impfen, trinken Rohmilch von Kühen und haben auch sonst einen sehr ähnlichen Lebensstil. Keine der beiden Gruppen sieht fern oder benutzt Elektrizität. Sie halten keine Haustiere wie Katzen oder Hunde, und in beiden Gemeinschaften sind die zum Haushalt gehörigen Tiere reine Nutztiere. Eine Heirat außerhalb der Gruppe führt zum Ausschluss aus der Gemeinschaft. Offensichtlich gibt es in Bezug auf ihre Gene, ihre Lebensweise und ihre Erfahrungen eine hohe Übereinstimmung. Der biologische Hauptunterschied zwischen den beiden Gruppen besteht darin, dass die Hutterer eine industrielle Landwirtschaft praktizieren: Sie bearbeiten ihr Land mit Traktoren, setzen Pestizide ein und bauen relativ wenige unterschiedliche Nutzpflanzen an. Dagegen üben die Amischen eine traditionelle Landwirtschaft mit Pferden als Arbeitstiere aus. Die amischen Kinder haben viel mehr direkten Kontakt mit dem Land, den Tieren und dem Boden als die Kinder der Hutterer. Außerdem ist bei den amischen Häusern der Scheuneneingang meist nur etwa 15 m von der Haustür entfernt, wogegen die Wohnhäuser und landwirtschaftlichen Gebäude der Hutterer oft weiter auseinander liegen. In Übereinstimmung mit der These von Hanski, Haahtela und von Hertzen ist Asthma unter diesen Umständen in der amischen Bevölkerung selten. Im Gegensatz dazu gibt es bei den Hutterern häufiger Asthma als bei fast jeder anderen Bevölkerungsgruppe in den Vereinigten Staaten; 23 % der Huttererkinder haben Asthma. Wie bei finnischen Kindern mit wenigen wilden Pflanzen in ihren Hinterhöfen sind im Blut der Huttererkinder die IgE-Antikörper gegen gewöhnliche Allergene erhöht, und dieser Unterschied ist nicht die einzige immunologische Abweichung.

Ein von Wissenschaftlern und Klinikern der University of Chicago und der University of Arizona geleitetes großes Team hat vor Kurzem das Immunsystem von amischen Kindern und Huttererkindern verglichen, wobei Blutproben dieser beiden Gruppen genauer untersucht wurden. Dabei stellte sich heraus, dass im Blut von amischen Kindern bei einer Provokation mit einem Stoff, der mit den Zellwänden von Bakterien zusammenhängt, weniger alarmauslösende Zytokine produziert wurden. Außerdem waren im Blut amischer Kinder andere Typen und Mengen von weißen Blutkörperchen enthalten. Das Blut amischer Kinder enthielt weniger Eosinophile, weiße Blutkörperchen, die für Entzündungen maßgeblich sind. Außerdem gehörten ihre Neutrophile meist zu einer Sorte, die – einfach ausgedrückt – eine geringere Bereitschaft hat, eine unspezifische Immunabwehr anzustoßen. Schließlich enthielt das Blut der amischen Kinder einen höheren Anteil einer Art von Monozyten (wiederum andere weiße Blutkörperchen), die die Reaktion des Immunsystems unterdrücken.

Kurz gesagt, das Blut der Huttererkinder löste leichter eine immunologische Überreaktion aus, wohingegen das Blut der amischen Kinder eher Ruhe bewahrte.

Das Team aus Chicago und Arizona beschloss, die Wirkung von amischem Staub und den darin enthaltenen Mikroben auf das Immunsystem zu untersuchen, indem Individuen mit entzündlichen Krankheiten experimentell eine Dosis des amischen Staubs verabreicht werden sollte. Da ein Experiment aus ethischen Gründen mit Menschen nicht möglich war, wurden Mäuse verwendet. Wissenschaftler haben spezielle Mäuse gezüchtet, die an chronisch entzündlichen Erkrankungen wie allergischem Asthma leiden. Die Mäuse bekommen beim Kontakt mit Eiproteinen Asthmasymptome; dieser Stoff löst eine Überreaktion ihres Immunsystems aus. Das Team führte bei den Asthmamäusen drei verschiedene Behandlungen durch: Einer Gruppe wurden einen Monat lang alle zwei bis drei Tage Eiproteine in die Nase gesprüht. Einer zweiten Gruppe wurden im selben Rhythmus Eiproteine zusammen mit Staub aus den Schlafzimmern von Huttererfamilien verabreicht. Eine dritte Gruppe erhielt Eiproteine und Staub aus amischen Schlafzimmern (später stellte man fest, dass dieser Staub meist mehr Bakterienarten und eine größere biologische Vielfalt aufwies als der Staub der Hutterer). Die Mäuse, denen nur das Eiprotein verabreicht wurde, erlitten eine allergische asthmatische Reaktion – dies war nicht weiter erstaunlich. Die Mäuse, die das Eiprotein zusammen mit dem Staub der Hutterer erhielten, reagierten mit einer stärkeren allergischen Reaktion als die erste Gruppe, die nur das Eiprotein erhielt. Wie aber erging es den Mäusen, die Eiprotein in Kombination mit amischem Staub bekamen? Der amische Staub verhinderte die allergische Reaktion der Mäuse auf das Eiprotein nahezu vollständig. Der artenreiche amische Staub verhinderte nicht nur den asthmatischen Anfall, sondern heilte sie beinahe vollständig, obwohl sie weiterhin jeden zweiten Tag eine Dosis des Eiproteins, ihres Allergens, erhielten [19]. In Finnland konnte ein Team in einem Experiment mit Mäusen einen ähnlichen Effekt bei Verwendung von Staub aus ländlichen Scheunen nachweisen (nicht aber bei Verwendung von Hausstaub aus dem städtischen Helsinki) [20]. Dies ist keine Empfehlung für Asthmatiker, amische Schlafzimmer oder finnische Hinterhöfe aufzusuchen, um Staub zu schnüffeln (schon gar nicht ohne Erlaubnis), aber Asthmatiker sollten auf jeden Fall mehr biologische Vielfalt, mehr wilde Natur einatmen.

Das Entscheidende im Staub aus amischen Häusern könnten gut Gammaproteobacteria sein, die gemäß der These Hanskis und seiner Kollegen den regulatorischen Prozess in den Lungen aktivieren. Aber selbst wenn dies nicht der Fall ist und eine andere Bakteriengruppe die

Schlüsselrolle in Lunge und Darm übernimmt – z. B. die Firmicutes und Bacteroidetes oder sogar ein besonderer Pilz – konnten die Forscher mit ihrer Fragestellung und den Ergebnissen ihrer Studie einen wichtigen Zusammenhang aufdecken: Je weniger biologische Vielfalt an Pflanzen, Tieren und anderen Organismen uns umgibt, desto unwahrscheinlicher wird es, dass wir mit den richtigen Bakterien, z. B. Gammaproteobacteria, in Kontakt kommen. Dies ist eine wahrscheinlichkeitstheoretische Frage. Stellen Sie sich vor, es gibt eine bestimmte Anzahl an Bakterienarten, denen Sie ausgesetzt sein müssen, um gesund zu bleiben. Wenn dies der Fall ist, gilt (egal, welche Bakterienarten nun entscheidend sind) Folgendes: Je mehr Pflanzen, Tieren und Bodenorganismen Sie begegnen, desto wahrscheinlicher ist, dass Sie auch mit den Schlüsselbakterien in Kontakt kommen. Je weniger Arten Sie umgeben, desto weniger werden Sie den Arten begegnen, die Ihr angeborenes Immunsystem auf die richtige Weise aktivieren und die Eosinophile in Schach halten. Aber wenn der Zufall es will, können Sie natürlich trotz einer großen biologischen Vielfalt Pech haben: Ebenso wie einige Teenager im russischen Karelien können gelegentlich auch amische Kinder Allergien entwickeln, es ist nur unwahrscheinlicher.

Am besten wäre es natürlich, die Schlüsselbakterien zu kennen. Dann könnten wir die wichtigen Expositionen sicherstellen, und das Problem wäre gelöst. Bisher verstehen wir die chronisch entzündlichen Erkrankungen nur geringfügig besser als in der Miasmenphase, und weitere Fortschritte werden noch Zeit brauchen. Nehmen wir als Beispiel die Stuhltransplantation, die beste Behandlung für Menschen, deren Darmflora vom aggressiven Pathogen *Clostridium difficile* befallen ist. Bei einer Stuhltransplantation erhält die kranke Person eine hohe Dosis Antibiotika. Anschließend wird die Darmflora der kranken Person wiederhergestellt, indem man den Stuhl und die fäkalen Mikroben einer gesunden Person hinein transplantiert. Dies funktioniert: Schon viele Leben wurden durch Stuhltransplantationen gerettet, denn durch diesen Eingriff wird die Darmflora so repariert, dass die Ausbreitung des aggressiven *Clostridium difficile* eingedämmt wird. Für Ärzte sind Stuhltransplantationen eine große Hilfe bei der Behandlung von Patienten, denn davor gab es nur wenige erfolgreiche Therapiemethoden, und auch von Mikrobiologen wird dieser Ansatz als innovativ und zukunftsweisend gepriesen. Zugleich liegt darin das Eingeständnis, dass wir nicht wissen, welche Arten entscheidend sind. Angesichts unseres fehlenden Wissens ist die beste Option, die ganze Mikrobengemeinschaft wiederherzustellen, das System neu zu starten und den Darm zu renaturieren.

Wissenschaftler lieben es, Prognosen zu machen und diese zu testen, und der Bereich der politischen Soziologie eignet sich besonders gut dafür. Nach meiner Einschätzung werden in den nächsten 10 Jahren viele verschiedene Medikamente und Behandlungen auf den Markt kommen, mit denen Patienten ihre chronischen Entzündungen selbst heilen können. Einige Wissenschaftler werden anregen, dass eine fehlende Exposition gegenüber bestimmten Arten von Hakenwürmern, Bandwürmern und anderen Würmern der Hauptfaktor für diese Krankheiten sei, andere wiederum werden die Bedeutung der Gammaproteobacteria hervorheben, und wieder andere werden behaupten, dass eine andere Bakterienart entscheidend sei (verschiedene Labore werden unterschiedliche Favoriten haben). Es wird Leute geben, die sagen, dass wir diese Bakterien über unsere Nahrung zu uns nehmen müssten; andere werden sagen, dass sie eher in unserem Wasser enthalten sein sollten. In der Zwischenzeit wird jemand eine Reihe menschlicher Gene identifizieren, die die Anfälligkeit für diese Krankheiten erhöhen. Es wird sich herausstellen, dass Menschen abhängig von ihren genetischen Voraussetzungen unterschiedliche Mikroben benötigen. Irgendwann (aber erst relativ spät) werden die Genetiker realisieren, dass sie Proben zumeist von weißen männlichen Hochschulstudenten genommen haben. Wenn sie dann anfangen, alle Bevölkerungsgruppen zu berücksichtigen, wird die Sachlage noch komplizierter. Schließlich wird sich zeigen, dass die Exposition gegenüber den Mikroben, die die Menschen brauchen, um gesund zu bleiben, von ihrem Wohnort und ihrer Kultur abhängen. Vielleicht wird irgendwann aus all dem ein perfektes präskriptives Modell hervorgehen, das nahelegt, was jede Person braucht, aber ich würde nicht darauf wetten. Dennoch müssen wir natürlich unsere Bemühungen in dieser Richtung fortsetzen. Dass Snow den Übertragungsweg der Cholera erkannte, war entscheidend, und es war sogar noch wichtiger, dass das Cholerabakterium *Vibrio cholerae* identifiziert wurde, sodass Wasser auf dieses Bakterium getestet und sichergestellt werden konnte, dass es trinkbar war.

Momentan müssen wir akzeptieren, dass noch vieles unklar ist, und nach alternativen Strategien suchen, auch wenn diese nicht perfekt sind. Gegenwärtig sind wir weniger und ganz anderen Arten ausgesetzt als früher, weil die biologische Vielfalt in unserer Umgebung abgenommen hat und weil wir uns fast die ganze Zeit in Innenräumen mit immer weniger Vielfalt aufhalten. Infolgedessen haben Krankheiten wie Morbus Crohn, Asthma, Allergien und multiple Sklerose stark zugenommen. Unseren Kindern müssen wir aber die Gelegenheit bieten, mit einer Vielfalt von Mikroben zu interagieren, weil dadurch die Wahrscheinlichkeit steigt, dass sie mit den erforderlichen Mikroben in Kontakt kommen. Je öfter sie bei der ökologischen Lotterie mitspielen, desto höher ist ihre Chance zu gewinnen.

Sorgen Sie für eine größere Vielfalt von Pflanzen um Ihr Haus, und beziehen Sie sie in Ihr Leben ein. Kümmern Sie sich um sie, beobachten Sie sie, halten Sie Ihren Mittagsschlaf im Garten. Es kann gut sein, dass eine größere Pflanzenvielfalt in Innenräumen die gleichen positiven Effekte hat. Fangen Sie an zu gärtnern, und wühlen Sie in der Erde, oder halten Sie sich wie die Amischen eine Kuh hinter dem Haus. All dies kann nicht schaden und ist vermutlich hilfreich. Inzwischen müssen wir sicherstellen, dass es die für uns wichtigsten Arten auch in der Zukunft noch gibt. Wir müssen uns, wie Haahtela es im Jahr 2009 ausdrückte, „um die Schmetterlinge kümmern", d. h., wir müssen die biologische Vielfalt allgemein erhalten, bis wir sicher wissen, welche Arten für uns entscheidend sind. Wir müssen die Schmetterlinge um unser selbst willen retten, denn wo viele unterschiedliche einheimische Schmetterlinge vorkommen, gibt es auch viele unterschiedliche Mikroben und die Arten, die wir brauchen, über die wir aber noch nicht viel wissen. Wir sollten die Schmetterlinge auch im Gedenken an Ilkka Hanski retten. Hanski starb am 10. Mai 2016. Er war bis zu seinem Tod von Schmetterlingen fasziniert, und die Zusammenhänge in der Natur erfüllten ihn mit Staunen. Ihm war bewusst, dass uns – selbst wenn der Flügelschlag eines Schmetterlings das Wetter wahrscheinlich nicht beeinflusst – das Aussterben der Schmetterlinge oder der Pflanzen, von denen die Schmetterlinge und viele Bakterien abhängen, krank machen kann. Wir brauchen biologische Vielfalt für unser Wohlergehen. Wir brauchen den Artenreichtum in unseren Hinterhöfen und unseren Wohnräumen und – wie sich herausgestellt hat – möglicherweise sogar in unseren Duschköpfen.

Literatur

1. Pulliam HR (1988) Sources, sinks, and population regulation. Am Nat 132:652–661
2. Janzen DH (1977) Why fruits rot, seeds mold, and meat spoils. Am Nat 111(980):691–713
3. Mookerjee S, Jaiswal A, Batabyal P, Einsporn MH, Lara RJ, Sarkar B, Neogi SB, Palit A (2014) Seasonal dynamics of *Vibrio cholerae* and its phages in riverine ecosystem of gangetic West Bengal: cholera paradigm. Environ Monit Assess 186(10):6241–6250
4. Hanski I (2016) Messages from islands: a global biodiversity tour. University of Chicago Press, Chicago
5. Bach JF (2002) The effect of infections on susceptibility to autoimmune and allergic diseases. N Engl J Med 347:911-920

6. Haahtela T (2009) Allergy is rare where butterflies flourish in a biodiverse environment. Allergy 64(12):1799–1803

7. United Nations (2014) World urbanization prospects: the 2014 revision. United Nations, New York, https://esa.un.org/unpd/wup/publications/files/wup2014-highlights.pdf

8. Wilson EO (1984) Biophilia. Harvard University Press, Cambridge

9. Marselle MR, Irvine KN, Lorenzo-Arribas A, Warber SL (2016) Does perceived restorativeness mediate the effects of perceived biodiversity and perceived naturalness on emotional well-being following group walks in nature? J Environ Psychol 46:217–232

10. Louv R (2008) Last child in the woods: saving our children from naturedeficit disorder. Algonquin Books, Chapel Hill

11. Strachan DP (1989) Hay fever, hygiene, and household size. BMJ 299(6710):1259

12. Ruokolainen L, Paalanen L, Karkman A, Laatikainen T, Hertzen L, Vlasoff T, Markelova O et al (2017) Significant disparities in allergy prevalence and microbiota between the young people in Finnish and Russian Karelia. Clin Exp Allergy 47(5):665–674

13. von Hertzen L, Hanski I, Haahtela T (2011) Natural immunity. Biodiversity loss and inflammatory diseases are two global megatrends that might be related. EMBO Rep 12(11):1089–1093

14. Kaiser J (1997) Unique, all-taxa survey in Costa Rica 'self-destructs'. Science 276(5314):893

15. Hanski I, von Hertzen L, Fyhrquist N, Koskinen K, Torppa K, Laatikainen T, Karisola P et al (2012) Environmental biodiversity, human microbiota, and allergy are interrelated. Proc Natl Acad Sci U S A 109(21):8334–8339

16. Retailliau HF, Hightower AW, Dixon RE, Allen JR (1979) *Acinetobacter calcoaceticus*: a nosocomial pathogen with an unusual seasonal pattern. J Infect Dis 139(3):371–375. https://doi.org/10.1093/infdis/139.3.371

17. Fyhrquist N, Ruokolainen L, Suomalainen A, Lehtimäki S, Veckman V, Vendelin J, Karisola P et al (2014) *Acinetobacter* species in the skin microbiota protect against allergic sensitization and inflammation. J Allergy Clin Immunol 134(6):1301–1309

18. von Hertzen L (2015) Plant microbiota: implications for human health. Br J Nutr 114(9):1531–1532

19. Stein MM, Hrusch CL, Gozdz J, Igartua C, Pivniouk V, Murray SE, Ledford JG et al (2016) Innate immunity and asthma risk in Amish and Hutterite farm children. N Engl J Med 375(5):411–421

20. Haahtela T, Laatikainen T, Alenius H, Auvinen P, Fyhrquist N, Hanski I, von Hertzen L et al (2015) Hunt for the origin of allergy – comparing the finnish and Russian Karelia. Clin Exp Allergy 45(5):891–901

5

Bad im Fluss des Lebens

Wir müssen davon ausgehen, dass die Menge an kleinen Tierchen und winzigen Fischen im Meer unsere Vorstellungskraft weit übersteigt (Antoni van Leeuwenhoek).

Ich bade einmal im Monat, egal ob ich es nötig habe oder nicht (Königin Elisabeth I.).

Im Wein liegt die Wahrheit, im Bier die Freiheit und im Wasser gibt es Bakterien (Schild an der Wand eines Pubs in Dumfries, Schottland).

Im Jahr 1654 malte Rembrandt in Amsterdam eine Frau, die in einem Fluss badet. Die Frau hat ihr elegantes, rotes Kleid auf einem Felsen abgelegt; sie watet ins Wasser und hebt ihr Unterhemd bis über die Knie an, damit es im Wasser nicht nass wird. Es ist Nacht, und die Haut der Frau leuchtet in der Dunkelheit, während ihr Körper langsam ins Wasser eintaucht. Das Bild erinnert an frühe Kunstwerke aus dem antiken Griechenland und Rom. Die Frau, die in Rembrandts Bild in den Fluss hineinwatet, tritt aus einer Welt in eine andere. Für Kunstgeschichtler hat der Übergang eine metaphorische Bedeutung [1], aber mich als Biologen interessiert er in ökologischer Hinsicht. Beim Eintritt ins Wasser ist die Frau plötzlich ganz anderen Arten, Mikroben, Fischen und sonstigem Leben ausgesetzt. Wir stellen uns vor, dass Wasser sauber sei, und setzen „sauber" mit „ohne Leben" gleich, aber Trink-, Bade- oder Schwimmwasser ist immer voller Leben.

Die Landschaft, die Rembrandt malte, erinnert an einen der kleinen Kanäle und Flüsse in der Nähe von Amsterdam, und die Frau war vermutlich Rembrandts Geliebte, Hendrickje Stoffels. Selbst wenn Rembrandt nicht vorhatte, ein bestimmtes Gewässer abzubilden, bezog er seine Ideen

© Springer-Verlag GmbH Deutschland, ein Teil von Springer Nature 2021
R. Dunn, *Nie allein zu Haus,* https://doi.org/10.1007/978-3-662-61586-7_5

und seine Inspirationen aus dem, was er kannte und um sich herum sah. Wahrscheinlich ähnelte dieses Gewässer den Gewässern bei Delft und war größtenteils von denselben Mikroben besiedelt wie der Kanal vor Leeuwenhoeks Haus, dessen Wasser Leeuwenhoek ca. 10 Jahre später untersuchen sollte. Das Wasser heute unterscheidet sich vermutlich sehr stark von dem Wasser, in das Rembrandts Geliebte hineinwatete. Es enthält zwar immer noch Leben, aber vermutlich kommen Sie bei einem Bad oder einer Dusche mit Lebensformen und kleinen Tierchen in Berührung, die damals in Delft nur selten vorkamen. Über diese Arten habe ich in letzter Zeit viel nachgedacht.

Alles begann damit, dass mir Noah Fierer, mein Kollege an der University of Colorado, mit dem ich schon den Staub in Häusern untersucht hatte, im Herbst 2014 eine E-Mail mit einer Projektidee schickte. Er war im Zusammenhang mit Duschköpfen auf ein Rätsel gestoßen, und dazu noch ein ganz besonders spannendes. „Bist Du dabei?", fragte er mich, bevor er überhaupt erklärt hatte, worum es ging. „Ich habe mich mit jemandem über Duschköpfe unterhalten, und wir müssen eine Studie dazu machen, es wird bestimmt großartig." Es folgte eine Art Steno-Unterhaltung, eine unter Forschern weit verbreitete Kommunikationsform. Noah Fierer umriss seine Idee kurz und nahm an, dass ich die Lücken schon selbst füllen werde. „Es ist Deine Entscheidung, ob Du mitmachst oder nicht", sagte er und meinte damit eigentlich „Wenn nicht, wirst Du etwas verpassen, und ich werde es Dich nie vergessen lassen, aber natürlich bist Du zu nichts verpflichtet. Wenn Du aber mitmachst, sollten wir sofort loslegen."[1]

Die grobe Idee war wie folgt: Das Leitungswasser, das in Häuser geleitet wird und schließlich aus Duschköpfen herausströmt, ist voller Leben. Leeuwenhoek und spätere Forscher fanden sowohl Bakterien als auch Protisten im Regenwasser und in Brunnen, und Leitungswasser enthält genauso viel Leben wie Regenwasser. In Dänemark, wo ich einen Teil des Jahres verbringe, kann man im Leitungswasser z. B. kleine Krustentiere finden [2, 3].[2] In Raleigh, wo ich sonst lebe, enthält das Leitungswasser relativ häufig die Bakterienart *Delftia acidovorans*.[3] Die Art *Delftia*,

---

[1]Sowohl Noah Fierer als auch ich hatten vergessen, dass wir (wie sich beim Durchsehen meiner E-Mails herausstellte) bereits zum zweiten Mal über ein mögliches Projekt zu Duschköpfen sprachen. Beim ersten Mal wurde nichts daraus, der E-Mail-Dialog versandete. Noah Fierers neue E-Mail war also nur einem Wiederaufleben seines früheren Enthusiasmus geschuldet.

[2]Daneben enthält das dänische Wasser weitere wirbellose Organismen wie Muschelkrebse, Plattwürmer, *Cyclops*-Arten, *Tubifex*-Arten, Borstenwürmer, Flohkrebse und Spulwürmer.

[3]Dieses Wissen verdanken wir der Arbeit von Carlos Goller und Studenten der North Carolina State University. Carlos Goller beschäftigt sich aktuell damit, zahlreiche Wasserhähne auf neue Sorten dieser ungewöhnlichen Bakterien zu untersuchen. Er hat Tausende Studenten gebeten, ihn bei seinen

die übrigens zuerst in Leeuwenhoeks Wohnort Delft im Boden gefunden wurde, hat die Fähigkeit, winzige im Wasser vorhandene Goldpartikel zu konzentrieren und zu verklumpen. Sie besitzt auch einzigartige Gene, die es ihr ermöglichen, sich in Mundwasser (oder einem frisch mit Mundwasser gespülten Mund) zu vermehren. All dies ist schon lange bekannt und gehört eigentlich nicht zu Noah Fierers Interessengebieten, auch wenn es sehr spannend ist. Noah Fierers Interesse wurde durch etwas anderes geweckt: Wenn das Wasser durch Röhren, z. B. die Düsen in Duschköpfen, fließt, bildet sich ein dicker Biofilm, wobei *Biofilm* eine schöne Umschreibung für „Schmiere" ist.

Der Biofilm setzt sich aus einer einzelnen oder mehreren Bakterienarten zusammen, die im Verbund Schutz vor lebensfeindlichen Bedingungen suchen (z. B. vor dem fließenden Wasser, das sie ständig wegzuspülen droht). Dieser Biofilm hat eine eigene Infrastruktur, die die Bakterien mit ihren Ausscheidungen erzeugen.[4] Gemeinsam erschaffen sie in den Leitungen mit ihren Exkrementen einen unzerstörbaren Lebensraum, der aus schwer aufzubrechenden komplexen Kohlenhydraten besteht. Noah Fierer wollte die im Biofilm von Duschköpfen lebenden Arten untersuchen, die ihre Nahrung im Leitungswasser finden und bei zu hohem Wasserdruck mitgespült und über fein versprühte Wassertröpfchen auf unsere Haare und Körper, in unsere Nasen und Münder gelangen [4].[5] Ihn interessierte nicht nur die Biologie der Mikroben, sondern er wollte sie sich auch deshalb genauer ansehen, weil sie in manchen Gegenden offenbar Krankheiten aus- lösen.

Die krankmachenden Bakterien in Biofilmen gehören zur Gattung *Mycobacterium* (Mykobakterien). Bakterien dieser Gattung unterscheiden sich von den meisten durch Trinkwasser übertragenen Pathogenen wie *Vibrio cholerae* darin, dass das normale Habitat der im Leitungswasser gefundenen Mykobakterien nicht der menschliche Körper ist, sondern die Leitung selbst. Diese Mykobakterien mit einer Affinität zu Rohren und Düsen („Sanitärophile") sind keine gewöhnlichen Pathogene. Problematisch

---

Bemühungen zu unterstützen, indem sie in ihren Wasserhähnen nach neuen Lebensformen suchen. Bisher wurden neben *Delftia acidovorans* auch viele andere *Delftia*-Arten gefunden, von denen ein Großteil bisher offensichtlich unbekannt war.

[4]Dasselbe trifft auch auf die Plaque auf Ihren Zähnen zu.

[5]Biofilme ermöglichen es Mikroben, sich festzuhalten und sich vor alltäglichen Gefahren, z. B. durch Menschen, zu schützen. Um wirksam zu sein, müssen antimikrobielle Substanzen bei Bakterien in einem Biofilm z. B. mit einer bis zu 1000-mal höheren Konzentration angewandt werden als bei Organismen, die wie Plankton frei im Wasser schwimmen.

sind sie nur, wenn sie (aus der Bakterienperspektive) zufällig in die menschliche Lunge gelangen. Damit stellen Mykobakterien und verschiedene andere Pathogene (z. B. das Bakterium *Legionella*) in den neuen Habitaten unserer Häuser eine ganz andere Herausforderung dar als die gewöhnlichen Pathogene, und diese ist eng mit der Bauweise unserer Städte und Häuser verknüpft.

Die Arten der Gattung *Mycobacterium* in Duschköpfen sind in der Regel NTM (nichttuberkulöse Mykobakterien). Daneben gibt es auch tuberkulöse Mykobakterienarten, nämlich die Art *Mycobacterium tuberculosis* und ihre nahen Verwandten. Gewöhnlich stellen wir uns die schlimmsten Monster in der Geschichte als vielarmige Bestien mit Pest-Atem vor, die man wie in den Wikingersagen mit Schwert und Schild bekämpfen kann. Die wahren Dämonen der Vergangenheit ähneln jedoch mehr dem mit bloßem Auge nicht wahrnehmbaren *Mycobacterium tuberculosis* und sind trotz ihrer Winzigkeit für den Tod vieler Menschen verantwortlich.

Mycobacterium tuberculosis verursacht im Menschen Tuberkulose. Zwischen 1600 und 1800 waren 20 % der Todesfälle bei Erwachsenen in Europa und Nordamerika tuberkulosebedingt [5]. Das Bakterium *Mycobacterium tuberculosis* begleitet die Menschen und ihre ausgestorbenen Verwandten und Vorfahren schon lange. Die gefährliche Form des Pathogens entwickelte sich ungefähr zu der Zeit, als die modernen Menschen Afrika verließen (aus dieser Zeit stammen auch die ersten klaren archäologischen Nachweise für Behausungen, mit deren Besiedlung die Wahrscheinlichkeit für eine gegenseitige Ansteckung stieg). Seit dieser Zeit breitet sich die Art *Mycobacterium tuberculosis* mit uns aus. Nachdem wir Ziegen und Kühe gezähmt hatten, übertrug sich *Mycobacterium tuberculosis* auch auf sie und passte sich an deren Körper und Immunsystem an. Bei Ziegen entwickelte sich die Art *Mycobacterium caprae* und bei Kühen *Mycobacterium bovis*. Als sich Mäuse mit *Mycobacterium tuberculosis* ansteckten, bildete sich bei diesen Tieren erneut eine eigene Art aus, die optimal an deren Immunsystem angepasst ist. Die Krankheit übertrug sich außerdem auf Robben, und auch hier entwickelte das Bakterium eine eigene Form. Spätestens im Jahr 700 unserer Zeitrechnung gelangte diese Form über die Robben zum amerikanischen Kontinent, wo sich die Einheimischen damit ansteckten (und das Bakterium erneut eine spezialisierte Form ausbildete) [6, 7].

Bei jedem neuen Wirt entwickelte das Bakterium rasch neue Merkmale, die seine Verbreitung und Überlebenschancen optimierten. Da sich das Immunsystem und die Körper all dieser Tiere unterscheiden, mussten die Mikrobenstämme von *Mycobacterium* immer wieder aufs Neue besondere Strategien ausbilden. Das auf Menschen spezialisierte Pathogen hat sich anscheinend sogar auf unterschiedliche Bevölkerungsgruppen eingestellt (und da Tuberkulose auch für relativ junge Menschen tödlich ist, haben sich diese Bevölkerungsgruppen wiederum an das Pathogen angepasst). Wie die vielfältigen Schnabelformen bei den unterschiedlichen Arten der Darwinfinken ist *Mycobacterium tuberculosis* ein wunderbares Beispiel für die Eleganz der Evolutionsmechanismen.

In den 1940er-Jahren wurden Antibiotika entwickelt, die viele Jahre die erfolgreiche Bekämpfung von *Mycobacterium tuberculosis* ermöglichten, aber inzwischen sind viele Stämme der Tuberkulosebakterien gegen diese Medikamente resistent geworden. Unsere effektivsten Waffen, die ehemals scharfen Schwerter der Medizin, sind stumpf geworden, und es gibt (leicht vorhersagbar) immer mehr resistente Stämme. All dies legt nahe, dass wir die Mykobakterien genau beobachten sollten. Nichts hindert die in Duschköpfen lebenden nichttuberkulösen Arten daran, sich wie *Mycobacterium tuberculosis* an die Bedingungen in den Wasserleitungen oder – noch bedrohlicher – in unserem Körper anzupassen und uns gefährlich zu werden.

Bis jetzt besteht nur für Menschen mit einem beeinträchtigten Immunsystem ein hohes Risiko für eine Infektion durch nichttuberkulöse Mykobakterien, z. B. Menschen mit einer ungewöhnlichen Lungenarchitektur oder mit Mukoviszidose. Hier können nichttuberkulöse Mykobakterien Symptome ähnlich einer Lungenentzündung, aber auch Haut- und Augeninfektionen hervorrufen. Leider nimmt das Risiko für eine Infektion mit nichttuberkulösen Mykobakterien überall in den Vereinigten Staaten zu, auch wenn es dabei regionale Unterschiede gibt. In einigen Gegenden scheinen die Infektionen sehr viel häufiger aufzutreten als in anderen, z. B. kommt es in Kalifornien und Florida zu relativ vielen Infektionen, während sich in Michigan nur wenige Menschen anstecken (Abb. 5.1). Vermutlich hängt dies damit zusammen, wie viele und welche Mykobakterienarten in den einzelnen Regionen vorkommen; in Florida treten z. B. andere Arten auf als in Ohio [8]. Außerdem wurde festgestellt, dass die Mykobakterienarten und -stämme in Duschköpfen zu den infektionsauslösenden Arten gehören, während im Boden oder sonstigen natürlichen Habitaten andere Arten leben [9, 10].[6]

Da mir all dies in Bezug auf Mykobakterien bereits bekannt war, konnte ich mehr oder weniger erraten, was Noah Fierer bei der geplanten Untersuchung von Duschköpfen und dem darin verborgenen Biofilm im Sinn hatte, denn seit unserer Studie zu den 40 Häusern in Raleigh griffen Noah

---

[6]siehe auch eine wichtige frühe Studie zu Duschkopfmikroben: Feazel et al. 2009 [10].

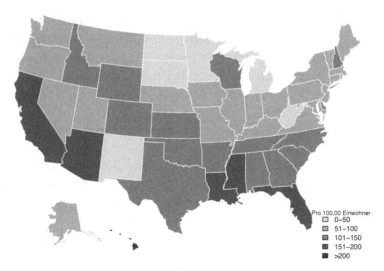

Abb. 5.1 Auf der Karte wird die Häufigkeit von Lungenerkrankungen aufgrund von nichttuberkulösen Mykobakterien unter Erwachsenen ab 65 Jahren in den Vereinigten Staaten zwischen 1997 und 2007 dargestellt. Hawaii, Florida und Louisiana gehören zu den Staaten, in denen die Häufigkeit von mykobakteriellen Infektionen gemessen an der Bevölkerungszahl am höchsten ist. So wie für Snow seine Karte zur geografischen Verbreitung der Cholerafälle entscheidend war, sind auch für uns Karten, die zeigen, wo sowohl NTM-Infektionen als auch *Mycobacterium*-Arten auftreten, ein wichtiges Instrument zum Aufdecken von Zusammenhängen. (Daten aus: [11])

Fierer und ich immer wieder auf die gleiche Arbeitsmethode zurück. Der Ausdruck „Rätsel" im Zusammenhang mit Duschköpfen übte ohnehin eine unwiderstehliche Faszination auf mich aus, und so antwortete ich auf Noah Fierers E-Mail und verpflichtete mich mit ein oder zwei Sätzen, das Sammeln von Duschkopfproben aus aller Welt zu koordinieren.[7] Damit nahm die vermutlich weltweit umfangreichste Studie zur Ökologie von Duschen und Duschköpfen ihren Anfang. Dass ich mich auf das Projekt einließ, war eine Sache des Vertrauens, denn wenn Noah Fierer etwas faszinierte, konnte ich in 9 von 10 Fällen davon ausgehen, dass es auch mich interessieren würde.[8] Ich habe noch nie jemand über Vertrauen in der Wissenschaft sprechen hören, und dennoch beeinflusst es tagtäglich die

---

[7]Damit meine ich, dass ich Lauren Nichols aus meinem Labor eine E-Mail schickte und sie darum bat, dies zu tun. Sie leitete die E-Mail zuerst an Lea Shell und später an Julie Sheard (eine Studentin in unserer Gruppe in Dänemark) weiter.

[8]Der 10. Fall war, als er mich dazu bringen wollte, eine Probe meines eigenen Harnröhren-Mikrobioms abzugeben. Dies lehnte ich dankend ab.

Vorgänge in meinem Labor. Die moderne Wissenschaft basiert zu einem Großteil auf sozialen Kontakten, und in einer kleinen Gruppe von Kollegen, die einander blind vertrauen, läuft einfach alles schneller ab. Umgekehrt haben die meisten Wissenschaftler auch Kollegen, denen sie nicht vertrauen oder die sie einfach noch nicht gut genug kennen. In diesen Fällen ist die Zusammenarbeit langsamer, bedächtiger; impulsive Entscheidungen mitten in der Nacht sind eher unwahrscheinlich. Noah Fierer vertraue ich, und so gab ich ihm meine sofortige Zusage. Wir haben mittlerweile in einem halben Dutzend größerer Projekte zusammengearbeitet (z. B. zu Käferbakterien, Bauchnabeln, den Mikroben in 40 und später in 1000 Häusern und zu globaler Forensik). Unsere wissenschaftliche Zusammenarbeit verläuft reibungslos (auch wenn wir uns, wie sich aus der Liste ablesen lässt, zum Teil mit eigentümlichen Dingen beschäftigen).

Etwas früher im Jahr 2014 hatte ich die Datenerfassung eines Projekts mit dänischen Kollegen abgeschlossen, bei dem dänische Schulkinder aufgefordert worden waren, Wasserproben aus den Wasserspendern und -hähnen an ihrer Schule zu sammeln. Ich wusste also bereits einiges über das Leben im Wasser, konnte aber bei der Untersuchung von Duschköpfen noch viel dazu lernen. In Dänemark fanden wir im Leitungswasser – ebenso wie in ähnlichen Studien in den Vereinigten Staaten und anderen Ländern auf der ganzen Welt – Tausende von Arten, darunter Bakterien, Amöben, Nematoden und sogar kleine langbeinige Krustentiere. Obwohl das Leitungswasser eine große biologische Vielfalt aufweist, ist die darin enthaltene Biomasse, die lebendige organische Masse, normalerweise gering. Leitungswasser enthält nicht viele Substanzen, die sich als Nahrungsquellen eignen (selbst wenn man berücksichtigt, dass Bakterien nur geringe Mengen benötigen). Ernährungstechnisch entspricht es einer flüssigen Wüste, sodass viele Arten zwar irgendwie überleben können, sich aber keine Art besonders erfolgreich ausbreitet. Beim Biofilm in Duschköpfen liegt der Fall allerdings anders.

Das durch die Duschköpfe fließende Wasser ist meist warm, was die Vermehrung der Bakterien fördert. Auch in den Zeiten, in denen die Dusche nicht verwendet wird, bleiben die Leitungen feucht (sodass die Bakterien nicht austrocknen). Wenn sich Bakterien und andere Mikroben erst einmal als Biofilm in den Duschkopfdüsen etabliert haben, verfügen sie über eine optimal an ihre Anforderungen angepasste Umgebung. In dieser Umgebung können sie, ähnlich wie Meeresschwämme, Nahrung aus dem vorbeifließenden Wasser extrahieren. Je mehr Wasser vorbeifließt, desto mehr können sie herausziehen. Die verfügbaren Ressourcen in einem Tropfen Wasser sind zwar knapp, aber da regelmäßig große Wassermengen durch den Duschkopf fließen, kann das Nahrungsangebot insgesamt dennoch üppig sein. Die Biomasse in Duschköpfen ist folglich mindestens doppelt so groß wie in Leitungswasser, setzt sich aber interessanterweise aus weitaus weniger Arten zusammen als im Leitungswasser. Es gibt eher Hunderte oder sogar nur Dutzende statt Tausender Arten [12],[9] und diese Arten bilden relativ stabile Ökosysteme, in denen jede Art eine bestimmte Rolle übernimmt. In einem Biofilm finden sich sogar räuberische Bakterien, die – so hätte es Leeuwenhoek vielleicht ausgedrückt – wie Hechte durchs Wasser schwimmen. Jetzt in diesem Augenblick stürzen sich diese winzigen „Hechte" in Ihrem Duschkopf auf andere Bakterien, bohren sich in ihre Seiten und scheiden chemische Stoffe aus, um sie zu verdauen. Der Biofilm in Duschköpfen beherbergt auch Protisten, die sich von diesen „Hechten" ernähren, und sogar Nematoden, die wiederum die Protisten auffressen, sowie Pilze mit der ihnen eigenen Lebensweise. Diese Nahrungskette strömt beim Duschen auf Sie ein; Tag für Tag prasseln diese Lebewesen auf Ihren Körper, werden wild herumgewirbelt und müssen eine kurzzeitige Störung ihrer Mahlzeiten in Kauf nehmen.

Im durchschnittlichen amerikanischen Duschkopf enthält der Biofilm viele Billionen Einzelorganismen und erreicht eine Stärke von einem halben Millimeter. Rätselhaft war, warum sich in manchen Duschköpfen extrem viele Mykobakterien fanden, während sie in anderen völlig fehlten, und zu Beginn unseres Projekts konnte sich dies niemand erklären. Bei der Betrachtung eines relativ unerforschten Ökosystems wie dem von Duschköpfen beginne ich intuitiv fast immer mit demselben Schritt, und wie jeder andere Wissenschaftler werde ich dabei von meiner wissenschaftlichen Ausbildung, meinen Fähigkeiten und meinen Neigungen beeinflusst. Als Erstes interessiert mich immer, wie das Leben in all seinen Ausprägungen (Häufigkeit, Vielfalt und Auswirkungen) regional variiert. Im Zusammenhang mit den Duschköpfen wollte ich wissen, wie viele Arten in den artenreichsten Duschköpfen enthalten waren, in welchen Gegenden die Duschköpfe die größte biologische Vielfalt enthielten und – in Bezug auf *Mycobacterium* – wo genau welche Arten vorkamen und in welcher Menge. Für mich machten weitere Schritte erst Sinn, nachdem wir die Muster dieser Abweichungen verstanden hatten, da wir bis dahin im Dunkeln tappten,

---

[9]Generell gilt: Je günstiger die Wachstumsbedingungen im Wasser sind, desto weniger unterschiedliche Arten gibt es. Kaltes Fließwasser enthält den größten Artenreichtum, gefolgt von warmem Fließwasser, gefolgt von stehendem Wasser, gefolgt vom Biofilm, der am wenigsten verschiedene Arten enthält. Siehe Abb. 4b in: Proctor et al. 2018 [12].

wofür genau wir eine Erklärung suchten. (Manche Wissenschaftler halten diesen Schritt für unwissenschaftlich, was beweist, dass wir ebenso variieren wie unsere Duschköpfe.)

Unser erster Schritt bestand darin, Leute aus aller Welt um eine Wattetupferprobe der schmierigen Schicht in ihren Duschköpfen zu bitten. Die Mitarbeiter in meinem Labor sollten dann die Daten der Projektteilnehmer, die Proben eingeschickt hatten, katalogisieren und die Proben anschließend an Noah Fierers Labor senden, wo seine Labortechniker oder Postdoktoranden die DNA-Sequenzabschnitte entschlüsseln sollten, um zumindest eine grobe Liste der Bakterien und Protisten aus jeder Probe zu erstellen. Diese Liste sollte die Mykobakterien, aber auch andere potenziell problematische Arten wie *Legionella pneumophila* (Auslöser für die Legionärskrankheit) umfassen. Matt Gebert, einer von Noah Fierers Studenten, sollte dann über die Entschlüsselung eines bestimmten Gens *(hsp65)*, das sich in den einzelnen *Mycobacterium*-Arten unterscheidet, jede dieser Arten in den Proben identifizieren. Anschließend sollten die Proben zur Untersuchung weiterer Aspekte an Kollegen weitergeleitet werden, die beispielsweise die Mikroben aus den Duschköpfen kultivieren sollten, um Base für Base ihr gesamtes Genom zu entschlüsseln. Es sollte eine alle Taxa umfassende biologische Inventur von Duschköpfen aus aller Welt erstellt werden. Zuerst mussten wir jedoch Menschen finden, die uns Proben aus ihren Duschköpfen zusenden würden.

Um Menschen aus aller Welt als Teilnehmer für unser Projekt zu gewinnen, nutzten wir unsere sozialen Netzwerke: Wir versendeten also Tweets, schrieben Blogbeiträge, kontaktierten Freunde und Mitarbeiter und verschickten noch mehr Tweets. Viele Menschen waren interessiert und meldeten sich an, und schließlich waren auch die Sets zum Sammeln der Proben vorbereitet. Schon bevor wir mit dem Versand begannen, schickten uns Menschen, die von unserem Konzept gelesen hatten, ihre Fragen zum Projekt. Im Kontakt mit Tausenden potenziellen Projektteilnehmern kommen eigene Wissenslücken und Unstimmigkeiten im Konzept schnell ans Licht. Tausende Menschen wenden ihre Aufmerksamkeit plötzlich einer Sache zu, die sie davor weitgehend ignoriert haben. Dieser erste Moment der Projektbeteiligung kann aufschlussreich sein, enthüllt manchmal aber auch unvorhergesehene Probleme. Schnell wurde klar, dass wir nicht genügend über die geografischen Besonderheiten von Duschköpfen wussten. In den uns vertrauten amerikanischen Duschköpfen war die schmierige Schicht nach dem Abschrauben der Duschkopfabdeckung sofort sichtbar, und man konnte einen Abstrich mit dem Wattetupfer nehmen. Wir schlugen das gleiche Prozedere auch für Europa vor, ohne zu berücksichtigen, dass in anderen Ländern z. T. andere Typen von Duschköpfen verwendet werden. Daraufhin erhielten wir wiederholt E-Mails von verstimmten deutschen Teilnehmern, die uns klar machten, dass wir keine Ahnung von deutschen Duschgepflogenheiten hatten. In deutschen Badezimmern werden Duschköpfe verwendet, die an flexiblen Schläuchen festgemacht sind (dies gilt auch für die meisten anderen europäischen Länder). Das ursprünglich vorhergesehene Konzept für die Probenahme war also nicht durchführbar. Die entsprechenden E-Mails wurden nicht nur an mich, sondern auch an verschiedene Mitarbeiter im Labor und sogar an die Verwaltungsassistentin der Abteilung, Susan Marschalk, gesendet. Antwortete sie nicht postwendend (um zu sagen, dass sie nicht die richtige Ansprechpartnerin war), wurden andere Mitarbeiter kontaktiert, die noch weniger mit dem Projekt zu tun hatten, und zwar nicht nur der Abteilungsleiter, sondern auch der stellvertretende Dekan.[10] Der Ärger frustrierter E-Mail-Schreiber kennt keine Grenzen. In der Folge passten wir unser Konzept an die europäischen Duschköpfe an, und bald realisierten wir, dass es nicht nur in Bezug auf die Schläuche Unterschiede zwischen den Duschen in den Vereinigten Staaten und Europa gab (Abb. 5.2).

Duschen sind eine äußerst moderne Erfindung mit komplexen Auswirkungen auf unseren Körper, und zunächst waren diese für niemanden absehbar. Unter unseren frühen Vorfahren war Duschen oder Baden nicht gebräuchlich, sie schwammen wahrscheinlich noch nicht einmal oft. Vielleicht säuberten sie sich auf umständliche Weise, so wie Katzen (und Hunde etwas weniger gründlich) mit der Zunge ihr Fell ablecken. Wenn Sie diese Möglichkeit in Erwägung ziehen (und sich kurz vorstellen, wie Sie Ihren unteren Rücken ablecken), verstehen Sie sofort, dass diese Zeit lange zurückliegen muss. Viele der nichtmenschlichen Primaten betreiben gegenseitige Fellpflege, aber diese beschränkt sich meist darauf, größere, sichtbare Partikel wie Läuse abzusammeln. Einige Säugetiere wälzen sich zur Reinigung auf dem Boden oder im Schlamm [13], aber dies dient mehr der Kontrolle von tierischen Parasiten wie Läusen als der Bekämpfung von Mikroben oder Gerüchen. Einige Japanmakaken baden in heißen Quellen, allerdings nur, um sich aufzuwärmen [14], und in der Savanne lebende

---

[10]Moderne Universitäten sind in Fakultäten organisiert (meine Universität umfasst z. B. nicht nur eine Fakultät für Geistes- und Sozialwissenschaften (CHASS), sondern auch eine Fakultät für Landwirtschaft und Biowissenschaften (CALS) und viele andere). Jede Fakultät wird von einem Dekan geleitet und jede Abteilung von einem Abteilungsleiter. Aber der Dekan agiert nicht alleine; ihm sind Stellvertreter zugeordnet, und auch die stellvertretenden Dekane haben Assistenten. Manchmal sind den Assistentendekanen sogar noch untergeordnete Dekane zugeteilt. So wie jeder Floh einen kleineren Floh hat, hat jeder Dekan einen untergeordneten Dekan.

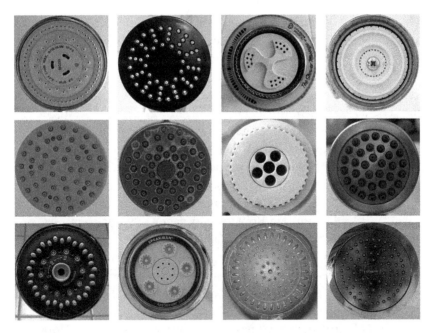

Abb. 5.2 Verschiedenartige Duschköpfe: Mit Proben aus diesen (und weiteren) Duschköpfen untersuchten wir die darin enthaltenen mikroskopischen Organismen. Aus den Düsen der Duschköpfe – ob groß oder klein – sprüht wildes Leben. (Fotos der Duschköpfe von Tom Magliery, flickr.com/mag3737)

Schimpansen planschen manchmal im Wasser, wenn es sehr heiß ist, wahrscheinlich um sich abzukühlen. Auch im Regenwald lebende Schimpansen zeigen kein großes Verlangen, ins Wasser einzutauchen.[11] Wenn das Verhalten wildlebender Säugetiere ein Anhaltspunkt ist, war Baden in den Anfängen der Menschheit vermutlich nicht verbreitet.

Auch in unserer jüngeren Vergangenheit ist Baden im heutigen Sinne noch nicht lange gebräuchlich, und in verschiedenen Kulturen und Zeiten wurde ganz unterschiedlich damit umgegangen. Anhand des Badens lässt sich zeigen, dass die menschliche Kultur nicht stetig Fortschritte macht, zumindest wenn wir Fortschritt als zunehmende Annäherung an den heute vorherrschenden Lebensstil interpretieren [15].[12] Weder in Mesopotamien

---

[11]Hjalmar Kühl vom Max-Planck-Institut in Leipzig berichtete dies in Gesprächen. Er und seine Kollegen beobachteten Schimpansen über lange Zeit.

[12]Anders als Händewaschen und sauberes Trinkwasser hat Baden oder Duschen größtenteils mehr mit Ästhetik und Kultur zu tun als mit Hygiene. Als die NASA die Möglichkeit ausgedehnter Weltraummissionen erforschte, wurde klar, dass die Astronauten längere Zeit dieselben Anzüge tragen müssten. Sowohl während der Vorbereitung als auch in echten Missionen durften die Astronauten ihre Anzüge tage- und schließlich wochenlang weder waschen noch wechseln. Ihre Anzüge verschlissen,

noch im alten Ägypten war Baden weitverbreitet. Im Indus-Tal diente der Fluss den Menschen als großes Zentralbad, aber wir wissen nicht genau, wie sie ihn nutzten, ob sie täglich darin badeten oder nur religiöse, rituelle Waschungen darin vornahmen [16]. Vielleicht schlachteten die Menschen dort auch ihre Kühe, bevor sie diese verspeisten; die Archäologie hat dazu keine gesicherten Erkenntnisse. Griechenland war die erste westliche Kultur, in der das Baden populär war, und die Römer übernahmen und erweiterten die griechische Tradition. Bei oberflächlicher Betrachtung ist die griechisch-römische Badekultur heute immer noch vorherrschend: Baden wird nicht nur als hygienische Maßnahme angesehen, sondern ist kulturell und religiös positiv besetzt; außerdem erinnern uns römische Bäder sofort an unsere eigenen. Wir fühlen uns den Römern sehr nahe (außer dass wir Gladiatoren-kämpfe durch Fußballspiele ersetzt haben und keine Veranstaltungen mehr abhalten, in denen ein unbekleideter Kaiser gegen Straußenvögel kämpft) [17].[13] Ein sauberes Leben ist ein gutes Leben und stellt in den westlichen Kulturen ein Ideal dar, das uns mit dem klassischen griechischen Zeitalter verbindet. Regelmäßiges Baden ist ein wichtiger Pfeiler eines guten Lebens: Dies ist das Mantra unseres Unterbewusstseins, dem wir jeden Morgen Folge leisten, wenn wir uns nach dem Aufstehen unter die Dusche stellen.

Aber auch wenn sich die Menschen in der griechischen und römischen Badekultur oft längere Zeit nackt im Wasser aufhielten, entsprach das Badewasser sicher nicht unseren Hygienestandards. Bei einer Ausgrabung der römischen Bäder in Caerleon, nördlich von Newport im heutigen Wales, wurden Abwasserleitungen entdeckt, die mit Hühnerknochen, Schweinsfüßen, Schweinerippen und Hammelknochen verstopft waren – Überreste der „leichten Zwischenmahlzeiten", die gerne am Beckenrand verspeist wurden. Die Römer sahen Baden generell als heilbringend an und empfahlen Bäder sogar als Behandlung für einige Leiden. Nicht einmal Ver-

---

und auf ihrer Haut entwickelten sich Furunkel. Der Talg auf ihrer Haut bildete eine dicke Schicht und begann zu verkrusten. Das heißt, wenn Sie Ihre Hände waschen und Ihre Kleider sauber halten, müssen Sie nicht sehr oft duschen oder baden, aber Sie sollten dies häufiger tun als die oben erwähnten Astronauten. Siehe folgendes Kapitel: Houston, We Have a Fungus. In: Roach 2011 [15].

[13]In einer im Rückblick sehr modern anmutenden Szene veranstaltete der römische Kaiser Commodus einmal einen unfairen Kampf zwischen sich selbst und einem Strauß. Es hatte sich eine riesige Menge versammelt, um dem Kampf zwischen dem angeketteten Strauß und dem nackten Commodus beizu-wohnen. Commodus erledigte den Strauß im Handumdrehen und reckte den Kopf des Vogels in die Luft, um ihn den Senatoren im Publikum zu zeigen, die ihm begeistert applaudierten – zumindest die meisten von ihnen. Einer der Senatoren, Dio, beschrieb diesen Moment als einen der schwierigsten in seinem Leben. Er konnte seinen Drang, in Gelächter auszubrechen, nur mit größter Mühe unter-drücken, und steckte sich schließlich Lorbeerblätter seines Kranzes in den Mund, um den Lachanfall zu unterbinden.

wundete wurden davor gewarnt zu baden, obwohl das schmutzige Wasser durchaus Krankheiten hervorrufen konnte [18]. Das Badewasser im alten Rom machte wohl eher krank, als dass es Erkrankungen verhinderte [19].[14]

Auch wenn die Wasserqualität fraglich war, badeten die Römer immerhin sehr viel häufiger als die nachfolgenden Kulturen. Die Westgoten mit ihren glänzenden Gürtelschnallen und ihren Schnurrbärten, die nach dem Untergang des westlichen römischen Reichs am Horizont auftauchten, hielten nicht viel vom Baden, und nach dem Untergang des römischen Reichs im Jahr 350 kam es zu einem grundlegenden Wandel: Es wurde nicht nur weniger gelesen, weniger geschrieben und weniger Infrastruktur (wie Sanitäranlagen) errichtet, sondern auch weniger gebadet, und dies sollte sich lange Zeit nicht ändern. Von einigen regionalen und meist nur vorübergehenden Ausnahmen abgesehen, badeten die Europäer nach dem Untergang des römischen Reichs bis in das 18. Jahrhundert hinein, d. h. fast 1500 Jahre lang nur wenig oder gar nicht [20].[15] Die Römer hatten eine eigene Badeseife hergestellt, aber das Wissen um die Seifenproduktion geriet in vielen Gegenden in Vergessenheit, weil man kaum noch Seife benutzte. Im Jahr 1791 erfand der französische Chemiker Nicolas LeBlanc ein Verfahren zur billigen Herstellung von Waschsoda (Natriumbikarbonat), das mit Fett gemischt werden konnte, um ein festes Stück Seife zu erhalten. Aber selbst diese wirkungsvolle Seife blieb ein Luxusartikel, und gebadet wurde bestenfalls einmal im Monat, oft noch seltener. Nicht nur die einfachen Menschen badeten selten, auch Könige und Königinnen Europas sprachen immer wieder über ihr jährliches Bad.[16]

---

[14]Bei der Ausgrabung der Latrine eines römischen Bads in Sagalassos im damaligen Kleinasien, der heutigen Türkei, wurden Eier von Spulwürmern (einer *Ascaris*-Unterart) sowie Hinweise auf den Protisten *Giardia duodenalis* gefunden.

[15]In der frühen Renaissance waren sowohl in Italien als auch in Nordeuropa Gemälde von nackten Männern im Wasser populär. Diese Szenen riefen Erinnerungen an frühere römische und griechische Darstellungen wach, aber die Abbildungen zeigten fast immer Männer beim Schwimmen und nicht bei der Körperreinigung. Eine Ausnahme ist ein Druck von Albrecht Dürer (1471–1528), auf dem sich Dürer mit drei Freunden in einem deutschen Männerbad abbildete. Solche Badehäuser dienten der Körperpflege, waren aber auch gesellschaftliche Treffpunkte. Vielleicht überwog sogar letztere Funktion, denn in Nürnberg wurden kurz vor der Erstellung des Dürerdrucks Badehäuser geschlossen, weil man argwöhnte, dass sich dort Syphilis verbreiten würde.

[16]Eine Ausnahme waren die Wikinger, die für ihre grausamen Raubzüge gegen andere Völker bekannt sind. Ihr militärischer Erfolg gründete auf ihrer Unerbittlichkeit, ihren Waffen und ihren schnellen Schiffen; gleichzeitig betrieben sie auch Landwirtschaft. Diese beiden Aspekte sind bekannt (und auch gut dokumentiert). Unbekannt ist, dass die Wikinger auch sehr modebewusst waren. Sie bleichten ihre Haare mit Laugenseife, bevor sie zur Eroberung von Abteien in See stachen (so wie die Nachfahren der Wikinger, die modernen Dänen, ihre Haare bleichen, bevor sie zu einer Fahrradfahrt durch Kopenhagen aufbrechen). Auch sich selbst und ihre Kleider reinigten sie mit Laugenseife. Wir können also davon ausgehen, dass auf den Körpern und Kleidern der Wikinger ganz andere Arten lebten als auf ihren Zeitgenossen. Vermutlich hatten sie auch weniger Läuse als so manche englische Königin des frühen Mittelalters.

Der Untergang des westlichen römischen Reichs hatte also viele Auswirkungen, teilweise bis lange nach der Renaissance, mit der es zwar zu einer Wiedergeburt der Kunst und der Wissenschaft kam, nicht aber der Badekultur. Selbst Rembrandts reizende Geliebte, die auf dem Gemälde ihre Knöchel ins Wasser tauchte, tat dies vermutlich nicht oft, und vielleicht ging sie auch gar nicht viel weiter ins Wasser hinein, denn damals bevorzugte man es, nur die Hände und Füße zu waschen. Angesichts der Tatsache, dass sie ein Gewässer betrat, in das auch Nachttöpfe geleert wurden, waren die nicht gewaschenen Teile ihres Körpers vermutlich hygienischer als die ins Wasser getauchten. Sie sehen: Ein Ökologe schafft es problemlos, einer unmissverständlich erotischen Szene jede Romantik zu nehmen.

In Bezug auf die lange Geschichte des Badens stellt sich also vor allem die Frage, warum manche Menschen diese Tradition überhaupt wieder aufnahmen. Bis vor Kurzem wuschen sich die meisten Menschen nicht; ihr Körper dünstete Gerüche aus, die von Bakterien auf der menschlichen Haut produziert wurden, z. B. von den Achselhöhlenbakterien der Gattung *Corynebacterium*. In Städten waren die Bewohner permanent einer Mischung aus Ausdünstungen aus den Achselhöhlen und den noch schlechteren Gerüchen anderer Körperteile ausgesetzt. Allgemein herrschte ein stechender Geruch, der noch verstärkt wurde, wenn Kleider selten gewaschen wurden. Aus unserer modernen Perspektive stellen wir uns vor, dass die Menschen jede Gelegenheit genutzt hätten, ein Bad zu nehmen oder sich unter einer Gießkanne zu duschen, aber dem war nicht so: Weder Leeuwenhoek noch Rembrandt wuschen sich. Erst zu Anfang des 18. Jahrhunderts begannen einige Menschen wieder, regelmäßig zu baden. Für die Niederlande ist dieser Wandel gründlich untersucht und dokumentiert, aber er fand auch anderenorts statt. Die Gründe dafür haben weniger mit Hygiene als mit Wohlstand und Infrastruktur zu tun.

Zu Beginn des 18. Jahrhunderts stammte das meiste Wasser in den niederländischen Städten aus Kanälen, Regenwasserzisternensystemen oder, seltener, Brunnen. Zu jener Zeit war das Oberflächenwasser in den städtischen und auch in vielen ländlichen Kanälen durch menschliche und industrielle Abfälle verschmutzt. Besonders die Flachbrunnen wurden leicht verunreinigt (wie später beim Choleraausbruch im Londoner Stadtteil Soho), und das darin enthaltene Wasser roch oft so schlecht, dass es untrinkbar war (wofür es in London ebenfalls Beispiele gab). Nur die Wohlhabenderen sammelten Regenwasser, aber in der Regel konnte der tägliche Wasserbedarf damit nicht gedeckt werden. Schließlich begannen einige niederländische Städte, ein grundlegend neues System einzuführen und das Wasser von außerhalb aus Teichen und Grundwassersystemen in ihre Zentren zu pumpen. Zwei der ersten Städte, in denen diese Neuerung eingeführt wurde, waren Amsterdam, wo es nur wenig eigenes Grundwasser gab, und Rotterdam. In Amsterdam musste man Wasser in die Stadt pumpen, um den Wasserbedarf der Bewohner und die Versorgung der vom Hafen in See stechenden Schiffe abzudecken. Rotterdam hatte zwar genug eigenes Grundwasser, aber bei Ebbe reichte die Strömung in den Kanälen nicht aus, um die Fäkalien aus der Stadt zu entfernen. Das in die Stadt gepumpte Wasser diente also weniger dazu, die tagtägliche Versorgung mit Trink- und Brauchwasser sicherzustellen, als vielmehr dazu, die Fäkalien aus den städtischen Kanälen ins Meer zu schwemmen.

Sobald man anfing, Wasser in die Städte zu leiten, wurde es zu einer Ware. Die Reichen bezahlten für Leitungen, mit denen diese Ware direkt auf ihr Grundstück gelangte; die Mittelklasse bezahlte für jeden Eimer gepumptes Wasser Gebühren. Es dauerte nicht lange, bis das für verschiedenste Zwecke eingesetzte Wasser zu einem Symbol des Wohlstands geworden war. Es war prestigeträchtig, Toilettengerüche und Körperausscheidungen wegzuspülen und Schweißgerüche durch regelmäßiges Waschen zu eliminieren. Die Reichen begannen, in ihren Häusern Wasserklosetts zu installieren, später auch immer mehr Bäder, und dieser Trend setzte sich immer weiter fort. Dieselbe Entwicklung wiederholte sich in vielen Städten Europas. Die Verwendung von Klosetts war gleichbedeutend mit Wohlstand, und seltenes Baden war ein klarer Hinweis auf Armut oder einen Mangel an sauberem Wasser [21]. Später wurden als innovative Reinigungsmethode Duschen erfunden. Die Keimtheorie für Krankheiten führte dazu, dass Reinlichkeit immer mehr mit dem Versuch gleichgesetzt wurde, alle Mikroben zu meiden, da manche von ihnen Krankheitserreger sind. Seither steigert sich unser Streben nach Sauberkeit immer mehr, und wir geben von Jahr zu Jahr immer größere Summen dafür aus. Eine riesige Industrie, die uns unablässig suggeriert, dass wir schmutzig seien, verstärkt unseren Reinlichkeitssinn noch mehr. Wir schrubben unsere Häuser, wir kaufen Sprays, und wir stellen uns mit großem Ernst unter die Dusche, um uns anschließend sorgfältig einzucremen. Wir geben Milliarden von Euros aus, nicht nur um uns auf immer innovativere Weise mit einer Vielzahl von Produkten zu reinigen, sondern auch damit unser Körper anschließend nach Blumen, Früchten oder Moschus duftet.

Selten diskutiert wird dabei, was einen sauberen Körper oder sauberes Wasser eigentlich ausmacht. Gegen Ende des 18. Jahrhunderts bedeutete *Sauberkeit* in den Niederlanden oder London, dass das Wasser keinen Geruch hatte und dass in Kombination mit Seife auch der Körpergeruch verschwand. Nach der Entdeckung, dass Pathogene wie *Vibrio cholerae*

Krankheiten hervorrufen können, wurde *Sauberkeit* damit gleichgesetzt, dass keine (oder nur wenige) Pathogene im Wasser vorkamen. Später wurde *Sauberkeit* dann auch mit der Abwesenheit von Giftstoffen assoziiert. Eine Bedeutung, die *Sauberkeit* jedoch niemals hatte und niemals haben wird, ist Keimfreiheit. Alles Wasser, das aus der Duschbrause auf Ihren Kopf strömt, das Sie in der Badewanne umgibt oder das Sie aus einem Glas oder einer versiegelten Flasche trinken, ist voller Leben [22, 23].[17] Wie so oft beim Leben in Häusern oder im Leitungswasser ist die Frage nicht, ob Leben vorhanden ist, sondern in welcher Zusammensetzung es vorliegt, d. h. welche Arten anwesend sind und wie sie sich verhalten. Diese Zusammensetzung hängt in erster Linie davon ab, wo Ihr Wasser herkommt.

Der Transport des Wassers und des darin enthaltenen Lebens in unsere Häuser ist einfach und zugleich außergewöhnlich komplex. Der einfache Teil hat mit den Wasserleitungen im Gebäude zu tun. Eine Wasserleitung kommt ins Haus und verzweigt sich; eine der Verzweigungen führt zu Ihrem Warmwasserbereiter, wo das Wasser erwärmt wird, bevor es wieder in ein Rohr neben dem Kaltwasserrohr geleitet wird. Das Rohrpaar verzweigt sich dann erneut (beide Rohre gemeinsam), um alle Ihre Wasserhähne und Duschköpfe zu erreichen.

Komplexer sind die Vorgänge vor der Ankunft des Wassers in Ihrem Haus. Der Ursprung des Wassers hängt stark von Ihrem Wohnort ab. In vielen Teilen der Welt kommt das Wasser aus sogenannten Aquiferen, deren Wasser über Brunnen oder kommunale Wassersysteme entnommen wird. *Aquifer* ist ein Fachbegriff für Hohlräume im Gestein, die Grundwasser enthalten (wobei mit Grundwasser unterirdisches Wasser gemeint ist) [24].[18] Das Grundwasser in Aquiferen stammt letztendlich vom Regen, der auf die Bäume im Wald, auf Wiesen oder die Pflanzenkulturen auf den Feldern fällt. Das Regenwasser versickert im Boden und erreicht, abhängig von der lokalen Geografie, innerhalb einiger Stunden, Tage oder sogar Jahre immer tiefere Schichten. Das Versickern des Wassers im Boden verlangsamt sich, je tiefer das Wasser gelangt. In großer Tiefe bewegt sich das Wasser nur sehr langsam, sodass das Wasser in den tiefsten Aquiferen Hunderte oder sogar Tausende Jahre alt sein kann. Wenn Sie einen tiefen Brunnen graben, erreichen Sie sehr altes, unbehandeltes Wasser. Dieses unbehandelte Wasser

---

[17]Ja, auch gekauftes Wasser in Flaschen enthält Bakterien. Am besten Sie lernen, sich an diesem Gedanken zu erfreuen. In einigen Studien hat sich sogar herausgestellt, dass gekauftes Wasser in Flaschen eine höhere Bakterienkonzentration als Leitungswasser enthält.

[18]94 % des gesamten flüssigen (nicht gefrorenen) Süßwassers auf der Erde ist Grundwasser.

gelangt dann nach oben und wird direkt in Häuser oder eine Wasseraufbereitungsanlage geleitet. In vielen Gegenden entfernen diese Wasseraufbereitungsanlagen größere Fremdkörper (wie Äste und Schlamm) aus dem Wasser und verteilen es dann mit minimaler Aufbereitung über unterirdische Rohre an die Haushalte.

Sicheres Trinkwasser zeichnet sich durch die Abwesenheit (oder eine sehr geringe Konzentration) von Pathogenen aus; wenn Giftstoffe enthalten sind, dann nur in einer Dosis, die uns nicht krank macht (die zulässige Konzentration hängt vom jeweiligen Giftstoff ab). Je tiefer und älter der Aquifer, desto wahrscheinlicher ist das Wasser pathogenfrei und zum Trinken geeignet. Ein Großteil des Grundwassers weltweit kann aufgrund des Alters, der Geologie und der biologischen Vielfalt auch ohne Aufbereitung als sicheres Trinkwasser genutzt werden. Die Geologie beeinflusst die Sicherheit des Trinkwassers insofern, als manche Boden- und Gesteinstypen die Ausbreitung von Pathogenen aus dem Oberflächenwasser verhindern. Das Eliminieren von Pathogenen wird auch durch die biologische Vielfalt im Grundwasser gefördert: Je mehr verschiedene Lebensformen im Grundwasser vorhanden sind, desto unwahrscheinlicher wird das Überleben der Pathogene, denn ein pathogenes Bakterium muss dann mit vielen anderen Arten um Nahrung, Energie und Raum konkurrieren; es muss gegen die Antibiotika resistent sein, die andere Bakterien im Grundwasser produzieren; außerdem ist es immer der Gefahr ausgesetzt, von räuberischen Bakterien (z. B. den Arten der Gattung *Bdellovibrio*) oder Protisten gefressen zu werden. Wimpertierchen (die auch Leeuwenhoek im Wasser entdeckte) vernichten z. B. jeden Tag bis zu 8 % der sie umgebenden Bakterien. Kragengeißeltierchen sind sogar noch effektiver: Sie fressen täglich bis zu 50 % der Bakterien in ihrer Umgebung. Außerdem ist ein Pathogen immer dem Risiko ausgesetzt, von Bakteriophagen, den spezialisierten Viren, die Bakterien befallen, infiziert zu werden.[19] Ganz oben in der Nahrungskette dieser Ökosysteme stehen in der Regel kleine Gliederfüßer wie Flohkrebse oder Asseln, die wie Höhlentiere ihre Pigmente und ihre Sehfähigkeit verloren haben und sich über ihren Tast- und Geruchssinn orientieren (Abb. 5.3). Zu diesen gehören die sogenannten lebenden Fossilien, die sich in Jahrmillionen andauernder Isolation kaum verändert haben, und endemische Arten, die sonst nirgends vorkommen. Diese Tiere sind in der Regel nur in artenreichem Grundwasser vorhanden, wo jede

---

[19]Viren in Aquiferen mit einer hohen Vielfalt ergeht es kaum besser (da einige Protisten Viren zerstören und deren Aminosäuren in ihre eigenen Zellen integrieren).

Art ihre eigene Rolle einnimmt. Sie sind ein Hinweis auf gesundes Wasser [25].[20]

Das Leben in den Ökosystemen des Grundwassers scheint weit entfernt und verborgen; meist kann es nur aus großer Entfernung (über lange Stangen, Bohrer und Netze) untersucht werden. Es ist schwer zu glauben, aber laut Schätzungen befinden sich möglicherweise 40 % der Biomasse allen bakteriellen Lebens auf der Erde im Grundwasser. Mancherorts sind die Ökosysteme des Grundwassers über ein riesiges Netz von Hohlräumen, Wasserläufen und unterirdischen Reservoirs miteinander verbunden; andernorts sind sie isolierte unterirdische Inseln. Welche Organismen im Grundwasser anwesend sind, hängt stark davon ab, wo es sich befindet, wie alt es ist und ob es mit anderen Grundwassersystemen verbunden ist oder nicht. Wie sich auf jeder Insel im Ozean eigene ungewöhnliche Arten entwickeln, so gibt es offenbar auch in jedem Grundwassersystem einzigartige Arten, die es sonst nirgends gibt. Das Tiefenwasser in Nebraska unterscheidet sich z. B. beträchtlich von dem in Island, weil sich die Organismen der jeweiligen Aquifere seit Millionen von Jahren getrennt voneinander entwickelt haben.

Es mag zunächst befremdlich klingen, Grundwasser zu trinken, das nicht mit einem Biozid behandelt wurde, aber vielerorts ist dies üblich. Das meiste Brunnenwasser und ein Großteil des kommunalen Wassers in Dänemark, Belgien, Österreich oder Deutschland wird nicht behandelt. In Wien z. B. kommt das Leitungswasser direkt und unbehandelt aus einem Karstaquifer. In München wird das Wasser aus dem porösen Aquifer eines nahegelegenen Tals direkt in die Leitungen gespeist und fließt unbehandelt aus den Wasserhähnen. Die langsame natürliche Filterung des Wassers durch lebende Organismen hat großen Nutzen für uns. Sie funktioniert allerdings nur, wenn große Flächen reserviert werden, auf denen die Natur ihre Arbeit leisten kann, und natürliche Einzugsgebiete erhalten bleiben. Der Prozess ist sehr zeitintensiv, und Verunreinigungen mit Pathogenen und Giftstoffen müssen unbedingt vermieden werden. Leider wird in vielen Gegenden nicht genug Land für die natürliche Wasserreinigung zurückgehalten, oder das Grundwasser wird verschmutzt, oder es reicht einfach nicht für die Versorgung großer Bevölkerungsgruppen aus. Unter solchen Umständen müssen wir auf von Menschen ersonnene Techniken zurückgreifen, um Wasser aus Reservoirs, Flüssen oder anderen Quellen in sicheres Trinkwasser

---

[20]Eine großartige Übersicht über alle Möglichkeiten, wie ein Pathogen in einem Aquifer sterben kann, finden Sie in: Feichtmayer et al. 2017 [25]

Abb. 5.3 Der Flohkrebs *Niphargus bajuvaricus* lebt in manchen Teilen Deutschlands im Grundwasser. Dieses Exemplar wurde in Neuherberg, Deutschland, entdeckt und fotografiert. Wenn diese Art in Ihr Wasserglas purzelt, weist dies darauf hin, dass der Aquifer, aus dem Ihr Leitungswasser stammt, gesund und artenreich ist, Sie sollten die Anwesenheit des Vielbeiners also begrüßen. (Günter Teichmann, Institut für Grundwasserökologie, Helmholtz Zentrum, München)

umzuwandeln, auch wenn unsere Techniken – wie so oft – den natürlichen Mechanismen unterlegen sind.

Der Mensch verlässt sich bei den eigenen Versuchen, das Grundwasser zu reinigen, stark auf Biozide. Schon zu Beginn des 19. Jahrhunderts wurde in Wasseraufbereitungsanlagen mancherorts Chlor oder Chloramin eingesetzt, um die Bakterien im Wasser abzutöten und so die Pathogene zu kontrollieren. Erforderlich war dies dort, wo die Aquifere verschmutzt worden waren, aber auch in den vielen Regionen, wo die Aquifere für die Versorgung der wachsenden Bevölkerung nicht ausreichten, sodass Wasser nicht aus uralten Tiefen, sondern stattdessen aus Flüssen (wie der Themse in London), Teichen und Reservoirs gepumpt werden musste. In den Vereinigten Staaten wird heutzutage alles kommunale, städtische Wasser in Aufbereitungsanlagen mit Bioziden behandelt.[21] Weil die Wasserleitungssysteme in den Vereinigten Staaten im Vergleich zu denen im kontinentalen Europa und in anderen Ländern oft ziemlich alt sind, sind sie zudem undicht und das Wasser stagniert [26]. Während das Wasser in natürlichen Aquiferen immer besser wird, je länger es dort lagert, gilt für unsere Leitungen das Gegenteil, denn eine Stagnation in Leitungen begünstigt die Vermehrung von Pathogenen. Als Gegenmittel werden in den Vereinigten Staaten in der Regel zusätzlich Biozide hinzugefügt, wenn das Wasser die Aufbereitungsanlage verlässt, sodass insgesamt mehr Biozide verwendet werden als in vergleichbaren Systemen in Europa. Als Biozid wird manchmal Chlor, manchmal Chloramin oder oft auch eine Kombination dieser beiden Stoffe verwendet. Wasseraufbereitungsanlagen können technisch raffiniert sein, aber eigentlich beruhen sie fast alle auf demselben simplen Verfahren: Zuerst werden die lebenden Organismen mechanisch über eine Reihe von Filtern (mit Sand, Aktivkohle oder einer Membran) entfernt, manchmal wird auch Ozon zugegeben, und anschließend werden die Mikroben mit einem Biozid abgetötet.[22] Das Wasser ist aber selbst nach der Desinfektion mit Bioziden nicht keimfrei; es werden lediglich die empfindlichen Arten abgetötet, sodass neben deren sterblichen Überresten und deren Nahrung die widerstandsfähigen Arten im Wasser verbleiben.

Eines haben Ökologen in den letzten 100 Jahren gelernt: Wenn Arten abgetötet werden, ohne dass ihre Nahrungsressourcen entfernt werden, überleben die widerstandsfähigeren Arten nicht nur, sondern sie vermehren sich im Vakuum, das durch das Eliminieren der konkurrierenden Arten entsteht, enorm. Sie machen sich etwas zunutze, das Ökologen als „Konkurrenzentlastung" bezeichnen, und oft werden sie nicht nur von der Konkurrenz entlastet, sondern auch von Parasiten und Räubern. Bei Wassersystemen ist anzunehmen, dass die Arten gedeihen, die resistent oder zumindest etwas toleranter gegenüber Chlor oder Chloramin sind, und Mykobakterienarten sind meist sehr chlor- oder chloramintolerant.

---

[21]An immer mehr Orten wird in den Aufbereitungsanlagen sogar Abwasser durch verschiedene ökologische und chemische Prozesse wieder in Leitungswasser verwandelt (mit dem zunehmend trockeneren Klima wird dies immer häufiger erforderlich sein).

[22]Auch wenn wir dieses Vorhaben noch nicht umgesetzt haben, gibt es im Labor Pläne, eine Wasserverkostung abzuhalten, um herauszufinden, welche Faktoren den Geschmack des Wassers am meisten beeinflussen (und welchen Geschmack bestimmte Mikroben hervorrufen). Halten Sie beim nächsten Glas Wasser kurz inne und schmecken Sie es bewusst. Vielleicht finden Sie Geschmacksnoten wie „in Steinzeugleitungen gereift" oder sogar „einen zarten und fruchtigen Anklang von Krustentieren".

Als wir die Daten aus der Duschkopfstudie auszuwerten begannen, waren wir uns der Unterschiede zwischen unbehandeltem Grundwasser, behandeltem kommunalem Wasser in den Vereinigten Staaten und behandeltem kommunalem Wasser in Europa bewusst. Medizinische Forscher hatten die Prognose aufgestellt, dass Mykobakterien in Brunnenwasser aufgrund der geringeren Aufbereitung und Kontrolle häufiger vorkämen. Aber als Ökologen mussten wir auch das Gegenteil in Erwägung ziehen – nämlich, dass Mykobakterien möglicherweise häufiger in kommunalem Wasser aufträten, insbesondere wenn das Wasser, wie in den Aufbereitungsanlagen in den Vereinigten Staaten üblich, mit Chlor oder Chloramin behandelt worden war. Mykobakterienarten sind relativ chlor- und chloraminresistent, und vielleicht reichten die Biozide im Leitungswasser dazu aus, die meisten Arten abzutöten, nicht aber die Mykobakterien. Für diese These fanden wir einen Präzedenzfall: In einer früheren Studie zu Bakterien in Duschköpfen hatte sich in einem Fall in Denver eine *Mycobacterium*-Art nach der Reinigung des Duschkopfs mit einem Bleichmittel verdreifacht [10]. Auch wenn dies nur ein Einzelfall war, schien uns dieses Ergebnis bedeutsam.

Bei der Analyse unserer Daten erwarteten wir nur eine Handvoll unterschiedlicher Mykobakterienarten in den Duschkopfproben. Wir dachten, dass wir die Arten finden würden, die in jeder medizinischen Studie kultiviert werden, aber stattdessen wiesen wir sehr viel mehr, nämlich Dutzende Arten nach, von denen einige völlig unbekannt waren. Welche Arten genau in einem Duschkopf vorkamen, schien teilweise von der Region abzuhängen; in Europa dominierten andere Arten als in Nordamerika (und das lag nicht nur an den unterschiedlichen Duschkopftypen), und sogar innerhalb der Vereinigten Staaten gab es Unterschiede, z. B. zwischen Michigan, Ohio, Florida und Hawaii. Diese Abweichungen hängen möglicherweise mit den Aquiferen zusammen, aus denen das Wasser stammt, oder damit, ob Wasser aus einem Aquifer oder aus Oberflächenwasser verwendet wird, oder vielleicht sogar mit irgendeinem klimatischen oder erdgeschichtlichen Faktor.

Auch wenn es schwierig war vorherzusehen, welche *Mycobacterium*-Arten in einem Duschkopf vorkommen würden, war ihre Menge leichter abzuschätzen. Wir wollten den Chlorgehalt im Leitungswasser jedes Studienteilnehmers ermitteln. Da die Chlorkonzentration im kommunalen Leitungswasser der Vereinigten Staaten 15-mal höher ist als in Brunnenwasser, gingen wir davon aus, dass das kommunale, behandelte Wasser etwas mehr Mykobakterien enthalten würde. Die Abweichung war allerdings sehr viel stärker als erwartet: In den Vereinigten Staaten sind Mykobakterien in kommunalem Wasser doppelt so häufig wie in Brunnenwasser. Bei kommunalen Wassersystemen stellten die *Mycobacterium*-Arten in einigen Duschköpfen 90 % der Bakterien. Dagegen konnten in vielen Duschköpfen aus Häusern mit Brunnenwasser überhaupt keine Mykobakterien nachgewiesen werden, und stattdessen enthielt der Biofilm in solchen Häusern eine hohe biologische Vielfalt anderer Bakterienarten. Genau wie in den Vereinigten Staaten gab es auch in Europa bei Brunnenwassersystemen nur eine geringe Konzentration von Mykobakterien. In Europa war jedoch die Konzentration von Mykobakterien auch bei kommunaler Wasserversorgung gering (nur halb so hoch wie in den Vereinigten Staaten). Dies war zu erwarten, da in vielen dieser Systeme keine Biozide verwendet werden. So enthielten unsere Proben von Leitungswasser in Europa 11-mal weniger Chlor als in den Vereinigten Staaten. Während wir noch mit der Auswertung unserer Ergebnisse beschäftigt waren, veröffentlichte Caitlin Proctor von der Eidgenössischen Anstalt für Wasserversorgung, Abwasserreinigung und Gewässerschutz in der Schweiz eine neue Studie, die unsere Resultate bestätigte. Caitlin Proctor und ihre Kollegen hatten die Biofilme von Zuleitungsschläuchen zu Duschköpfen von 76 Häusern aus der ganzen Welt verglichen und stellten fest, dass Proben von Schläuchen aus Städten, in denen das Wasser nicht desinfiziert wird (z. B. in Dänemark, Deutschland, Südafrika, Spanien und der Schweiz), meist eine dickere Schmierschicht enthielten, wogegen Proben aus Städten, in denen das Wasser desinfiziert wird (z. B. in Lettland, Portugal, Serbien, im Vereinigten Königreich und in den Vereinigten Staaten) meist eine geringere Artenvielfalt und eine höhere Dominanz der Mykobakterien aufwiesen.

Bisher stimmen unsere Ergebnisse mit denen von Caitlin Proctor überein: Der Einsatz von Bioziden in Wasseraufbereitungsanlagen verringert die bakterielle Vielfalt und begünstigt Mykobakterien. Wenn sich dies bewahrheitet, führen unsere modernsten Wasseraufbereitungstechnologien zu Wassersystemen, in denen Mikroben enthalten sind, die weniger gesund für Menschen sind als diejenigen in unbehandeltem Aquiferwasser (zumindest, wenn dessen Sicherheit nachgewiesen wurde). Auch wenn wir nicht alle Abweichungen bei der Häufigkeit von Mykobakterien in verschiedenen Häusern erklären konnten, stellen wir die Hypothese auf, dass sich mit der Verwendung von Chlor und Chloramin die Konzentration der Mykobakterien in Duschköpfen meist erhöht und eine mykobakterielle Infektion wahrscheinlicher wird. In unseren Analysen konnten wir anhand der durchschnittlichen Konzentration der gefährlichsten *Mycobacterium*-Stämme und -Arten in den Duschköpfen eines Landes eine Vorhersage über die Anzahl der mykobakteriellen Infektionen in diesem Land treffen (siehe

Abb. 5.1). Es gibt allerdings bereits neue Überraschungen in Bezug auf Mykobakterien, z. B. im Zusammenhang mit einer Arbeit von Christopher Lowry.

Lowry hat 20 Jahre damit verbracht, *Mycobacterium vaccae* zu erforschen. Er und seine Kollegen fanden heraus, dass eine Exposition gegenüber dieser *Mycobacterium*-Art die Produktion des Neurotransmitters Serotonin im Gehirn von Mäusen und Menschen steigert, was oft mit einem höheren Wohlbefinden und der Reduktion von Stress in Verbindung gebracht wird. Lowry hat nachgewiesen, dass – zumindest bei Mäusen – eine Impfung mit *Mycobacterium vaccae* zu größerer Stressresilienz führt. In Zusammenarbeit mit einem deutschen Kollegen, Stefan Reber, testete er diese Annahme, indem er männliche Mäuse von durchschnittlicher Größe mit *Mycobacterium vaccae* impfte. Dann brachte er diese geimpften Mäuse sowie ungeimpfte durchschnittlich große männliche Mäuse (die Kontrollmäuse) in einem Käfig mit aggressiven männlichen übergroßen Mäusen zusammen. Anschließend testete er die mit Stress verbundenen Substanzen im Blut der durchschnittlich großen Mäuse. Die Kontrollmäuse urinierten, stießen leise Schreie aus und zeigten starke Stresssymptome, während die mit *Mycobacterium vaccae* behandelten Mäuse überhaupt keine Stressreaktion zeigten. Nun gibt es Überlegungen, ob Soldaten mit *Mycobacterium vaccae* geimpft werden könnten, bevor sie in den Krieg ziehen, um das Risiko für posttraumatische Störungen zu verringern (da sie mit hoher Sicherheit traumatische Erfahrungen machen werden). All dies klingt ein wenig verrückt, aber bereits jetzt findet Lowrys Arbeit in der Fachwelt Anerkennung. Im Jahr 2016 wurde sie von der Brain & Behavior Research Foundation als einer der wichtigsten 10 Beiträge (von insgesamt 500 Beiträgen, die die Organisation finanziell unterstützte) eingestuft [27]. Lowry nimmt an, dass viele *Mycobacterium*-Arten ähnliche Effekte wie *Mycobacterium vaccae* haben könnten. Um dies herauszufinden, muss eine Art nach der anderen untersucht werden, und dieser Aufgabe widmet sich Lowry jetzt. Er kultiviert Mykobakterien, die wir in Duschköpfen gefunden haben, um zu prüfen, ob auch andere Arten ähnliche Eigenschaften wie *Mycobacterium vaccae* haben, denn dies könnte bedeuten, dass Ihnen einige der Mykobakterien, die aus dem Duschkopf auf Sie herabströmen, beim Stressabbau helfen könnten.

Duschköpfe gehören zu den einfachsten Ökosystemen in Häusern. Ein durchschnittlicher Duschkopf enthält Dutzende bis Hunderte, nie aber Tausende Arten. Dennoch verdeutlicht Lowrys Forschungsprojekt, dass noch ein weiter und harter Weg vor uns liegt, bis wir wissen, welche Mikroben gut und welche schlecht für uns sind. Manche Mykobakterienstämme können uns krank machen, andere glücklich. Bis wir klare Aussagen über die genaue Wirkung der verschiedenen Arten treffen können, sind unsere Ergebnisse für unsere Studienteilnehmer und für uns selbst (vielleicht auch für Sie) völlig unbefriedigend. Vielleicht denken Sie, dass unsere wissenschaftliche Arbeit immer von Freude und Neugier geleitet ist, aber wir forschen oft auch aus Frustration. Es ist frustrierend, nicht einmal etwas so Alltägliches wie einen Duschkopf zu verstehen, und der Gedanke, dass es noch so viel Unerforschtes gibt, lässt uns immer wieder ins Labor zurückkehren und weiterforschen.

Jetzt fragen Sie sich bestimmt, was Sie mit Ihrem Duschkopf machen sollen. Darauf gibt es noch keine endgültige Antwort, aber ich habe folgende Annahme (in etwa einem Jahr werden Sie sehen, ob ich recht hatte): Meiner Ansicht nach können zwar einige Arten von *Mycobacterium* nützlich sein, aber die durchschnittliche Art ist zumindest etwas problematisch, vor allem für Menschen mit einem angeschlagenen Immunsystem. Ich denke, dass die schädlichen *Mycobacterium*-Arten sich umso stärker verbreiten, je mehr wir versuchen, alles in unserem Wasser abzutöten, und dabei auch die Konkurrenten von *Mycobacterium* eliminieren. Es hat sich gezeigt, dass Duschköpfe aus Plastik eine geringere Menge von *Mycobacterium* enthalten als Duschköpfe aus Metall. Dies entspricht unseren Erwartungen, denn viele Bakterien können Plastik verstoffwechseln und setzen sich dabei erfolgreich gegen die Mykobakterien durch (Caitlin Proctor hat einen ähnlichen Zusammenhang in den Schläuchen von Duschköpfen festgestellt). Schließlich bin ich der Ansicht, dass es am gesündesten ist, Wasser aus Aquiferen zu verwenden, die reich an unterirdischer biologischer Vielfalt sind und in denen auch Krustentiere leben. Die Anwesenheit der Krustentiere in diesen Aquiferen ist kein Hinweis auf eine Verschmutzung, sondern auf die Gesundheit des Wassers. Damit Aquifere funktionieren, bedarf es Zeit, Platz und einer großen biologischen Vielfalt. Außerdem müssen Verschmutzungen verhindert werden. Für große Städte sind diese Anforderungen nur schwer umzusetzen, und deshalb vermute ich, dass auch in den nächsten Jahren weiterhin versucht wird, in unseren Wassersystemen alles abzutöten. Leider werden dadurch ungewollt widerstandsfähige Arten (wie *Mycobacterium* und *Legionella*) gefördert, obwohl ihre Anwesenheit unsere Gesundheit gefährden kann. In der Zwischenzeit werden wir beginnen, natürliche Aquifere gründlicher zu untersuchen, um ihre effektiven Strategien bei der Kontrolle von Giftstoffen und Pathogenen in unseren Wassersystemen zu verstehen. Sobald uns Ergebnisse vorliegen, werden wir versuchen, diese natürlichen Aquifere nachzuahmen. Unsere Nachahmung wird nicht an das Original heranreichen, aber mit der Zeit werden wir verstehen, wie wir die heute eingesetzten Verfahren verbessern können. Der Schlüssel liegt (wie so oft) in der Wertschätzung der biologischen Vielfalt und der natürlichen Mechanismen, die so viel effektiver sind als unsere eigenen Bemühungen. Ob es sinnvoll ist, regelmäßig einen neuen Duschkopf zu kaufen, können wir noch nicht beantworten. Ich habe allerdings den Verdacht, dass Sie nach der Lektüre dieses Kapitels das Wechseln des Duschkopfs in Ihrem Bad nicht lange aufschieben werden.

Literatur

1. Leja J (1996) Rembrandt's „Woman Bathing in a Stream". Simiolus 24(4):321–327
2. Christensen SCB (2011) *Asellus aquaticus* and other invertebrates in drinking water distribution systems. Dissertation, Technical University of Denmark
3. Christensen SCB, Nissen E, Arvin E, Albrechtsen HJ (2011) Distribution of *Asellus aquaticus* and microinvertebrates in a non-chlorinated drinking water supply system – effects of pipe material and sedimentation. Water Res 45(10):3215–3224
4. Araujo P, Lemos M, Mergulhão F, Melo L, Simoes M (2011) Antimicrobial resistance to disinfectants in biofilms. In: Mendez-Vilas A (Hrsg) Science against microbial pathogens: communicating current research and technological advances. Formatex Research Center, Badajoz: S 826–834
5. Wilson LG (2004) Commentary: medicine, population, and tuberculosis. Int J Epidemiol 34(3):521–524
6. Bos KI, Harkins KM, Herbig A, Coscolla M, Weber N, Comas I, Forrest SA, Bryant JM, Harris SR, Schuenemann VJ, Campbell TJ (2014) Precolumbian mycobacterial genomes reveal seals as a source of new world human tuberculosis. Nature 514(7523):494–497
7. Rodriguez-Campos S, Smith NH, Boniotti MB, Aranaz A (2014) Overview and phylogeny of *Mycobacterium tuberculosis* complex organisms: implications for diagnostics and legislation of bovine tuberculosis. Res Vet Sci 97:S5–S19
8. Hoefsloot W, Van Ingen J, Andrejak C, Ängeby K, Bauriaud R, Bemer P, Beylis N et al (2013) The geographic diversity of nontuberculous mycobacteria isolated from pulmonary samples: an NTM-NET collaborative study. Eur Respir J 42(6):1604–1613
9. Honda JR, Hasan NA, Davidson RM, Williams MD, Epperson LE, Reynolds PR, Chan ED (2016) Environmental nontuberculous mycobacteria in the Hawaiian islands. PLOS Negl Trop Dis 10(10):e0005068
10. Feazel LM, Baumgartner LK, Peterson KL, Frank DN, Harris JK, Pace NR (2009) Opportunistic pathogens enriched in showerhead biofilms. Proc Natl Acad Sci U S A 106(38):16393–16399

11. Adjemian J, Olivier KN, Seitz AE, Holland SM, Prevots DR (2012) Prevalence of nontuberculous mycobacterial lung disease in U.S. medicare beneficiaries. Am J Respir Crit Care Med 185:881–886

12. Proctor CR, Reimann M, Vriens B, Hammes F (2018) Biofilms in shower hoses. Water Res 131:274–286

13. Ludes E, Anderson JR (1995) ‚Peat-bathing' by captive white-faced capuchin monkeys (Cebus capucinus). Folia Primatol 65(1):38–42

14. Zhang P, Watanabe K, Eishi T (2007) Habitual hot spring bathing by a group of Japanese macaques (*Macaca fuscata*) in their natural habitat. Am J Primatol 69(12):1425–1430

15. Roach M (2011) Packing for Mars: the curious science of life in the void. W. W Norton, New York

16. Fairservis WA (1961) The Harappan civilization: new evidence and more theory. Am Mus Novit 2055

17. Beard M (2014) Laughter in ancient Rome: on joking, tickling, and cracking up. University of California Press, Oakland

18. Fagan GG (2006) Bathing for health with Celsus and Pliny the Elder. Class Q 56(1):190–207

19. Williams FS, Arnold-Foster T, Yeh HY, Ledger ML, Baeten J, Poblome J, Mitchell PD (2017) Intestinal parasites from the 2nd–5th century ad latrine in the Roman baths at Sagalassos (Turkey). Int J Paleopathol 19:37–42

20. Dickey SS (2015) Rembrandt's 'Little Swimmers' in context. in Midwest Arcadia: essays in honor of Alison Kettering. Carlton College. doi:https://doi.org/10.18277/makf.2015.05

21. Geels F (2005) Co-evolution of technology and society: the transition in water supply and personal hygiene in the Netherlands (1850–1930) – a case study in multi-level perspective. Tech Soc 27(3):363–397

22. Edberg SC, Gallo P, Kontnick C (1996) Analysis of the virulence characteristics of bacteria isolated from bottled, water cooler, and tap water. Microb Ecol Health Dis 9(2):67–77

23. Lalumandier JA, Ayers LW (2000) Fluoride and bacterial content of bottled water vs tap water. Arch Fam Med 9(3):246

24. Griebler C, Avramov M (2014) Groundwater ecosystem services: a review. Freshw Sci 34(1):355–367

25. Feichtmayer J, Deng L, Griebler C (2017) Antagonistic microbial interactions: contributions and potential applications for controlling pathogens in the aquatic systems. Front Microbiol 8:2192

26. Rosario-Ortiz F, Rose J, Speight V, Von Gunten U, Schnoor J (2016) How do you like your tap water? Science 351(6276):912–914

27. Reber SO, Siebler PH, Donner NC, Morton JT, Smith DG, Kopelman JM, Lowe KR et al (2016) Immunization with a heat-killed preparation of the environmental bacterium *Mycobacterium vaccae* promotes stress resilience in mice. Proc Natl Acad Sci U S A 113(22):E3130–E3139

6

Das Problem mit der starken Vermehrung

Was wäre ein Ozean ohne Monster, das im Dunkeln lauert? (Werner Herzog)

Außer wenn wir sie essen können, empfinden wir gegen massenhaft auftretende Arten in der Regel Abneigung. Wir kontrollieren mittlerweile
einen so großen Teil der Erde, dass der Erfolg anderer Arten fast immer
zu unserem Nachteil ist. Sie vernichten unsere Nahrungsmittel oder die
von uns gefertigten Gegenstände, z. B. unsere Häuser. Seit die Menschen
Häuser zu bauen begannen, haben verschiedenste Lebewesen diese immer
auch zersetzt. Im englischen Märchen *Die drei Schweinchen* kann der Wolf
die Lehmhäuser der ersten beiden Schweine umpusten und diese auffressen,
während sein Angriff beim Steinhaus des dritten Schweins misslingt. Im
echten Leben sind die meisten Arten, die unsere Häuser bedrohen, weitaus
kleiner als Wölfe, aber nicht weniger gefährlich. Welche Arten jeweils zur
Bedrohung werden, hängt davon ab, wie und wo das Haus erbaut wurde.
Steinhäuser können Tausende Jahre alt werden, sodass einige Gebäude der
frühesten Zivilisationen erhalten geblieben sind. Auch Lehmhäuser können
unter trockenen Bedingungen lange überdauern. Die meisten unserer
Häuser werden aber aus toten Bäumen errichtet, einem Material, das von
vielen Arten gefressen wird, z B. von Termiten, die bei der Verdauung des
Holzes von spezialisierten Bakterien in ihrem Darm unterstützt werden. Die
großen Meister der Zerstörung sind aber die Pilze.

In einem trockenen Haus bleiben Pilze meist unauffällig, aber wenn
Wände oder Böden feucht werden, können sie anfangen zu wachsen. Die
Pilze breiten sich mit der Feuchtigkeit aus und zersetzen die Baustoffe.
Wir können nicht hören, wie die Pilze mit Hyphen Löcher in die Zellen

© Springer-Verlag GmbH Deutschland, ein Teil von Springer Nature 2021
R. Dunn, *Nie allein zu Haus,* https://doi.org/10.1007/978-3-662-61586-7_6

von altem Holz bohren und eine Zelle nach der anderen aufknacken, aber bestimmt wäre es ein sehr unangenehmes Geräusch. Mit ihren Hyphen nehmen die Pilze Nahrung auf und breiten sich schleichend aus. Sie ziehen ihre Hyphen an einer Stelle zurück und expandieren sie an einer anderen, bewegen sich also langsam kriechend fort. Für Pilze sind die Wände eines Hauses voller Nährstoffe, und bei genügend Feuchtigkeit können sie mit der Zeit fast alle Baustoffe in einem Holzhaus zersetzen. Sie können sich nicht nur von Holz, sondern auch von Stroh auf dem Dach ernähren (und konkurrieren außerdem mit Bakterien um die kleinen Nahrungspartikel im Staub). Pilze können chemische Substanzen ausscheiden, die im Lauf von Jahrhunderten sogar Ziegel und Steine zersetzen. In ihrer Wachstumsphase sind alle Stoffwechselvorgänge dynamischer als sonst: Holz und Papier wird schneller zersetzt; es werden mehr Sporen und mehr Giftstoffe produziert, einfach mehr von allem. Wenn sich Pilze stark vermehren, können sie ein Haus wieder in Erde verwandeln, so wie sie es mit umgefallenen Bäumen im Wald tun, aber bevor es dazu kommt, können sie auch andere Probleme hervorrufen: Konsumieren wir sie versehentlich, können sie unsere Gesundheit gefährden; einige können Allergien und Asthma auslösen. Außerdem gibt es *Stachybotrys chartarum*, den giftigen schwarzen Schimmel, der bei starkem Auftreten sehr schädlich für uns sein kann.

Diese auffällige Schimmelpilzart in Häusern sollte uns auf jeden Fall bekannt sein; nichts an ihrer Biologie sollte überraschend für uns sein. Wenn Sie *Stachybotrys chartarum* in Ihrem Haus bemerken, werden Ihnen die meisten Wohnexperten raten, professionelle Firmen zur Schimmelbekämpfung hinzuzuziehen. Diese Firmen kommen und entfernen alle sichtbaren Schimmelspuren von *Stachybotrys chartarum*: Oft müssen Bücher intensiv gereinigt (oder sogar entsorgt) und Kleider behandelt oder ebenfalls weggeworfen werden. Die Details und die Protagonisten mögen sich ändern, aber es spielt sich immer das gleiche Drama ab: Immer wird derselbe Pilz als Übeltäter ermittelt, ohne dass wir genau verstehen, was eigentlich vor sich geht.

Obwohl ich mich schon seit Jahren für Pilze interessiere, ist mir vieles über *Stachybotrys chartarum* erst seit der Begegnung mit Birgitte Andersen klar geworden. Birgitte Andersen ist Expertin für in Häusern vorkommende Pilze und untersucht zum einen, welche Pilzarten Baumaterialien in Häusern abbauen, und zum anderen, wie diese Arten überhaupt in unsere Häuser gelangen. Den meisten Menschen werden diese Pilze vor allem bedrohlich erscheinen, aber Birgitte Andersen ist einfach fasziniert von ihnen, und sie hat sich schon viel mit *Stachybotrys chartarum* beschäftigt.

Ich bat Birgitte Andersen per E-Mail um ein Treffen, und sie lud mich zu einem Besuch an ihrer Universität, Dänemarks Technischer Universität

(DTU), ein. Da ich mich damals gerade in Kopenhagen aufhielt, stieg ich auf mein Fahrrad und fuhr los. Es war ein sogenannter sonniger dänischer Tag, d. h., als ich bei ihr ankam und mein Fahrrad abstellte, war ich völlig vom Regen durchnässt; meine Kleider waren feucht, so wie Pilze es mögen. Das Ambiente war für ein Gespräch über Pilze sehr passend, wenn auch für mich persönlich etwas ungemütlich.

Birgitte Andersens Büro befindet sich im zweiten Stock eines Forschungs-gebäudes der Technikwissenschaften, wo man sich hauptsächlich mit moderner Technik zur Lösung von praktischen Problemen beschäftigt. In diesem Gebäude ist Birgitte Andersen die letzte ihrer Art. Sie *liebt* Pilze und widmet sich ihrer Erforschung mit großer Hingabe. Im Rahmen ihrer Arbeit kultiviert sie Pilze und identifiziert sie dann sorgfältig und akribisch unter einem Mikroskop. Sie fotografiert sie und fügt die Bilder ihrer Sammlung häufiger und seltener Pilzarten in Dänemark hinzu. In ihrer Freizeit setzt sie ihre Tätigkeit unbezahlt als Hobby fort. In ihren Augen sind Pilze schön, jeder Pilz auf seine Art. Birgitte Andersen verfügt über die Leidenschaft und die erforderlichen Fähigkeiten für die Kultivierung und Bestimmung von Pilzen, aber von Jahr zu Jahr gibt es weniger ihrer Art. Früher hatte sie viele Kollegen, die ihre Leidenschaft teilten und bei denen sie kurz vorbei-gehen konnte, um von einer erstaunlichen Entdeckung zu berichten, aber die Kollegen von Birgitte Andersen sind mittlerweile in den Ruhestand gegangen. An Birgitte Andersens Universität werden wie vielerorts nur wenige neue Biologen eingestellt, die Organismen – in diesem Fall Pilze – kultivieren, bestimmen und katalogisieren können, und in einem Artikel der Zeitschrift *The Scientist* ging man sogar so weit zu fragen, ob Wissenschaftler mit einer solchen Expertise dabei sind auszusterben (was bejaht wurde) [1, 2],[1] obwohl diese Arbeit von großer Bedeutung ist. Die allermeisten Pilz-arten sind noch nicht benannt, aber die Katalogisierung von Arten und ihren biologischen Grundlagen ist unspektakulär und gilt bei Einstellungs-ausschüssen und Förderorganisationen eher selten als wichtig. Birgitte Andersen hat in ihrem Gebäude keine Mitstreiter mehr; sie ist die letzte Person an ihrer Universität, die Pilze sicher bestimmen kann, und in ganz Dänemark gibt es nur noch wenige mit ihren Fähigkeiten.

Als ich sie besuchte, hatten ich, Noah Fierer und unsere anderen Mitarbeiter bereits das Projekt zum Staub der Türschwellen von über 1000 Häusern abgeschlossen. Aus jeder dieser Staubproben bestimmten wir die Bakterienarten

---

[1]Nash 1989 [1] und auch die folgende neuere, aber thematisch ähnliche Arbeit: Drew 2011 [2].

über eine DNA-Entschlüsselung. Später wiederholten wir diesen Vorgang für Pilze und fanden eine beeindruckende Vielfalt an Pilzen in Häusern. Wir fanden 40.000 Pilzarten [3–5],[2,3] und auch wenn dies weniger Arten als bei den Bakterien waren, war es doch eine sehr erstaunliche Zahl. Weniger als 25.000 Pilzarten – Champignons, Boviste und Schimmel – in Nordamerika haben Namen. Wir haben mehr Pilzarten (oder zumindest mehr Typen von Pilz-DNA) in Häusern gefunden, als in Nordamerika insgesamt benannt sind (drinnen und draußen lebende Pilze). Wahrscheinlich haben wir also Tausende Pilzarten entdeckt, die noch keine Bezeichnung haben. Diese namenlosen Pilze sind Ausdruck unserer Ignoranz, nicht nur in Bezug auf das Leben in Häusern, sondern allgemein. Jeder benannte Pilz hat eine einzigartige Geschichte. Oft sind die Lebenszyklen von Pilzen eng mit anderen Arten verknüpft, sodass die Anwesenheit der Pilze auch auf Organismen hinweist, auf denen sich die Pilze angesiedelt haben. Einige der gefundenen Pilze sind Traubenpathogene, die in den um die Häuser wachsenden Weinbergen vorkommen, wieder andere sind Pathogene spezifischer Bienenarten (und ein Indiz für deren Anwesenheit), und bei wiederum anderen handelt es sich um Parasiten, die die Gehirne mancher Ameisen befallen.[4] In Nordostkalifornien fanden wir Pilze der Gattung *Tuber,* die Symbiosen mit den Wurzeln von Bäumen eingehen und Trüffel produzieren, deren Pheromone den Geruch von Ebern nachahmen, um Säue anzulocken. Vom Trüffelgeruch angezogen graben die Säue die Pilze aus, fressen sie und scheiden die Reste an einer anderen Stelle im Wald – mit etwas Glück – neben einem jungen Baum aus, der noch nicht von einem Trüffelpilz besiedelt wurde.

Was die Bakterien in unseren Häusern betrifft, schließen wir (zu unserem eigenen Nachteil) die meisten Umweltbakterien aus und umgeben uns stattdessen mit Bakterien, die unter extremen Bedingungen wie in Duschköpfen, auf unseren Essensabfällen oder auf Abfallprodukten des Körpers gedeihen können. Bei oberflächlicher Betrachtung könnte man annehmen, dass für Pilze das Gleiche gilt, denn sie zählen wie die Bakterien und viele andere Kleinlebewesen zu den Mikroben. Pilze sind aber viel enger mit Tieren

---

[2]Die Analyse dieser Daten war eine Herkulesaufgabe, die neben der Entschlüsselung der DNA Geduld, Vision und noch mehr Geduld erforderte. Übernommen wurde diese Aufgabe von Albert Barberán, der jetzt an der University of Arizona, Tucson, tätig ist.

[3]Wir berücksichtigten nicht nur Pilze, sondern auch mutualistische Beziehungen, in denen Pilze einer der Schlüsselpartner sind, z. B. Flechten.

[4]Da niemand in unserem Team als Pilzsystematiker ausgebildet ist, können wir die von uns gefundenen neuen Arten nicht benennen, selbst wenn uns ihre Kultivierung gelingt. Dazu ist jemand mit Birgitte Andersens Fähigkeiten erforderlich, und solche Menschen sind oft äußerst beschäftigt.

verwandt als mit Bakterien, sodass eines der Hauptprobleme bei der Pilz-bekämpfung darin besteht, dass chemische Stoffe zum Abtöten von Pilz-zellen auch menschliche Zellen angreifen. Im Gegensatz zu Bakterien leben außerdem nur wenige Pilzarten als Pathogene oder in einer mutualistischen Beziehung auf dem menschlichen Körper. Unser Körper ist zu warm für Pilze (es gibt die These, dass sich die Warmblütigkeit in der Evolution vor allem als Schutz vor Pilzen entwickelt hat) [6]. Aus diesen Gründen spielen Pilze in Häusern eine völlig andere Rolle als Bakterien.

Viele Pilze in Häusern sind anscheinend Arten, die einfach von draußen hereingeweht werden, sodass die Pilze drinnen meist mit den Pilzen in der Umgebung des Hauses identisch sind. Dass in Häusern in verschiedenen Gegenden unterschiedliche Pilze wachsen, liegt daran, dass auch in der freien Natur überall verschiedene Pilze wachsen.[5] Der Einfluss der Außenpilze auf die Innenpilze ist so groß, dass wir anhand der auf einem Wattetupfer vorhandenen Pilze sagen können, woher in den Vereinigten Staaten eine Staubprobe stammt [7]. Wenn Sie eine Staubprobe in Ihrem Haus nehmen und uns diese zusenden, können wir auf 50 bis 100 km genau bestimmen, wo Sie leben (Sie müssen allerdings auch einige Hundert Dollar mitschicken, denn diese Analyse ist sehr aufwendig). Wenn Sie Ihre Exposition gegenüber diesen Tausenden Pilzarten ändern möchten, bleibt Ihnen wahrscheinlich nichts anderes übrig als umzuziehen.

Neben den von draußen hereingewehten Arten gibt es auch Arten, die scheinbar an das Leben in Häusern angepasst sind und drinnen häufiger sind als draußen. Wir haben aber so viele dieser Arten gefunden, dass wir nicht wissen, auf welche wir uns konzentrieren sollen, welchen es am besten gelang, uns von Ort zu Ort zu begleiten und in unserer Anwesenheit zu gedeihen. Um mehr darüber zu erfahren, beschäftigte ich mich erneut mit der Internationalen Raumstation (ISS) und der russischen Raumstation Mir. Wir wissen, dass die Pilze auf den Raumstationen wirklich nur drinnen leben. Es gibt keine Möglichkeit, dass sie durch ein offenes Fenster oder eine geöffnete Luke von draußen hineingeweht werden könnten. Unter

---

[5]Viele der Pilzarten, deren DNA wir in Häusern entdeckten, waren vermutlich tot. Sie wurden ins Haus geweht, landeten und starben bald ab, weil sie mit den lebensfeindlichen Bedingungen in unseren Küchen und Schlafzimmern nicht zurechtkamen. Diese Pilze können sich nicht vermehren; sie können weder neue krankmachende Substanzen oder Stoffwechselprodukte bilden noch können sie Allergene produzieren. Sie sind wie Gespenster, deren Anwesenheit nachweisbar, aber irrelevant ist. Andere Pilz-arten in Häusern befinden sich allerdings nur im Ruhezustand. Sie überdauern als Sporen und warten auf geeignete Vermehrungsbedingungen, vielleicht die richtige Mischung aus Wasser und Nährstoffen oder in vielen Fällen einfach den optimalen Feuchtigkeitsgrad.

den Bedingungen außerhalb von Raumstationen können nicht einmal Pilze lange überleben [8].[6]

Am meisten wissen wir über das Pilzleben auf der Raumstation Mir, denn seit ihrer ersten Mission im Jahr 1986 wurden dort immer wieder Proben gesammelt. Insgesamt wurden 500 Luft- und 600 Oberflächenproben auf der Raumstation auf Pilze untersucht. Diese Proben wurden dann entweder direkt auf der Mir oder in Laboren hier auf der Erde kultiviert. Die Proben wurden nicht auf jede mögliche Weise kultiviert,[7] aber dennoch waren die Ergebnisse eindeutig: Die Mir war ein Pilzdschungel und bot Lebensraum für mehr als 100 unterschiedliche Pilzarten. In beinahe allen der über 1000 Proben wurden Pilze gefunden [9].[8] Diese vermehrten sich und hatten einen aktiven Stoffwechsel, sodass die Mir laut der Beschreibung eines Kosmonauten nach fauligen Äpfeln roch (immer noch besser als der Schweißgeruch, der von der ISS bekannt ist). Kurioserweise waren Pilze sogar dafür verantwortlich, dass die Mir zwischenzeitlich den Kontakt zur Erde verlor. Als ein Kommunikationsgerät aussetzte, stellte sich später heraus, dass ein Pilz die Isolierung um die Kabel zersetzt und damit einen Kurzschluss ausgelöst hatte [10]. Die Pilze haben sich also sehr viel erfolgreicher im All etabliert als die Menschen, denn ihnen ist die geschlechtliche Fortpflanzung und die Produktion vieler neuer Generationen gelungen. Dies könnte ein warnendes Beispiel für jeden Versuch sein, in der Zukunft den Mars zu besiedeln, denn den Pilzen wird die Besiedlung und die Vermehrung auf diesem Planeten bestimmt sehr viel schneller gelingen als den Menschen.

Zu Beginn wurde die ISS im Vergleich zur Mir, wenn schon nicht als keimfrei, so doch als weniger pilzbelastet eingestuft. Von der Mir war bereits bekannt, dass es dort Pilze gab, und diese Raumstation hatte sowieso den Ruf, nur von Klebeband und Träumen zusammengehalten zu werden, sodass die Besiedlung durch Pilze nicht weiter verwunderte. Im Lauf der Zeit

---

[6]Aber selbst diese scheinbar unbestreitbare Behauptung ist einzuschränken: Laut einer russischen Studie überlebten Arten von in Häusern vorkommenden Pilzen und menschlichen Hautbakterien mindestens 13 Monate lang auf der Außenseite (!) der Internationalen Raumstation.

[7]Beispielsweise wurden anscheinend keine Kulturen bei den für thermophile Organismen erforderlichen hohen Temperaturen vermehrt. Außerdem wurden keine Proben genommen, um Bakterien oder Pilze zu untersuchen, die aus anderen Gründen nur schwer oder gar nicht kultiviert werden können.

[8]Am bedeutsamsten ist, dass Pilze sich auf der Mir unerklärlicherweise viermal schneller vermehrten als ihre Verwandten auf der Erde. Siehe: Novikova 2004 [9]. Die Pilze scheinen auch Zyklen zu durchlaufen, obwohl die Gründe dafür (außerhalb des Orbits der Erde mit ihren Jahreszeiten) noch unbekannt sind. Laut Novikova hängen diese Zyklen mit der Strahlenbelastung auf der Raumstation zusammen, obwohl nicht klar ist, weshalb diese einen derartigen Einfluss auf die Pilze haben sollte.

wurde auch das Leben auf der ISS arten- und pilzreicher, sodass es im Jahr 2004 schließlich 38 Pilzarten auf der ISS gab. Fast jede dieser Arten kam auch auf der Mir vor, und alle Arten der Mir wurden wiederum in Häusern hier auf der Erde nachgewiesen.

Viele der Pilze in Raumfähren werden von den darauf spezialisierten Biologen als „technophile" Arten beschrieben, weil sie das Metall und das Plastik aus den Raumfähren und -stationen zersetzen können [9]. Der englische Begriff „Technophiles" klingt für mich wie der Name einer Pop-Band mit Synthesizern, aber die Endung „phil" weist eigentlich darauf hin, dass diese Arten Technik mögen, und zwar zum Fressen gern [11]. Zu den Arten, die bekanntermaßen Nahrung auf der ISS finden, gehören *Penicillium glandicola* (ein Verwandter des Brotschimmels), *Aspergillus*-Arten (zu denen auch der Pilz zur Herstellung des japanischen Reisweins Sake zählt) und eine *Cladosporium*-Art. Aber nicht alle Pilze an Bord sind technophile Arten. Nur auf der Mir, nicht aber auf der ISS, gab es Bierhefe *(Saccharomyces cerevisiae)* – vielleicht ein Hinweis darauf, dass die Russen im All mehr Spaß hatten.[9] Die Forscher fanden auch Arten der Gattung *Rhodotorula,* den rosa Pilz, der oft in den Fugen von Duschfliesen, selten auch auf Zahnbürsten oder dem menschlichen Körper vorkommt.[10] Die Astronauten auf der ISS waren also nachweislich von auf Innenbedingungen spezialisierten Arten umgeben [12].

Alle Pilzarten, die wir auf Raumstationen fanden, wurden auch in Häusern nachgewiesen. Es war sogar so, dass alle Arten aus den Raumstationen in praktisch jedem Haus vorkamen, von dem wir Proben nahmen. Nur die Häufigkeit der einzelnen Arten variierte von Haus zu Haus. In Häusern mit mehr Bewohnern gab es mehr Pilze, die mit dem menschlichen Körper oder Nahrungsmitteln zusammenhängen.[11] Auch die Heiz- oder Kühlsysteme hatten einen Einfluss darauf, welche Arten anwesend waren. Bei Häusern mit einer Klimaanlage waren die Pilze *Cladosporium*

---

[9]Auf der Mir wurde auch *Botrytis* entdeckt, ein Traubenpathogen; vielleicht ist dieser Pilz über Sporen im Wein auf die Raumstation gelangt.

[10]Er unterscheidet sich von *Serratia marcescens,* dem anderen rosa Pilz in Bädern, der häufiger an ständig feuchten Orten vorkommt, z. B. in der Toilettenschüssel. Auch *Serratia* wurde auf der Mir gefunden. In beiden Fällen fungiert die rosa Farbe des Pilzes als Schutz vor UV-Strahlung, ist also eine Art Sonnencreme für Pilze. *Rhodotorula* kann außerdem Stickstoff aus der Luft extrahieren und damit auch extrem unwirtliche Plätze besiedeln.

[11]Zu diesen gehören drei *Candida*-Taxa, *Cryptococcus oeirensis, Penicillium concetricum* und die Bierhefe *(Saccharomyces cerevisiae).* Auch *Rhodotorula mucilaginosa* und *Cystofilobasidium capitatum* treten häufiger in Häusern mit mehr Bewohnern auf. Beides sind Arten, die gut in einer feindseligen Umgebung zurechtkommen, z. B. in Badezimmern, die häufig gereinigt werden.

und *Penicillium* relativ verbreitet. Diese Pilze (auf die manche Menschen allergisch reagieren) leben in der Klimaanlage und werden von der laufenden Klimaanlage im gesamten Wohn- oder Bürogebäude verteilt.[12] Der typische Geruch beim Einschalten Ihrer Klimaanlage im Auto oder Haus entsteht durch die veratmete Luft der Pilze [13].[13]

Die Rätsel der in Häusern lebenden Pilze werden uns noch Jahrzehnte beschäftigen, aber für eines scheint eine Lösung relativ dringend, nämlich für die Art *Stachybotrys chartarum*, die auf den Raumstationen gar nicht und in den Proben aus Häusern nur selten nachgewiesen wurde. Auch wenn *Stachybotrys chartarum* in den Proben unauffällig war, kann die Art gravierende Probleme verursachen. Dass *Stachybotrys chartarum* auf Raumstationen nicht vorkommt, hat vielleicht mit der Abwesenheit ihrer Hauptnahrungsquelle zu tun, denn meines Wissens gibt es auf der ISS weder Holz noch Zellulose. Vermutlich baut die Art allerdings auch manche Plastikarten ab.[14] Dass sie in unserer Studie zu Häusern so selten war, lässt sich damit natürlich nicht erklären, denn hier sind Holz und Zellulose allgegenwärtig.[15]

So fragte ich Birgitte Andersen nach ihrer Meinung und beschrieb ihr unsere Studie. Die ISS erwähnte ich ihr gegenüber nicht, obwohl ich daran dachte, wie sie gerade über uns schwebte und Pilzen weit entfernt von der Erde Lebensraum bot. Birgitte Andersen war nicht überrascht: „Die Sporen dieser Art sind schwer und hängen an klebrigen, schleimigen Köpfen. Natürlich fehlten sie in den Staubproben der Häuser!" Mit anderen Worten:

---

[12]Klimaanlagen werden auch mit mehreren anderen Pilzarten in Verbindung gebracht, z. B. mit dem Holzfäulepilz *Physisporinus vitreus*. Eine Erforschung der entsprechenden Zusammenhänge wäre bestimmt lohnenswert.

[13]Je öfter Sie Ihre Klimaanlage anschalten, desto mehr Pilze entwickeln sich darin. Um eine Ausbreitung dieser Pilze im Haus zu verhindern, ist es anscheinend hilfreich, den Filter mit einem Staubsauger zu reinigen oder ihn von Hand in Seifenwasser zu waschen. Da Klimaanlagen in den ersten 10 min nach dem Anschalten besonders viele Pilze in der Luft verteilen, empfehlen einige Wissenschaftler, dass Sie jedes Mal Ihre Fenster öffnen, wenn Sie die Klimaanlage einschalten. Oder Sie lassen die Klimaanlage ausgeschaltet und öffnen stattdessen die Fenster, was zudem den Vorteil hat, dass Sie die biologische Vielfalt der Umweltbakterien hereinlassen.

[14]Ich kann dies nicht mit Sicherheit sagen, da in der ISS oft wissenschaftliche Projekte durchgeführt werden, bei denen Stoffe mit Zellulose und Lignin in die Raumstation gelangen. Während seiner Tätigkeit in meinem Labor als Postdoktorand sammelte Clint Penick z. B. zusammen mit Eleanor Spicer Rice (meiner Nachbarin und guten Freundin) Rasenameisen (*Tetramorium*-Art), die später auf die ISS gesendet wurden, um dort eine Weile zu leben. Mit diesen Ameisen wurden viele Pilze und Bakterien aus North Carolina in die Raumstation transportiert, und einige davon konnten möglicherweise Zellulose und Lignin abbauen.

[15]Es gab viele mögliche Gründe dafür, dass sie im Staub selten vorkam. Sie konnte entweder wirklich selten in Häusern vorkommen oder wegen irgendwelcher wissenschaftlicher Details in Bezug auf die Sequenzierung selten gefunden werden. Allerdings war keine dieser beiden Möglichkeiten besonders überzeugend.

Da sie zu schwer sind, um im Staub zu schweben, kommen sie dort nicht vor. Dann fragte sie weiter: „Warum hatten Sie überhaupt erwartet, sie zu finden?" Birgitte Andersen ist sehr direkt. Ja, warum hatten wir diese Erwartung überhaupt gehabt? Ich fragte, wie der Pilz dann in die Häuser gelangen konnte, wenn er nicht hineingeweht wurde, und weshalb er es nicht auf die Raumstationen geschafft hatte (obwohl sich so viele andere Arten dort ohne Probleme angesiedelt hatten). Daraufhin entgegnete sie: „Wir haben eine Studie durchgeführt, die Sie vielleicht interessieren wird."

Birgitte Andersen öffnete eine Schublade, um mir Kekse und Nüsse anzubieten (die vermutlich von einer Vielzahl unsichtbarer Pilze aus der sie umgebenden Luft bepudert waren), und berichtete mir von ihrer Studie, die sich mit den Materialien beschäftigte, aus denen moderne Häuser gebaut sind: Gipskarton, Holz und Zement. Birgitte Andersen interessiert sich nicht besonderes für Innenraumluft, sondern eher für Baumaterialien wie Ziegel, Steine, Latten und insbesondere Gipskarton.

Birgitte Andersen fand heraus, dass sich – ähnlich wie auf Raumstationen – anscheinend auf jedem Baumaterial in Häusern eigene Pilzarten ansiedeln, auch wenn für einen endgültigen Beweis die Materialien noch gründlicher untersucht werden müssen. Laut Birgitte Andersen lebt im Zement eine Mischung von Pilzarten, die normalerweise draußen auf dem Boden zu finden ist, darunter auch die ersten je von Wissenschaftlern untersuchten Pilzarten.[16] (Diese Pilze wurden damals von Wissenschaftlern untersucht, weil sie verfügbar waren und direkt in ihren Wohnungen wuchsen.) Birgitte Andersen fand z. B. den Pilz *Mucor*, den bereits Robert Hooke in seinem Buch *Micrographia* abgebildet hatte (dies war das Buch, das sehr wahrscheinlich Leeuwenhoek inspirierte). Sie fand außerdem den Pilz *Penicillium*, der ursprünglich von Alexander Fleming zufällig in seinem Labor (auch wieder in einem Gebäude) entdeckt worden war und der Antibiotika produziert. *Penicillium* verwendet diese Antibiotika, um die Zellwände von Bakterien zu schwächen, mit denen er um Nahrung konkurriert, sodass diese beim Wachsen platzen. Wir setzen diese Antibiotika ein, um lebensbedrohliche bakterielle Pathogene wie *Mycobacterium tuberculosis* zu bekämpfen.

Pilze wie *Mucor* und *Penicillium* sind auch auf die Raumstationen gelangt [14, 15].[17] Da sie sowohl Zementböden als auch Raumstationen besiedeln,

---

[16]Sie identifizierte Arten von *Chaetomium*, *Penicillium*, *Mucor* und *Aspergillus*.

[17]*Mucor*-Arten lassen sich nicht nur in menschlichen Behausungen, sondern auch in Wespennestern finden. Dies könnte darauf hinweisen, dass sich Pilze schon vor Jahrmillionen – noch vor der Evolution der ersten Menschen – in Tierbehausungen (z. B. Nestern) angesiedelt haben. Siehe: Madden et al.

können wir diesen Pilzen wahrscheinlich nicht aus dem Weg gehen. Sie schafften es, sich erfolgreich an den Kontrollmaßnahmen der NASA vorbei zu schmuggeln und eine Mitfahrgelegenheit ins All zu ergattern, also können sie vermutlich auch an fast alle anderen Orte gelangen.[18] Vielleicht wuchsen diese Arten schon an den Wänden der steinzeitlichen Höhlen und haben uns seither auf all unseren Wegen begleitet. Diese Arten können langfristig auch Ziegel oder Steine zersetzen; den Böden von Häusern können sie im Lauf der Zeit Nährstoffe entziehen und den Zement als Habitat nutzen, indem sie sich mit ihren fingerartigen Hyphen festhalten, während sie sich von winzig kleinen Dreckpartikeln, Kleber und anderen Materialien auf der Zementoberfläche ernähren [16]. Für Denkmalschützer, denen der Erhalt jahrhundertealter Gebäude am Herzen liegt, sind diese Arten problematisch, aber in unseren Kellern sind sie einfach ein interessanter Beweis dafür, dass Pilze bei genügend Zeit beinahe alles verschlingen können.

Pilze siedeln sich auch auf Holz an, einem Baumaterial, das wir schon lange für Häuser nutzen, auch wenn seine Bestandteile, Zellulose und Lignin, biologisch abbaubar sind. Zellulose ist der Ausgangsstoff für Papier, Lignin ist eine harte Substanz, die das Gewicht von Dächern tragen kann. Viele Mikroben können Zellulose zersetzen, aber nur Pilze und einige wenige Bakterien können Lignin abbauen.[19] Manche Pilzarten, die Birgitte Andersen auf dem Holz in unseren Häusern gefunden hat, produzieren Enzyme für den Abbau von Zellulose, z. T. auch von Lignin.[20] Überraschend ist eigentlich nicht, dass Pilze auch unsere Bauhölzer und Balken befallen, sondern wie lange wir den Befall hinauszögern können. Viele der

2012 [14]. Eine wunderschöne Studie zur Evolution der Architektur von Wespennestern finden Sie in: Jeanne 1975 [15].

[18]*Chaetomium* vermehrte sich auf Oberflächen der Mir, aber nicht in der Luft, *Penicillium*-Arten fanden sich überall auf der Mir (in nahezu 80 % der Proben), *Mucor* ließ sich in 1 bis 2 % der Mir-Proben nachweisen, und *Aspergillus* war in 40 % der Oberflächenproben und in 76,6 % der Luftproben enthalten.

[19]Die meisten Termiten können Lignin nicht abbauen, lösen dieses Problem aber mithilfe der Bakterien und Protisten, die sie in ihrem Darm überall hin begleiten und zur Zersetzung dieser Stoffe fähig sind. In der freien Natur hängen Wälder und Grünland stark von Termiten und ihren Mikroben ab, denn diese beschleunigen den Abbau von organischen Stoffen, sodass Bäume schneller wachsen, Gräser höher werden und Ökosysteme gesund bleiben. Wenn wir Häuser errichten, möchten wir diese Prozesse (und das Auftreten von Termiten) allerdings möglichst lange verhindern (ähnlich wie die Zersetzung von Obst oder Fleisch vor dem Verzehr).

[20]Zu ihnen gehören *Arthrinium phaeospermum*, *Aureobasidium pullulans*, *Cladosporium herbarum*, Arten von *Trichoderma*, *Alternaria tenuissima*, Arten von *Fusarium*, Arten von *Gliocladium*, *Rhodotorula mucilaginosa* und *Trichosporon pullulans*. Nur wenige dieser Pilze konnten auf der ISS oder Mir nachgewiesen werden, was nicht weiter erstaunlich ist, denn auf den Raumstationen gibt es nur wenige Materialien aus Holz.

holzzersetzenden Pilze in Häusern werden einfach von draußen herein-geweht, sodass ihre genaue Mischung durch die Baumarten direkt um die Häuser und in den naheliegenden Wäldern bestimmt wird. Andere Arten wie der echte Hausschwamm *Serpula lacrymans* sind bekanntermaßen auf Schiffen mit den Menschen an alle Orte der Welt gereist [17]. Sie sind uns überall hin gefolgt und nehmen unsere Einladung dankend an, wenn wir immer wieder aufs Neue Häuser aus ihrer Nahrung bauen.

Als Birgitte Andersen anfing, sich mit Gips, Tapete und Gipskarton zu beschäftigen, fiel ihr etwas Interessantes auf. In nassem Zustand waren diese Werkstoffe voller Pilze,[21] und in 25 % der Fälle enthielten sie auch den giftigen schwarzen Schimmel *Stachybotrys chartarum*. Der Anteil der feuchten Häuser, in denen *Stachybotrys chartarum* vorkommt, ist vermut-lich noch höher, denn Birgitte Andersen nahm nur kleine Proben aus allen Häusern. *Stachybotrys chartarum* ist also in feuchtem Gipskarton alles andere als selten. Die Mischung aus Wasser und Zellulose in Gipskarton und Tapete ist anscheinend ein perfektes Substrat für diese Art, sodass mit ihrem Vorhandensein gerechnet werden muss, sobald Gipskarton feucht wird. Das war eine wichtige Entdeckung, aber Birgitte Andersen wollte noch eine Erklärung dafür finden, wie *Stachybotrys chartarum* überhaupt in den Gips-karton hineingelangt.

Stachybotrys chartarum kann nicht in der Luft schweben. Soweit bekannt ist, wird er auch nicht mit Termiten oder anderen Insekten in Häuser trans-portiert. Theoretisch kann der Pilz mit Kleidung ins Haus gebracht werden. Rachel Adams, eine Expertin für Pilze in Innenräumen an der University of California, Berkeley, lernte z. B. aus erster Hand, wie sich Arten über unsere Kleider verbreiten. In einer der bisher sorgfältigsten Studien zu Pilzen in Gebäuden wies sie nach, dass ein in einem Konferenzraum der Uni-versität gefundener Pilz unbeabsichtigt über einen Labormitarbeiter dorthin gebracht wurde, der kurz zuvor eine Pilzveranstaltung besucht hatte, wo er einen Bovist in der Hand gehalten hatte [18]. Pilze nutzen also auch Labor-mitarbeiter als Transportmittel. Birgitte Andersen glaubte allerdings im Fall von *Stachybotrys chartarum* nicht an die Verbreitung über Kleidung, sie hatte eher die Bauzulieferer im Verdacht.

Vielleicht gelangte der Schimmel schon direkt bei der Fertigung in den Gipskarton und wartete dann ruhig und geduldig ab, bis das Material feucht wurde. Birgitte Andersen testete diese radikale These, obwohl sie das unter Umständen in Konflikt mit der milliardenschweren Gipskartonindustrie

---

[21]Zu ihnen zählen *Penicillium*, *Chaetomium* und *Ulocladium*.

bringen konnte. Zu Beginn ihrer Nachforschungen realisierte sie, dass sie nicht die Erste war, die diesen Verdacht hegte. Auch in einer früheren Arbeit wurde auf diese Möglichkeit hingewiesen, ohne dass sie überprüft worden war [19]. Birgitte Andersen wollte allerdings einen Nachweis für ihre Vermutung erbringen.

In den Vereinigten Staaten haben Akademiker relativ freie Hand in der Forschung, aber ihre Freiheit scheint immer mehr eingeschränkt zu werden, vor allem durch den Einfluss großer Konzerne. Ich möchte damit nicht andeuten, dass Akademiker aufgehört hätten, radikale Ideen zu äußern, die für Unternehmen oder Regierungen gefährlich werden könnten. Viele haben jedoch genügend Hollywoodfilme gesehen, um sich über mögliche Folgen Gedanken zu machen, wenn sie sich mit ihrer Forschung in eine Konfliktsituation mit ökonomisch mächtigen Konzernen bringen [20].[22] Möglicherweise haben auch viele der dänischen Kollegen von Birgitte Andersen bei kontroversen Arbeiten ähnliche Befürchtungen. Als ich Birgitte Andersen auf dieses Risiko ansprach, äußerte sie jedoch wenig Sorge vor negativen Konsequenzen ihrer Beschäftigung mit dem Leben in Gipskarton, der von Unternehmen produziert wird, die stark am Erhalt des Status quo (in Bezug auf Gipskarton) interessiert sind. Sie wollte einfach wissen, was in diesem Baustoff lebt. Ihre Gefühlslage war also nicht weiter kompliziert: Sie war neugierig und wollte mehr über diesen Pilz in Erfahrung bringen.

Zunächst untersuchte Birgitte Andersen fabrikneuen Gipskarton, insgesamt 13 Platten aus vier verschiedenen dänischen Baumärkten. Aus diesen Platten wählte sie jeweils drei unterschiedliche Typen (feuerfest, feuchtebeständig und normal) von zwei Herstellern aus. Anschließend schnitt sie aus jeder Platte mehrere runde Scheiben aus und tauchte sie in Ethanol (oder sicherheitshalber als zweite Variante in Bleichmittel oder Rodalon), um die Oberflächen von allen Keimen zu befreien. Dann weichte sie die Proben mit den keimfreien Oberflächen 70 Tage in sterilem Wasser ein, sodass eventuell im Material vorhandene Pilze anfangen konnten, sich zu vermehren. Eigentlich war es unwahrscheinlich, dass in trockenem, fabrikneuem Gipskarton etwas lebte. Birgitte Andersens Projekt basierte nur auf einer sehr vagen Annahme, die sie mit Hartnäckigkeit, Akribie und Sorgfalt prüfte, indem sie tagtäglich jede Scheibe auf Pilze untersuchte.

---

[22]Sie haben z. B. die Geschichte von Tyrone Hayes gehört, der die Wirkung von Herbiziden untersucht und ihre Schädlichkeit für Tiere nachgewiesen hat. Laut Rachel Aviv, einer Journalistin des *New Yorker* wurde er vom entsprechenden Herbizidhersteller daraufhin aufs Übelste verfolgt: Aviv 2014 [20].

Eines Tages sah sie schließlich erste Spuren von Pilzwachstum. In fabrikneuem Gipskarton breitete sich tatsächlich der Pilz *Neosartorya hiratsukae* aus, der inzwischen mit der Entstehung von Parkinson in Verbindung gebracht wird. Er ist vermutlich nicht die einzige Ursache für diese Krankheit, aber sein Vorhandensein ist dennoch eine schlechte Nachricht. *Neosartorya hiratsukae* fand sich auf jeder Gipskartonplatte – unabhängig vom Typ, unabhängig vom Baumarkt, aus dem sie stammte, und unabhängig vom Hersteller. Birgitte Andersen entdeckte außerdem auf 85 % der Gipskartonscheiben den Pilz *Chaetomium globosum,* ein Allergen und opportunistisches Pathogen.[23] Der wichtigste Fund war allerdings der schwarze und mächtige *Stachybotrys chartarum* auf der Hälfte der Proben.[24] Nachdem er begonnen hatte zu wachsen, waren die Gipskartonscheiben bald von einer schwarzen lebendigen Schicht bedeckt. Und dies waren nicht die einzigen Arten: Der Gipskarton enthielt weitere acht Pilze, die im Gipskarton auf eine günstige Gelegenheit zur Vermehrung warteten.

Nun würde sich zeigen, ob Birgitte Andersen nicht doch mehr Angst vor den Gipskartonunternehmen hatte, als sie zugab: Würde sie die Ergebnisse veröffentlichen, obwohl sie damit den Gipskartonherstellern eine Verantwortung für das Vorkommen eines möglicherweise gesundheitsgefährdenden Pilzes in Häusern zuwies? *Stachybotrys chartarum* wird oft mit gesundheitlichen Problemen in Verbindung gebracht, und auch *Neosartorya hiratsukae* ist eine potenziell pathogene Pilzart. Sie wird auf feuchtem Gipskarton in Gebäuden nur selten entdeckt, weil sie kleine, weiße Fruchtkörper bildet, deren Farbe sich nicht vom Gipskarton unterscheidet, sodass sie nur schwer zu erkennen ist. Da der Pilz unabhängig vom Baumarkt, in dem der Gipskarton gekauft worden war, in jeder Probe vorkam, implizierten die Ergebnisse klar eine Verantwortung der Hersteller. Für Birgitte Andersen bestanden nie Zweifel, dass sie ihre Studie veröffentlichen würde. „Was sollten sie schon tun?", fragte sie mich, „Mir meine Arbeit wegnehmen, aber wer soll dann die Pilze bestimmen?" Wir wissen nun also mit Sicherheit, dass diese Pilze über fabrikneuen Gipskarton in unsere Häuser gelangen. Birgitte Andersen erforscht inzwischen, wie diese Pilze im Gipskarton vor dessen Verwendung in Häusern abgetötet werden könnten, denn es gibt

---

[23]Birgitte Andersen ist von *Chaetomium*-Arten fasziniert. In einer E-Mail erzählte sie mir, dass diese Art sie schon immer umgeben hat. Als Beispiel sendete sie mir ein Foto ihrer Grundschulklasse, das sie als kleines Mädchen zeigte. Es war ein Pfeil eingezeichnet, der allerdings nicht auf sie selbst zeigte, sondern auf den Pilz *Chaetomium elatum* auf dem Papier, auf dem das Foto befestigt war.

[24]Interessanterweise wurden diese Arten weder auf der Internationalen Raumstation noch der sehr viel pilzreicheren Mir gefunden.

vermutlich keine einfache Methode, sie in bereits verbautem Gipskarton einzudämmen. Wahrscheinlich würde dabei auch der Gipskarton selbst zerstört und die Gesundheit der Hausbewohner gefährdet werden. Unterdessen wartet *Stachybotrys chartarum* in vielen Häusern geduldig auf Feuchtigkeit.

Es ist noch unklar, wie die Pilze in den Gipskarton gelangen. Möglicherweise bietet Recyclingkarton während seiner Lagerung vor der Verarbeitung zu Gipskarton einen optimalen Nährboden für das Pilzwachstum. Wenn der Karton dann zerkleinert und dem Gipskarton beigefügt wird, überdauern die Pilze in Form von Sporen. Birgitte Andersen hat die Idee, dass der Karton vor seiner Verarbeitung behandelt werden könnte, was aber bis jetzt noch nicht umgesetzt wird. Wenn Birgitte Andersen recht hat, enthält der Gipskarton schon bei der Ankunft in Ihrem Zuhause Pilze, was nur so lange unbedenklich ist, wie der Gipskarton trocken bleibt.

Das Wissen darum, wie *Stachybotrys chartarum* und andere Pilze mit schweren Sporen in unsere Häuser gelangen, reicht allerdings nicht aus, um die Auswirkungen seines Vorhandenseins zu verstehen. Obwohl Birgitte Andersen nun erkannt hat, wie diese speziellen Pilze in unsere Häuser eindringen können, wissen wir noch wenig darüber, wo sie sich ursprünglich entwickelt haben und was ihr natürliches Habitat ist. Die nächsten Verwandten von *Stachybotrys* sind anscheinend die in den Tropen vorkommenden Arten von *Myrothecium,* aber wir wissen beinahe nichts über diese Pilzgattung, nicht einmal, ob sie in Häusern in den Tropen verbreitet ist. Es wird spekuliert, dass viele verwandte Arten von *Myrothecium* und *Stachybotrys* bisher noch nicht benannt sind. In ländlichen Gegenden wurde *Stachybotrys chartarum* in Grashaufen gefunden, was wahrscheinlich mehr darüber aussagt, wo wir bisher nach *Stachybotrys chartarum* gesucht haben, als über seine Biologie. Man nimmt an, dass *Stachybotrys chartarum* natürlicherweise auch im Boden vorkommt, aber auch das ist nur eine Vermutung. Außerdem ist ungeklärt, wie sich *Stachybotrys chartarum* in der freien Natur verbreitet und wie er von Ort zu Ort gelangt. Vielleicht übernehmen Käfer oder Ameisen den Transport, wir wissen es einfach nicht. Bisher wurde noch in keiner Studie überprüft, ob die Sporen von *Stachybotrys chartarum* durch Insekten verbreitet werden. Wir wissen auch nicht, wie lange *Stachybotrys chartarum* schon in Häusern lebt (es wäre z. B. interessant, welche Pilze weltweit in traditionellen Häusern oder an archäologischen Stätten frühzeitlicher Behausungen vorkommen, aber auch dies wurde noch nicht wissenschaftlich untersucht). Außerdem stellt sich die Frage, wie gefährlich Pilze in Häusern tatsächlich für uns sind. Schließlich kostet die Sanierung der von Pilzen befallenen Häuser Milliarden, und manche der Häuser müssen sogar abgerissen werden. Ehemals gesunde

Menschen sind verzweifelt, weil sie unter Krankheiten leiden, die vermutlich durch die Exposition gegenüber dem Pilz *Stachybotrys chartarum* ausgelöst wurden und deren Behandlung oft sehr kompliziert und langwierig ist. Es gibt noch immer viele offene Fragen.

Aus gutem Grund hat noch niemand ein Experiment durchgeführt, bei dem ein Haus mit *Stachybotrys chartarum* geimpft worden wäre, und anschließend die Auswirkungen auf die darin wohnende Familie beobachtet. Es wurden auch noch nie Häuser befeuchtet, um zu prüfen, ob (und wann) *Stachybotrys chartarum* zu wachsen beginnt und Krankheiten auslöst. Grundsätzlich gibt es aber zwei mögliche Gesundheitsrisiken: Der Pilz kann uns mit Toxinen vergiften oder Allergien und Asthma auslösen und verschlimmern.

Zunächst gehe ich auf die Toxine ein: Bekanntermaßen produziert *Stachybotrys chartarum,* wie viele andere Pilze auch, die gefährlichen makrozyklischen Trichothecene und Atranone. Außerdem kann *Stachybotrys chartarum* hämolytische Proteine bilden. Wenn der Pilz und insbesondere seine Proteine von Pferden oder Kaninchen gefressen werden, lösen sie Leukopenie aus (einen Mangel an weißen Blutkörperchen). Bei Kleinkindern können sie vermutlich Lungenblutung verursachen. Mäuse, denen Sporen von *Stachybotrys* in die Nase injiziert werden, erkranken, wobei die Schwere der Erkrankung vom verabreichten *Stachybotrys*-Stamm abhängt. Bei einem Stamm mit einer relativ hohen Toxinproduktion können die Mäuse „schwere intraalveoläre, bronchioläre und interstitielle Entzündungen mit exsudativen hämorrhagischen Prozessen" erleiden. Einfacher ausgedrückt: Ihre Lunge entzündet sich und beginnt zu bluten [21].

Aber nur weil *Stachybotrys* Toxine produzieren kann, ist nicht sicher, dass er dies in Häusern auch tatsächlich tut. Kürzlich entwickelte Birgitte Andersen mit Kollegen eine neue Methode zum Aufspüren von Toxinen von *Stachybotrys chartarum* in Staub. Dabei wurde nachgewiesen: Je stärker sich *Stachybotrys chartarum* in einem Kindergartenraum ausgebreitet hatte, desto höher war die Konzentration der Toxine im Staub dieser Räume. Es ist noch nicht bekannt, ob dies eine allgemeine Regel ist, aber es ist durchaus vorstellbar [22]. Um zu erkranken, müssten jedoch große Mengen des Pilzes gegessen (oder wie bei den Mäusen eingeatmet) werden. Wenn der Pilz *Stachybotrys chartarum* im Zuhause eines Kleinkinds stark verbreitet ist *und* Toxine produziert, könnte das Kind unbemerkt große Mengen des Pilzes konsumieren und wie die Labormäuse und Haustiere krank werden, auch wenn ein solcher Fall bisher noch nie dokumentiert wurde. Die Toxine von *Neosartorya hiratsukae* können mit noch höherer Wahrscheinlichkeit schwere gesundheitliche Probleme verursachen als *Stachybotrys chartarum,* aber Ersterer ist noch weniger erforscht als Letzterer (obwohl er nicht seltener vorkommt, sondern nur unauffälliger ist). Birgitte Andersen ist eine der weltweit führenden Expertinnen für *Stachybotrys* und seine Folgen, aber selbst sie hat aufgrund der großen Komplexität Schwierigkeiten, Fragen nach den gesundheitlichen Auswirkungen von Toxinen, die von Pilzen in Innenräumen produziert werden, zu beantworten. In ihren eigenen Worten ist „einfach alles so verdammt kompliziert und schwer nachweisbar".

Auch wenn die Toxine von *Stachybotrys* nur selten Krankheiten hervorrufen, kann der Pilz uns auf andere Weise gefährlich werden. Das Einatmen von *Stachybotrys chartarum* kann Allergien auslösen, und bei relativ vielen Menschen lässt sich eine allergische Reaktion auf *Stachybotrys chartarum* im Blut nachweisen. Die Exposition gegenüber *Stachybotrys chartarum* kann natürlich auch draußen stattfinden, aber wahrscheinlich erfolgt sie oft über *Stachybotrys chartarum* in Gipskarton in feuchten Häusern. Neben *Stachybotrys chartarum* gibt es noch viele weitere Pilze, die Allergien und Asthma verursachen und sich in feuchten Häusern vermehren.[25] Die Autoren der Biodiversitätshypothese, Hanski, Haahtela und von Hertzen, haben überzeugend dargelegt, dass eine ungenügende Exposition gegenüber vielfältigen Umweltbakterien die Wahrscheinlichkeit für Allergien und Störungen des Immunsystems erhöht. Dann kann eine starke Ausbreitung von Pilzen oder anderen Organismen (wie deutschen Küchenschaben oder Staubmilben) Krankheiten auslösen. Meine Hypothese ist, dass Krankheiten unabhängig vom konkreten Auslöser durch Vorbedingungen wie die fehlende Exposition gegenüber vielfältigen Bakterien verursacht werden.

Gemäß der Biodiversitätshypothese können wir erwarten, dass es zwischen der massenhaften Vermehrung von Pilzen in der Wohnung und dem Auftreten von Allergien einen komplexen möglichen Zusammenhang gibt. Während manche Studien darauf hindeuten, dass Menschen in Häusern mit mehr Pilzen oder mehr allergenen Pilzen eher unter Allergien oder Asthma leiden, zeigt sich in der Mehrzahl der Studien überhaupt kein Effekt [23]. Vermutlich ist es einfacher, auftretende Allergie- oder Asthmasymptome zu lindern, als ganz genau zu verstehen, wann und warum diese Krankheiten entstehen. Ein Team unter der Leitung von Carolyn Kercsmar von der Case Western Reserve University führte eine Studie mit 62 Kindern mit symptomatischem Asthma durch, die in Häusern mit Schimmel lebten.

---

[25]*Alternaria alternate, Aspergillus fumigatus* und *Cladosporium herbarum* wurden alle sowohl in Birgitte Andersens Studie als auch auf der Raumstation gefunden, und all diese Pilze werden mit Allergien in Verbindung gebracht.

Kercsmar teilte die Kinder und ihre Familien anschließend willkürlich in zwei Behandlungsgruppen ein. Die Hälfte der Familien (die Kontrollgruppe) erhielt Anweisungen zum richtigen Umgang mit Asthma, aber nichts weiter. Die anderen Familien (die Experimentalgruppe) bekamen dieselben Anweisungen, aber darüber hinaus wurden in ihren Häusern feuchte Holz- und Gipskartonwände entfernt und durch neues, trockenes Material ersetzt; die problematischen Feuchtigkeitsquellen wurden entfernt und die Klimaanlagen modifiziert. Durch diese Maßnahmen wurde die Pilzkonzentration in der Innenraumluft der Experimentalgruppe halbiert, während die Konzentration in den Kontrollhäusern unverändert blieb. Die Kinder in den aktiv sanierten Häusern litten an weniger Tagen unter Asthmasymptomen als die Kinder in der Kontrollgruppe. Diese Wirkung zeigte sich schon während der Studie und hielt auch danach an. Nur bei einem der 29 Kinder in der Experimentalgruppe verschlechterten sich die Symptome nach dem Ende der Studie – in der Kontrollgruppe war dies bei 11 von 33 Kindern der Fall. Es scheint hier also eine erfreulich einfache Lösung zu geben [24]. Die Studie war klein und war auf eine Stadt beschränkt, aber sie könnte dennoch richtungsweisend sein.

Mit Sicherheit lässt sich Folgendes sagen: Wenn Ihr Haus feucht wird, sollten Sie die Gründe dafür ermitteln und dafür sorgen, dass Ihr Haus wieder trocken wird. Falls Sie neu bauen, sollten Sie auf Gipskarton verzichten, insbesondere im Nassbereich, weil Sie damit rechnen müssen, dass er bereits *Stachybotrys chartarum* enthält. Sie sollten außerdem jede Gelegenheit nutzen, die Forschung zur Biologie von Pilzen in Häusern zu unterstützen. Unterdessen vermehren sich die Pilze auf derISS erfolgreich und erinnern uns daran, dass es uns, ähnlich wie bei den Bakterien, wahrscheinlich nie ganz gelingen wird, sie aus unseren Häusern zu verbannen, egal welche Strategie wir wählen. In diesem Punkt sind sich die NASA-Wissenschaftler, die Russen und Birgitte Andersen einig.

Auch die vielen Tausend anderen Pilzarten, die bisher in Häusern gefunden wurden und deren Biologie genauso komplex ist wie bei *Stachybotrys chartarum,* müssen noch erforscht werden. Diese kaum bekannten Arten atmen Sie in diesem Moment ein. Tausende von ihnen fanden bisher so wenig Beachtung, dass sie noch nicht einmal einen Namen haben. Sie könnten also die Person sein, die einer dieser Arten zu einem Namen verhilft. Es mag Ihnen unglaublich scheinen, dass wirklich Tausende Arten um Sie herum noch ohne Bezeichnung sind, aber es ist tatsächlich so. In gewisser Weise spiegelt sich darin unsere Ignoranz in Bezug auf die Erde wider; wir stehen mit der Erforschung unseres Planeten noch ganz am Anfang: Die meisten Lebensformen sind noch unbenannt, und das Reich der Bakterien ist bisher kaum erforscht. Bisher hat vielleicht ein Drittel der Pilze einen Namen erhalten, und noch weniger Arten wurden detailliert untersucht. Auch bei den Insekten gibt es noch riesige Lücken. In Häusern kommt meiner Meinung nach aber etwas Besonderes ins Spiel: Wir untersuchen in unseren Häusern bisher meist nur die Arten, die uns gefährden, und vernachlässigen das Studium der restlichen Arten. Biologen für Grundlagenforschung könnten diese durchaus untersuchen, aber wenn sie die Wahl haben, zieht es die meisten von ihnen eher in weit entfernte Wälder (z. B. Feldstationen in Costa Rica). Wie blind wir gegenüber dem unschädlichen natürlichen Leben direkt um uns herum geworden sind, ist mir erst kürzlich wieder klar geworden, als wir Menschen zu den Lebewesen in ihren Kellern befragten.

Literatur

1. Nash S (1989) The plight of systematists: are they an endangered species? Scientist. https://www.the-scientist.com/news/the-plight-of-systematists-are-they-an-endangered-species-61782. Zugegriffen: 20. Mai 2020
2. Drew LW (2011) Are we losing the science of taxonomy? As need grows, numbers and training are failing to keep up. Bioscience 61(12):942–946
3. Barberán A, Dunn RR, Reich BJ, Pacifici K, Laber EB, Menninger HL, Morton JM et al (2015) The ecology of microscopic life in household dust. *Proc R Soc B* 282(1814):20151139
4. Barberán A, Ladau J, Leff JW, Pollard KS, Menninger HL, Dunn RR, Fierer N (2015) Continental-scale distributions of dust-associated bacteria and fungi. Proc Natl Acad Sci U S A 112(18):5756–5761
5. Tripp EA, Lendemer JC, Barberán A, Dunn RR, Fierer N (2016) Biodiversity gradients in obligate symbiotic organisms: exploring the diversity and traits of lichen propagules across the United States. J Biogeogr 43(8):1667–1678
6. Robert VA, Casadevall A (2009) Vertebrate endothermy restricts most fungi as potential pathogens. J Infect Dis 200(10):1623–1626
7. Grantham NS, Reich BJ, Pacifici K, Laber EB, Menninger HL, Henley JB, Barberán A, Leff JW, Fierer N, Dunn RR (2015) Fungi identify the geographic origin of dust samples. PLoS ONE 10(4):e0122605
8. Baranov VM, Novikova ND, Polikarpov NA, Sychev VN, Levinskikh MA, Alekseev VR, Okuda T, Sugimoto M, Gusev OA, Grigor'ev AI, (2009) The Biorisk experiment: 13-month exposure of resting forms of organism on the outer side of the Russian segment of the International Space Station: preliminary results. Dokl Biol Sci 426(1):267–270

9. Novikova ND (2004) Review of the knowledge of microbial contamination of the Russian manned spacecraft. Microb Ecol 47(2):127–132

10. Makarov O (2016) Combatting fungi in space. *Popular Mechanics,* January 1:42–46

11. Alekhova TA, Zagustina NA, Aleksandrova AV, Novozhilova TY, Borisov AV, Plotnikov AD (2007) Monitoring of initial stages of the biodamage of construction materials used in aerospace equipment using electron microscopy. *J Surf Invest-X-Ray+* 1(4):411–416

12. Novikova N, De Boever P, Poddubko S, Deshevaya E, Polikarpov N, Rakova N, Coninx I, Mergeay M (2016) Survey of environmental biocontamination on board the International Space Station. Res Microbiol 157(1):5–12

13. Hamada N, Fujita T (2002) Effect of air-conditioner on fungal contamination. Atmos Environ 36(35):5443–5448

14. Madden AA, Stchigel AM, Guarro J, Sutton D, Starks PT (2012) *Mucor nidicola* sp. nov., a fungal species isolated from an invasive paper wasp nest. *Int J Syst Evol Microbiol* 62(7):1710–1714

15. Jeanne RL (1975) The adaptiveness of social wasp nest architecture. Q Rev Biol 50(3):267–287

16. Hirsch PFEW, Eckhardt FEW, Palmer RJ Jr (1995) Fungi active in weathering of rock and stone monuments. Can J Bot 73(S1):1384–1390

17. Kauserud H, Knudsen H, Högberg N, Skrede I (2012) Evolutionary origin, worldwide dispersal, and population genetics of the dry rot fungus *Serpula lacrymans.* Fungal Biol Rev 26(2–3):84–93

18. Adams RI, Miletto M, Taylor JW, Bruns TD (2013) Dispersal in microbes: fungi in indoor air are dominated by outdoor air and show dispersal limitation at short distances. ISME J 7(7):1262–1273

19. Price DL, Ahearn DG (1999) Sanitation of wallboard colonized with *Stachybotrys chartarum.* Curr Microbiol 39(1):21–26

20. Aviv R (2014) A valuable reputation. New Yorker. www.newyorker.com/magazine/2014/02/10/a-valuable-reputation). Zugegriffen: 20. Mai 2020

21. Nikulin M, Reijula K, Jarvis BB, Hintikka EL (1996) Experimental lung mycotoxicosis in mice induced by *Stachybotrys atra.* Int J Exp Pathol 77(5):213–218

22. Došen I, Andersen B, Phippen CBW, Clausen G, Nielsen KF (2016) *Stachybotrys* mycotoxins: from culture extracts to dust samples. Anal Bioanal Chem 408(20):5513–5526

23. Nevalainen A, Täubel M, Hyvärinen A (2015) Indoor fungi: companions and contaminants. Indoor Air 25(2):125–156

24. Kercsmar CM, Dearborn DG, Schluchter M, Xue L, Kirchner HL, Sobolewski J, Greenberg SJ, Vesper SJ, Allan T (2006) Reduction in asthma morbidity in children as a result of home remediation aimed at moisture sources. Environ Health Perspect 114(10):1574

7

Der weitsichtige Ökologe

Zahlreich sind die Tiere, die mit den Menschen leben... (Herodotus).

Ein leichter Wind treibt das Schiff. Eine kleine Biene bringt den Honig. Eine kleine Ameise trägt den Krumen (Abschnitt des Insinger-Papyrus XXV.1 bis XXV.4).

...und es kam viel Ungeziefer in das Haus des Pharao, in die Häuser seiner Großen und über ganz Ägyptenland, und das Land wurde verheert von dem Ungeziefer (Exodus 8:20) [1].

Dass wir in unseren Häusern Bakterien und Pilze übersehen und ihre Auswirkungen meist nicht verstehen, hängt teilweise mit ihrer Winzigkeit zusammen. Bei den gut sichtbaren Tieren greift allerdings ein anderer Mechanismus. Ich glaube, ich verstehe mittlerweile, warum Ökologen und Evolutionsbiologen auch die größeren Tiere in unseren Häusern bisher nicht beachtet haben. Ökologen sind von Berufs wegen weitsichtig, d. h., sie sehen Arten aus fernen Gegenden klarer als diejenigen direkt vor ihrer Nase. Weitsicht ist eigentlich etwas Positives – allerdings nicht, wenn dabei die naheliegendsten Dinge übersehen werden. In New York z. B. haben Wissenschaftler viele Proben von Tieren aus den umliegenden Wäldern gesammelt, in der Stadt selbst dagegen sehr viel weniger, und noch weniger in Innenräumen. Das ist kein Zufall, denn als Ökologen sind wir darauf trainiert, das Leben in der freien Wildbahn zu studieren, was wir oft mit der Abwesenheit von Menschen gleichsetzen. Diese Tendenz zeigt sich auch in den wichtigsten Erhebungen zum Leben von Tieren. Bei der größten strukturierten Brutvogelerhebung in Nordamerika wurden z. B. einige stark urbanisierte Regionen der Vereinigten Staaten, also die Orte, an denen die

© Springer-Verlag GmbH Deutschland, ein Teil von Springer Nature 2021
R. Dunn, *Nie allein zu Haus,* https://doi.org/10.1007/978-3-662-61586-7_7

meisten Menschen leben, ausgeschlossen. Ökologen erheben folglich verläss-
liche Daten zu den Verbreitungsgebieten der seltensten Vögel Nordamerikas,
aber übergehen die massenhaft auftretenden Hausspatzen, Tauben oder
Krähen, und auf Insekten trifft dies noch viel mehr zu. Dies stellte ich fest,
als ich mich mit Höhlenschrecken zu beschäftigen begann.

Dieses Insekt begleitet uns schon lange; es ist eines der Tiere, auf die
unsere Vorfahren unvermeidlich stießen, als sie in Höhlen lebten. Dass sie
Kontakt mit verschiedenen Tieren hatten, bezeugen Knochenfunde in den
Höhlen und Kratzspuren an deren Wänden, aber auch die Höhlenmalereien,
auf denen Tiere dargestellt sind. Einige der Tiere in Höhlen waren groß und
gefährlich. Stellen Sie sich vor, Sie gehen durch einen dunklen feuchten
Gang und beleuchten den Weg vor Ihnen nur mit einem glühenden Stock
in der Hand. Plötzlich bemerken Sie den Geruch eines Höhlenbären, der
sich kurz darauf vor Ihnen aufbaut. Höhlenbären *(Ursus spelaeus)* konnten
immerhin die Größe von großgewachsenen Grizzly-Bären erreichen. Wenn
es das Schicksal gut mit unseren Vorfahren meinte, gelang es ihnen, diese
gefährlichen Tiere zu töten; wenn nicht, fielen sie ihnen zum Opfer.[1] Neben
diesen Großtieren begegneten unsere Vorfahren aber auch kleineren Arten,
darunter vermutlich auch Bettwanzen und Läusen. Zu Höhlenschrecken
hatten sie mit Sicherheit Kontakt, denn einer unserer Vorfahren verewigte
dieses Insekt in einer Gravur.

Die Höhle mit der Gravur wurde im Jahr 1912 von drei Kindern,
Max Bégouën und seinen beiden Brüdern Jacques und Louis, in den
französischen Pyrenäen entdeckt. Ihr Nachbar, Francois Camel, hatte
den Jungen vorgeschlagen, einem kleinen Bach auf ihrem Grundstück zu
folgen, der im Untergrund verschwand. Sie befolgten seinen Rat und entdeckten – wie in einem Abenteuerbuch – mehrere unterirdische Kammern,
bis ihr Weg schließlich von Stalaktiten versperrt wurde. Zunächst schien
ihr Abenteuer damit beendet, aber dann entdeckte einer der Brüder hoch
oben in einer Kammer ein enges Loch zwischen den Stalaktiten, das gerade
groß genug für einen Jungen war. Max und seine zwei Brüder schlüpften
durch das Loch und setzten ihre Entdeckungstour fort. An einer Stelle tief
im Berg mussten sie einen 12 m hohen Steinkamin erklettern, über den sie
eine weitere Kammer erreichten. Diese ähnelte einem Zimmer und war mit

---

[1]Meist wollten sich die Höhlenbären vermutlich nur verteidigen. Neuere Studien legen nahe, dass sie
sich größtenteils von Pflanzen ernährten. Aus der Perspektive eines kleinen Menschen ist aber auch ein
großer, verärgerter, pflanzenfressender Bär, der in einer Höhle in die Enge getrieben wird, vor allem
eines: gefährlich.

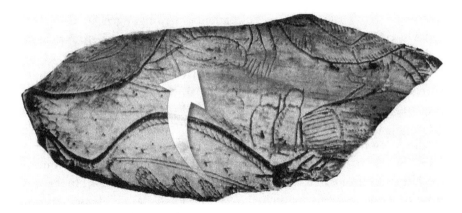

Abb. 7.1 Fragment eines Wisentknochens mit einer Gravur, die eindeutig eine Höhlenschrecke der Gattung *Troglophilus* darstellt. Diese Gravur wurde in der Drei-Brüder-Höhle in den Zentralpyrenäen entdeckt und ist eine der wenigen Abbildungen eines Insekts in der europäischen Höhlenkunst. (Modifizierte Originalzeichnung von Amy Awai-Barber, die ursprünglich in [2] veröffentlicht wurde)

den Knochen von Höhlenbären gefüllt, zwischen denen sich auch zwei gut erkennbare Lehmfiguren von Wisenten befanden.

Zwei Jahre später, im Jahr 1914, entdeckten die Jungen auf der anderen Seite des Hügels einen Eingang zu weiteren Teilen des Höhlensystems. Sie ließen sich durch ein Loch im Boden hinab und fanden eine Höhle von 800 m Länge. Die Brüder erkundeten sie und krochen dann durch einen engen Tunnel, der seitlich zu einer weiteren Kammer führte, wo sie auf eines der großen Meisterwerke der Höhlenmalerei stießen: ein schamanisches Mischwesen, halb Mensch und halb Tier mit einem Geweih. Auf einer anderen Wand in derselben Kammer waren unterhalb einer Löwengravur Zähne, Holzkohle und Knochen in den Lehm gedrückt wie Votive.

Ein anderer Knochen in der Höhle (die später zu Ehren der Jungen Drei-Brüder-Höhle benannt wurde) weist die einzigartige Gravur einer Höhlenschrecke[2] der Gattung *Troglophilus* auf (Abb. 7.1). Diese Darstellung beweist, dass unsere Vorfahren (oder zumindest einer von ihnen) diesen Tieren Beachtung schenkten. Im Lauf der nächsten 10.000 Jahre würden viele Menschen in Höhlen und Häusern mit Höhlenschrecken in Kontakt

---

[2]Es wäre großartig, wenn die englische Bezeichnung für Höhlenschrecken *camel crickets* auf Francois Camel, der die Jungen in die Höhle führte, zurückginge. Wenn Ihnen die Vorstellung gefällt, tue ich gerne so, als ob es so wäre. In Wahrheit verweist die englische Bezeichnung jedoch auf die wie Kamelhöcker geformten Rücken.

kommen.[3] Auch die von uns geschaffenen Bedingungen in den Kellern und Untergeschossen unserer heutigen Häuser ähneln denen von Höhlen und erfüllen die Anforderungen einiger Höhlenschrecken genau. Höhlenschrecken lebten schon mit uns, bevor wir anfingen, Landwirtschaft zu betreiben, aber obwohl unsere Verbindung zu diesen Tieren weit in die Vergangenheit zurückreicht und diese manchmal massenhaft auftreten, sind sie nur wenig erforscht. Für mich sind sie ein Paradebeispiel dafür, wie leicht wir die Arten um uns herum übersehen, gerade wenn sie gut sichtbar sind.

Höhlenschrecken interessieren mich, seit ich während meines Studiums Sue Hubbells Buch *Broadsides from the Other Orders* [3] las. Hubbell, eine Autorin ohne wissenschaftliche Ausbildung, hielt Höhlenschrecken in einem Terrarium und war eine neugierige und geduldige Beobachterin, die in Bezug auf die Biologie der Höhlenschrecke viele neue Entdeckungen machte. Einige ihrer Erkenntnisse sind mir gut im Gedächtnis geblieben, aber am meisten hat mich beeindruckt, wie viel auch nach jahrelangem Studium noch immer unbekannt ist, z. B. so fundamentale Dinge wie die Ernährungsgewohnheiten von Höhlenschrecken.

Gemeinsam mit meinen Labormitarbeitern beschloss ich, Hubbells Arbeit fortzusetzen und dabei mit einer ganz einfachen Untersuchung zu beginnen, einer Erhebung. Wir nutzten unsere schon bestehenden Kontakte zu den Tausenden Teilnehmern aus früheren Projekten, um sie zu fragen, ob in ihren Kellern oder Untergeschossen Höhlenschrecken lebten, und innerhalb von anderthalb Jahren erreichten uns 2269 Antworten. Allerdings erwartete uns eine große Überraschung, denn die Ergebnisse der Umfrage widersprachen unseren Annahmen über die geografische Verbreitung von Höhlenschrecken in nordamerikanischen Kellern deutlich.

Viele der in Nordamerika heimischen Höhlenschrecken gehören zur Gattung *Ceuthophilus*, einer Gattung mit bisher 84 Arten (vermutlich werden noch weitere entdeckt werden). Als auf dem gesamten nordamerikanischen Kontinent nach und nach Häuser nach westlichem Vorbild errichtet wurden, quartierten sich dort *Ceuthophilus*-Höhlenschrecken ein, von denen die meisten Arten in der freien Natur in Höhlen und an dunklen

---

[3]Heute leben in den französischen Pyrenäen keine Höhlenschrecken mehr, und das führt zu einer weiteren Frage: Woher kannte sie der Künstler, der sie abbildete? Eine Möglichkeit ist, dass Höhlenschrecken zu seinen Lebzeiten in den französischen Pyrenäen vorkamen, aber dies ist eher unwahrscheinlich. Höhlen in Frankreich waren zum damaligen Zeitpunkt viel kälter als heute, und Frankreich gehört nicht zu den modernen Verbreitungsgebieten von *Troglophilus*; die Art kommt nur sehr viel weiter südlich vor. Eine andere Möglichkeit ist, dass der Künstler das Tier in einer Höhle weiter südlich beobachtete und es aus der Erinnerung nachzeichnete oder dass er das Kunstwerk an einem anderen Ort erschuf und es mit in die Höhle brachte.

Stellen in Wäldern, z. B. im abgefallenen Laub, leben. Sie hüpfen dort mit ihrem buckligen Körper über den Grund und überleben mehr schlecht als recht. Mit langen Fühlern nehmen sie Gerüche, Temperatur und Feuchtigkeit wahr, und ihre winzigen Knopfaugen (eine Beschreibung von Sue Hubbell) sind gut an ein Leben im Dunkeln angepasst. Man vermutet, dass sie in der freien Natur von nährstoffarmen Partikeln leben, die in die Höhlen hineinwehen oder sich auf dem Waldboden ablagern – meist Organismen, die mehr oder wenig lange tot sind. Wenn diese Annahme richtig ist, spielen sie besonders in Höhlen eine wichtige Rolle in der Nahrungskette, denn sie können Substanzen wie Kohlenstoffverbindungen verwerten, die nur von wenigen anderen Arten zersetzt werden können, und dienen wiederum anderen Lebensformen als Nahrung [4, 5].[4] Höhlenschrecken in Häusern übernehmen wahrscheinlich eine ähnliche Rolle und wandeln nichtessbare Partikel im Keller in Nahrung für Spinnen und Mäuse um.

Mindestens sechs der nordamerikanischen Arten der Höhlenschrecke haben sich in unseren Häusern angesiedelt (andere leben noch immer ausschließlich in Höhlen und sollten vermutlich in die Liste der gefährdeten Arten aufgenommen werden). Die Verbreitung der sechs in Häusern lebenden Höhlenschreckenarten wurde zu Beginn des 20. Jahrhunderts von Theodore Huntington Hubbell an der University of Michigan untersucht. Neben Hubbell beschäftigte sich nur eine Handvoll Menschen, darunter auch sein Student Ted Cohn, mit Höhlenschrecken, und Hubbell schrieb ein Buch über sie, eine Monografie von 500 Seiten mit dem Titel *Monographic Revision of the Genus Ceuthophilus* [6]. Obwohl es darin um die Evolution, Geografie und Naturgeschichte von Heuschrecken geht, erinnert es ein wenig an die Stammesgeschichte im Alten Testament, die davon berichtet, wer wo lebte und welche Nachkommen zeugte. Das Buch ist nicht sehr unterhaltsam, außer vielleicht für leidenschaftlich Interessierte, aber für unsere Arbeit war es von großer Bedeutung, denn darin wurde beschrieben, dass wir – sowohl außerhalb als auch innerhalb von Wohnräumen – in ganz Nordamerika Höhlenschrecken erwarten könnten; nur an den kältesten Orten würden sie vermutlich fehlen; die eine oder andere Höhlenschreckenart sollte zumindest gelegentlich in jeder Region zu finden sein. Vor unserer Umfrage erwarteten wir deshalb, dass sich auf einer Karte

---

[4]Die Ressourcenkette von der Nahrung der Heuschrecken bis zu ihren Räubern hat komplexe und bizarre Aspekte. Ein Beispiel dafür sind die außergewöhnlichen Saitenwürmer, denen es gelingt, Kontrolle über den Körper und Willen der Höhlenschrecken zu gewinnen.

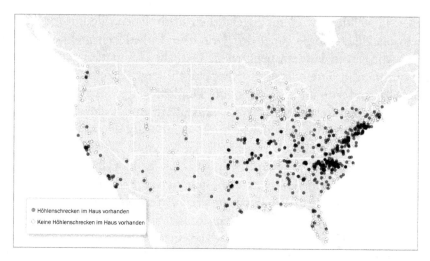

Abb. 7.2 Karte der Haushalte, die als Antwort auf unseren E-Mail-Fragebogen gemeldet hatten, ob Höhlenschrecken in ihren Kellern lebten oder nicht. (Karte von Lauren M. Nichols, Daten aus: [7])

zur Verbreitung dieser Insekten in Häusern ein breites Band von Höhlenschrecken über den gesamten Kontinent zöge und es in jeder Region positive und negative Meldungen gäbe. Laut den Umfrageergebnissen waren die Höhlenschrecken allerdings in Kellern im Osten Nordamerikas stark verbreitet, wogegen sie im Nordwesten anscheinend selten oder gar nicht vorkamen (siehe Abb. 7.2), was unlogisch schien.

Eine mögliche Erklärung war, dass unsere Teilnehmer, die meisten davon Laien, ihre Häuser nicht gut genug untersuchten; oder sie verwechselten vielleicht Küchenschaben mit Höhlenschrecken oder umgekehrt; oder die Menschen im Nordwesten hatten Angst, sich gründlich in ihren Kellern umzusehen. Wir überlegten auch, ob es in einigen Gegenden so wenige Keller gäbe, dass die Höhlenschrecken keine geeigneten Habitate fänden, oder ob eine Kombination all dieser Dinge zuträfe. Letztendlich lag der Sachverhalt aber ganz anders.

Zu jener Zeit kam MJ (Mary Jane) Epps als Postdoktorandin in mein Labor. Mary Jane (obwohl sie so wahrscheinlich nur von ihrer Mutter genannt wird, wenn ihr Ärger droht) Epps ist eine außergewöhnlich talentierte Naturkundlerin und Ökologin. Sie kennt sich nicht nur mit Käfern, sondern auch mit Wäldern und Pilzen aus,[5] sodass die Erforschung

---

[5]Wie ich in einem ihrer Referenzschreiben erfuhr, ist sie auch eine sehr talentierte Fiedelspielerin. Eine Kostprobe ihres Könnens finden Sie hier: https://youtu.be/aVXG5koU9G4

Abb. 7.3 Eine Höhlenschrecke, *Diestrammena asynamora,* in einer Wohnung in Boston. (Foto von Piotr Naskrecki)

des unerklärlichen Verhaltens der Höhlenschrecken ein ideales erstes Projekt für sie war. Ich beauftragte sie damit, eine Erklärung für das rätselhafte Verbreitungsmuster der Höhlenschrecken zu finden, und gemeinsam mit Lea Shell, die damals für eine wirkungsvolle Einbindung der Öffentlichkeit verantwortlich war, bat sie die Teilnehmer um Fotos von den Höhlenschrecken, die nachts durch ihre Keller hüpften.

Zwischen Januar 2012 und Oktober 2013 erhielten wir Fotos aus 164 Häusern. Manche Bilder zeigten Dutzende tote Höhlenschrecken, die auf Insektenfallen klebten, auf anderen konnte man nichts erkennen, aber 88 % der Bilder zeigten etwas völlig Unerwartetes: Auf diesen Fotos waren ein oder mehrere Individuen von *Diestrammena asynamora* abgebildet, einer großen japanischen Höhlenschreckenart, von der zwar bekannt war, dass sie in die Vereinigten Staaten eingewandert war, aber nicht, dass sie in Häusern lebte (Abb. 7.3). Endlich verstanden wir unsere Karte: Der Grund für das unerwartete Verbreitungsmuster der einheimischen Höhlenschrecke war, dass sich diese Karte überhaupt nicht auf die einheimische Art bezog. Wir hatten eine Karte für die Ausbreitung einer eingewanderten Art erstellt, die nicht mit den früheren Karten übereinstimmen konnte, weil die Art damals noch gar nicht in den Vereinigten Staaten lebte.

Anhand von Museumssammlungen von Insekten sowie alten Arbeiten und Berichten konnten wir rekonstruieren, dass die japanische Höhlenschrecke bereits vor mindestens 100 Jahren von Asien nach Amerika gelangt war. Viele Arten aus dem gemäßigten China oder Japan sind in die Vereinigten Staaten eingewandert; sie werden meist als japanische Arten bezeichnet, weil sie in Japan oft besser erforscht sind als in China. Wir können und werden die Genetik dieser Höhlenschrecken untersuchen, um besser zu verstehen, woher sie kommen und wie sie nach Nordamerika gelangt sind. Bis dahin lässt sich ihre Besiedelung Nordamerikas kaum im Detail rekonstruieren. Anscheinend lebten sie bis vor Kurzem in den Vereinigten Staaten nur in Gewächshäusern (manchmal auch in Nebengebäuden) und fingen erst vor Kurzem an, sich auch in Häusern einzuquartieren. Seitdem wurden sie wahrscheinlich von vielen Menschen, darunter auch Tausenden Wissenschaftlern, gesehen, und doch blieb ihre Invasion unerkannt. Was genau die japanischen Höhlenschrecken dazu veranlasste, in unsere Wohnräume einzuziehen, ist nicht bekannt. Möglicherweise entwickelten sie neue Eigenschaften, die es ihnen erleichterten, in den trockeneren, kühleren Bedingungen von Häusern zurechtzukommen. Vielleicht dauerte es aber auch einfach, bis die Höhlenschrecken von Keller zu Keller durch das ganze Land gehüpft waren.

Als wir die eingesendeten Fotos genauer betrachteten, entdeckten wir auf manchen, neben der Art *Diestrammena asynamora,* noch eine zweite japanische Höhlenschreckenart, *Diestrammena japonica.*

Nachdem Mary Jane Epps die häufigsten Höhlenschrecken in Häusern identifiziert hatte, wollte sie erfassen, wie viele Individuen vorhanden waren. Sie führte gemeinsam mit dem High-School-Praktikanten Nathan LaSala eine Erhebung der Populationen von Höhlenschrecken in 10 Häusern in meiner Nachbarschaft in Raleigh durch. Nathan LaSala hatte die Aufgabe, Fallen (Plastikbecher mit knapp 500 ml Füllmenge, wie sie auch auf Partys verwendet werden) in immer größerer Entfernung von den Häusern aufzustellen, in denen Höhlenschrecken nachgewiesen worden waren. Damit wollten wir abschätzen, wie weit Höhlenschrecken aus den Häusern ausschwärmen. Wir hofften sehr, dass College-Studenten die Becher nicht einfach mitnehmen oder schlimmer noch – merkwürdigerweise hatten wir alle dieselbe Befürchtung – in die Becher urinieren würden. Neben dieser kleineren Sorge war das Hauptproblem herauszufinden, wie wir die Höhlenschrecken fangen könnten. Ich selbst hatte keine Ahnung, aber Mary Jane Epps kannte die Lösung. Wie eine moderne Pippi Langstrumpf grinste sie breit, lachte und sagte (statt mit schwedischem mit appalachischem Akzent): „Höhlenschrecken fängt man am besten mit Molasse, das weiß doch jeder!" – nun ja, offensichtlich war ich nicht „jeder", aber sie hatte recht. Nathan LaSala füllte die Becher mit Molasse, und tatsächlich gingen die Höhlenschrecken in die Fallen, auch wenn ihre Zahl mit zunehmender Entfernung von den Häusern abnahm. Auf der Grundlage dieser Ergebnisse und einer Schätzung, wie viele Häuser Höhlenschrecken beherbergten, überschlugen Nathan LaSala und Mary Jane Epps die Gesamtzahl der eingewanderten großen asiatischen Höhlenschrecken *Diestrammena asynamora*) im östlichen Nordamerika (unter der Annahme, dass die Zahlen in Raleigh für Höhlenschrecken allgemein repräsentativ sind). Bei einer vorsichtigen Schätzung haben sich also 700 Mio. Höhlenschrecken, beinahe eine Milliarde der daumengroßen Tiere, unbemerkt in unseren Häusern einquartiert – eine kolossale Zahl.

Hier waren also offensichtlich gleich zwei relativ große Insektenarten direkt vor unserer Nase in Häuser eingezogen. Was sagt dies über unsere Fähigkeit aus, die große Mehrheit der noch viel kleineren Arten und ihre Ausbreitung wahrzunehmen? Ganz sicher bin ich nicht, aber vermutlich übersehen wir auch diese leicht. Mary Jane Epps fasste unsere Ergebnisse in einer wissenschaftlichen Arbeit über die Höhlenschrecken zusammen. Die Entdeckung war für uns bedeutsam, denn sie zeigte, dass wir unseren Wohnraum jahrelang mit einer eigentlich unübersehbaren und völlig unerforschten Art geteilt hatten, ohne dass es uns aufgefallen wäre. Wir fühlten uns wie die Bégouën-Brüder, außer dass die wundervolle Höhle in unserem Fall ein Keller war, und wie diese wollten wir unsere Forschungsarbeit fortsetzen.

Die Entdeckung, dass sich von uns unbemerkt beinahe eine Milliarde daumengroßer japanischer Höhlenschrecken in unseren Häusern angesiedelt hatte, verblüffte mich, auch wenn ich natürlich verstand, wie es dazu gekommen war. Wenn Sie kein Wissenschaftler sind und eine Höhlenschrecke in Ihrem Haus sehen, nehmen Sie an, dass die Art der Wissenschaft bereits bekannt sei. Sind Sie ein Wissenschaftler, aber kein Insektenkundler, werden Sie vermuten, dass Insektenkundler die Art schon kennen werden. Wenn Sie wiederum ein Insektenkundler sind, gehen Sie davon aus, dass sie irgendeinem Höhlenschreckenexperten bekannt sein werde. Allerdings sind weltweit nur zwei Menschen auf die Erforschung von Höhlenschrecken spezialisiert, von denen zufällig keiner in einem Haus mit dieser japanischen Art lebt. Ich begann mich zu fragen, ob dieses Phänomen – die Annahme, dass jemand anders eine Art schon kennen werde – in Häusern verbreiteter ist als in anderen Habitaten, weil wir denken, dass dort bereits alles bekannt und mehr oder weniger unter Kontrolle sei. Wenn dies stimmt, bedeutet dies nicht nur, dass es in Häusern noch viel zu entdecken gibt, sondern sogar, dass sie der ideale Ort für besonders bedeutsame Erkenntnisse sind, weil sie viele Menschen betreffen.

Ich frage mich, wie ich diese von mir als „Syndrom des weitsichtigen Ökologen" bezeichnete Idee überprüfen könnte, und beschloss zu untersuchen, woher die Objekte in Museumssammlungen in der Regel kamen. Dabei stellte sich heraus, dass Insektenkundler Objekte tatsächlich nicht so oft an von Menschen bewohnten Orten sammeln. Und selbst wenn Insekten aus besiedelten Gegenden untersucht werden, liegt der Fokus meist auf bestimmten Arten. Beinahe alle Sammlungen der letzten 20 Jahre in Manhattan stammen z. B. aus dem Central Park und umfassen nur wenige Arten, vor allem Honigbienen, Blattläuse und Bodenmilben, obwohl dies vielleicht auch daran liegt, dass es in den am dichtesten besiedelten Teilen Manhattans nur wenig Insekten gibt. Eines Abends waren ich und meine Frau bei zwei guten Freunden, Michelle Trautwein und ihrem Ehemann Ari Lit, zum Essen eingeladen, und wir unterhielten uns über dieses Thema. Michelle Trautwein ist zufällig auch eine weltweit anerkannte Expertin für die Evolution von Fliegen. Damals hatten wir gerade das Rätsel der Höhlenschrecken gelüftet, und in diesem Zusammenhang überlegten Michelle Trautwein und ich, was wir finden könnten, wenn wir – egal ob in Raleigh oder New York – alle in Häusern lebenden Gliederfüßer erfassten. Mit einem Weinglas in der Hand gingen wir von einem Fenstersims zum nächsten und schauten uns die dort anwesenden Insekten an: Wir sahen mehrere Spinnenarten, einige Schmetterlingsmücken und sogar ein paar Käfer. Nicht alle Arten waren uns bekannt, aber wir konnten uns leicht vorstellen, dass sie irgendjemand schon kennen würde. Vielleicht litten wir ja selbst am Syndrom des weitsichtigen Ökologen! Wir hätten natürlich prüfen können, um welche Arten es sich hier handelte, aber noch besser fanden wir die Idee, in einigen Häusern systematisch zu untersuchen, was bisher alles übersehen worden war. Wer weiß, vielleicht waren es ja Hunderte von Arten. Zu fortgeschrittener Stunde brachten uns diese Insekten dazu, über die Grenzen des Universums und die Möglichkeit eines neuen Forschungsprojekts nachzudenken. Der Zeitpunkt war günstig, denn Michelle Trautwein startete gerade ihr eigenes Forschungsprogramm am North Carolina Museum of Natural Sciences. Wir nahmen uns vor, die Gliederfüßer in Häusern zu sammeln und zu identifizieren. Nachdem wir noch einmal auf die Insekten angestoßen hatten, kehrten wir zu unseren Ehepartnern am Esstisch zurück, um über allgemeinere Themen zu sprechen.

Auch wenn nicht alles, was bei einem Glas Wein großartig scheint, einer Überprüfung am nächsten Morgen standhält, gefiel mir die Idee am nächsten Tag noch immer. Allerdings stießen wir gleich auf Probleme: Jeder Insektenkundler, den wir auf das Projekt ansprachen, fand es offenbar langweilig, und Studenten, die wir als Assistenten anwerben wollten, hatten größeres Interesse an Studien in fernen Wäldern, sodass die meisten unser Angebot zur Mitarbeit ablehnten. Ein Freund schlug vor, dass ich doch einfach einen Baumstamm im Regenwald auseinandernehmen sollte, wenn ich neue Arten finden wollte: „Mensch, vergeude Deine Zeit doch nicht mit Küchen und Fenstersimsen, gehen wir lieber wieder nach Bolivien!" In optimistischen Phasen waren Michelle Trautwein und ich überzeugt, dass die anderen im Unrecht seien, dann wieder zweifelten wir an unserer eigenen Wahrnehmung – vielleicht waren Höhlenschrecken ja wirklich nur eine seltene Ausnahmeerscheinung. Trotzdem wollten wir am Projekt festhalten.

Eine weitere Schwierigkeit hing mit der Identifizierung der Arten zusammen: Ich selbst konnte Ameisen bestimmen, und Michelle Trautwein ist eine Fliegenexpertin (sie ist derzeit die Kuratorin für Fliegen der California Academy of Sciences) und konnte eine Untergruppe der Fliegen identifizieren. Beim Bestimmen der anderen Arten waren wir auf Hilfe angewiesen. Aber wie viele unterschiedliche Insekten waren schon zu erwarten? Nur für den Fall, dass wir schwierig zu bestimmende Arten fänden, rekrutierten wir schließlich Matt Bertone. Matt Bertone ist ein wahrer Meister seines Fachs, ein ungewöhnlich talentierter Insektenkundler, der seine Aufgabe liebt, solange er langsam und bedächtig in seinem eigenen Tempo vorgehen kann. Er war bereit, uns zu helfen, warnte uns aber gleich, dass wir nicht viel finden würden. Nach und nach holten wir weitere Menschen mit besonderen Spezialisierungen und Fähigkeiten ins Team. Da sich keine freiwilligen Teilnehmer meldeten, wurde das gesamte Team dafür bezahlt, von Haus zu Haus zu gehen, Insekten zu fangen, sie zu zählen, zu sortieren und zu identifizieren. Wahrscheinlich betrieben wir einen übermäßigen Aufwand und hatten völlig überzogene Erwartungen, denn wie viele Arten sollten wir in Häusern schon finden? Eines nachts hatte ich einen Traum, in dem wir bei der Untersuchung von 10 Häusern nichts fanden außer sechs Schabenbeinen, einer als Haustier gehaltenen Gottesanbeterin und einer Laus von der Größe eines Kaninchens, die sich einfach nicht einfangen ließ. Der Traum war bizarr und alles andere als vielversprechend.

Als das Team schließlich das erste Haus betrat, war es ausgerüstet mit allem, was man zum Insektensammeln braucht: Schraubgläsern, Netzen, Laptops, Saugern, Handlupen, einem tragbaren Mikroskop und Kameras. Es sah aus wie eine Zirkusmannschaft aus Insektenkundlern, bei der nur noch ein Feuerschlucker und laute Trommelmusik fehlten, um das Bild zu

Abb. 7.4 Matthew Bertone, Insektenkundler und Experte für Insektenbestimmung beim Sammeln von Gliederfüßern in den Ecken und Schlupfwinkeln einer Wohnung. (Selfie von Matthew A. Bertone)

vervollständigen [8].[6] Wenn wir Erfolg beim Aufspüren interessanter Arten haben würden, war diese Parade von Menschen und Geräten vielleicht ein passender Auftakt, aber im Fall eines Misserfolgs war sie einfach nur lächerlich und pompös.

Zu diesem Zeitpunkt hielt ich mich mit meiner Familie in Dänemark auf und versuchte das Dänische Museum für Naturgeschichte davon zu überzeugen, ein ähnliches Projekt mit Häusern in Dänemark durchzuführen, aber niemand glaubte, dass wir etwas Interessantes finden würden, sodass nichts daraus wurde. Vielleicht als wohlverdiente Strafe für meine Abwesenheit von Raleigh wurde beschlossen, mein Haus als Erstes zu untersuchen. Matt Bertone (Abb. 7.4), Michelle Trautwein und der Rest des Teams betraten mein Haus, so wie sie weitere 49 Häuser in Raleigh und später noch mehr Häuser auf der ganzen Welt betreten würden.

---

[6]Der Aufzug unseres Teams hatte eine Parallele mit einer historischen Begebenheit: Linné, der Vater der modernen Taxonomie, der viele der in Häusern verbreiteten Gliederfüßerarten benannte, ließ bei seinen Exkursionen tatsächlich eine Musikergruppe vorangehen; die bei diesen Anlässen gespielte Trommel ist sogar erhalten.

In jedem Haus untersuchte das Team jeden einzelnen Raum, sodass die Untersuchung manchmal bis zu sieben Stunden dauerte. Auf den ersten Blick schienen die Häuser oft nur wenige Insekten zu beherbergen, aber in den meisten Zimmern wurde Leben gefunden, sei es in irgendwelchen Ecken oder in den Abflüssen. Das Team ging nicht so weit, zwischen den einzelnen Seiten von Büchern zu suchen, war aber doch sehr gründlich. Fenstersimse und Lampen waren wahre Fundgruben für tote Insekten, und auch unter Betten und hinter Toiletten machten wir Entdeckungen (nicht immer zur Freude der menschlichen Bewohner). Jedes Mal, wenn unser Team einen lebenden oder toten Gliederfüßer entdeckte, wurde dieser in ein Fläschchen oder ein Glas verfrachtet. Hausbesitzer sahen erstaunt zu, wie sich die zunächst leeren, mit durchsichtigem Ethanol gefüllten Gläser mit braunen Insektenkörpern, -beinen und -flügeln füllten. Dass sie sich füllten, war ein gutes Zeichen (zumindest für uns, auch wenn die Besitzer vermutlich eher zwiespältige Gefühle hatten). Die Zählung und Identifikation der einzelnen Exemplare sollte im Labor erfolgen und würde Monate dauern. Da in den verschiedenen Zimmern unterschiedliche Mitarbeiter zugange waren und niemand alles sah, was gesammelt wurde, war es schwierig, ein umfassendes Bild zu gewinnen.

Als ich Michelle Trautwein aus Dänemark schrieb, um mich nach dem Stand der Dinge zu erkundigen, erinnerte sie mich daran, dass die Bestimmung zeitaufwendig war und Matt Bertone am liebsten sehr sorgfältig arbeitete. Sie bat mich um Geduld (wohlwissend, dass dies nicht meine Stärke ist) und berichtete, dass es mehr Exemplare zu geben schien, als wir erwartet hatten. (Wir sollten schließlich mehr als 10.000 Exemplare zusammenbekommen, aber damals wusste das noch niemand.) Jedes Fundstück, egal wie klein oder unvollständig es war, musste aus seinem Glas genommen, mit einem Etikett versehen und bestimmt werden. Beim Bestimmen untersuchte Matt Bertone nicht den gesamten Körper jedes Insekts, sondern nur bestimmte Merkmale, in denen sich Arten oder Gattungen voneinander unterscheiden, denn die einzelnen Insektenarten lassen sich anhand von wichtigen charakteristischen Merkmalen bestimmen. Einige Ameisen lassen sich an der Anzahl der Fühlersegmente erkennen, während für die Identifizierung des Schnellkäfers eine sorgfältige Untersuchung der Behaarung und Form des Penis nötig ist [9].[7] Manchmal reichten auch diese Analysen nicht aus, und Matt

---

[7]Insektenkundler verwenden viel Zeit auf die Untersuchung der Geschlechtsorgane von Insekten. In Kombination damit, wie Insektenkundler sich gegenseitig Respekt und Anerkennung bekunden, führt dies manchmal zu leicht verfänglichen Situationen. Kürzlich wurde zu Ehren meines Freundes Dan

Bertone musste ein Exemplar an einen (z. B. auf Schmetterlingsmücken) spezialisierten Systematiker schicken. All dies brauchte Zeit, weil der eine Spezialist vielleicht in Ohio lebte, der andere in der Slowakei oder wieder ein anderer in Neuseeland. Viele Insektengruppen sind zwar gut erforscht, aber manchmal gibt es nur einen einzigen Experten. In solchen Fällen versah Matt Bertone die Exemplare mit einem Etikett, verpackte sie sorgfältig und schickte sie zur Identifizierung auf die Reise, was manchmal Wochen oder bei sehr vielbeschäftigten Experten auch Jahrzehnte dauern kann (auf die Identifizierung mancher Exemplare warten wir noch immer). So kommt es, dass einige Systematiker beim Nachdenken über ihren Tod die schreckliche Vorstellung haben, sie könnten sterben, während sich hohe Stapel aus Schachteln mit noch nicht identifizierten Exemplaren um sie herum auftürmen.[8]

Schließlich lagen die Ergebnisse für das erste Haus – mein Haus – vor, und es enthielt nicht weniger als 100 Arten von Gliederfüßern. Vielleicht waren es sogar mehr, aber manche Insekten konnten nicht bestimmt werden, entweder weil kein Experte zur Hand war oder weil sie in extrem schlechtem Zustand waren (ein ausgetrockneter Flügel, ein Paar abgetrennte Beine, ein einzelnes Facettenauge). Dass es so viele Arten waren, überwältigte mich, es waren 10- oder 20-mal so viele, wie die Insektenkundler ursprünglich geschätzt hatten. Mich begeisterte außerdem, dass mein eigenes Haus keine Ausnahme war: Fast in allen untersuchten Häusern fanden sich mindestens 100 Gliederfüßerarten (und mehr als 60 Gliederfüßerfamilien); in manchen entdeckten wir bis zu 200 Arten. Und Raleigh war kein Einzelfall: Eine ähnliche Vielfalt sollten wir in den nächsten Jahren nicht nur in Gebäuden in San Francisco und Schweden finden, sondern auch bei unserer breiter angelegten (aber weniger gründlichen) Umfrage, bei der wir die in Häusern lebenden Gliederfüßer anhand der DNA im Hausstaub erfassten [10]. Häuser in Peru, Japan und Australien waren übrigens noch artenreicher. Insgesamt fanden wir Tausende Arten von Gliederfüßern in Häusern, und allein in Raleigh stammten sie aus 304 Gliederfüßerfamilien (Abb. 7.5). Eine Familie ist eine größere

---

Simberloff eine neue Lausart, die die Salangane parasitiert, nach ihm benannt. Dies war natürlich sehr schmeichelhaft, wobei erwähnt werden muss, dass diese neue Lausart *Dennyus simberloffi* von ihren nächsten Verwandten durch ihre ungewöhnlich kleinen Geschlechtsorgane, einen sehr breiten Kopf und einen weiten Anus unterschieden werden kann.

[8]Falls es für Insektenkundler ein Leben nach dem Tod gibt, so verbringen sie dieses vermutlich zunächst in einem Schraubglas, bis ein überarbeiteter Gott irgendwann entscheidet, ob ihr Zustand gut genug zum Nadeln und Präparieren ist oder nicht.

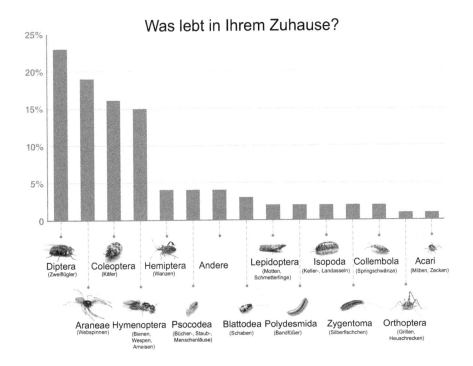

Abb. 7.5   Anteil der Arten aus den unterschiedlichen Ordnungen von Gliederfüßern in Häusern in Raleigh. (Abgeänderte Grafik von Matthew A. Bertone)

und ältere taxonomische Einheit der Gattung (die Gattung ist älter als die Art, die Unterfamilie älter als die Gattung, und die Familie ist älter als die Unterfamilie). Alle Ameisen gehören z. B. zu einer einzigen Unterfamilie, den Formicidae. In Häusern fanden wir mehr als 300 Familien von Gliederfüßern, die so einzigartig und alt wie die Ameisen sind. Eine ganze Welt von tierischem Leben in unserer direkten Umgebung ist bis jetzt einfach übersehen worden, und dabei geht es nicht einmal um mikroskopische Lebewesen. Egal, wie gut abgedichtet Ihr Haus oder Ihre Wohnung ist, leben darin zweifellos Gliederfüßer. Ich verspreche, dass Sie fündig werden, wenn Sie nur richtig hinsehen. Legen Sie das Buch kurz beiseite, und machen Sie sich auf die Suche; am besten fangen Sie mit den Fenstersimsen und Lampen an.

Unter den Gliederfüßerarten, die wir in der Studie fanden, waren: viele Fliegen, insgesamt Hunderte Arten von Fliegen, von denen einige vermutlich wissenschaftlich noch nicht erfasst waren, darunter Stubenfliegen, Fruchtfliegen, Buckelfliegen, Zuckmücken, Gnitzen, Stechmücken, kleine Stubenfliegen, Büschelmücken, Nistfliegen und Salzfliegen; ganz zu schweigen von Trauermücken, Schmetterlingsmücken und Fleischfliegen; sowie Schnaken, Wintermücken und winzige Schwingfliegen; außerdem Langbeinfliegen und Dungfliegen. Wenn Sie zwei Fliegen in Ihrem Haus sehen, ist es sehr wahrscheinlich, dass es sich um zwei verschiedene Arten handelt. Zehn Fliegen in einem Haus entsprechen vermutlich *fünf* verschiedenen Arten. Die Gruppe mit der nächstgrößeren Artenvielfalt waren die Spinnen (Gewächshausspinnen, Wolfsspinnen, Zartspinnen, Springspinnen, giftsprühende Spinnen und viele weitere Arten). Danach folgten die Käfer, Ameisen, Wespen, Bienen und ihre Verwandten. Sogar bei den Tausendfüßern gab es mehrere Arten: Wir entdeckten Tausendfüßer aus fünf unterschiedlichen Familien. Auch Blattläuse kamen in den Häusern in Raleigh oft vor, zudem Wespen, die ihre Eier in Blattläusen ablegen, sowie Wespen, die ihre Eier in Wespen deponieren, die wiederum ihre Eier in Blattläuse einführen [11].[9] Es gab auch Wespen, die ihre Eier in Schaben platzieren, winzige Wespen, die zwar nicht stechen können, aber mit ihrem Legebohrer den Eibehälter einer Schabe anbohren und ihre Eier neben den Schabeneiern deponieren. Sobald die Larven der Schlupfwespen geschlüpft sind, fressen sie die Schabeneier auf. Vielfalt wahrnehmen, heißt, wie es Annie Dillard einmal ausdrückte, die sonderbaren Formen beobachten, die weiche Proteine annehmen können, und bei ihrer Betrachtung die ihnen eigene Wirklichkeit erkennen und begrüßen.

Vor unserer Studie hatten Insektenkundler angenommen, dass wir in Häusern nicht viele Arten finden würden. Als wir dann Tausende Arten fanden, sagten sie, dass alle nur hereingetrieben worden seien, weil Häuser wie riesige Lichtfallen wirkten und die draußen lebenden Insekten anlockten. Bei einem Vortrag eines Projektmitarbeiters sagte ein Kollege: „Was bedeutet es schon, dass diese Arten da sind, sie tun ja sowieso nichts." Akademiker können wahre Meister im passiv-aggressiven Nahkampf sein. Uns interessierte vor allem, welche Arten dauerhaft mit der Geschichte von Häusern verbunden sind. Dazu versuchten wir zunächst zu verstehen, welche der Tausenden Arten, die wir in Häusern gefunden hatten, dort nicht nur gelegentlich, sondern wochen-, monate- oder jahrelang lebten. Wir bemühten uns sehr, zu Vergleichszwecken Studien aus anderen Gegenden zu finden, aber erst nach längerer Suche fanden wir schließlich zwei interessante Arbeiten. Die erste Arbeit beschäftigte sich mit Hühnerställen in der

---

[9]Diese Art der Beziehung zwischen Wespen und Blattläusen wurde zuerst von Leeuwenhoek an einer Blattlaus in der Nähe seines Hauses in Delft beobachtet.

Ukraine und konzentrierte sich auf Spinnen und ihre Beutetiere. Von den sieben häufigsten Spinnenarten in ukrainischen Hühnerställen fanden sich mindestens vier auch in Häusern in Raleigh (bei der Studie konnte leider niemand zur Insektenbestimmung gefunden werden), was nahelegt, dass diese Arten weltweit in Innenräumen vorkommen. Die zweite Studie wurde unter der Leitung der Archäologin Eva Panagiotakopulu durchgeführt.

Eva Panagiotakopulu ist eine besondere Archäologin, die sich mit den Insekten in den Häusern unserer Vorfahren beschäftigt. Einige Menschen würden sich manchmal gerne in eine Fliege verwandeln, um das Privatleben ihrer Mitmenschen auszuspionieren, diese Archäologin und ihre Kollegen möchten dagegen nur in Erfahrung bringen, welche Fliegen in den Behausungen unserer Vorfahren lebten. Eva Panagiotakopulu hat Gliederfüßer in antiken Häusern Ägyptens, Griechenlands, Englands und Grönlands untersucht und dabei herausgefunden, welche Arten schon seit sehr langer Zeit mit uns leben und wie sie den Menschen über den ganzen Planeten gefolgt sind. In ihren Studien kann sie nicht alle Gliederfüßer in antiken Häusern untersuchen, sondern nur die Arten einiger weniger Familien, bei denen entweder die adulten Formen (z. B. bei Käfern) oder die Puppen (z. B. bei Fliegen) gut erhalten geblieben sind. Durch das Fenster, durch das sie einen Blick auf das antike Leben wirft, sieht sie nur einen kleinen Ausschnitt, kann aber dennoch gewaltige Distanzen und Zeiträume überbrücken.

Meist hängen die von Eva Panagiotakopulu und ihren Kollegen gefundenen Arten mit Nahrungsmitteln (Käfer, die sich von Getreide, Mehl oder Getreide- und Mehlpilzen ernähren), Abfällen (Mist- und Aaskäfer) oder anderen Schlupfwinkeln und Gewohnheiten des menschlichen Alltags zusammen. Beinahe alle der Dutzenden mit Getreide und Nahrungsmitteln assoziierten Gliederfüßerarten, die Eva Panagiotakopulu in antiken Behausungen fand (z. B. aus dem Jahr 1350 v. Chr. im ägyptischen Amarna), waren auch in Raleigh vorhanden, und für viele der mit Abfällen oder Körpern assoziierten Arten gilt dasselbe. Jede Art, die im Detail untersucht wurde, ist einzigartig, aber die Muster wiederholen sich. Arten aus der freien Natur besiedeln Häuser und finden dort Nahrungsressourcen. Dann werden sie von den Menschen unbeabsichtigt über deren Nahrungsmittel, Baumaterialien oder Körper in neue Gebiete transportiert. Beispiele dafür sind Arten von Stubenfliegen, Fruchtfliegen, Dörrobstmotten, einige Speckkäfer und sogar einige Schaben. In der Bibel wird erzählt, wie Noah Tiere wie Löwen und Tiger paarweise in seine Arche aufnahm; ganz ähnlich haben unsere Vorfahren bei ihren Wanderbewegungen vielerlei Insektenarten mit sich geführt. Die Insekten brauchten nicht lange, um uns auf die unterschiedlichen Kontinente zu folgen [12–15]. In einem Nebengebäude in Boston aus dem Jahr 1650 fand man eine Bowlingkugel, Porzellan, Schuhe und ganze 19 Käfer, die aus Europa mitgebracht worden waren [16].

Als wir die Ergebnisse unseres Projekts in Raleigh mit denen der Studie von Eva Panagiotakopulu verglichen, schätzten wir, dass in den Häusern in Raleigh (und an den meisten anderen Orten in Nordamerika) vermutlich zwischen 100 und 300 Gliederfüßerarten leben, die ursprünglich im Nahen Osten oder Afrika heimisch waren. Andere Arten in den Häusern in Raleigh stammen vielleicht aus den indianischen Behausungen vor der Ankunft der Siedler, z. B. einige Teppichkäferarten. Es gibt aber auch Arten, die sich über sehr ungewöhnliche Transportmittel und -wege verbreitet haben. Menschenflöhe entwickelten sich anscheinend zuerst auf Meerschweinchen, bevor sie mit den Menschen von den Anden zum Nahen Osten und nach Europa reisten (vielleicht über den Fellhandel) [17]. Hunderte Arten haben jedenfalls lange genug in Häusern gelebt, um mittlerweile optimal an die Bedingungen in Innenräumen angepasst zu sein, und die Entwicklung dieser Arten lässt sich sehr viel leichter nachvollziehen als z. B. die Geschichte der Demokratie, der Literatur oder der Sanitäranlagen.

Neben den Arten in Häusern, die sich auf Innenräume spezialisiert haben (und die in unterschiedlichen Gegenden und Zeitperioden aufgetreten sind), haben wir auch Hunderte Arten gefunden, deren eigentlicher Lebensraum draußen ist. Einige Arten aus der freien Natur werden hauptsächlich vom Nahrungsangebot in Häusern angezogen, z. B. die Diebsameise *Solenopsis molesta;* andere wie eine Art der Gattung *Myrmecophilus,* die kleinsten Heuschrecken der Welt, folgen den Arten, von denen sie abhängig sind. *Myrmecophilus*-Heuschrecken leben vergesellschaftet mit Ameisen, und manchmal leben die Ameisen eben in Häusern. Außerdem fand Matt Bertone in einem Haus mit Termitenbefall eine Larve der Perlen-Florfliege. Dies ist eine seltene Art, die in Termitennestern lebt, wo sie aus ihrem Anus ein giftiges Gas ausstößt [18],[10] um damit eine oder mehrere Termiten zu lähmen, bevor sie diese auffrisst. Die Absurdität der Natur übersteigt immer wieder unsere Vorstellungskraft. In Gebäuden finden sich aber auch Arten, die sich lediglich hineinverirrt haben, z. B. viele Blattlausarten oder die Wespen, die Eier in Blattläusen ablegen, oder die Wespen, die Eier in Wespen einführen, die wiederum ihre Eier in Blattläuse injizieren. Auch wenn Honigbienen, Hummeln und Solitärbienen meist nur versehentlich in Häuser kommen, erzählen sie dennoch etwas über die Gebäude und unsere

---

[10]Weitere Informationen zu diesem Thema finden Sie hier: Johnson und Hagen 1981 [18].

Lebensweise. An ihnen lässt sich die biologische Vielfalt in den Hinter-höfen messen, nicht nur in Bezug auf Insekten, sondern auch in Bezug auf Pflanzen und andere Arten, von denen sie abhängen; wenn solche Insekten in Häusern fehlen, deutet dies umgekehrt auf eine geringe biologische Viel-falt in den Hinterhöfen hin.

Bei einem Großteil der von uns gefundenen Gliederfüßerarten wissen wir weder, wovon sie sich ernähren, noch wo sie ursprünglich beheimatet waren, noch welche Arten am nächsten mit ihnen verwandt sind. Wenn Sie in Ihrer Küche einem solchen Lebewesen begegnen, können Sie Ähnliches erleben wie ich als 20-Jähriger in Costa Rica, als mich im Regenwald die Insekten unter jedem Blatt faszinierten. In Costa Rica können wir mit großer Sicher-heit davon ausgehen, dass die meisten Lebewesen unter einem Blatt selten bis gar nicht untersucht wurden und dass alle Beobachtungen ihrer Bio-logie neue wissenschaftliche Erkenntnisse sind. Mehr und mehr stellt sich heraus, dass für Arten in Gebäuden genau das Gleiche gilt – mit einem Unterschied: Wahrscheinlich haben Tausende von Wissenschaftlern und Millionen anderer Menschen die Art aus Ihrem Zuhause schon vor Ihnen gesehen, aber sie haben sie einfach nicht beachtet. Kürzlich wurden in einer Studie im städtischen Los Angeles 30 neue Buckelfliegenarten entdeckt [19]; als die Autoren der Studie ihre Arbeit später fortsetzten, fanden sie weitere 12 neue Arten in der Stadt [20]. Auf der anderen Seite Amerikas in New York wurden in letzter Zeit ebenfalls viele neue Arten gefunden, z. B. eine neue Art eines Leopardenfroschs (Rana kauffeldi), eine neue Bienenart (Lasioglossum gotham), ein Zwerg-Hundertfüßer (Nannarrup hoffmani) [21–23] und eine neue Fliegenart [24]. Diese Studien haben sich auf das Leben draußen konzentriert, bestätigen aber dennoch meine These, dass wir jeden Morgen inmitten von unerforschten Lebewesen aufwachen und gerade die sichtbaren Arten noch viele Geheimnisse bergen. Ich vermute, dass einige der Gliederfüßerarten, die wir bei unserer Studie gefunden haben, noch unbekannt sind, aber sicherheitshalber müssen sie alle genau bestimmt werden; nicht nur von Matt Bertone, sondern von einem Experten für die spezifische Insektengruppe, z. B. für Schmetterlingsmücken oder Steinläufer, und leider sind diese Experten rar gesät.

Eine meiner Haupterkenntnisse aus unserer Studie ist, dass wir allen Gliederfüßern, denen wir in unseren Häusern begegnen, Aufmerksam-keit schenken sollten. Statt anzunehmen, dass irgendjemand diese Art schon kennen werde, sollten Sie diese untersuchen, fotografieren, zeichnen. Greifen Sie zu einer Lupe und einem Notizbuch, und halten Sie fest, was Sie sehen. Wenn Sie interessante Beobachtungen machen, folgen Sie Leeuwenhoeks Beispiel, und versuchen Sie, mit den Ihnen zur Verfügung stehenden Mitteln herauszufinden, welche Art es sein könnte und wie sie sich verhält. Anschließend können Sie Ihre Beobachtungen einem Wissenschaftler mitteilen. Nie standen uns bessere Hilfsmittel zum Bestimmen von Arten in unserem Zuhause zur Verfügung als heute, und nie war es einfacher, Beobachtungen mit Wissenschaftlern zu teilen. Antoni van Leeuwenhoek war ganz auf sich allein gestellt und entdeckte beinahe täglich neue Arten und Phänomene; stellen Sie sich vor, was wir gemeinsam alles erreichen könnten. Selbst die einfachsten Dinge sind noch unbekannt, z. B. welche Arten von welchen anderen Arten in Gebäuden gefressen werden. Notieren Sie, was die Spinne in Ihrer Zimmerecke fängt, oder fangen Sie einen Gliederfüßer, halten Sie ihn im Terrarium und beobachten Sie, was er frisst oder wie er sich paart (auf diese Weise gelang es der Autorin Sue Hubbell, die zuvor unbekannte Fortpflanzung von Weberknechten zu dokumentieren). Ich glaube immer mehr, dass neue Entdeckungen in Bezug auf Tiere vor allem in Gebäuden möglich sind. Aber selbst jetzt – nach all unserer Arbeit und all den neuen Entdeckungen in Gebäuden – bemerkte Michelle Trautwein mir gegenüber einmal: „Aber bist Du sicher, dass neue Erkenntnisse nicht überall gemacht werden könnten, nur dass wir eben zufällig Häuser untersuchen?" Natürlich kann ich es nicht mit Sicherheit sagen, aber vielleicht ist gerade das der springende Punkt: Wir wissen so wenig über die Tiere in unserer Umgebung, dass die größten Entdeckungen eventuell genau da möglich wären, wo wir jeden Morgen aufwachen.

Viele Insektenkundler hatten die Vorstellung, dass unsere Häuser nur wenige Insektenarten beherbergen würden und dass die meisten davon Schädlinge seien, aber die von uns untersuchten Gebäude enthielten nur selten wirklich problematische Arten wie Stubenfliegen, die fäkal-oral Pathogene übertragen, oder allergieauslösende deutsche Küchenschaben oder häuserzersetzende Termiten und Bettwanzen, deren Stiche uns jucken. Die Räume, die wir betraten, bargen stattdessen genauso viele Geheimnisse für uns wie die Drei-Brüder-Höhle für die Bégouën-Brüder. Sie enthielten eine große Vielfalt winziger Tiere, die in ihrer Schönheit und Erhabenheit die Naturgeschichte des Tierreichs widerspiegeln.

Ja, für mich sind unsere kleinen Mitbewohner ästhetisch. Natürlich müssen Sie meine Empfindung nicht teilen – und warum sollten Sie, wo diese Arten doch für viele Erwachsene lästig oder sogar abstoßend sind? Dies erinnert mich an einen Aufsatz des Naturgeschichtlers und Schlangenforschers Harry Greene [25], in dem er sich mit einer ähnlichen Fragestellung in Bezug auf Schlangen beschäftigte. Greene bezog sich auf den Philosophen Immanuel Kant [26], der zwischen zwei ästhetischen

Werten in der Natur unterschied (egal ob in Bezug auf Schlangen, Spinnen oder anderes): dem Schönen und dem Erhabenen. Das Schöne können wir erleben, wenn wir die Farben eines Feuerkäfers betrachten, den Gesang einer Meise hören oder das Auftauchen eines Wals aus dem Wasser beobachten. Das Erleben des Schönen wird von unseren Sinnen und unserer Kultur, nicht aber unserem Intellekt beeinflusst. Vor Kurzem betrachtete ich unter dem Mikroskop die Schuppen auf dem Flügel einer Dörrobstmotte und erfreute mich an ihrer Schönheit, so wie ich auch das Netz einer Gewächshausspinne über meiner Eingangstür und den Fühler einer Stechmücke als schön empfinde. Das Erhabene ist jedoch etwas anderes: Es ist eine ästhetische Würdigung, die über die Wahrnehmung eines einzelnen Insekts oder Vogels hinausreicht und die Beobachtungen in einen größeren Zusammenhang stellt. Die Sternkonstellationen am Himmel empfinden wir als visuell ansprechend und schön, aber ihre Erhabenheit resultiert daraus, dass wir uns der unermesslichen Weite des Universums bewusst sind und wissen, dass jeder schwach funkelnde Stern ein mit der Sonne vergleichbarer Himmelskörper ist. Die Schönheit der Höhle beeindruckte die drei Bégouën-Brüder in Frankreich unmittelbar, aber es war das Erhabene – die Verbindung mit Künstlern aus der Frühgeschichte der Menschheit –, die die Brüder, insbesondere Louis, dazu brachte, einen Großteil ihres restlichen Lebens der Erforschung der Höhle zu widmen. Ganz ähnlich geht es mir mit dem Flügel einer Dörrobstmotte: Sie spricht meinen Sinn für das Schöne unmittelbar an, aber die Vorstellung, dass ihre Artgenossen einst auf den Schiffen von Kolumbus mitreisten, dass diese schon im alten Rom in Getreidespeichern herumflatterten und auch im alten Ägypten existierten, weckt in mir ein Gefühl der Erhabenheit. Das Gleiche empfinde ich beim Gedanken, dass solche Geschichten für jede Art in unseren Häusern entdeckt und erzählt werden könnten und dass dies noch nicht geschehen ist. Seit ich als 20-Jähriger den verschlungenen Pfaden im Regenwald von Costa Rica folgte, erfüllte mich die riesige Menge des noch Unbekannten und Unerforschten mit ebenso viel Staunen wie das Wissen um die Größe des Universums. Für mich ist das Schöne und das Erhabene der Gliederfüßerarten in unseren Häusern und anderswo Grund genug, mich für sie zu begeistern, sie zu beobachten und mich in manchen Fällen sogar für ihren Erhalt einzusetzen. Sie mögen immer noch anderer Meinung sein und fragen sich vielleicht, welchen Nutzen dieses Leben eigentlich für Sie hat, und mit dieser Frage stehen Sie bestimmt nicht alleine da.

Literatur

1. Luther M (2017) Lutherbibel. Deutsche Bibelgesellschaft, Stuttgart
2. Romero A (2009) Cave biology: life in darkness. Cambridge University Press, Cambridge
3. Hubbell S (1994) Broadsides from the other orders. Random House, New York
4. Sato T, Arizono M, Sone R, Harada Y (2008) Parasite-mediated allochthonous input: do hairworms enhance subsidized predation of stream salmonids on crickets? Can J Zool 86(3):231–235
5. Saito Y, Inoue I, Hayashi F, Itagaki H (1987) A Hairworm, *Gordius* sp., Vomited by a Domestic Cat. *Nihon Juigaku Zasshi* 49(6):1035–1037
6. Hubbell TH (1936) A monographic revision of the genus *Ceuthophilus* (Orthoptera Gryllacrididae, Rhaphidophorinae). Publications in Biology, University of Florida, Gainesville
7. Epps MJ, Menninger HL, LaSala N, Dunn RR (2014) Too big to be noticed: cryptic invasion of Asian camel crickets in North American houses. PeerJ 2(1):e523
8. Jonsell B (1984) Daniel Solander – the perfect linnaean; his years in Sweden and relations with Linnaeus. Arch Nat Hist 11(3):443–450
9. Clayton D, Price R, Page R (1996) Revision of *Dennyus* (*Collodennyus*) lice (Phthiraptera: Menoponidae) from swiftlets, with descriptions of new taxa and a comparison of host-parasite relationships. Syst Entomol 21(3):179–204
10. Madden AA, Barberán A, Bertone MA, Menninger HL, Dunn RR, Fierer N (2016) The diversity of arthropods in homes across the United States as determined by environmental DNA analyses. Mol Ecol 25(24):6214–6224
11. Egerton FN (2006) A history of the ecological sciences, part 19: Leeuwenhoek's microscopic natural history. Bull Ecol Soc Am 87:47–58
12. Panagiotakopulu E (2001) New records for ancient pests: archaeoentomology in Egypt. J Archaeol Sci 28(11):1235–1246
13. Panagiotakopulu E (2014) Hitchhiking across the North Atlantic – insect immigrants, origins, introductions and extinctions. Quat Int 341:59–68
14. Panagiotakopulu E, Buckland PC, Kemp BJ (2010) Underneath Ranefer's floors – urban environments on the desert edge. J Archaeol Sci 37(3):474–481
15. Panagiotakopulu E, Buckland PC (2018) Early invaders: farmers, the granary weevil and other uninvited guests in the Neolithic. Biol Invasions 20(1):219–233
16. Bain A (1998) A seventeenth-century beetle fauna from colonial Boston. Hist Archaeol 32(3):38–48
17. Panagiotakopulu E (2004) Pharaonic Egypt and the origins of plague. J Biogeogr 31(2):269–275
18. Johnson JB, Hagen KS (1981) A neuropterous larva uses an allomone to attack termites. Nature 289(5797):506

19. Hartop EA, Brown BV, Henry R, Disney L (2015) Opportunity in our ignorance: urban biodiversity study reveals 30 new species and one new Nearctic record for *Megaselia* (Diptera: Phoridae) in Los Angeles (California, USA). Zootaxa 3941(4):451–484

20. Hartop EA, Brown BV, Henry R, Disney L (2016) Flies from LA, the sequel: a further twelve new species of *Megaselia* (Diptera: Phoridae) from the bioSCAN project in Los Angeles (California, USA). *Biodivers Data J* 4

21. Feinberg JA, Newman CE, Watkins-Colwell GJ, Schlesinger MD, Zarate B, Curry BR, Shaffer HB, Burger J (2014) Cryptic diversity in metropolis: confirmation of a new leopard frog species (Anura: Ranidae) from New York City and surrounding Atlantic coast regions. PLoS ONE 9(10):e108213

22. Gibbs J (2011) Revision of the metallic *Lasioglossum* (Dialictus) of Eastern North America (Hymenoptera: Halictidae: Halictini). Zootaxa 3073:1–216

23. Foddai D, Bonato L, Pereira LA, Minelli A (2003) Phylogeny and systematics of the Arrupinae (Chilopoda Geophilomorpha Mecistocephalidae) with the description of a new dwarfed species. J Nat Hist 37:1247–1267

24. Ang Y, Rajaratnam G, Su KFY, Meier R (2017) Hidden in the urban parks of New York City: *Themira lohmanus,* a new species of sepsidae described based on morphology, DNA sequences, mating behavior, and reproductive isolation (Sepsidae, Diptera). ZooKeys 698:95

25. Greene HW (2013) Tracks and shadows: field biology as art. University of California Press, Berkeley

26. Kant I (1790) Kritik der Urteilskraft. In: Weischedel W (Hrsg) (1974) Kritik der Urteilskraft. Suhrkamp, Berlin

8

Wofür sind Höhlenschrecken eigentlich gut?

Keine Angst, ihr Spinnen
   ich fege
   nur gelegentlich
   (Kobayashi Issa) [1].

Als meine Kollegen, Labormitarbeiter und ich anfingen, wissenschaftliche Arbeiten über Höhlenschrecken und andere Gliederfüßerarten in Häusern zu veröffentlichen, hatten wir große Erwartungen. Wir hatten so viele Arten gefunden, dass die neuen Entdeckungen Hunderte Studenten über Jahrzehnte beschäftigen würden – so stellten wir es uns vor. In unserem Enthusiasmus erwarteten wir, dass unsere wissenschaftlichen Artikel ein breites Echo in der Öffentlichkeit auslösen und Tausende von achtjährigen Mädchen und Jungen sich aufmachen würden, um bisher unerforschte Lebewesen in ihren Häusern zu untersuchen. Teilweise passierte dies auch, und ich hoffe sehr, dass sich diese Entwicklung fortsetzt. Ein Schwerpunkt meines Labors ist derzeit, Kinder und Familien zur Erforschung der sie umgebenden Arten zu ermutigen. Aber nicht alle Menschen reagierten mit Enthusiasmus auf unsere Entdeckungen, einige fragten uns auch: „Nun, wie kann ich diese Insekten wieder loswerden?" oder noch öfter: „Wofür sind sie eigentlich gut?"

Für Ökologen ist diese Frage ehrlich gesagt irritierend und lästig wie eine Schmeißfliege, denn aus der Perspektive eines Ökologen ist keine Art gut oder schlecht, sondern alle Arten sind gleichwertig, sie existieren einfach. Außer in unserer Vorstellung und Gedankenwelt hat ein Blauwal keinen höheren Wert als der im Blauwal lebende Bandwurm oder das Bakterium im

© Springer-Verlag GmbH Deutschland, ein Teil von Springer Nature 2021
R. Dunn, *Nie allein zu Haus*, https://doi.org/10.1007/978-3-662-61586-7_8

Bandwurm oder das Virus im Bakterium. Sie sind einfach da, weil sich die Evolution so entwickelt hat. Dasselbe gilt für die Filzlaus oder die Dasselfliege, eine Art, deren Larve im menschlichen Unterhautgewebe lebt und die durch zwei schnorchelartige Öffnungen atmet. All diese Arten sind weder gut noch schlecht; sie sind einfach da.

Man kann diese Frage aber trotzdem so umformulieren, dass sie aus ökologischer Sicht interessant wird, indem man z. B. fragt: „Welchen Nutzen kann eine bestimmte Art für die menschliche Gesellschaft haben, und wie können die Ökologie und die Evolutionsbiologie dazu beitragen, dies herauszufinden?" Dies ist eine subtile (wenn auch etwas wortreiche) Änderung der Fragestellung, die es Wissenschaftlern ermöglicht, über dieses Thema nachzudenken. Tatsächlich haben sich schon viele Arten aus Häusern als nützlich für uns erwiesen.

Ich habe bereits über den direkten gesundheitlichen Wert bestimmter Arten in unseren Häusern gesprochen, aber viele nützen uns auch indirekt, weil bestimmte wirtschaftliche Branchen von ihnen profitieren. Mehlmotten *(Ephestia kuehniella)*, die oft massenhaft in Küchen und Bäckereien auftreten, werden z. B. von einem Pathogen mit dem Namen *Bacillus thuringiensis* befallen. Dieses Pathogen wurde zuerst bei Mehlmotten in Deutschland (genauer in Thüringen) gefunden, und später stellte sich heraus, dass es zur biologischen Schädlingsbekämpfung eingesetzt werden kann, indem Pflanzenkulturen mit lebenden Bakterien eingesprüht werden. Dann wurde entdeckt, dass die Gene aus *Bacillus thuringiensis* in die Genome von Mais, Baumwolle und Sojabohnen eingeschleust werden können. Transgene Sorten dieser Kulturpflanzen produzieren jetzt ihre eigenen Pestizide. Wir haben also von der Mehlmotte profitiert, weil sie der Wirt für ein Bakterium war, dessen Gene eine milliardenschwere landwirtschaftliche Innovation ermöglicht haben.

In Häusern finden sich Dutzende Arten des *Penicillium*-Pilzes, und in einer dieser Arten wurden die ersten Antibiotika gefunden, mit deren Hilfe seither viele Millionen Menschenleben gerettet wurden. Eine andere *Penicillium*-Art ermöglichte die Entwicklung des ersten cholesterinsenkenden Medikaments (eines Statins). Zu den Arten in Häusern, die von diesem Habitat enorm profitiert haben und sich darin massenhaft vermehrt haben, gehören sowohl Hausmäuse als auch Wanderratten. Neben Fruchtfliegen verwenden wir vor allem diese Nagetiere, um die Funktionsweise des menschlichen Körpers und die Wirkung von Medikamenten auf Menschen zu verstehen. Diese Arten nützen uns also, weil sie es uns ermöglichen, auf medizinische Versuche direkt am Menschen zu verzichten und dennoch neue Erkenntnisse zu gewinnen.

Es lassen sich viele weitere Beispiele aufführen, aber beim Nachdenken über dieses Thema realisierte ich, dass ich nicht einfach nur alle Arten auflisten, sondern stattdessen anfangen wollte, den Nutzen verschiedener in Häusern lebender Arten systematisch zu untersuchen. Als Erstes wollte ich die Biologie der eingewanderten Höhlenschreckenarten, die wir in Kellern gefunden hatten, genauer betrachten, um abzuschätzen, welchen potenziellen Nutzen diese Tiere für uns haben könnten.

Höhlenschrecken und andere Kellerbewohner wie Silberfischchen sind optimal an ein Leben in Höhlen angepasst, und daran hat auch ihr Einzug in Häuser nichts geändert. Sie können sich von organischen Substanzen ernähren, die für andere Arten nicht verwertbar sind. Von Silberfischchen in Kellern ist z. B. bekannt, dass sie sich von pflanzlichem Gewebe, Sandkörnern, Pollen, Bakterien, Pilzsporen, Tierhaaren, Haut, Papier, Viskose und Baumwollfasern ernähren – einem Sammelsurium der Reste unserer Zivilisation. Der Speisezettel der in Kellern lebenden Höhlenschrecken sieht vermutlich ähnlich aus [2].[1] Solche Nahrungsressourcen enthalten nicht nur relativ wenig Stickstoff und Phosphor – eine solche Situation ist auch aus etlichen anderen Ökosystemen bekannt –, sondern auch wenig leicht verdaulichen Kohlenstoff. In den meisten Ökosystemen binden Pflanzen und fotosynthetische Mikroben Kohlenstoff aus der Luft, der dann die Grundlage für die Nahrungskette bildet. Da in Höhlen und Kellern kein Licht vorhanden ist und daher wenig Kohlenstoff aus der Luft gebunden werden kann, fehlt diese Substanz dort weitgehend (außer wenn Fledermäuse und ihre Ausscheidungen vorhanden sind, was in Höhlen manchmal vorkommt, im Keller Ihres Hauses aber hoffentlich nicht). Aufgrund des Mangels an leicht verdaulichen Kohlenstoffen und anderen Nährstoffen haben Höhlentiere Körper entwickelt, die wenig Nahrung benötigen. Viele Tiere in Höhlen haben keine Augen und kein Pigment (bei beidem ist die Ausbildung sehr energieaufwendig) und nur leichte poröse Knochen bzw. knochenlose dünne Außenskelette. Als ich über den potenziellen Nutzen von Höhlenschrecken nachdachte, kam mir eine Idee: Konnte es nicht sein, dass Höhlentiere wie die Höhlenschrecke oder das Silberfischchen neben den Eigenschaften, die ihnen fehlten, auch Eigenschaften hatten, in denen sie anderen Tieren etwas voraushatten, insbesondere in Bezug auf ihre

---

[1]Eine weitere Eigenschaft der Höhlenorganismen ist ihre Fähigkeit, lange Zeit ohne Nahrung auszukommen. Ein Ethnograph stellte fest, dass Silberfischchen (eine *Lepisma*-Art, die auch in Raleigh häufig ist) massenhaft in Zulu-Häusern vorkommen. Interessehalber fing er eines davon mit einem Weinglas ein, und das Tierchen überlebte mindestens drei Monate, obwohl seine einzige Nahrung der Staub auf dem Boden unter dem Glas war. Siehe: Grout 1860 [2].

exzellente Nahrungsverwertung? Vielleicht wurden sie beim Abbauen von Nahrungssubstanzen, die ihre eigenen Verdauungsenzyme überforderten, von speziellen Darmbakterien unterstützt.

Wenn sich diese Annahme bewahrheitete, könnten wir diese nützlichen Bakterien möglicherweise industriell einsetzen; wir könnten sie im Höhlenschreckendarm aufspüren, erforschen, wie sie im Labor kultiviert werden können, und Unternehmen könnten sie dann verwenden, um schwer abbaubaren Müll wie Plastik zu zersetzen oder beim Abbau von Müll sogar Energie zu gewinnen. Meine Annahme war spekulativ, aber das schreckte mich nicht, schließlich habe ich eine Professur mit Festanstellung.

Um die Idee zu prüfen, mussten wir eine Erhebung über die Bakterien von Kellerinsekten durchführen. Bei einer solchen Studie kann man grundsätzlich zwischen drei Gruppen von Bakterien unterscheiden. Manche der Bakterien im Darm oder auf den Außenskeletten von Insekten sind zufällig da und haben keinerlei Nutzen für das Insekt, auch wenn sich die Bakterien auf dem Insekt ansiedeln und es überallhin begleiten. Wenn eine Stubenfliege auf einer beliebigen Oberfläche landet, bleiben unvermeidlich Bakterien auf ihren klebrigen Beinhaaren haften, und auch bei der Nahrungsaufnahme gelangen Bakterien in ihren Darm. Diese zufälligen Passagiere werden dann überall dorthin gebracht, wo die Fliege landet, wo sie ihre Füße abstellt, wo sie ihre Ausscheidungen hinterlässt oder ihre Nahrung erbricht [3, 4]. Diese Bakterienarten außen auf dem Körper der Stubenfliege, die sich einfach nur herumtragen lassen, wollten wir außer Acht lassen.

Eine zweite Gruppe von spezialisierten insektenabhängigen Bakterien ist schon so lange und eng mit Insekten vergesellschaftet, dass sie ohne ihre Insektenpartner nicht mehr leben kann.[2] Ihre Genome sind auf die Gene reduziert, die für ihre Insektenpartner am wichtigsten sind, beinahe so, als wären die Mikroben Teil des Insekts geworden. *Camponotus*-Ameisen brauchen z. B. *Blochmannia*-Bakterien für die Produktion von Vitaminen, die in ihrer Nahrung fehlen [5–8]. Aber auch wenn die Bakterien in den Zellen von Insekten wie Rüsselkäfern, Fliegen oder Ameisen durchaus faszinierend sind, ist es beinahe unmöglich, sie zu kultivieren und weiter zu verarbeiten, sodass sie industriell nicht nutzbar sind.

Wir wollten uns vor allem mit einer dritten Bakteriengruppe beschäftigen, nämlich den Bakterien, die manchmal ihr gesamtes Leben

---

[2]Evolutionsbiologen nennen dies „primäre Endosymbiose" im Unterschied zur sekundären Endosymbiose, bei der Bakterien (die Symbionten) erst später aufgenommen werden.

mit den Insekten verbringen, aber dennoch allein lebensfähig sind (z. B. in Petrischalen in unserem Labor oder in industriellen Tanks). In dieser Gruppe wollten wir uns auf die Arten konzentrieren, die eigenständig schwer abbaubare Kohlenstoffverbindungen zersetzen können, denn wir nahmen an, dass diese möglicherweise in Insekten häufig vorkommen, aber ansonsten so selten sind, dass andere Forscher sie übersehen haben könnten. Sie sollten zudem weder zu häufig, noch zu selten vorkommen.

Wir nahmen uns vor, die Bakterien aus dem Darm von Höhlenschrecken auf schwer abbaubaren Verbindungen zu kultivieren. Wir Menschen produzieren viele industrielle Verbindungen, die sich nur schwer zersetzen lassen, und in manchen Fällen (z. B. bei Plastik) sogar mit Absicht. Wenn wir solche Produkte wegwerfen, ist dies problematisch, was sich auch an den ausgedehnten Plastikmüllteppichen erkennen lässt, die mittlerweile auf unseren Ozeanen treiben. In anderen Fällen sind die langlebigen Substanzen einfach industrielle Abfallprodukte. Wenn Höhlenschrecken uns bei der Zersetzung solcher Schadstoffe hälfen, hätten sie zweifellos einen großen Nutzen für uns.

Da ich nur in der theoretischen Ökologie und Evolutionsbiologie aus-gebildet bin, wollte ich eine Kollegin aus der angewandten Ökologie um Rat bitten, wie ich dieses neue Projekt am besten beginnen könnte. So schrieb ich eine E-Mail an Amy Grunden, die in einem Nebengebäude meines Labors in der Abteilung für Pflanzen- und Mikrobenbiologie arbeitet. Amy Grunden konzentriert sich bei ihrer Arbeit auf den Einsatz von in der Natur lebenden Mikroben für industrielle Zwecke. Sie hat sich z. B. mit der industriellen Anwendung von Mikroben aus Tiefseequellen beschäftigt, die Schadstoffe aus Pestiziden und chemischen Kampfstoffen unschädlich machen können [9]. Als ich sie fragte, ob sie Ideen für unser Experiment hätte, sagte Amy Grunden: „Klar, warum probierst Du nicht aus, ob die Bakterien der Höhlenschrecken Schwarzlauge abbauen können?" In einem unbeobachteten Moment googelte ich daher den Begriff „Schwarzlauge".

Bei Schwarzlauge handelt es sich um ein schwarzes, flüssiges, giftiges Abfallprodukt der Papierindustrie, das übrigbleibt, wenn man Bäume in das weiße Papier verwandelt, das Sie in Ihren Drucker einlegen können. Die Schwarzlauge enthält neben Lignin, einer chaotischen Kohlenstoff-verbindung, die dem Holz seine Festigkeit gibt (und z. B. verhindert, dass Ihr Haus sofort nach Fertigstellung zu verfaulen beginnt), auch eine Mischung seifiger Flüssigkeiten und Lösungen. Aufgrund dieser seifigen Flüssigkeiten und Lösungen ist Schwarzlauge sehr alkalisch (mit einem pH-Wert von etwa 12). Da die Schwarzlauge giftig und ihre Entsorgung in die Umwelt in den Vereinigten Staaten nicht erlaubt ist, wird sie von den Papierfabriken verbrannt, wobei der für diese Fabriken typische Geruch nach faulen Eiern entsteht. Wie von Amy Grunden vorgeschlagen, suchten wir also nach Bakterien, die Schwarzlauge abbauen können. Stephanie Mathews, damals eine graduierte Studentin in Amy Grundens Labor (später eine Postdoktorandin, die mit beiden von uns zusammenarbeitete, und jetzt Assistenzprofessorin an der Campbell University), untersuchte einige Proben der Höhlenschrecken und der Larven einer Dornspeckkäferart *(Dermestes maculatus)*, die sich von Aas ernähren, aber bekanntermaßen auch schwer verdauliche Nahrung zersetzen können. Für dieses Projekt sollte Stephanie Mathews mit Mary Jane Epps zusammenarbeiten, denn diese kannte sich mit Insekten aus und Stephanie Mathews mit Bakterien. Perfekte Voraussetzungen – bis auf einige biologische Gegebenheiten.

Amy Grunden hatte zu Beginn unseres Unternehmens nicht erwähnt, wie unwahrscheinlich es war, Bakterien zu finden, die das Lignin in Schwarzlauge zersetzen können. Nur für sechs der 10 Mio. bekannten Bakterienarten war bisher nachgewiesen worden, dass sie Lignin abbauen.

Die sogenannten Weißfäulepilze können Lignin in weniger komplexe Kohlenstoffverbindungen umwandeln, die leichter verarbeitbar sind. Der Zerfall von Holz in den Wäldern wird von diesen Pilzen bewerkstelligt; ohne sie würden sich alte Bäume niemals zersetzen. Aber während Weißfäulepilze in der Natur extrem nützlich sind, ist ihre industrielle Verwendung schwierig. Sie bilden Fruchtkörper und Hyphengeflechte, wachsen sehr langsam *und* ihre Handhabung ist sehr kompliziert, sodass alle Versuche, sie zum Abbau von Lignin einzusetzen – ob für die Energieerzeugung oder für den Abbau von Abfällen wie Schwarzlauge – aufgegeben wurden. Der Umgang mit Bakterien ist zwar grundsätzlich einfacher, aber alle sechs Bakterienarten, die Lignin zersetzen können, haben sich aus verschiedenen Gründen ebenfalls als problematisch erwiesen. Außerdem hatte niemand (außer Stephanie Mathews in ihrer Abschlussarbeit)[3] bisher eine Bakterien- oder Pilzart gefunden, die das Lignin in Schwarzlauge abbauen kann.

Als sich Stephanie Mathews und Mary Jane Epps an die Arbeit machten, hoffte ich auf eine bahnbrechende Entdeckung. Hätte ich ein wenig mehr nachgedacht, wäre mir klar geworden, dass die Chancen auf Erfolg nicht besonders gut standen. Da ich dies jedoch versäumte, realisierten weder ich noch Mary Jane Epps, wie gering unsere Erfolgsaussichten waren, und auch

---

[3]Es handelte sich um die Art *Paenibacillus glucanolyticus* SLM1. Stephanie Mathews und Amy Grunden isolierten diese Art aus alten, nicht mehr verwendeten Flüssigkeitsspeichertanks, die in der Demonstrations-Papierfabrikanlage der North Carolina State University standen. Ja, die Universität verfügt über eine eigene Papierfabrikanlage zu Demonstrationszwecken.

Stephanie Mathews ist von Natur aus optimistisch, sodass wir einfach unser Glück versuchten.

Stephanie Mathews arbeitet schnell, und schon nach einigen Monaten präsentierte sie uns ihre Ergebnisse. Sie hatte die Bakterien aus den Verdauungstrakten der Insekten auf verschiedenen Verbindungen kultiviert und mischte außerdem in Petrischalen, wie sie auch im High-School-Unterricht für naturwissenschaftliche Fächer verwendet werden, die Hauptnahrung der Bakterien mit Agar. Die erste Gruppe der Schalen enthielt Zellulose, die zweite Lignin ohne Zellulose, und die weiteren Schalen enthielten andere mikrobielle Nahrung. Jede Schale war mit einem Tropfen, einem Aliquot, einer Flüssigkeit aus zerkleinerten Höhlenschrecken bzw. Dornspeckkäfern geimpft worden.

Der Versuch ergab, dass sich in den Petrischalen mit Zellulose als Nahrungsquelle viele der Bakterienarten vermehren ließen, d. h., sie konnten Zellulose abbauen. Zellulose ist ein wichtiger Bestandteil von Papier, Gipskarton und Getreidehalmen; sie ist sowohl ein Abfallstoff als auch ein wichtiger Ausgangsstoff für Biokraftstoffe. Dass die Bakterien Zellulose abbauen können, bedeutet, dass sie möglicherweise auch bei der Umwandlung von Zellulose aus Abfallprodukten in Biokraftstoffe und bei der Energieerzeugung aus Produkten wie Maiskolben und Toilettenpapier nützlich sein könnten. Auch andere Organismen sind dazu in der Lage, und manche werden schon jetzt industriell genutzt, aber die von uns gefundenen Bakterien waren eventuell schneller oder wirkungsvoller als die aktuell verwendeten. Wir freuten uns über dieses nicht ganz unerwartete positive Ergebnis.

Aufgrund der Biologie der Höhlenschrecken in Häusern[4] vermutete ich, dass zumindest einige der Bakterienarten in ihrem Darm auch Lignin zersetzen könnten. Zu jenem Zeitpunkt war mir noch nicht bewusst, wie viele Versuche, ligninabbauende Bakterien zu finden, schon gescheitert waren. Diejenigen, die die Geschichte ignorieren, sind häufig dazu verurteilt, sie zu wiederholen. Es war also ziemlich unwahrscheinlich, dass wir solche Bakterien finden würden. Und doch überlebten einer der Bakterienstämme aus den Höhlenschrecken und fünf Stämme (von zwei Bakterienarten) aus den Dornspeckkäfern mit nichts außer Lignin als Nahrung. Erst sehr viel später wurde ich mir der Tragweite dieser Entdeckung bewusst. In einer einzigen Höhlenschrecke und einem einzigen Dornspeckkäfer hatten

---

[4]und aufgrund eines tiefen Vertrauens in die Fähigkeiten der Natur, insbesondere der bakteriellen Natur, Probleme lösen zu können,

wir mehrere Bakterien gefunden, die Lignin – die vielleicht häufigste biologische Verbindung weltweit – abbauen können, sodass sich die Anzahl der bekannten Stämme mit dieser Fähigkeit beinahe verdoppelte und die Anzahl solcher Arten um 30 % erhöhte. Mindestens zwei dieser Bakterienarten, darunter auch eine, die mit *Cedecea lapagei* verwandt ist und mit der wir uns noch näher beschäftigen würden, waren zuvor offenbar unbekannt. Lassen Sie es mich noch einmal zusammenfassen: In Kellern in ganz Nordamerika fanden wir eine vorher nicht beachtete, große, eingewanderte Höhlenschreckenart, und in dieser Höhlenschrecke fanden wir neue Bakterienarten, die Lignin abbauen können.

Stephanie Mathews versuchte auch, Bakterien zu kultivieren, die sie mit Lignin in einer alkalischen Flüssigkeit ernährte. (Dies könnte man damit vergleichen, dass Sie als Abendessen Holzspäne in einer Laugensuppe vorgesetzt bekämen; ein solches Mahl wäre nicht nur ungenießbar, vermutlich würde sich anschließend auch Ihre Haut ablösen.) Die Flüssigkeit war so alkalisch, dass die meisten Bakterien darin zersetzt wurden. Es schien extrem unwahrscheinlich, dass etwas in der Flüssigkeit überleben oder sich sogar vermehren würde, doch genau dies geschah. Stephanie Mathews fand Arten, die auch unter solch lebensfeindlichen Bedingungen kultiviert werden konnten. Uns war schon beim ersten Versuch das scheinbar Unmögliche geglückt, was großartig war. Tatsächlich waren alle von uns gefundenen Arten, die Lignin abbauen konnten, darunter *Cedecea lapagei,* in der Lage, dies auch in einem Basenbad zu tun. *Cedecea lapagei* konnte das Lignin und die Zellulose in Schwarzlauge zersetzen und sich auf diesem Abfallstoff vermehren, der dann zur Energieerzeugung genutzt werden konnte.

Durch neue Erkenntnisse über die Biologie der Höhlenschrecke waren wir auf Bakterien gestoßen, die vermutlich in der Lage sind, Industrieabfälle in Energie umzuwandeln. Auch beim Dornspeckkäfer war es extrem unwahrscheinlich gewesen, auch nur eine neue Art zu finden, die Schwarzlauge zersetzen konnte – die Chancen standen vielleicht 1 zu 100.000, wenn nicht 1 zu 1.000.000 – und die Wahrscheinlichkeit, gleich drei Arten mit diesen Fähigkeiten zu entdecken, war noch geringer. Auch wenn solche Rechenspiele nahelegen, dass wir einfach nur das nötige Quäntchen Glück gehabt hatten, war es vor allem unser Wissen über die grundlegende Biologie der Höhlenschrecke, das uns gleich bei der richtigen Art nach nützlichen Bakterien suchen ließ. Außerdem profitierten wir von unserem Wissen über die Naturgeschichte und Ökologie allgemein sowie über die Evolutionstendenzen von Höhlentieren.

Amy Grunden, Stephanie Mathews und ich forschen weiter, um herauszufinden, wie man diese Bakterien in großer Menge für die industrielle

Nutzung kultivieren kann. In Zusammenarbeit mit anderen Kollegen haben wir die Verbindungen isoliert, die eine dieser Bakterien, *Cedecea,* aus ihren Zellen abscheidet, um das Lignin zu zersetzen. Wir haben sogar die Gene ermittelt, mit denen das Bakterium diese Enzyme produziert. Nun sind wir dabei, diese Gene in Bakterien einzubauen, die oft im Labor verwendet werden, damit diese kontrolliert große Mengen Lignin abbauen (haben aber noch viel Arbeit vor uns). Informieren Sie sich weiter über dieses Projekt, es ist extrem vielversprechend. Die Frage, welchen Nutzen die in unseren Häusern lebenden Arten für uns haben, kann also erst beantwortet werden, wenn wir die Arten zu untersuchen beginnen.

Nach der Entdeckung der ligninabbauenden Bakterien im Darm von Höhlenschrecken und Dornspeckkäfern wussten wir schon ziemlich gut, wie uns Höhlenschrecken nützlich werden können. Das heißt natürlich nicht, dass die einzelne Höhlenschrecke und der einzelne Dornspeckkäfer in einem Keller jetzt wertvoller sind als vorher. Vielmehr hat die Art an sich einen potenziellen Nutzen für unsere Gesellschaft, allerdings nur, wenn sie nicht ausstirbt und wir uns die Mühe machen, sie zu untersuchen. Bei Vorträgen über unsere Arbeit kam immer wieder die Frage auf, ob wir unter den Tausenden Gliederfüßern in Häusern nicht zufällig genau die zwei herausgesucht hatten, von denen die Menschheit profitieren kann; ob wir also nicht einfach die leichtesten Objekte ausgewählt hatten. Um diese Frage sicher beantworten zu können, mussten wir weitere Gliederfüßer untersuchen, sodass wir beschlossen, die besser erforschten Arten in Häusern und ihre potenziellen Verwendungszwecke systematisch zu analysieren.

Am naheliegendsten wäre es gewesen, unsere Suche nach Insekten, deren Bakterien Industrieabfälle zersetzen können, fortzusetzen. Staubläuse z. B. enthalten anscheinend völlig neuartige Enzyme, die Zellulose zersetzen und industriell für Biokraftstoffe eingesetzt werden könnten. Ob dies stimmt, ließe sich einfach überprüfen.[5] Auch Schmetterlingsmücken, deren Larven in Abflüssen leben, können in einer extremen Umgebung überleben, in der die Bedingungen ständig zwischen feucht und trocken wechseln (Abb. 8.1). Kürzlich wurde in einer Studie nachgewiesen, dass Silberfischchen und

---

[5]Wir könnten auch die vielen Wirbellosen untersuchen, die nicht zu den Gliederfüßern zählen, z. B. die mikroskopisch kleinen Nematoden. Man nimmt an, dass diese in Häusern extrem dicht konzentriert sind: Könnten wir diese schlangengleichen Würmchen mit unseren Augen wahrnehmen, wären nach Entfernen aller Baumaterialien die Umrisse des Hauses wahrscheinlich noch immer in der Luft sichtbar. Trotzdem wurden meines Wissens bisher weder zu Nematoden, noch zu Bärtierchen, noch zu vielen anderen wichtigen Gruppen von Organismen in Häusern Studien durchgeführt. Diese Lebewesen umgeben uns, aber es wurde noch keine Erhebung über sie erstellt, und auch das mit ihnen verbundene Nutzungspotenzial wurde bisher völlig ignoriert.

Abb. 8.1 Schmetterlingsmücken sind in Häusern weitverbreitet, werden von Wissenschaftlern jedoch weitgehend ignoriert. Im adulten Stadium sehen sie wunderschön aus. Von ihren Larven kann man das nicht behaupten, aber diese sind wahrscheinlich Wirtstiere von Mikroben, die Zellulose oder sogar Lignin abbauen können. (Modifiziertes Foto von Matthew A. Bertone)

Felsenspringer, beides sehr alte Insekten, die ebenfalls häufig in Höhlen und Häusern leben, einzigartige Enzyme beherbergen, die Zellulose aufbrechen können [10]. Wir könnten also auch Silberfischchen und Felsenspringer untersuchen. Auch andere Käferarten wären interessante Forschungsobjekte. In einem einzigen Dornspeckkäfer-Individuum der Art *Dermestes maculatus* haben wir gleich zwei nützliche Bakterienarten gefunden. Es würde sich also anbieten, sich mit dieser Käferart oder anderen verwandten Speckkäferarten näher zu beschäftigen. Allein in Häusern in Raleigh leben mehr als ein Dutzend Speckkäferarten, die wahrscheinlich alle einzigartige Mikroben mit dem Potenzial zur Transformation ganzer Industriezweige im Darm beherbergen, und auch hier steht eine genauere Untersuchung noch aus. Diese Themen würden sicherlich ausreichen, um einen Wissenschaftler während seiner gesamten (äußerst interessanten) Berufslaufbahn zu beschäftigen.

Ich wollte aber – nachdem ich eine erste Möglichkeit kennengelernt hatte, wie Gliederfüßer in Häusern für uns nützlich werden und welchen Wert sie für uns haben könnten – völlig andere Nutzungsmöglichkeiten erforschen. Dabei wollte ich allerdings nicht einfach wahllos vorgehen, sondern die drei Lektionen berücksichtigen, die wir bereits gelernt hatten. Die erste Lektion bestand darin, nicht anzunehmen, dass die Arten um uns herum bereits erforscht seien, egal wie häufig sie vorkommen. Die zweite Lektion war, dass wir die potenzielle Nützlichkeit einer Art nur wahrnehmen können, wenn wir genug über ihre Biologie und ihre Fähigkeiten wissen. Folglich können wir bei den meisten Arten nicht abschätzen, welche Nutzungsmöglichkeiten sie bieten, denn über einen Großteil der Arten – ob sie nun in Häusern oder in der freien Natur leben – haben wir nur wenig Kenntnisse und wissen meist noch nicht einmal, wie ihr Speisezettel aussieht. Die dritte Lektion, die ich meinen eigenen Studenten immer wieder einbläue, ist, dass sich gerade die Ökologen und Evolutionsbiologen mit diesen Themen beschäftigen müssen, da es bestimmt niemand anderes tun wird. Die dritte Lektion ist natürlich eine Hypothese, aber sie stützt sich auf meine langjährige Erfahrung.

Ich begann, jede Art, die mir auf dem Weg zur Arbeit begegnete, zu betrachten und mich zu fragen, wofür sie nützlich sein könnte, und auch meine Studenten, Postdoktoranden und Mitarbeiter beschäftigten sich mit dieser Frage. Wir fragten uns z. B., ob die Schneidewerkzeuge und Bürsten von Insekten als Modell für neue Produkte dienen könnten. Getreideplattkäfer haben z. B. Mandibeln, die für ihre Größe extrem kräftig sind und mit denen sie harte Samenschalen aufbrechen können. Teilweise sind sie dazu in der Lage, weil ihre Mandibeln mit Metall verstärkt sind und sich zum Schneiden ideal eignen [11]. Die Form und Beschaffenheit der Mandibeln liefern Inspirationen für das Design neuer Schneidewerkzeuge; man könnte eine ganze Kollektion neuer Produkte nach dem Vorbild von Insektenmandibeln entwickeln. Entsprechendes wäre auch für Bürsten denkbar, denn die meisten Gliederfüßerarten haben Bürsten an ihren Beinen und anderswo, mit denen sie ihre Augen und andere Körperteile reinigen [12].[6] Auf der Grundlage von Insektenbürsten ließen sich Bürsten für industrielle Fertigungsanlagen oder auch einfach für menschliche Haare entwickeln. Mich würde es begeistern, eine Haarbürste nach dem Vorbild eines Reinigungswerkzeugs an einem Ameisenbein zu verwenden – zumindest, wenn ich noch Haare auf dem Kopf hätte.

---

[6]Coby Schal und Ayako Wada-Katsumata an der North Carolina State University haben gemeinsam die Bürsten untersucht, mit denen Insekten ihre Fühler reinigen, und dabei festgestellt, dass Insekten, z. B. Verwandte der Rossameisen (*Camponotus pennsylvanicus*), Stubenfliegen und deutsche Küchenschaben, durch das Reinigen der Fühler ihre Riechfähigkeit verbessern. Mit schmutzigen Fühlern nehmen sie ihre Umwelt ungenauer wahr.

Wir begannen außerdem, bei den Gliederfüßern in Häusern nach neuen Antibiotika zu suchen, denn Bakterien bilden immer mehr Resistenzen auf die existierenden Antibiotika aus, sodass wir mit der Entwicklung neuer Antibiotika kaum hinterherkommen. Vielleicht könnten wir Gliederfüßer wie die Stubenfliege bei der Suche nach neuen Antibiotika einbeziehen. Die weiblichen Stubenfliegen legen gemeinsam mit ihren Eiern auch Bakterien ab, z. B. die Art *Klebsiella oxytoca,* und diese produzieren pilzabtötende Stoffe, was die hungrigen jungen Fliegen im Konkurrenzkampf um Nahrung unterstützt. Es kann gut sein, dass solche Bakterien auch Antibiotika produzieren, die die Menschen bei der Pilzbekämpfung unterstützen könnten, auch wenn dies bisher noch nicht untersucht wurde [13, 14]. Und Stubenfliegen sind bei der Suche nach neuen Antibiotika erst der Anfang. Viele Ameisen bilden z. B. Antibiotika in Giftdrüsen, die sich direkt über ihren vorderen Schultern befinden. Vor Jahrzehnten beschäftigte sich eine Reihe von Studien mit der Isolierung dieser Antibiotika bei mehreren Ameisenarten der in Australien lebenden Bulldoggenameisen (*Myrmecia*-Unterarten) [15]. Diese Art kann Substanzen produzieren, deren Verwendung als Antibiotika in der Humanmedizin in klinischen Tests mit vielversprechenden Ergebnissen untersucht wurde. Als Student wollte ich diese Arbeit weiterverfolgen, unterließ es dann aber, weil ich annahm, dass sich jemand anderes darum kümmern würde, wobei inzwischen 15 Jahre vergangen sind, ohne dass sich etwas getan hätte. Gemeinsam mit Adrian Smith vom North Carolina Museum of Natural Sciences, Clint Penick von der Arizona State University und anderen habe ich begonnen zu untersuchen, welche Ameisenarten in Raleigh Antibiotika erzeugen. Zunächst gingen wir der Vermutung nach, dass bei Arten, die große Kolonien bilden oder im Boden leben (wo sie mit vielen Pathogenen in Kontakt kommen), die Produktion wirkungsvoller Antibiotika am wahrscheinlichsten sei, aber dies stellte sich als falsch heraus. Die Arten mit den effektivsten Antibiotika gehören stattdessen meist zur Gattung *Solenopsis,* die neben den Feuerameisen auch die sehr häufig in Küchen vorkommende Art *Solenopsis molesta* (Diebsameise) umfasst. Diebsameisen produzieren wirksame Antibiotika gegen Bakterien, die eng mit der Methicillin-resistenten Art *Staphylococcus aureus* verwandt sind [16]. Es kann also gut sein, dass die Ameisen in Ihrer Küche eines Tages einer von Ihnen geliebten Person bei einer lebensbedrohlichen Hautinfektion das Leben retten.

Neuere Studien haben gezeigt, dass die physische Struktur der Körperoberfläche bei einigen häufig in Hinterhöfen oder Häusern vorkommenden Insekten für bestimmte Bakterienarten günstig oder ungünstig ist. Auf den Flügeln von Zikaden und Libellen finden sich z. B. winzige Messerchen, die

Bakterien in kleine Stücke zerschneiden. Diese Strukturen werden jetzt bei Baumaterialien repliziert, die antimikrobielle Eigenschaften haben sollen, gegen die eine Resistenzbildung unmöglich ist (gegen winzige Messerchen können Bakterien kaum resistent werden). Wir fragten uns, ob wir nicht auch das Gegenteil anstreben könnten, indem wir Gliederfüßer auf Oberflächeneigenschaften untersuchen, die eine Besiedlung mit nützlichen Bakterien begünstigen. Oft scheinen Außenskelette von Ameisen Bakterien einzuladen, und davon inspiriert möchten wir eine Art probiotisches Kleid entwerfen, wobei wir noch nicht ganz am Ziel sind. Mit etwa einem Dutzend Labormitarbeitern und ein paar Freunden lässt sich nicht so viel erreichen. Anders wäre es, wenn wir die Nützlichkeit der uns umgebenden Arten mit einem großen Team erforschen würden. Ich träume davon, dass es eines Tages ein Institut nur mit diesem Ziel geben wird.

Viele der nützlichsten Gliederfüßer in Häusern sind offenbar Arten, vor denen sich Menschen ekeln oder sogar ängstigen, z. B. Spinnen oder Wespen (Abb. 8.2). Diese Gliederfüßer sind für das Ökosystem in Häusern und Hinterhöfen enorm wertvoll: Sowohl Spinnen als auch Wespen ernähren sich von Schadinsekten, und Wespen sind zudem wichtige

Abb. 8.2 Amerikanische Trichterspinne (*Agelenopsis*-Art) auf der Schwelle eines Hauses in Raleigh; eine der häufigsten Spinnen in Häusern in Nordamerika, die für Menschen unschädlich ist. (Foto von Matthew A. Bertone)

Bestäuber. Wespen und Spinnen eröffnen jedoch auch exzellente neue Anwendungsmöglichkeiten für die Industrie. Schon jetzt gibt es Versuche, Materialien ähnlich der Spinnenseide und Gebäude nach dem Modell von Kokons und anderen Spinnenstrukturen (mit einer schichtweisen Bauweise von innen) kommerziell herzustellen. Nicht nur die Spinnenseide, auch die Spinnspulen, durch die die Spinnen die Seide ausscheiden, liefern Anregungen, z. B. für den 3-D-Druck (dreidimensionalen Druck), den Hausspinnen schon lange vor uns praktiziert haben. Wenn man ein Dutzend Spinnenbiologen mit einem Dutzend Ingenieuren und Architekten eine Woche lang in einem Raum einsperrte (ein paar Spinnen sollten vermutlich auch nicht fehlen), erhielte man am Ende wahrscheinlich viele Innovationen.

In meinem Labor haben sich Wespen als große Inspirationsquelle erwiesen. Wie bei den Höhlenschrecken wurden unsere Untersuchungen der potenziellen Nutzungsmöglichkeiten von Wespen durch eine konkrete Frage angestoßen. Im Oktober 2013 erkundigte sich Jonathan Frederick, der Organisator des North-Carolina-Science-Festivals, ob wir nicht eine neue Hefe zum Brauen eines Festival-Biers finden könnten. Gregor Yanega, ein Experte für die Biomechanik von Kolibrischnäbeln, der damals als Postdoktorand in meinem Labor arbeitete, schlug vor, Wespen dafür ins Auge zu fassen. Sein Vorschlag basierte auf seinem allgemeinen Wissen über die Biologie von Wespen und auf einer neueren Arbeit, die zeigte, dass Wespen in Weinbergen Hefepilze auf Trauben übertragen [17]. Die Hefepilze überwintern im Darm der Wespen, und wenn die Trauben an den Reben reifen, transportieren die Wespen diese unbeabsichtigt von einer Traube zur nächsten. Nach der Traubenernte helfen diese Pilze dann, den Fermentationsprozess anzustoßen. Anscheinend waren Hefen für Bier und Wein – lange bevor Menschen diese Getränke herstellten – ursprünglich im Darm und Körper bestimmter Wespen beheimatet, und diese bauen auch heute noch ihre Nester an Häusern und anderen Gebäuden um Weinberge. Menschen haben die Hefepilze ursprünglich von den Wespen übernommen, und Gregor Yanega war der Ansicht, dass wir uns von den Wespen noch weitere Hefepilze besorgen sollten, welche die ersten Winzer übersehen hatten.

Die Idee war gut, aber ihre Umsetzung schwierig. Wer würde die Wespen sammeln und dann ihre Hefepilze finden? Glücklicherweise war damals gerade Anne Madden zum Laborteam gestoßen. Sie hatte sich schon jahrelang mit Wespen beschäftigt und als Doktorandin viele Stunden damit verbracht, in Scheunen umher zu klettern und auf Leitern neben Dachtraufen zu balancieren, um lebende, wild summende Wespennester von der Wand zu lösen, sie (schnell) in eine Tasche zu stecken, sich diese umzuhängen und mit dem Motorrad ins Labor zurückzukehren. Anne Madden hatte außerdem, in einem früheren Leben, jahrelang das industrielle Nutzungspotenzial von Hefepilzen erforscht, sodass sie für die Aufgabe, neue Hefepilze in Wespennestern aufzuspüren, die optimale Besetzung war.

Sie prüfte Wespen und ihre Verwandten auf neue Hefepilze und fand letztendlich über 100 Hefearten, darunter eine aus einem Wespennest auf der Veranda ihrer eigenen Wohnung in Boston. Diese Hefepilzarten haben herausragende Fähigkeiten: Mit einer davon lässt sich z. B. ein Sauerbier, dessen Produktion normalerweise jahrelang dauert, in nur einem Monat herstellen [18].[7] Schon jetzt ist ein mit dieser Hefe gebrautes Bier im Verkauf erhältlich. Außerdem hat Anne Madden in ihrer Arbeit herausgefunden, dass sich damit verwandte Hefen, die in unterschiedlichen Wespen nachgewiesen wurden, auch für das Backen von Brotsorten mit neuen Aromen und Geschmacksrichtungen eignen. Laut Anne Madden können Wespen Hefepilze erfolgreich aufspüren, weil diese bestimmte Gerüche produzieren [19]. Die Wespen schnüffeln nach Hefepilzen, um Süßes zu finden, und wir selbst suchen bei Wespen wiederum nach Hefepilzen. Mit diesen Insekten verbindet uns also eine fruchtbare Beziehung, die wir hoffentlich in den nächsten Jahren weiterentwickeln können.

Auch wenn es relativ leicht ist, neue Nutzungsmöglichkeiten bei Arten in unseren Häusern zu erkennen, ist ihre Dokumentation und Vermarktung ziemlich schwierig. Mit Geduld und Geld lassen sich die technischen Hindernisse bestimmt überwinden, aber trotzdem stellt sich die Frage, warum nicht schon viel mehr unternommen wurde. Warum gibt es keinen umfassenden Katalog der Nutzungsmöglichkeiten aller Arten, die uns jeden Morgen beim Aufwachen umgeben? Meiner Ansicht nach gibt es dafür drei Gründe:

Den ersten Grund habe ich schon im vorherigen Kapitel ausgeführt: Wir sind anscheinend gegenüber den Arten direkt vor unserer Nase blind, sodass sie unserer Aufmerksamkeit entgehen. Wir müssen also anfangen, sie wahrzunehmen, sie zu untersuchen und ihre Verwendungsmöglichkeiten kennenzulernen. Der zweite Grund ist, dass Ökologen und Evolutionsbiologen schon seit 100 Jahren über den potenziellen ökonomischen Wert von Arten reden, sich aber bisher nicht die Mühe gemacht haben, danach zu suchen,

---

[7]Diese Arbeit war nur möglich dank Anne Maddens Expertise beim Aufspüren, genauen Beobachten und Erschnüffeln neuer interessanter Hefepilze und John Sheppards Geschick beim Bierbrauen. Weitere Informationen zu diesem Projekt finden Sie unter: PBS NewsHour 2017 [18].

weil sie annehmen, dass sich jemand anders darum kümmern werde. Ökologen schätzen Arten meist aus ästhetischen Gründen oder einfach nur, weil sie existieren, und bei dieser Einstellung ist die potenzielle Nützlichkeit von Arten unerheblich. Meine Freunde aus der Industrie finden es seltsam, dass ich mich für Insekten interessiere, und meine Freunde, die sich mit der Ökologie von Insekten beschäftigen, finden es ungewöhnlich (oder sogar verwerflich), dass ich mit der Industrie zusammenarbeite. Manchmal ist es schwer, eine Arbeit zu verfolgen, die von Freunden nicht wertgeschätzt wird. Dass weder Ökologen noch Wissenschaftler für angewandte Biologie die Bedeutung von Arbeiten an der Schnittstelle zwischen Ökologie und Industrie erkennen, führt zum dritten Grund, warum wir das Potenzial der uns umgebenden Arten noch nicht katalogisiert haben: Bei den meisten bisherigen Bemühungen in diese Richtung wurden einzelne Arten willkürlich herausgegriffen, was der falsche Ansatz ist. In einigen Fällen wurde bei diesen Versuchen unglaublich viel Geld verschwendet. Millionen von Dollar wurden z. B. dafür ausgegeben, jede einzelne Art in den Regenwäldern Costa Ricas auf ihren potenziellen Nutzen für die Entwicklung von Krebsmedikamenten zu untersuchen, was die falsche Strategie ist. Wir sollten uns stattdessen bei unserer Suche von der Biologie leiten lassen. Wir sollten unsere gesammelten Kenntnisse über die Evolution und Ökologie von Arten nutzen, um abzuschätzen, welche davon einen bestimmten Nutzen für uns haben könnten. Auf diese Weise könnten wir die systematische Suche nach den Verwendungsmöglichkeiten von Arten enorm beschleunigen, mehr innovative Ideen aus der Natur in unserem Alltag integrieren und würden in der Folge die Arten, die uns tagtäglich begleiten, vielleicht mehr wertschätzen. Wenn mich jetzt jemand fragt, wofür eine Höhlenschrecke, eine Wespe oder sogar eine Stechmücke gut ist, lege ich eine kurze Denkpause ein und führe mir die Biologie der betreffenden Art vor Augen. Dann stelle ich eine Hypothese auf und mache mich, zurück im Labor, sofort an die Arbeit.

Dies funktioniert natürlich nur, wenn wir die Biologie der Arten um uns herum kennen, und folglich müssen wir anfangen, die Tausenden Arten von Gliederfüßern (wie auch die Zehn- oder Hunderttausenden kleineren Organismen) in unseren Häusern zu erforschen. Heute leben Menschen beinahe überall; das gründliche Studium des Lebens in Häusern wäre ein großer Fortschritt für das Verständnis des Lebens allgemein. Es bleibt allerdings noch viel zu tun; vermutlich sind weniger als 50 Gliederfüßerarten (ganz zu schweigen von den Bakterien, Protisten, Archaeen und Pilzen) in Häusern hinreichend erforscht, um ihren potenziellen Nutzen für uns abschätzen zu können. Wenn Sie Insekten in Ihrer Wohnung bemerken, fragen Sie also nicht „Wofür ist diese Art gut?", sondern beobachten Sie das Insekt aufmerksam und fragen Sie: „Welchen Nutzen kann ich für diese Art finden?" Es ist an uns, die Angebote der Evolution zu nutzen. Dazu müssen wir uns allerdings für den Erhalt der Arten einsetzen, sodass sie noch immer da sind, wenn uns klar wird, wie wir von ihnen profitieren können.

Wenn Sie, selbst jetzt – nachdem Sie vom Wert der Arten in Ihrem Zuhause gehört haben und wissen, dass wir die Entstehung von Bier und Wein den Insekten verdanken – den Gedanken an Gliederfüßer in Ihrem Haus immer noch abstoßend finden, sind Sie damit nicht alleine. Der ägyptische König Tut wurde mit einer Fliegenklatsche begraben, weil seine Untergebenen offenbar sicher waren, dass es im Leben nach dem Tode, ungeachtet aller Luxusartikel und Annehmlichkeiten, unvermeidlich auch Fliegen gäbe [20]. Auch zu Lebzeiten verwendeten die alten Ägypter Fliegenklatschen und Pflanzen zur Schädlingsbekämpfung [21], und viele Kulturen weltweit bekämpften die Gliederfüßer in Häusern. Insbesondere bei der Bekämpfung von Arten, die tatsächlich ernste Probleme verursachen, wurden wichtige Schlachten gewonnen. Durch unsere Müllentsorgung und das Abführen des Abwassers hat sich das massenhafte Auftreten von mit Müll assoziierten Krankheitsüberträgern verringert. Mit Fliegennetzen halten wir Malaria übertragende Stechmückenarten von uns fern, und diese Maßnahme hat schon viele Menschenleben gerettet. Oft führen wir aber einen ungleichen Kampf mit vielen unbeabsichtigten Nebenwirkungen, was nicht zuletzt daran liegt, dass sich die am unerbittlichsten bekämpften Arten extrem schnell an neue Bedingungen anpassen können.

Literatur

1. Issa K (2016) Issa. In: Balmes HJ (Hrsg) Haiku. Fischer, Frankfurt a. M.
2. Grout L (1860) Zululand; or, Life among the Zulu-Kafirs of Natal and Zulu-Land, South Africa. Trübner & Co, London
3. De Jesús AJ, Olsen AR, Bryce JR, Whiting RC (2004) Quantitative contamination and transfer of *Escherichia coli* from foods by houseflies, *Musca domestica* L. (Diptera: Muscidae). *Int J Food Microbiol* 93(2):259–262
4. Rahuma N, Ghenghesh KS, Ben Aissa R, Elamaari A (2005) Carriage by the housefly (*Musca domestica*) of multiple-antibiotic-resistant bacteria that are potentially pathogenic to humans, in hospital and other urban environments in Misurata-Libya. Ann Trop Med Parasitol 99(8):795–802

5. Wernegreen JJ, Kauppinen SN, Brady SG, Ward PS (2009) One Nutritional symbiosis begat another: phylogenetic evidence that the ant tribe Camponotini acquired *Blochmannia* by tending sap-feeding insects. BMC Evol Biol 9(1):292
6. Pais R, Lohs C, Wu Y, Wang J, Aksoy S (2008) The obligate mutualist *Wigglesworthia glossinidia* influences reproduction, digestion, and immunity processes of its host, the tsetse fly. Appl Environ Microbiol 74(19):5965–5974
7. Carvalho GA, Corrêa AS, de Oliveira LO, Guedes RNC (2014) Evidence of horizontal transmission of primary and secondary endosymbionts between maize and rice weevils (*Sitophilus zeamais* and *Sitophilus oryzae*) and the parasitoid *Theocolax elegans*. J Stored Prod Res 59:61–65
8. Heddi A, Charles H, Khatchadourian C, Bonnot G, Nardon P (1998) Molecular characterization of the principal symbiotic bacteria of the weevil *Sitophilus oryzae*: a peculiar G+ C content of an endocytobiotic DNA. J Mol Evol 47(1):52–61
9. Theriot CM, Grunden AM (2011) Hydrolysis of organophosphorus compounds by microbial enzymes. Appl Microbiol Biotechnol 89(1):35–43
10. Sabbadin F, Hemsworth GR, Ciano L, Henrissat B, Dupree P, Tryfona T, Marques RDS et al (2018) An Ancient Family Of Lytic Polysaccharide Monooxygenases With Roles In Arthropod Development And Biomass Digestion. Nat Commun 9(1):756
11. Morgan TD, Baker P, Kramer KJ, Basibuyuk HH, Quicke DLJ (2003) Metals in mandibles of stored product insects: do zinc and manganese enhance the ability of larvae to infest seeds? J Stored Prod Res 39(1):65–75
12. Böröczky K, Wada-Katsumata A, Batchelor D, Zhukovskaya M, Schal C (2013) Insects groom their antennae to enhance olfactory acuity. Proc Natl Acad Sci U S A 110(9):3615–3620
13. Zvereva EL (1986) Peculiarities of competitive interaction between larvae of the house fly *Musca domestica* and microscopic fungi. Zool Zhurnal 65:1517–1525
14. Lam K, Thu K, Tsang M, Moore M, Gries G (2009) Bacteria on housefly eggs, *Musca domestica*, suppress fungal growth in chicken manure through nutrient depletion or antifungal metabolites. Naturwissenschaften 96:1127–1132
15. Veal DA, Trimble JE, Beattie AJ (1992) Antimicrobial properties of secretions from the metapleural glands of *Myrmecia gulosa* (the Australian Bull Ant). J Appl Microbiol 72(3):188–194
16. Penick CA, Halawani O, Pearson B, Mathews S, López-Uribe MM, Dunn RR, Smith AA (2018) External immunity in ant societies: sociality and colony size do not predict investment in antimicrobials. R Soc Open Sci 5(2):171332
17. Stefanini I, Dapporto L, Legras JL, Calabretta A, Di Paola M, De Filippo C, Viola R et al (2012) Role of social wasps in *Saccharomyces cerevisiae* ecology and evolution. Proc Natl Acad Sci U S A 109(33):13398–13403
18. PBS NewsHour (2017) From the wing of a wasp, scientists discover a new beer-making yeast. www.pbs.org/newshour/bb/wing-wasp-scientists-discover-new-beer-making-yeast/. Zugegriffen: 14. Aug. 2020

19. Madden A, Epps MJ, Fukami T, Irwin RE, Sheppard J, Sorger DM, Dunn RR (2018) The ecology of insect-yeast relationships and its relevance to human industry. Proc R Soc B 285(1875):20172733

20. Panagiotakopulu E (2004) Dipterous remains and archaeological interpretation. J Archaeol Sci 31(12):1675–1684

21. Panagiotakopulu E, Buckland PC, Day PM, Doumas C (1995) Natural insecticides and insect repellents in antiquity: a review of the evidence. J Archaeol Sci 22(5):705–710

9

Das Problem mit den Schaben sind wir

Du darfst mit einem Feind nicht zu oft kämpfen, sonst bringst Du ihm all deine Kriegskunst bei (Napoleon Bonaparte).

Ich bin nahezu überzeugt (völlig entgegengesetzt zu meiner anfänglichen Ansicht), dass die Spezies nicht unveränderlich sind (mir ist, als gestände ich einen Mord) (Charles Darwin) [1].

Sie können sich entweder für die Sie umgebenden Insekten interessieren und realisieren, dass die meisten dieser Gliederfüßerarten faszinierend und weitgehend unerforscht sind und dass sie keine Schädlinge sind, sondern uns vielmehr bei deren Bekämpfung helfen – oder Sie können einen Kriegszug beginnen. Die moderne Kriegsführung gegen Insekten beruht auf chemischen Stoffen, aber dieser Ansatz birgt große Risiken, denn ein Krieg mit chemischen Waffen ist ein äußerst ungleicher Kampf. Bei jedem neuen Chemieeinsatz entwickeln sich die angegriffenen Insekten über die natürliche Selektion weiter. Je aggressiver Sie gegen die Insekten vorgehen, desto rascher verläuft ihre evolutionäre Entwicklung; ihre Evolution ist schneller, als wir sie nachvollziehen können, und zweifellos schneller, als wir darauf reagieren können. Dieser Vorgang wiederholt sich immer wieder aufs Neue, insbesondere bei den Schädlingen, die wir am erbittertsten bekämpfen, z. B. bei der deutschen Küchenschabe *(Blattella germanica)*.

Im Jahr 1948 wurde das Pestizid Chlordan das erste Mal in Häusern eingesetzt. Es galt als Wunderwaffe und war so giftig, dass man annahm, dass die Insekten ihm nichts entgegenzusetzen hätten. Aber bereits im Jahr 1951 gab es in Corpus Christi in Texas deutsche Küchenschaben, die 100-mal resistenter gegen das Pestizid waren als Laborstämme [2]. Im

Jahr 1966 hatten deutsche Küchenschaben mancherorts eine Resistenz gegen Malathion, Diazinon und Fenthion ausgebildet. Bald danach wurden deutsche Küchenschaben entdeckt, die selbst gegen DDT vollständig resistent waren. Jedes Mal, wenn ein neues Pestizid erfunden wurde, dauerte es nur wenige Jahre, manchmal sogar nur wenige Monate, bis eine Population von deutschen Küchenschaben eine Resistenz ausgebildet hatte. Hin und wieder wirkte die Resistenz gegen ein altes Pestizid auch gegen ein neues, sodass die Schlacht von vornherein entschieden war [3].[1] Sobald sich resistente Stämme von Schaben entwickelt hatten, breiteten sich diese aus und gediehen prächtig, falls weiterhin dasselbe Pestizid eingesetzt wurde [4].[2]

Die Gegenreaktion der Schaben auf unsere mächtigen chemischen Erfindungen ist äußerst eindrucksvoll. Schabenstämme entwickeln rasch neue Strategien, um unsere Gifte zu vermeiden, damit zurechtzukommen oder diese sogar zu ihrem Vorteil zu nutzen. Eine Entdeckung, die kürzlich im Nebengebäude meines Büros gemacht wurde, ist in diesem Zusammenhang besonders beeindruckend. Die Geschichte dieser Entdeckung nahm vor über 20 Jahren auf der anderen Seite Amerikas, in Kalifornien, ihren Anfang und hat zwei Hauptprotagonisten: den Insektenkundler Jules Silverman und eine Familie deutscher Küchenschaben mit dem Namen „T164".

Jules Silverman arbeitete im Technikzentrum des Unternehmens Clorox Company in Pleasanton, Kalifornien, und hatte die Aufgabe, deutsche Küchenschaben zu untersuchen [5].[3] Das Unternehmen war ein typisches wissenschaftsbasiertes Industrieunternehmen, an dessen Fließbändern allerdings nicht Schokolade verpackt wurde, sondern Geräte und Chemikalien zum Töten von Tieren. Jules Silvermans beschäftigte sich mit dem Töten von Schaben, insbesondere deutschen Küchenschaben. Deutsche Küchenschaben sind nur eine von vielen Schabenarten, die sich als Mit-

---

[1]Dazu kam es auch bei Fipronil, dem Wirkstoff in manchen Schabenködern und in einigen Flohsprays, -pudern und -tabletten. Siehe: Holbrook et al. 2003 [3].

[2]Diese Pestizide wirkten so stark, dass sie (insbesondere bei der verwendeten Konzentration) auch für Vögel und Kinder gefährlich waren; zum Abtöten von deutschen Küchenschaben reichte ihre Wirkung jedoch nicht aus. Rachel Carson berichtet über diese Pestizide in ihrem Sachbuch *Der stumme Frühling*.

[3]Ja, ein Zentrum für die Untersuchung deutscher Küchenschaben und anderer Schädlinge befindet sich an einem Ort namens Pleasanton. Angesichts der Bedeutung des englischen Wortes „pleasure" (Vergnügen) scheint dies doch etwas unpassend. In Pleasanton hatte Jules Silverman bereits drei Jahre lang einen anderen Schädling, den Katzenfloh *(Ctenocephalides felis)*, studiert, der bereits im antiken Amarna in Ägypten in menschlichen Häusern lebte. Jules Silverman entdeckte, dass die Larven von Katzenflöhen sich von den blutigen Fäkalien ihrer Eltern ernähren, wobei Mikroben aus der Umgebung diese Fäkalien mit Nährstoffen anreichern. Siehe: Silverman 1993 [5].

bewohner in unseren Häusern etabliert haben. Ein Schabenexperte spulte einmal bei einem Treffen eine ganze Liste von Arten herunter: „Es gibt amerikanische Großschaben, gemeine Küchenschaben, japanische Schaben, rauchbraune Großschaben, braune Schaben, australische Schaben, Braunbandschaben, und – nun – noch ein paar weitere [6, 7]."[4] Die meisten der Tausenden Schabenarten weltweit können langfristig in Häusern nicht überleben [8],[5] aber ein paar lästige Arten haben Eigenschaften entwickelt, die ihr massenhaftes Auftreten in Häusern begünstigen. Einige dieser Arten können sich z. B. über Parthenogenese vermehren,[6] d. h., eine weibliche Schabe kann ohne Hilfe eines Männchens weibliche Nachkommen produzieren.[7] Alle der in Häusern vorkommenden Schabenarten haben sich an die menschliche Lebensweise angepasst, aber die deutsche Küchenschabe bei Weitem am erfolgreichsten.

In der freien Natur sind die deutschen Küchenschaben Schwächlinge: Sie werden gefressen, sterben vor Hunger und ihre Jungen sind schwach, krank und überleben nur mit Mühe, sodass es kein Wunder ist, dass es in der freien Natur nirgends Populationen der deutschen Küchenschabe gibt. Sie gedeihen nur in Innenräumen und nur in unserer Anwesenheit, und vielleicht ist dies einer der Gründe, weshalb wir sie so verabscheuen. Sie mögen dieselben Nahrungsmittel wie wir, bevorzugen dieselben Bedingungen – warm, nicht zu trocken und nicht zu feucht[8] – und wie wir

---

[4]Die meisten gebräuchlichen Namen für Schaben haben nur wenig mit ihrer tatsächlichen Herkunft zu tun. Die amerikanische Großschabe war z. B. offenbar ursprünglich in Afrika beheimatet. Die gemeine Küchenschabe, die auch als orientalische Schabe bezeichnet wird, stammt anscheinend ebenfalls aus Afrika und wurde wahrscheinlich zuerst von den Phöniziern und dann von den Griechen auf der ganzen Welt verbreitet. Siehe: Schweid 2015 [6]. Es gibt auch einen älteren Klassiker zu diesem Thema: Rehn 1945 [7].

[5]Diese Arten haben unglaublich vielfältige Lebensweisen. Viele der in der freien Natur vorkommenden Schaben sind tagaktiv und ernähren sich vom abgefallenen Laub im Wald. Nicht wenige leben als Gäste in Ameisen- und Termitennestern. Manche produzieren sogar eine Art Muttermilch, mit der sie ihre Jungen nähren, und andere bestäuben Blumen. Interessanterweise wurde in neueren Studien nachgewiesen, dass alle Termiten eigentlich ein Seitenast des Stammbaums der Schaben sind, in dem sich soziale Lebensweisen entwickelt haben. Termiten sind also soziale Schaben. Siehe: Dunn 2009 [8].

[6]Dieser Begriff ist von den griechischen Begriffen *Parthenos* für „Jungfrau" und *genesis* für „Entstehung" abgeleitet.

[7]Die Surinam-Schabe *(Pycnoscelus surinamensis)* treibt dieses Prinzip auf die Spitze. In der freien Natur wurde noch nie ein männliches Exemplar dieser Art gefunden. In Laborkolonien werden manchmal Männchen geboren; diese sind aber so dysfunktional, dass sie schon bald sterben.

[8]Natürlich haben deutsche Küchenschaben einige schlechte Gewohnheiten, die wir nicht haben. Sie fressen z. B. fast alle stärkehaltigen Substanzen, darunter Getreide, Briefmarken, Vorhänge, Bucheinbände und Kleister.

leiden sie unter Einsamkeit [9].[9] Aber obwohl wir sie abstoßend finden, haben wir eigentlich nicht viel von ihnen zu befürchten. Es stimmt, dass deutsche Küchenschaben Träger von Pathogenen sein können, allerdings nicht mehr als unsere Nachbarn oder Kinder. Bisher wurde auch noch nie dokumentiert, dass jemand an einem von einer Schabe übertragenen Pathogen erkrankt wäre, während Menschen sich nachweislich tagtäglich über ihre Mitmenschen mit Krankheiten anstecken. Das schwerwiegendste Problem im Zusammenhang mit deutschen Küchenschaben ist, dass sie bei starkem Auftreten eine Quelle für Allergene sind. Als Reaktion auf die tatsächlichen Risiken und die vielen eingebildeten Gefahren betreiben wir einen enormen Aufwand, um die deutschen Küchenschaben abzutöten.

Wann genau dieser Kampf begann, ist schwer festzumachen, weil tote Schaben an archäologischen Stätten schlecht erhalten bleiben (zumindest verglichen mit Käfern). Außerdem hat man sich mehr der Erforschung von Bekämpfungsmethoden als ihrer Biologie gewidmet. Die nächsten bekannten Verwandten der deutschen Küchenschabe sind zwei Arten der asiatischen Schaben, die hauptsächlich im Freien leben. Diese beiden Arten können gut fliegen, leben von Laubstreu und anderen Insekten und gelten mancherorts bei Landwirten und Wissenschaftlern sogar als Agrarnützlinge.[10] Ursprünglich ähnelte auch die deutsche Küchenschabe diesen wildlebenden Artgenossen. Als sie jedoch in unsere Häuser einzog,[11] gab sie das Fliegen auf, vermehrte sich in immer kürzeren Zyklen, wurde immer geselliger und passte ihre Lebensweise allgemein immer besser an die von Menschen bevorzugten Bedingungen an.

Anscheinend begann die deutsche Küchenschabe, sich während des Siebenjährigen Kriegs (1756–1763) in ganz Europa auszubreiten, denn in dieser Zeit durchquerten viele Menschen den Kontinent, und ihr Reisegepäck bot oft genügend Platz für einige Schaben. Mit welchen Landsleuten

---

[9]Im Gegensatz zu anderen Schabenarten kommen deutsche Küchenschaben nicht gut mit dem Alleinsein zurecht. Sie leiden unter dem sogenannten Isolationssyndrom, was sich für mich wie eine Mischung aus Einsamkeit und einer gewissen existenziellen Verzweiflung anhört. In Isolation setzt sowohl ihre Metamorphose als auch ihre Geschlechtsreife später ein, und sie entwickeln artuntypische Verhaltensweisen, als wüssten sie nicht genau, wie sich eine Schabe eigentlich verhält. Sie verlieren ihr Interesse an gewöhnlichen Schabenaktivitäten und sogar an der Fortpflanzung. Zur Einsamkeit von deutschen Küchenschaben gibt es eine umfangreiche Literatur. Zum Einstieg empfehle ich folgenden Artikel: Lihoreau et al. 2009 [9].

[10]Die Hälfte der etwa 50 Arten von *Blattella* lebt in Asien.

[11]Eventuell erfolgte die Besiedlung von Häusern mit dem Beginn der Landwirtschaft im tropischen Asien, vielleicht aber auch sehr viel später.

die deutsche Küchenschabe reiste, ist nicht bekannt [10],[12] aber der Vater der modernen Taxonomie, Carl von Linné , schob als Schwede die Verantwortung den Deutschen zu, denn Schweden kämpfte damals gegen das deutsche Preußen, sodass Linné den Spitznamen „deutsche Küchenschabe" für die lästige Art passend fand.[13] Im Jahr 1854 erreichte die deutsche Küchenschabe New York. Heute findet sie sich überall zwischen Alaska und der Antarktis, nachdem Menschen fast aller Nationalitäten sie mit ihren Schiffen, Autos und Flugzeugen mitgenommen haben [11]. Dass sie auf der Raumstation bisher nicht beobachtet wurde, ist verwunderlich.

In Gegenden, wo die Temperatur und Feuchtigkeit von Häusern und Transportfahrzeugen im Lauf der Jahreszeiten schwankt, teilt die deutsche Küchenschabe ihr Habitat mit anderen Schabenarten,[14] von denen einige (z. B. die amerikanische Großschabe) die Menschheit vermutlich schon in den Zeiten begleitet haben, als wir noch in Höhlen wohnten [12]. In den heutigen Gebäuden mit Zentralheizung und Klimaanlage dominiert jedoch die deutsche Küchenschabe, und andere Schaben sind meist selten. In einem Großteil Chinas war die deutsche Küchenschabe z. B. bis vor Kurzem noch relativ rar, aber als in China im (kühlen) Norden immer mehr Transportfahrzeuge mit Heizungen ausgestattet wurden, nutzte die deutsche Küchenschabe die Mitfahrgelegenheit, um sich nach Norden auszubreiten. Die Lastwagen im (heißen) Süden wurden wiederum mit Kühlanlagen ausgerüstet, sodass die deutsche Küchenschabe auch den Süden erreichen konnte. Seit ihrer Ankunft verbreitet sich die deutsche Küchenschabe in den beheizten Wohnungen im Norden genauso erfolgreich wie in den klimatisierten Wohnungen im Süden. In ganz China, wie auch weltweit, profitiert die deutsche Küchenschabe davon, dass immer mehr Wohnungen mit Zentralheizung und Klimaanlage ausgestattet sind, und vermehrt sich massenhaft [10].

---

[12]Das älteste Exemplar der deutschen Küchenschabe stammt tatsächlich aus Dänemark, sodass wir die Verantwortung auch den Dänen in die Schuhe schieben könnten, aber ich habe den Verdacht, dass die deutsche Küchenschabe schon sehr viel früher nach Europa kam. Siehe: Qian 2016 [10].

[13]Die Schabe rächt sich allerdings gewissermaßen, denn der ausführliche Name der deutschen Küchenschabe lautet *Blattella germanica* Linnaeus. Der Begriff *Linnaeus* hinter dem Artnamen deutet darauf hin, dass Linné der Namensgeber war. Diese Namenskonvention, nach der für jede Art neben einem Gattungs- *(Blattella)* und Artnamen *(germanica)* der Namensgeber genannt wird, wurde von Linné erfunden. Wo immer die deutsche Küchenschabe erwähnt wird, fällt also auch sein eigener Name wie auch bei Bettwanzen (*Cimex lectularis* Linnaeus), Stubenfliegen *(Musca domestica* Linnaeus), Hausratten (*Rattus rattus* Linnaeus) und vielen anderen Arten in Häusern.

[14]Welche anderen Schabenarten in Häusern gefunden werden, hängt stark vom Außenklima und der Geografie ab. Einige Schabenarten gedeihen besser im tropischen Klima, andere bei kühleren Temperaturen.

Schon als Jules Silverman vor 25 Jahren seine Arbeit an der Clorox Company aufnahm, nahmen die Populationen der deutschen Küchenschabe immer mehr zu. Jules Silverman sollte neue Chemikalien entwickeln, um sie abzutöten. Damals galten Schabenköder – kleine, mit Pestiziden vergiftete Zuckersüßigkeiten für Schaben – als das beste Mittel auf dem Markt. Mit Ködern ist es möglich, Schaben zu vergiften, ohne das Gift im Haus zu versprühen. Theoretisch können die Köder jeden Zucker enthalten, der Schaben anzieht – Maltotriose, Saccharose, Maltose, Fruktose oder Glukose –, aber praktisch wird in den Vereinigten Staaten immer Glukose verwendet, denn sie ist billig und zieht die Schaben stark an. Die in den Vereinigten Staaten lebenden deutschen Küchenschaben sind an Glukose gewöhnt. Sie beziehen bis zu 50 % ihrer Kalorien aus Kohlenhydraten, meist in Form von Glukose. Wir selbst nehmen Glukose in großen Mengen in Form von Maissirup zu uns und locken häufig unsere eigenen Kinder an den Mittagstisch, indem wir ihnen ein Dessert aus der Substanz versprechen, die wir auch in den tödlichen Schabenködern einsetzen.

In diesen ersten Jahren bei Clorox stellte Jules Silverman fest, dass in der Wohnung eines mit ihm befreundeten Insektenkundlers, Don Bieman, etwas schieflief. Dieser hatte in seiner Wohnung mit der Nummer T164 Köder aufgestellt, aber die deutschen Küchenschaben vermehrten sich trotzdem weiter [13]. Es nützte auch nichts, als er die Anzahl der Köder erhöhte. Bei Tests im Labor starben die Schaben aus T164 am damals verwendeten Ködergift (Hydramethylnon), nicht aber in der Wohnung. Don Bieman hatte den Eindruck, dass die Schaben in der Wohnung die Köder mieden, und teilte dies Jules Silverman mit. Im Labor prüfte Jules Silverman, wie stark die Schaben aus der Wohnung T164 von den verschiedenen Substanzen im Köder angezogen wurden. Die erste und naheliegendste Vermutung war, dass die Schaben begonnen hatten, die Pestizide im Köder zu meiden, aber bei Jules Silvermans Experiment im Labor wurde dieser Verdacht widerlegt. Auch den Emulgatoren, Bindemitteln und Konservierungsstoffen gingen die Schaben nicht aus dem Weg. Was aber war mit dem Zucker im Köder, der in Form von Glukose bzw. Maissirup bereitgestellt wurde? Zucker ist für Schaben und die meisten anderen Tiere seit Millionen von Jahren attraktiv, und so erwartete Jules Silverman nicht, dass die Schaben die Glukose meiden würden, aber überraschenderweise hielten sie sich von der Glukose fern und fanden sie offenbar regelrecht abstoßend (Abb. 9.1). Von Fruktose wurden sie allerdings weiterhin angezogen. Jules Silverman überlegte, ob diese speziellen deutschen Küchenschaben (die später als T164 bezeichnet wurden) einfach dazugelernt hatten und deshalb

Abb. 9.1 Deutsche Küchenschaben von Jules Silvermans T164-Kolonie fressen von der (zuckerfreien) Erdnussbutterprobe und halten sich von der glukosehaltigen Erdbeermarmelade fern. (Foto von Lauren M. Nichols)

der süßen Versuchung des Zuckers widerstehen konnten. Die Willenskraft einer schlauen deutschen Küchenschabe ist mit nichts zu vergleichen (außer vielleicht mit der ihrer Milliarden von Artgenossen).

Jules Silverman beschloss zu überprüfen, ob die Schaben im Lauf ihres Lebens lernten, die gefährlichen Köder zu meiden. Wenn dem so war, müssten die frisch geborenen, weichen, blassen, ungeschützten und unwissenden Schaben aus dieser und der nächsten Generation den herkömmlichen Ködern auf den Leim gehen, denn sie hatten noch keine Möglichkeit gehabt dazuzulernen. Aber in Tests stellte Jules Silverman fest, dass auch die frisch geborenen Nachkommen aus dieser und der nächsten Generation Glukose mieden. Die Aversion gegen Glukose war also nicht erlernt, sondern angeboren. Dies ließ sich nur damit erklären, dass sie genetisch übertragen und über Evolutionsmechanismen entwickelt worden war. Jules Silverman führte einfache genetische Experimente durch, um zu verstehen, wie die Aversion gegen Glukose vererbt wurde. Er kreuzte Schaben mit einer Aversion gegen Glukose mit Schaben, die noch immer davon angezogen wurden, und kreuzte anschließend ihre Nachkommen mit dem Elternteil, für den Glukose attraktiv war. Bei diesen Kreuzungen deutete sich an, dass die Gene, die die Aversion gegen Glukose steuerten, dominant waren, wenn auch nicht vollständig.

Stellen Sie sich vor, eine Familie von deutschen Küchenschaben zieht in ein großes Wohngebäude ein. Im Lauf der Zeit kann sich die anfangs geringe Anzahl von Schaben stark vermehren, denn alle sechs Wochen kann eine weibliche Schabe eine Eikapsel ablegen, die bis zu 48 Eier enthält. Bei einer solchen Vermehrungsrate (die weitaus höher als die des Menschen, aber für ein Insekt ziemlich normal ist) kann eine einzelne weibliche Küchenschabe, die in ihrem Leben nicht mehr als zwei Eipakete legt, dennoch in einem Jahr Zehntausende Nachkommen produzieren.[15] Wenn ein Kammerjäger im ganzen Gebäude Köder verteilt und diese Tausenden Schaben alle sterben, kommt es zu keiner Weiterentwicklung. Keine Genversion wird gegenüber den anderen Versionen begünstigt. Die Schädlinge verschwinden, bis das Wohngebäude erneut von deutschen Küchenschaben befallen wird und neue Köder aufgestellt werden. Wenn jedoch einige Schaben überleben und ihr Überleben mit einer genetischen Eigenschaft zusammenhängt, die den verstorbenen Schaben fehlt, werden die überlebenden Schaben mit ihren Genversionen durch den Einsatz von Ködern begünstigt. Jules Silverman kam zu dem Schluss, dass es eine Version eines bestimmten Gens oder Gensatzes war, die dazu führte, dass die deutschen Küchenschaben aus der Wohnung T164 von Glukose nur schwach oder gar nicht angezogen wurden. Die T164-Schaben waren gegen die Glukoseköder immun geworden und gediehen infolgedessen prächtig.

Jules Silverman untersuchte daraufhin deutsche Küchenschaben aus aller Welt auf eine Glukoseaversion. Von Florida bis Südkorea hatten Schaben vielerorts, wo Glukoseköder eingesetzt wurden, offenbar unabhängig voneinander dieselbe Aversion entwickelt. Jules Silverman versuchte, diese Ergebnisse im Labor zu replizieren und die Evolution dieser genetischen Eigenschaft in einem Experiment absichtlich herbeizuführen. Er verabreichte deutschen Küchenschaben mit Insektiziden angereicherte Glukoseköder und konnte dieselben Änderungen beobachten wie in den Wohnungen: Innerhalb relativ weniger Generationen bildete sich eine Glukoseaversion aus. Er beschrieb seine Ergebnisse in einer Reihe von wissenschaftlichen Arbeiten [14] und ließ eine Reihe von Schabenködern auf Fruktosebasis patentieren [15].[16] Außerdem hoffte er, dass viele junge Evolutionsbiologen dieses Thema aufgreifen und die Details dieser extrem

---

[15]Die Vermehrungsraten übertreffen meist die Geschwindigkeit, mit der neue Schaben von einem Gebäude zum nächsten ziehen, sodass ein Wohnhaus von einer Linie der deutschen Küchenschabe besetzt sein kann und das nächste von einer anderen.

[16]Ein Beispiel finden Sie in: Silverman und Bieman 1996 [15].

schnellen Evolution unter deutschen Küchenschaben weiter erforschen würden.

Aber während Unternehmen für Schädlingsbekämpfung Jules Silvermans neu patentierte Fruktoseköder rasch in ihr Programm aufnahmen, schienen die Evolutionsbiologen seine Arbeiten zu ignorieren. Jules Silverman erklärte sich dies damit, dass er noch nicht plausibel dargelegt hatte, mit welchen Evolutionsmechanismen die deutschen Küchenschaben Glukose meiden konnten, welche Art Gene betroffen waren, wie diese Gene verändert wurden und wie diese Entwicklung so schnell und wiederholt erfolgen konnte. Dennoch gab er die Hoffnung nicht auf, diese Frage eines Tages beantworten zu können, und so vermehrte er die Nachkommen der ersten von ihm untersuchten deutschen Küchenschaben jahrzehntelang immer weiter – quasi als Andenken. Was dem einen seine Schneekugel, ist dem anderen seine Schabenkolonie.

Während Jules Silverman auf neue Erkenntnisse über die deutsche Küchenschabe wartete, setzte er seine Forschung zu anderen Schädlingen und ihrer Evolution fort. Er wechselte im Jahr 2000 zur North Carolina State University, wo er 10 Jahre lang eine Population der argentinischen Ameise *(Linepithema humile),* die sich im Südosten der Vereinigten Staaten immer mehr in Hinterhöfen und Gebäuden ausgebreitet hatte, sowie die wohlriechende Hausameise, *Tapinoma sessile,* untersuchte [16]. Ein ganzes Jahrzehnt vernachlässigte er Schaben vollständig, außer dass er die Nachkommen aus der Wohnung T164 weiterhin fütterte, mit denen er seine bis dahin größte, wenn auch weitgehend ignorierte Entdeckung gemacht hatte.

Einerseits ist die Geschichte der deutschen Küchenschaben einmalig, sie lassen sich mit keiner anderen Art vergleichen, aber andererseits ist ihre Entwicklung ein Extrembeispiel dafür, was mit vielen Arten in unseren Häusern geschieht. Die Evolution kann wunderbar kreativ sein, manchmal sogar skurril, aber ihre Ergebnisse sind insofern vorhersehbar, als sich in verschiedenen Organismen oft unabhängig voneinander dieselben Formen entwickeln. Flügel entwickelten sich unabhängig voneinander bei Insekten, Fledermäusen, Vögeln und Flugsauriern. Augen bildeten sich nicht nur in unserer Linie, sondern getrennt davon auch in den Linien der Tintenfische und Oktopoden aus. In der Gruppe der Pflanzen entwickelten sich immer wieder aufs Neue Früchte, Dornen und Bäume, aber auch eher ungewöhnliche Eigenschaften wie Pflanzensamen mit winzigen Früchten, die Ameisen anlocken. Die Ameisen transportieren diese Samen zurück in ihre Nester, fressen die Frucht auf und tragen die Samen zum Abfallhaufen des Nests, wo diese dann keimen. Solche Ameisenfrüchte haben sich über

100-mal unabhängig voneinander entwickelt [17–19].[17] Das Wissen über die potenziellen Chancen einer Art und über die Hindernisse beim Nutzen dieser Chancen ist der Schlüssel, um vorherzusehen, welche Kunstgriffe die Evolution wiederholen wird. In unseren Häusern bietet sich anderen Organismen die Chance, sich von unserem Körper, unseren Nahrungsmitteln und den dort vorhandenen Materialien zu ernähren. Die Schwierigkeiten dabei hängen mit dem Einwandern in unsere Häuser und unseren nachfolgenden Angriffen gegen die Eindringlinge zusammen.

Die von uns bekämpften Insekten können sich unter folgenden Umständen rasch an Biozide anpassen: wenn sie genetisch heterogen sind (oder in der Lage, neue Gene von anderen Arten zu übernehmen); wenn die Biozide die meisten (aber nicht alle) Individuen einer Art umbringen; wenn die Organismen dem Biozid wiederholt (oder sogar ständig) ausgesetzt sind; und wenn die Art keinem Druck durch Pathogene, Parasiten oder Konkurrenten ausgesetzt ist. Diese Bedingungen sind bei fast allen Arten in unseren Häusern erfüllt, die wir mit großer Inbrunst bekämpfen, besonders aber bei den deutschen Küchenschaben. Die Evolution in Häusern läuft folglich extrem schnell ab, und nur selten zu unserem Vorteil.

Resistenzen gegen unsere Pestizide finden sich mittlerweile unter Stechmücken, Stubenfliegen, Kopfläusen, Bettwanzen und anderen häufigen Insekten in Häusern. Wir können von der natürlichen Selektion prinzipiell profitieren, aber nur, wenn wir bei unseren Entscheidungen ihre fundamentalen Regeln berücksichtigen, was wir meist versäumen. Deshalb stellt sich die natürliche Selektion in unserem Alltagsleben meist eher als Risiko denn als Vorteil heraus, und ihre gefährlichen Folgen treffen uns, bevor wir verstehen, wie wir uns dagegen schützen können. Kurz gesagt: Die Schädlinge erringen so viele Siege gegen uns, dass die mit der Erforschung von Resistenzen beschäftigten Evolutionsbiologen in all den Jahren seit Jules Silvermans Entdeckung in Bezug auf die Glukoseaversion deutscher Küchenschaben nicht dazu gekommen sind, seine Studien fortzusetzen.

Das Problem besteht darin, dass sich Resistenzen immer wieder neu ausbilden und dabei die resistenten Varianten die weniger erfolgreichen ersetzen und sich ausbreiten. Wenn sich neue Eigenschaften auf entfernten Inseln entwickeln, beschränken sich diese oft auf ihr Ursprungsgebiet. So entwickelten sich die Vampirgrundfinken nur einmal auf den Galapagos-Inseln und breiteten sich nie aus, und auch Komodowarane sind nur auf fünf

---

[17]Etwas eigenwillige Ausführungen zu diesem Thema bei Stabschrecken finden Sie in: Hughes und Westoby 1992 [19].

Inseln heimisch. Wenn jedoch eine Art gegen ein Biozid oder ein anderes Bekämpfungsmittel in einem Haus resistent wird, kann sie rasch andere Gebäude besiedeln, in denen dieselben Mittel eingesetzt werden (und Gebäude, in denen diese Chemikalien nicht ausgebracht werden, natürlich sowieso). In ländlichen Gegenden verbreiten sich resistente Arten unter Umständen nur langsam, aber in Städten ist dieser Prozess viel schneller, weil Häuser und Wohnungen nah beieinander liegen, weil sich Kisten, Lastwagen, Schiffe, Flugzeuge und Menschen oft und rasch von Ort zu Ort bewegen und weil Transportfahrzeuge Wohnungen immer ähnlicher werden. Wenn Städte die Wohnform unserer Zukunft sind, begünstigt dies die Verbreitung von Schädlingen enorm. Menschen in Städten haben oft nur ein schwaches soziales Netz und fühlen sich häufig einsam und isoliert, aber resistente Schädlinge sind gut miteinander vernetzt. Ihre Bewegungen sind wie ein von uns erschaffener Fluss, der durch unsere Fenster und unter unseren Türen hindurch in unsere Wohnungen strömt [20].[18]

Während sich unter den unerwünschten Arten schnell Resistenzen ausbilden, verläuft dieser Prozess bei den übrigen Organismen langsam. Dies ist doppelt problematisch: Das erste Problem besteht darin, dass die uns umgebende biologische Vielfalt verloren geht, von der natürliche Ökosysteme abhängen. In einer kürzlich veröffentlichten Studie wurde z. B. festgestellt, dass die Biomasse der in Deutschland vorkommenden Insekten in natürlichen Wäldern um 75 % zurückgegangen ist. Die Gründe dafür sind noch unklar, aber viele Wissenschaftler vermuten, dass Pestizide, die in Vorgärten, Häusern und der Landwirtschaft eingesetzt werden, eine Rolle dabei spielen. Das zweite Problem liegt darin, dass den Pestiziden meist als Erstes die von uns geschätzten Arten zum Opfer fallen, z. B. die Bestäuber und Nützlinge, die uns als natürliche Feinde unserer Schädlinge unterstützen [21, 22]. Die natürlichen Feinde der Schädlinge in unseren Häusern sind – ob es Ihnen gefällt oder nicht – oft Spinnen [23, 24].[19] Wenn Sie die Spinnen in Ihrem Zuhause umbringen (dies ist oft eine Folge von Pestizideinsätzen), tun Sie dies zu Ihrem eigenen Nachteil.

---

[18]In *Faust: Eine Tragödie* von Johann Wolfgang von Goethe stellt sich ein Dämon mit folgenden Worten vor: „Der Herr der Ratten und der Mäuse, der Fliegen, Frösche, Wanzen, Läuse..." Außer den Fröschen gehören alle der genannten Tiere zu denen, die in unseren modernen Häusern eine natürliche Selektion durchlaufen. Siehe: Goethe 1808 [20].

[19]Wir sind nicht die erste Art, die versucht, Schädlinge in unserem Zuhause mit deren Feinden zu bekämpfen. Viele nestbauende Arten profitieren von anderen Arten, die in ihren Nestern leben. Einige Eulen bringen z. B. Schlangen in ihre Nester, damit diese die Insekten unter Kontrolle halten, die ihre Nestlinge befallen, und in Buschrattennestern finden sich oft Pseudoskorpione, die sich von den die Buschratten parasitierenden Milben ernähren.

Amerikanische Kinder kennen das Lied von der alten Frau, die erst eine Fliege und dann eine Spinne verschluckte. Dieses Lied hat kein Happy End (die Frau stirbt), aber andere Geschichten haben einen besseren Ausgang genommen. Im Jahr 1959 versuchte der südafrikanische Forscher J. J. Steyn herauszufinden, wie Stubenfliegen in Gebäuden unter Kontrolle gebracht werden könnten. Die Stubenfliege *(Musca domestica)* ist seit der Frühgeschichte mit unseren Behausungen verknüpft und den Menschen der westlichen Zivilisation in fast alle von ihnen besiedelten Gegenden gefolgt. Sie kann jedoch schwerwiegende Probleme hervorrufen, insbesondere bei unzureichenden sanitären Einrichtungen. Diese Art überträgt in viel größerem Maß als deutsche Küchenschaben Pathogene, darunter solche, die Durchfall verursachen und zu mehr als 500.000 Todesfällen im Jahr führen. Wie bei der deutschen Küchenschabe verläuft ihre Evolution sehr schnell. Im Jahr 1959 waren Stubenfliegen in Südafrika gegen chemische Substanzen wie Pyrethrin, Benzolhexachlorid, DDD, Chlordan, Heptachlor, Dieldrin, Isodrin, Prolan, Dilan, Lindan, Malathion, Parathion, Diazinon, Toxaphen und DDT weitgehend resistent geworden. Mit Spinnen konnten und können sie jedoch weiter in Schach gehalten werden.

Steyn wurde – vielleicht beim Vorlesen für seine Kinder – durch eine südafrikanische Kinderenzyklopädie auf etwas Interessantes aufmerksam gemacht, denn darin wurde beschrieben, dass in einigen Teilen Afrikas Kolonien von sozialen Spinnen (Arten der Gattung *Stegodyphus*) absichtlich in Häuser gebracht werden, um Fliegen und andere Schädlinge zu kontrollieren (Abb. 9.2). Diese Methode wurde offenbar zuerst bei den Tsonga und den Zulu angewendet. Die Zulu integrierten sogar spezielle Stöcke in die Bauweise ihrer Häuser, um Spinnen den Nestbau zu erleichtern [25].[20] Die Kolonien dieser sozialen Spinnen sind oft ziemlich groß; sie können die Größe eines Fußballs erreichen und lassen sich leicht von einem zum nächsten Haus tragen.

Steyn fragte sich, ob die Spinnen in Ziegen- und Hühnerställen sowie innerhalb und außerhalb von Wohnhäusern, wo Fliegen massenhaft auftreten und mit hoher Wahrscheinlichkeit Krankheiten übertragen, nicht in allen Bevölkerungsgruppen verwendet werden könnten. Er probierte es einfach aus und hatte dabei keine Schwierigkeiten. Sobald er die Spinnennetze an einem Faden in einer Küche aufgehängt hatte, begannen die Spinnen

---

[20]Diese Gewohnheit wurde dann von den Voortrekkern übernommen, den burischen Viehhaltern, die mit der Niederländischen Ostindien-Kompanie in die Gegend der südafrikanischen Stadt Kapstadt gelangten und später nach Konflikten mit der britischen Kolonialregierung im „Großen Treck" nach Norden und Osten auswanderten.

Abb. 9.2   Soziale Spinnen *Stegodyphus mimosarum* beim Fressen einer Stubenfliege. (Foto von Peter F. Gammelby, Universität Aarhus)

die Fliegen wirksam zu kontrollieren. Die Methode war auch in Krankenhäusern effektiv. Steyn wiederholte das Experiment (sogar) im Gebäude für Versuchstiere des Schädlingsforschungslabors, und innerhalb von drei Tagen nahm die Fliegenpopulation um 60 % ab. Im Winter waren die Spinnen etwas ineffektiver und erbeuteten weniger Fliegen, aber vielleicht lag das daran, dass zu dieser Zeit weniger Fliegen unterwegs waren.

Aus seinen Studien zog Steyn den Schluss, dass man zum Schutz der Menschen gegen von Fliegen übertragene Krankheiten überall Kolonien der sozialen Spinnen verteilen sollte: in öffentlichen Stätten wie Märkten, Restaurants, Kuhställen, Gaststätten, Hotelküchen, aber auch in Schlachthöfen und Molkereien, insbesondere in allen Küchen und Toiletten. In Kuhställen ließe sich auch die Milchproduktion optimieren [26]. Steyn stellte sich eine Welt vor, in der das Aufhängen von riesigen Spinnenbällen in Gebäuden normal und die von Fliegen übertragenen Krankheiten selten geworden wären; eine Welt, in der eine Tradition der Zulu und Tsonga wieder zum Leben erweckt worden wäre.

Mit dieser Wunschvorstellung war er nicht allein, denn in Teilen Mexikos gibt es eine vergleichbare soziale Spinne, *Mallos gregalis*. Auch diese Spinne bildet große Kolonien (oft mit Zehntausenden von Einzelspinnen), und auch sie wurde zur Fliegenbekämpfung in Häusern eingesetzt, dieses Mal von der indigenen Bevölkerung Mexikos [27, 28].[21] Wie in Südafrika wird diese Methode von den Einheimischen seit langer Zeit eingesetzt und wurde erst kürzlich von westlichen Wissenschaftlern entdeckt. Irgendwann wurde die Spinnenart *Mallos gregalis* versuchsweise sogar in Frankreich eingeführt, um auch hier Stubenfliegen zu bekämpfen. Dieser Versuch scheiterte allerdings, als der verantwortliche Wissenschaftler in Urlaub ging und seine Vertretung die Tiere nicht ordnungsgemäß fütterte. Vielleicht stößt Sie die Vorstellung eines riesigen Netzes von sozialen Spinnen in Ihrem Zuhause ab, aber tatsächlich waren in jedem Haus, in dem wir bisher Proben genommen haben – egal ob in Raleigh, San Francisco, Schweden, Australien oder Peru – Spinnen vorhanden. Die Frage ist also nicht, ob Ihr Haus überhaupt Spinnen enthält, sondern vielmehr, ob die vorhandenen Spinnenarten zum Einsatz gegen Schädlinge geeignet sind und ob die Anzahl der dort lebenden Spinnen ausreicht, um die Schädlinge unter Kontrolle zu halten [29, 32].[22]

Spinnen sind nicht die einzigen Arten, die für die biologische Schädlings-bekämpfung in Häusern eingesetzt werden können. Viele Solitärwespen ernähren sich von nichts anderem als der einen oder anderen Schabenart, tun dies allerdings auf ganz andere Weise als die Spinnen. Sie sind winzig, können nicht stechen und beschäftigen sich hauptsächlich damit, Jagd auf die Eipakete bestimmter Schabenarten zu machen. Dabei verlassen sie sich vor allem auf ihren Geruchssinn. Wenn sie ein Eipaket gefunden haben, klopfen sie dagegen, um sich zu vergewissern, dass es lebende Eier enthält, und bohren die Eikapsel dann mit ihrem Legebohrer an, um ihre eigenen Eier darin abzulegen. Die kleinen Wespen schlüpfen, vertilgen die jungen Schaben im Eipaket, bohren ein Loch in die Kapsel und verlassen

---

[21]Diese faszinierende Spinne kultiviert auf toten Fliegen in ihrem Netz offenbar Hefepilze, die wiederum lebende Fliegen anziehen. Bisher hat niemand diese Hefepilze identifiziert oder näher unter-sucht.

[22]Soziale Spinnen haben (ungeachtet der Versuche, sie in Frankreich einzuführen) ein eingeschränktes Verbreitungsgebiet, stehen also nicht allen zur Verfügung – aber keine Sorge, es gibt noch weitere Optionen. Springspinnen in Thailand fressen z. B. täglich bis zu 120 Individuen der *Aedes*-Stechmücken, die das tödliche Denguefieber übertragen. Siehe: Weterings et al. 2014 [29]. Eine in Häusern vorkommende Spinne in Kenia ernährt sich vorzugsweise von der Malariamücke *Anopheles*, insbesondere von Exemplaren, die bereits gefressen haben (und daher Malaria mit höherer Wahrschein-lichkeit übertragen). Siehe: Jackson und Cross 2015 [30], Nelson et al. 2005 [31] und Nelson und Jackson 2006 [32].

das schützende Gelege wie junge Vögel das Nest. In einer Studie über Häuser in Texas und Louisiana waren 26 % der Eier der amerikanischen Großschabe von der Wespe *Aprostocetus hagenowii* und weitere Schaben von einer anderen Wespe, *Evania appendigaster*, parasitiert [33]. In Raleigh kam *Evania* nicht vor, aber *Aprostocetus hagenowii* war sehr häufig. Wenn Sie in Ihrem Zuhause ein Eipaket mit einem Loch finden, sind daraus wahrscheinlich eher Wespen als Schaben geschlüpft. Vielleicht fliegen diese kleinen Nützlinge gerade auch durch Ihre Wohnung. Einige Forscher haben zur Schabenbekämpfung parasitäre Wespen in Häusern ausgebracht, und alle Versuche in dieser Richtung waren auf die eine oder andere Art erfolgreich (meist allerdings schlecht dokumentiert). Neben den Spinnen und winzigen Wespen gibt es noch andere Organismen, die unsere Häuser vor Schädlingen schützen. In einem Forschungsprojekt wird z. B. die mögliche Bekämpfung von Bettwanzen mit dem Pilz *Beauveria bassiana* untersucht. Die *Beauveria*-Sporen werden im Haus auf Oberflächen gesprüht und überdauern dort in einem inaktiven Zustand. Sobald eine Bettwanze vorbeikommt, bleiben sie an der äußeren Fettschicht auf der Oberfläche des Außenskeletts haften und beginnen, in die Bettwanze hineinzuwachsen. Innerhalb der Außenskelethülle breitet sich der Pilz aus und tötet die Bettwanze ab, indem er ihre Organe vergiftet und verstopft, während er gleichzeitig den Rest des Körpers aushungert [34–36].[23]

Manche von uns plagt die Horrorvorstellung, die Wespen, die in Häusern zur Bekämpfung von Schaben freigelassen werden, könnten Eier in unserem Körper ablegen und die geschlüpften kleinen Wespen könnten sich in unseren Körperhöhlen entwickeln und uns von innen auffressen, um anschließend aus unseren natürlichen Körperöffnungen zu schlüpfen (oder sich ein neues Loch zu bohren), aber dies wird nicht geschehen. Diese kleinen Wespen sind unsere Verbündeten und stellen für uns keinerlei Gefahr dar. Auch bei den Spinnen denken einige, sie könnten uns beißen oder sogar auffressen, aber auch sie sind fast immer unsere Helfer.

Jedes Jahr werden weltweit Zehntausende „Spinnenbisse" gemeldet, und ihre Zahl scheint zuzunehmen, in Wirklichkeit beißen Spinnen Menschen jedoch nur selten, und fast alle „Bisse" werden durch Entzündungen mit

---

[23]Andere Labore führen derzeit Versuche mit weiteren Pilzen im Zusammenhang mit gewöhnlichen Bettwanzen oder ihren tropischen Verwandten *Cimex hemipterus* durch. Siehe z. B.: Zahran et al. 2017 [35]. Währenddessen wird in Dänemark ein Raubparasit, der die Puppen von Stubenfliegen angreift, gezüchtet und experimentell in Ställen von Milchkühen eingesetzt. Damit sollen sowohl der Wadenstecher als auch die Stubenfliege bekämpft und der Befall der umliegenden Häuser vermieden werden. Siehe: Skovgård und Nachman 2004 [36].

resistenten *Staphylococcus*-Bakterien (MRSA) verursacht, sind also eine Fehldiagnose der Patienten und Ärzte. Wenn Sie jemals den Verdacht haben, von einer Spinne gebissen worden zu sein, bitten Sie Ihren Arzt zu testen, ob die Entzündung durch MRSA-Bakterien ausgelöst wurde, dies ist sehr viel wahrscheinlicher. Spinnenbisse sind u. a. deshalb so selten, weil die meisten Spinnen ihr Gift fast immer zum Jagen von Beutetieren einsetzen und nicht zu ihrer Verteidigung, denn für Spinnen ist es meist einfacher zu fliehen als zu kämpfen. In einer Studie wurde sogar untersucht, wie oft 43 Individuen der schwarzen Witwe angestoßen werden mussten, bis diese in einen künstlichen Finger (aus erstarrter Gelatine) bissen. Die Spinnen wollten jedoch einfach nicht beißen. Keine der Spinnen biss in den künstlichen Finger, nicht einmal nach 60-maligem Anstoßen. Erst als die Spinnen mit den künstlichen Fingern dreimal hintereinander stark gequetscht wurden, bissen sie zu – allerdings nur 60 % von ihnen. Und selbst dann setzten die Spinnen nur bei jedem zweiten Biss Gift frei, sodass die Hälfte der Bisse nicht gefährlich, sondern nur schmerzhaft gewesen wäre [37]. Gift ist für die Spinnen wertvoll, und sie möchten es nicht auf Sie verschwenden, sondern sparen es für Stubenfliegen und Stechmücken auf [38].[24]

Mit dem Einsatz von chemischen Mitteln zur Bekämpfung von Arten in unseren Häusern schaden wir uns immer wieder aufs Neue selbst. Das Ausbringen von Pestiziden in Vorgärten und Häusern führt dazu, dass für alle gegen dieses Pestizid resistenten Schädlinge, das entsteht, was Ökologen einen feindfreien Raum nennen. Wir sollten aber genau das Gegenteil anstreben: Die Feinde unserer Schädlinge sollten zahlreich sein. Die Verwendung der Schabenköder war z. B. als Lösung für dieses Problem gedacht, denn die Pestizide sollten nur von den Schädlingen und nicht von ihren Räubern konsumiert werden, aber dann schritt die Evolution der Schaben fort, und sie fanden einen Weg, mit dieser menschlichen Erfindung zurechtzukommen. Auf welche Weise ihnen das gelang, blieb bis zum Jahr 2011 ein Geheimnis. Damals begann Jules Silverman seine Aufmerksamkeit im Labor in eine neue Richtung zu lenken. Er arbeitete nicht mehr mit Schaben und Ameisen, sondern beschäftigte sich vor allem mit Wasserinsekten. In seinem Labor stellte er eine Reihe riesiger Becken auf, die von Köcherfliegen und

---

[24]Wie unwahrscheinlich Spinnenbisse sind, zeigt ein Beispiel: In Lenexa, Kansas, wurden kürzlich innerhalb von sechs Monaten 2055 braune Einsiedlerspinnen *(Loxosceles reclusa)* aus einem alten Haus entfernt. Weder in diesem noch in anderen Häusern mit großen Populationen von braunen Einsiedlerspinnen kam es zu Bissen. Bisse durch die braune Einsiedlerspinne werden meist aus Gegenden in den Vereinigten Staaten gemeldet, in denen diese gar nicht vorkommt (es liegt daher nahe, dass es sich gar nicht um „Spinnenbisse" handelt).

Algen bevölkert waren, und begann, ein Seminar über Wasserinsekten zu halten. Er stapfte also, mit hohen Wattstiefeln ausgerüstet, in eine ganz neue Lebensphase. Dennoch fütterte Jules Silverman seine Schaben weiter und suchte in der Fachliteratur nach neuen Informationen, um das Rätsel der resistenten Schaben zu lösen, und schon bald sollte er Unterstützung bekommen.

Jules Silverman arbeitet in einem etwas heruntergekommenen Gebäude der North Carolina State University, in dessen Fenstern Ventilatoren und Heizer hängen. Die Ventilatoren sind nicht für die Menschen in den Räumen gedacht, sondern damit soll das Raumklima den Bedürfnissen der von den Insektenkundlern erforschten Insekten angepasst werden, darunter auch Jules Silvermans Schaben. Da vor allem in Häusern vorkommende Insekten untersucht werden, müssen die Bedingungen denen in modernen Gebäuden ähneln, d. h., es müssen eine annähernd gleichmäßige Temperatur und Feuchtigkeit herrschen. Das Klima soll ganz den Anforderungen der Insekten entsprechen. Jeder Insektenkundler beschäftigt sich mit seiner eigenen Kreatur: Im Labor von Wes Watson, einem veterinärmedizinischen Insektenkundler, finden sich Fliegen, die die Augen von Kühen parasitieren, oder Käfer, die sich durch Kuhmist fressen. Im Labor von Michael Reiskind, einem Experten für die Ökologie von Stechmücken, fliegen blutgesättigte weibliche Stechmücken jedes Mal kurz auf, wenn die Wände wackeln (was immer eintritt, wenn ein Zug vorbeifährt) und lassen sich dann wieder nieder. Aber das Labor mit den meisten Schädlingsarten gehört Coby Schal, einem Experten für die Kommunikation von Schädlingen in Häusern. In seinem Labor hängen Bettwanzen an mit Blut gefüllten Membranen, und Individuen mehrerer Schabenarten krabbeln in großer Menge durcheinander.

Wie Jules Silverman widmet sich Coby Schal der Erforschung von Schaben, besonders von deutschen Küchenschaben. Coby Schal hat sich auf chemische Ökologie spezialisiert, d. h., er ist Experte für die chemischen Signale, über die Organismen, insbesondere Schaben, miteinander kommunizieren. Unter anderem hat er ein Pheromon entdeckt, mit dem wilde weibliche Schaben ihre männlichen Artgenossen anlocken. Wenn Coby Schal dieses Pheromon auf einem Feld ausbringt (oder es in seiner Hand hält), kommen männliche Schaben aus allen Richtungen angestürzt, deren Erwartungen dann allerdings enttäuscht werden [39]. Jules Silverman kannte Coby Schals Arbeit, schon lange bevor sie Kollegen wurden, und zitierte in seinem ersten Papier zu Schaben einen von Coby Schals Artikeln. Aber auch nachdem Jules Silverman an dieselbe Universität wie Coby Schal gewechselt war, taten sie sich nicht zusammen, um deutsche Küchenschaben zu untersuchen, obwohl sie gemeinsam an einem Projekt zu argentinischen Ameisen und wohlriechenden Hausameisen arbeiteten. Vielleicht waren sie beide anderweitig beschäftigt, oder Jules Silverman war sich nicht sicher, ob Coby Schals Kenntnisse ihm bei seinen drängendsten Fragen weiterhelfen würden.

Im Jahr 2009 stieß aber eine neue Postdoktorandin aus Japan, Ayako Wada-Katsumata, zur Abteilung. Oft verfügen Postdoktoranden über Fähigkeiten, die ihren Vorgesetzten fehlen, und haben mehr Zeit zum Forschen, sodass sie bei ihrer Arbeit neue Verknüpfungen herstellen können, und so war es auch bei Ayako Wada-Katsumata. Sie konnte eine Verbindung zwischen Coby Schals und Jules Silvermans Arbeit herstellen und ermöglichte damit eine der wichtigsten Entdeckungen in Jules Silvermans Karriere.

Die besondere Fähigkeit von Ayako Wada-Katsumata war, dass sie messen konnte, wie das Gehirn von Insekten wie Schaben auf Substanzen mit einem bestimmten Geruch oder Geschmack reagiert. Vor ihrem Wechsel zur North Carolina State University hatte Ayako Wada-Katsumata untersucht, ob beim Teilen von Nahrung im Gehirn von Ameisen chemische Substanzen freigesetzt werden, die mit Glücksgefühlen assoziiert sind. Sie studierte außerdem die sinnlichen Erfahrungen von Schaben bei der Partnersuche und Paarung. Männliche und weibliche deutsche Küchenschaben müssen sich im Dunkeln finden. Deshalb produziert die weibliche Schabe ein chemisches Signal, das sich über die Luft im ganzen Haus verbreitet und ihre männlichen Artgenossen anlockt. Die chemischen Stoffe dringen aus Küchenschränken und Kommoden und ziehen durch Gänge und über Treppen. Über diese Duftstoffe finden die Männchen das paarungsbereite Weibchen auch bei ausgeschaltetem Licht.[25] Die beiden nehmen Kontakt auf, und dabei nimmt das Männchen weitere chemische Stoffe auf dem Körper des Weibchens wahr. Daraufhin bietet die männliche Schabe seiner Partnerin eine wohlriechende Süßigkeit als Hochzeitsgeschenk an, eine Art sexuelles Zucker- und Fettbonbon. Abhängig davon, wie zufrieden sie mit dem Geschenk ist (das sie in jedem Fall auffrisst), ist sie zur Paarung bereit oder nicht. Als Ayako Wada-Katsumata ihre Arbeit zu Schaben aufnahm, war die Zusammensetzung des Hochzeitsgeschenks bekannt, aber die Reaktion im Gehirn der weiblichen Schaben war noch nicht erforscht. Um mehr darüber zu erfahren, schloss Ayako Wada-Katsumata die Geschmacks-

---

[25]Coby Schal hat den Geruch identifiziert, er weiß nur noch nicht, wie man große Mengen davon produzieren kann. Wenn er es herausgefunden hat, sollte man ihm eher fernbleiben, denn wenn er sich irgendwann versehentlich mit dem Geruch bekleckert, wird er eine Art Rattenfänger von Hameln für deutsche Küchenschaben werden.

nervenzellen von deutschen Küchenschaben, die sich auf zungenartigen Sensilla befinden, über Drähte an einen Computer an und bot den weiblichen und männlichen Schaben unterschiedliche Geschenke an, übernahm also die Rolle des männlichen Partners. Dabei stellte sie fest, dass das Geschenk des Männchens von beiden Geschlechtern als lecker empfunden wurde, aber dass die Nervenzellen der weiblichen Schaben stärker stimuliert wurden als die der männlichen. Wenn sich ein Männchen niedergeschlagen und einsam fühlte, konnte es sein eigenes Geschenk fressen, genoss dies aber weitaus weniger als ein Weibchen.

In North Carolina untersuchte Ayako Wada-Katsumata dann fast das genaue Gegenteil dessen, womit sie sich in Japan beschäftigt hatte. Sie untersuchte nicht mehr die Reaktion der deutschen Küchenschaben auf etwas Begehrenswertes, die geschlechtliche Vereinigung, sondern die Reaktion der T164-Schaben auf einen Stoff, den sie mieden, die Glukose. Jules Silverman glaubte fest daran, dass die T164-Schaben der Glukose infolge einer evolutionären Weiterentwicklung aus dem Weg gingen, und auch Coby Schal begann sich, nach vielen Gesprächen mit seinem Kollegen, dieser These anzuschließen. Eine ausgefallene Möglichkeit war, dass durch die natürliche Selektion T164-Schaben begünstigt wurden, bei denen die Glukose die bitteren statt der süßen Nervenzellen der Sensilla reizte. Wenn ihre Sensilla die Glukose berührten, meldete ihr Gehirn vielleicht: „Bitter! Nichts wie weg hier!" Es war bereits bekannt, dass die süßen Geschmacksrezeptoren von gewöhnlichen deutschen Küchenschaben (die von Wissenschaftlern als Wildtypschaben bezeichnet werden) sowohl auf Glukose als auch auf Fruktose reagieren. Aber traf das auch noch auf die T164-Schaben zu? Ayako Wada-Katsumata wollte dies herausfinden; sie wollte versuchen, die Gedanken der Schaben zu lesen, indem sie untersuchte, was die Schaben wahrnahmen.

Die Aufgabe war aufwendig und beanspruchte einen Großteil ihrer Arbeitszeit. Jeden Morgen frühstückte sie, machte sich auf den Weg ins Labor, nahm eine Schabe und schnallte ihr einen winzigen Kegel um, sodass am engeren Ende des Kegels der Kopf und am anderen Ende das runde, dickere Hinterteil der Schabe herausragte.

Anschließend suchte Ayako Wada-Katsumata unter dem Mikroskop die haarähnlichen Sensilla am Mund der Schabe. Sie brachte das eine Ende einer Elektrode an einem einzelnen Sensillum an und schloss das andere Ende an ihren Computer an. Die mit dem Sensillum verknüpfte Elektrode war von einem kleinen Schlauch umhüllt, der Wasser und Glukose enthielt (oder eine andere Substanz, die den Schaben in diesem Geschmackstest angeboten wurde). Abhängig von der Amplitude und Häufigkeit der

Impulse auf ihrem Bildschirm interpretierte Ayako Wada-Katsumata, ob das von ihr angebotene Futter (Fruktose, Glukose oder etwas anderes) die süßen oder die bitteren Nervenzellen des Sensillums der Schabe reizte. Wenn sie einen schnellen Puls auf dem Bildschirm sah, wusste sie, dass die bitteren Nervenzellen gereizt wurden, d. h., das Futter schmeckte für die Schabe bitter. Wenn sie einen etwas langsameren Puls mit größeren Amplituden sah, wurden die süßen Nervenzellen gereizt, d. h., das Futter schmeckte für die Schabe süß. Es war ein mühsamer Prozess, den Ayako Wada-Katsumata an fünf Sensilla von insgesamt 2000 Schaben wiederholte, von denen die eine Hälfte zur T164-Population und die andere Hälfte zu den Wildtypschaben gehörten.

Die Arbeit dauerte über drei Jahre, und Ayako Wada-Katsumata betrachtete bei ihren Tests viele kleine Schabenköpfe, die sie aufmerksam ansahen, während sie ihnen Süßes anbot (Abb. 9.3). Auf das süße Futter reagierten die Schaben mit winzigen Impulsen, die auf dem Bildschirm angezeigt wurden. Die Forscherin speicherte die Daten im Computer und erstellte eine Sicherungskopie. Diese Schritte führte sie nicht nur für deutsche Küchenschaben mit einer Glukoseaversion (Jules Silvermans T164-Population) aus, sondern auch für gewöhnliche deutsche Küchenschaben, die sich auf das angebotene Futter stürzten. Die Untersuchung aller fünf Sensilla einer einzelnen Schabe dauerte einen ganzen Tag. Die Experimente erforderten Geduld und Hartnäckigkeit, und der ganze Aufwand wurde nur betrieben, weil Jules Silverman, Coby Schal und jetzt auch Ayako Wada-Katsumata den Verdacht hatten, dass die Glukoseaversion der T164-Population mit den Vorgängen im Schabengehirn beim Schmecken von Glukose erklärt werden könnte.

Ayako Wada-Katsumata trug ihre Daten langsam zusammen, es gab keinen Schlüsselmoment, aber schließlich lag das Ergebnis so klar auf der Hand, dass sich weitere Tests erübrigten. Die T164-Schaben und die Wildtypschaben nahmen Fruktose genauso süß wahr wie die Schaben, die Ayako Wada-Katsumata in Japan studiert hatte und die geschlechtliche Signale als süß empfunden hatten. Fruktose reizte ihre süßen Nervenzellen, und die Wildtypschaben nahmen auch Glukose als süß wahr. Bis hierhin entsprachen die Ergebnisse den Erwartungen, aber – und dies war entscheidend – die T164-Schaben, die Jules Silverman zur Erinnerung an sein früheres Leben immer mit umgezogen hatte, empfanden Glukose als bitter [40].

Wie konnte das sein? Die einzig mögliche Erklärung war, dass die ursprünglichen Schabenköder mit Glukose in der Wohnung T164 so tödlich waren, dass die meisten Schaben starben bis auf einige wenige, für die

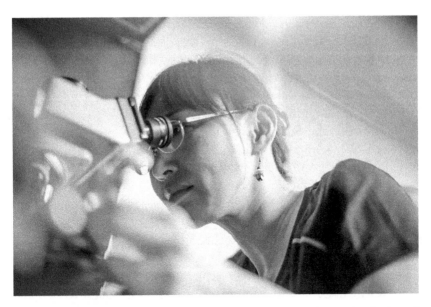

Abb. 9.3 Ayako Wada-Katsumata beim Beobachten einer Schabe durch ein Mikroskop im Labor. (Foto von Lauren M. Nichols)

der Köder aufgrund einer genetischen Abweichung bitter schmeckte und die ihn daher völlig ignorierten. Wenn dies nur einmal eingetreten war, konnten daraus alle T164-Schaben hervorgegangen sein. Noch immer bestehen einige Unklarheiten, aber langsam wird mehr über die Details dieses Vorgangs bekannt. Ayako Wada-Katsumata hat z. B. nicht nur gezeigt, dass Schaben eine Glukoseaversion entwickeln können, sondern auch, dass in Gegenden, wo die Köder Fruktose statt Glukose enthalten, Fruktose als bitter wahrgenommen wird. Das bedeutet, dass die Evolution der Schaben und damit auch die Folgen unserer Aktionen absehbar sind, auch wenn wir noch nicht verstehen, welche spezifischen Versionen welcher Gene geändert werden, damit die Glukose für die T164-Schaben bitter schmeckt.

Inzwischen hat Ayako Wada-Katsumata ihre Arbeit im Labor wieder aufgenommen. Jules Silverman hat ihr seine Schaben aus der Wohnung T164 vermacht, die er so lange umsorgt hat. Sie soll sein Erbe verwalten, denn er möchte in den Ruhestand gehen, während Ayako Wada-Katsumatas Karriere eben erst beginnt. Sie untersucht an diesen Schaben, wie die Evolution einer Zuckeraversion deren Geschlechtsleben beeinflusst. Damit kombiniert sie ihre frühere Forschung vor ihrem Wechsel zur North Carolina State University mit dem Projekt, das sie zusammen mit Coby Schal und Jules Silverman durchführte. Die Mühlen der Wissenschaft mahlen langsam, sodass eine genaue Analyse der Zusammenhänge und Details noch aussteht und gefestigte Erkenntnisse möglicherweise erst am Ende ihrer Karriere zu erwarten sind, aber schon jetzt ist sicher, dass sich Schaben mit einer Glukoseaversion weniger erfolgreich fortpflanzen. Die Männchen versuchen, Weibchen anzulocken, aber da ihr Hochzeitsgeschenk Glukose enthält, schmeckt es für die umworbene Partnerin nicht verführerisch süß, sondern bitter. Die weibliche Schabe weist das Männchen daher oft ab und geht ihrer Wege. Wer könnte ihr dies verdenken? Da die Weibchen die Paarung mit den Männchen mit größerer Wahrscheinlichkeit verweigern, überleben die männlichen Schaben nur um den Preis einer verringerten sexuellen Attraktivität. Theoretisch heißt dies, dass bei einer Bekämpfung der Schaben mit giftigen Glukoseködern die sexuell weniger aktiven Schabenlinien begünstigt werden, die weniger Nachkommen haben. Praktisch fällt dieser Nachteil allerdings kaum ins Gewicht, da selbst ein weniger attraktives Schabenmännchen Millionen von Nachkommen zeugen kann.

Die Geschichte über die deutschen Küchenschaben der T164-Population liefert scheinbar nur neue Erkenntnisse über die Evolution von Schaben oder darüber, wie ein schlauer und hartnäckiger Wissenschaftler Rätsel lösen kann. Aber wie Militärexperten vergangene Schlachten zur Vorbereitung auf zukünftige Auseinandersetzungen analysieren, können wir anhand unserer Erfahrungen im Kampf gegen Schaben unsere eigene evolutionäre Zukunft besser abschätzen.

Evolutionsbiologen beschäftigen sich nur wenig mit Prognosen über die ferne Zukunft, nicht weil sie prinzipiell davor zurückschrecken, Vorhersagen zu machen, sondern eher weil von der evolutionären Zukunft auch das Schicksal unserer eigenen Art abhängt. Evolutionsbiologen wissen, dass jede Art irgendwann ausstirbt, auch die Menschen. Ihnen ist klar, dass die Evolution auch ohne uns weiterlaufen wird (wie der allergrößte Teil der Naturgeschichte ohne den Menschen stattgefunden hat) [41].[26] Gelegentlich wird (wie schon in der Vergangenheit) eine Katastrophe eintreten, und doch wird – wie nach jedem größeren Aussterben oder tiefgreifenden Wandel in der evolutionären Vergangenheit – die Tendenz zu größerem Artenreichtum und mehr verschiedenen Organismen anhalten.

---

[26]Keine der Katastrophen, die wir uns ausmalen – weder ein Nuklearkrieg noch der extremste Klimawandel – wird das Leben an sich beenden. Wie Sean Nee bemerkte, begünstigen all die schrecklichen Dinge, die wir unserem Planeten antun und die viele für unsere Existenz lebenswichtige Arten bedrohen, gleichzeitig eine Gruppe ungewöhnlicher Mikroben. Durch die Zerstörung der Wälder, den Klimawandel, eine Nuklearkatastrophe oder Ähnliches wird unsere Welt wieder in ihren schleimigen Urzustand versetzt, in dem sich Mikroben frei entfalten können.

Die Zukunft wird sich auch ohne uns entsprechend den allgemeinen Regeln der Evolutionsbiologie weiter entfalten. Die Vorstellung vom Ende der Menschheit ist einerseits erschreckend, aber andererseits ist es tröstlich, dass das Leben auch ohne uns weitergehen wird und Lebensformen entstehen werden, die sich noch niemand vorstellen kann (und niemand von uns je sehen wird).

Die viel größere Herausforderung besteht darin, den richtigen Weg zu finden, solange wir als Menschheit auf der Erde leben. So vieles hängt von unseren Entscheidungen und Innovationen ab. Wir kontrollieren heute einen Großteil der Evolution auf der Erde, wenn auch unbeabsichtigt und auf nachlässige Weise. Am einfachsten lässt sich abschätzen, was geschehen wird, wenn wir die gleichen Strategien wie in der Vergangenheit verfolgen. In den letzten 100, den letzten 1000, 10.000, ja sogar 20.000 Jahren haben wir immer wieder die gleichen Entscheidungen getroffen: Wir haben die problematischen oder ästhetisch abstoßenden Organismen mit immer wirksameren Waffen getötet.

Wenn wir diesen Kurs beibehalten, ist die Zukunft leicht vorhersehbar: Der Einsatz immer neuer chemischer Substanzen begünstigt eine Evolution, bei der sich Pathogene und Schädlinge durch eine Anpassung ihres Verhaltens und ihrer DNA immer erfolgreicher gegen unsere Angriffe verteidigen, während die für uns nützlichen Arten geschwächt oder völlig ausgerottet werden. Die Schädlinge werden resistent, aber alles andere Leben, die biologische Vielfalt, geht verloren. Ohne uns dessen bewusst zu sein, tauschen wir den natürlichen Artenreichtum an Faltern, Ameisen, Bienen, Schmetterlingen usw. gegen einige wenige resistente Lebensformen ein. Die Außenskelette dieser überlebenden Organismen werden von Stoffen umgeben sein, die sie vor dem Eindringen der Gifte in ihren Körper schützen; ihre Zellen werden über Transporter verfügen, die verhindern, dass Gifte durch die Zellwände gelangen, (oder über spezielle Fettkörper, in denen Gifte ggf. sicher gespeichert werden können); wie Schaben werden sie asketisch leben und Nahrungsmitteln und vielleicht sogar Sexualpheromonen widerstehen können, mit denen wir sie in den Tod locken möchten. Diese Entwicklung hat bereits begonnen und wird sich weltweit noch beschleunigen und verstärken. Je stärker wir das Raumklima kontrollieren und je homogener wir unsere Wohnräume gestalten, d. h. je komfortabler das Leben in Räumen für uns wird, desto angenehmer wird es auch für die Schädlinge.

Auf den Galapagos-Inseln beobachtete Charles Darwin, dass Tiere durch die natürliche Selektion ihre Furcht vor den Menschen verloren. Heute erleben wir genau das Gegenteil: Uns umgibt eine Armee winziger

Tierchen, die genau wissen, wie sie uns und unseren Angriffen aus dem Weg gehen können. Schädlinge in Häusern werden weiterhin nachts aktiv sein, denn so entgehen sie unserer Aufmerksamkeit (wir bringen Schädlinge nämlich nur um, wenn wir sie wahrnehmen). Auch diese Entwicklung ist nicht neu. Als die Menschen noch in Höhlen wohnten, haben sich aus den die Fledermäuse parasitierenden *Cimex*-Unterarten die Bettwanzen entwickelt. Die *Cimex*-Unterarten der Fledermäuse sind tagaktiv, sie saugen das Blut ihrer Wirtstiere, während diese schlafen. Bettwanzen dagegen sind nachtaktiv geworden, sodass sie in Ruhe über uns herfallen können, wenn wir nachts schlafend in unseren Betten liegen. Schaben und Ratten sind ebenfalls nachtaktiv geworden. Und es sind noch weitere Evolutionstendenzen vorstellbar: Je besser wir z. B. unsere Gebäude nach außen abdichten, desto kleiner werden die Schädlinge werden, um besser durch winzige Ritzen eindringen zu können. Am wahrscheinlichsten ist eine Zukunft, in der die Tausenden zumeist unschädlichen Tierarten, die heute mit uns leben und jeweils ihre eigene interessante Geschichte mitbringen, verschwunden sein werden, weil wir mit unseren Maßnahmen eine Welt geschaffen haben, in der wir von Massen winziger, resistenter, hartnäckiger Schädlinge wie den Bettwanzen, Flöhen, Läusen, Stubenfliegen und deutschen Küchenschaben umgeben sein werden. Unsere Häuser werden von einer Armee winziger vielbeiniger Tierchen besiedelt sein, die schnell auseinanderhuschen, wenn wir das Licht anmachen, sich aber – sobald das Licht ausgegangen ist und wir den Raum verlassen haben – bald wieder versammeln, um ihr Territorium neu zu besetzen.

Literatur

1. Darwin C (1844) Brief an Hooker. In: Burkhardt F (Hrsg) (2008) Charles Darwin "Nichts ist beständiger als der Wandel": Briefe 1822–1859. Insel Verlag, Frankfurt a. M., S 169
2. Heal RE, Nash RE, Williams M (1953) An insecticide-resistant strain of the German cockroach from Corpus Christi, Texas. J Econ Entomol 46(2):385–386
3. Holbrook GL, Roebuck J, Moore CB, Waldvogel MG, Schal C (2003) Origin and extent of resistance to fipronil in the German cockroach, *Blattella germanica* (L.) (Dictyoptera: Blattellidae). J Econ Entomol 96(5):1548–1558
4. Carson R (2007) Der stumme Frühling. Beck, München
5. Silverman J, Appel AG (1993) Adult cat flea (Siphonaptera: Pulicidae) excretion of host blood proteins in relation to larval nutrition. J Med Entomol 31(2):265–271

6. Schweid R (2015) The cockroach papers: a compendium of history and lore. University of Chicago Press, Chicago

7. Rehn JAG (1945) Man's uninvited fellow traveler— the cockroach. Sci Month 61(145):265–276

8. Dunn RR (2009) Respect the cockroach. BBC Wildlife 27(4):60

9. Lihoreau M, Brepson L, Rivault C (2009) The weight of the clan: even in insects, social isolation can induce a behavioural syndrome. Behav Processes 82(1):81–84

10. Qian T (2016) Origin and spread of the German cockroach, *Blattella germanica*. Dissertation, National University of Singapore

11. Pugh PJA (1994) Non-indigenous Acari of Antarctica and the sub-Antarctic islands. Zool J Linnean Soc 110(3):207–217

12. Roth L, Willis E (1960) The biotic association of cockroaches. Smithsonian Misc Collect 141

13. Silverman J, Bieman DN (1993) Glucose aversion in the German cockroach, *Blattella germanica*. J Insect Physiol 39(11):925–933

14. Silverman J, Ross RH (1994) Behavioral resistance of field-collected German cockroaches (Blattodea: Blattellidae) to baits containing glucose. Environ Entomol 23(2):425–430

15. Silverman J, Bieman DN (1996) High fructose insecticide bait compositions. US-Patent Nr. 5(547):955

16. Menke SB, Booth W, Dunn RR, Schal C, Vargo EL, Silverman J (2010) Is it easy to be urban? Convergent success in urban habitats among lineages of a widespread native ant. PLoS ONE 5(2):e9194

17. Lengyel S, Gove AD, Latimer AM, Majer JD, Dunn RR (2009) Ants sow the seeds of global diversification in flowering plants. PLoS ONE 4(5):e5480

18. Lengyel S, Gove AD, Latimer AM, Majer JD, Dunn RR (2010) Convergent evolution of seed dispersal by ants, and phylogeny and biogeography in flowering plants: a global survey. Perspect Plant Ecol Evol Syst 12(1):43–55

19. Hughes L, Westoby M (1992) Capitula on stick insect eggs and elaiosomes on seeds: convergent adaptations for burial by ants. Funct Ecol 6(6):642–648

20. Goethe JW (1808) *Faust: Eine Tragödie*. In: Trunz E (Hrsg) (1993) Goethes Werke Bd 3. Beck, München, S 52

21. Markó V, Keresztes B, Fountain MT, Cross JV (2009) Prey availability, pesticides and the abundance of orchard spider communities. Biol Control 48(2):115–124

22. Pisa LW, Amaral-Rogers V, Belzunces LP, Bonmatin JM, Downs CA, Goulson D, Kreutzweiser DP et al (2015) Effects of neonicotinoids and fipronil on non-target invertebrates. Environ Sci Pollut Res Int 22(1):68–102

23. Gehlbach FR, Baldridge RS (1987) Live blind snakes (*Leptotyphlops dulcis*) in eastern screech owl (*Otus asio*) nests: a novel commensalism. Oecologia 71(4):560–563

24. Francke OF, Villegas-Guzmán GA (2006) Symbiotic relationships between pseudoscorpions (Arachnida) and packrats (Rodentia). J Arachnol 34(2):289–298

25. Raum OF (1973) The social functions of avoidances and taboos among the Zulu, Bd. 6. de Gruyter, Berlin

26. Steyn JJ (1959) Use of social spiders against gastro-intestinal infections spread by house flies. S Afr Med J 33

27. Wesley Burgess J (1976) Social spiders. Sci Am 234(3):100–107

28. Tietjen WJ, Ayyagari LR, Uetz GW (1987) Symbiosis between social spiders and yeast: the role in prey attraction. Psyche 94(1–2):151–158

29. Weterings R, Umponstira C, Buckley HL (2014) Predation on mosquitoes by common Southeast Asian house-dwelling jumping spiders (Salticidae). Arachnology 16(4):122–127

30. Jackson RR, Cross FR (2015) Mosquito-terminator spiders and the meaning of predatory specialization. J Arachnol 43(2):123–142

31. Nelson XJ, Jackson RR, Sune G (2005) Use of anopheles-specific prey-capture behavior by the small juveniles of *Evarcha culicivora*, a mosquito-eating jumping spider. J Arachnol 33(2):541–548

32. Nelson XJ, Jackson RR (2006) A predator from East Africa that chooses malaria vectors as preferred prey. PLoS ONE 1(1):e132

33. Piper GL, Frankie GW, Loehr J (1978) Incidence of cockroach egg parasites in urban environments in Texas and Louisiana. Environ Entomol 7(2):289–293

34. Barbarin AM, Jenkins NE, Rajotte EG, Thomas MB (2012) A preliminary evaluation of the potential of *Beauveria bassiana* for bed bug control. J Invertebr Pathol 111(1):82–85

35. Zahran Z, Nor NMIM, Dieng H, Satho T, Majid AHA (2017) Laboratory efficacy of mycoparasitic fungi (*Aspergillus tubingensis* and *Trichoderma harzianum*) against tropical bed bugs (*Cimex hemipterus*) (Hemiptera: Cimicidae). Asian Pac J Trop Biomed 7(4):288–293

36. Skovgård H, Nachman G (2004) Biological control of house flies *Musca domestica* and stable flies *Stomoxys calcitrans* (Diptera: Muscidae) by means of inundative releases of *Spalangia cameroni* (Hymenoptera: Pteromalidae). Bull Entomol Res 94(6):555–567

37. Nelsen DR, Kelln W, Hayes WK (2014) Poke but don't pinch: risk assessment and venom metering in the western black widow spider, *Latrodectus Hesperus*. Anim Behav 89:107–114

38. Vetter RS, Barger DK (2002) An infestation of 2,055 brown recluse spiders (Araneae: Sicariidae) and no envenomations in a Kansas home: implications for bite diagnoses in nonendemic areas. J Med Entomol 39(6):948–951

39. Lizée MH, Barascud B, Cornec JP, Sreng L (2017) Courtship and mating behavior of the cockroach *Oxyhaloa deusta* [Thunberg, 1784] (Blaberidae, Oxyhaloinae): attraction bioassays and morphology of the pheromone sources. J Insect Behav 30(5):1–21

40. Wada-Katsumata A, Silverman J, Schal C (2013) Changes in taste neurons support the emergence of an adaptive behavior in cockroaches. Science 340:972–975
41. Nee S (2004) Extinction, slime, and bottoms. PLoS Biol 2(8):e272

10

Sieh mal, was die Katze hereingebracht hat

Als Gregor Samsa eines Morgens aus unruhigen Träumen erwachte, fand er sich in seinem Bett zu einem ungeheueren Ungeziefer verwandelt... „Was ist mit mir geschehen?", dachte er. Es war kein Traum. – *Die Verwandlung* (Kafka) [1].

In den Häusern, in denen eine Katze eines natürlichen Todes stirbt, scheren sich alle Bewohner die Augenbrauen (Herodot) [2].

Wie man am Beispiel der deutschen Küchenschaben sehen kann, beschränkt sich der Umgang mit Tieren in unseren Häusern meist auf Versuche, sie wieder loszuwerden. Eine Ausnahme gibt es jedoch: Unsere Haustiere lieben wir. Sie halten uns gesund und machen uns glücklich, und dafür füttern und umsorgen wir sie. Wir gehen mit ihnen spazieren, meist sogar öfter als mit unseren Kindern. In einer Welt voller komplexer biologischer Beziehungen ist unsere Haltung gegenüber Haustieren eindeutig, zumindest bis wir anfangen darüber nachzudenken, welche Arten mit ihnen in unser Haus gelangen. Dann wird plötzlich alles (wieder) komplizierter.

Die meisten Menschen denken bei Haustieren an ihre eigenen Haustiere, vielleicht ihre erste Katze oder einen Hund, der ihnen durch eine schwierige Situation geholfen hat. Als Ökologe erinnert mich der Begriff Haustier allerdings an meine erste Stelle als wissenschaftlicher Mitarbeiter bei einer Studie zu Käfern. Als 18-jähriger Student bewarb ich mich um einen Praktikumsplatz, bei dem es um die Beobachtung von Affen ging. Ich wurde jedoch abgelehnt, und so bewarb ich mich für ein zweites Praktikum, bei dem es um die Erforschung von Käfern ging, dieses Mal mit Erfolg. So kam es, dass ich einen Absolventen der University of Kansas, Jim Danoff-Burg,

© Springer-Verlag GmbH Deutschland, ein Teil von Springer Nature 2021
R. Dunn, *Nie allein zu Haus*, https://doi.org/10.1007/978-3-662-61586-7_10

bei seiner Doktorarbeit unterstützte [3].[1] Dieser studierte eine Gruppe von Käfern, die mit einer Ameisenart der Gattung *Liometopum* zusammenleben. Wenn diese Ameisen alarmiert sind (und natürlich sind sie das immer, wenn Ameisenbiologen sie anstupsen), sondern sie einen Geruch nach Zitrusfrüchten, Aprikosen und süßlichem Blauschimmelkäse ab. Sie bauen in der Wüste große unterirdische Nester, und man findet sie unter Steinen oder neben Wacholderbüschen oder Pinyon-Kiefern. Nachts kann man sie ohne Taschenlampe allein über den Geruch aufspüren – wenn es einem nichts ausmacht, vielleicht auch einer Klapperschlange zu begegnen.

Die mit den *Liometopum*-Ameisen zusammenlebenden Käfer werden von diesen wie Haustiere gehalten und finden bei ihnen Schutz und Futter. Ameisen produzieren spezielle Substanzen, mit denen sie ihre Nestgenossen besänftigen können, z. B. nach einer gefährlichen Situation. Die Käfer imitieren diese von den Ameisen produzierten beruhigenden chemischen Stoffe und helfen den Ameisen sich zu entspannen, ähnlich wie es auf Menschen beruhigend wirkt, ihren Hund zu streicheln. Wie ein Hund Sie mit seiner Schnauze anstößt, um gestreichelt zu werden, oder eine Katze um Ihre Beine streicht, reiben sich die Käfer an den Ameisen. Dabei geht der Ameisengeruch auf den Körper der Käfer über, und das hält die Ameisen davon ab, sie aufzufressen. Ameisen töten und fressen nämlich beinahe alles, was sich bewegt und nicht wie ein naher Verwandter riecht (entfernte Verwandte, z. B. Ameisen aus Nachbarkolonien, werden ohne Bedenken aufgefressen). Die Käfer wirken beruhigend auf die Ameisen und werden von diesen nicht mehr wahrgenommen, sodass sie unbehelligt durchs Nest laufen und von der unbewachten Ameisennahrung naschen können. Einige Arten dieser Käfer bringen die Ameisen sogar dazu, sie zu füttern, indem sie sich mit erhobenen „Vorderpfoten" vor die Ameisen stellen und betteln.

Dass die Käfer sich an den Nahrungsressourcen im Nest bedienen, ist sicherlich zum Nachteil der Ameisen, wobei diese Nahrung – wie bei Hunden oder Katzen in den Siedlungen unserer Vorfahren – möglicherweise aus den Resten besteht, die die Ameisen verschmähen. Vielleicht fressen die Käfer auch Pathogene oder Schädlinge, die im Abfallhaufen der Ameisen leben, was zum Vorteil der Ameisen wäre. Bei der Untersuchung dieser Ameisen wollten Jim Danoff-Burg und ich prüfen, ob die Anwesenheit der Käfer den Ameisen unter dem Strich mehr nützt oder schadet.[2]

---

[1]Falls Sie neugierig geworden sind, finden Sie hier einen Teil von Jim Danoff-Burgs Doktorarbeit: Danoff-Burg 1994 [3].

[2]Um den Nutzen einer Art für eine andere abzuschätzen und festzulegen, ob eine Beziehung parasitisch oder mutualistisch ist, verwenden Evolutionsbiologen normalerweise immer Einheiten der darwinistischen Fitness: Danach nützt eine Art der anderen, wenn die zweite Art mehr über-

Dazu steckten wir in einem Experiment Ameisen in eine Filmdose mit und ohne Käfer und beobachteten, wie lange die Ameisen überlebten. Das Experiment wurde unter erschwerten Bedingungen durchgeführt, da wir in Jim Danoff-Burgs Auto unterwegs waren (um neue Ameisennester mit Käfern zu suchen), aber die Ameisen schienen länger zu überleben, wenn Käfer anwesend waren. Deshalb stellten wir die Hypothese auf, dass die Ameisen durch die Käfer beruhigt würden und weniger Energie durch panische Bewegungen verlören. Dass sie in Panik gerieten, war unvermeidlich, schließlich wurden sie mit einem alten Auto durch die Wüste transportiert und waren in einer Filmdose mit Erdnussbutter und ihren eigenen Angstgerüchen eingeschlossen. Unser Experiment deutete darauf hin, dass die Käfer zumindest unter bestimmten Bedingungen eine positive Wirkung auf die Ameisen hatten.

Das Experiment mit den Ameisen und den Käfern war problematisch, aber im Gegensatz zu einem vergleichbaren Experiment mit Menschen und Haustieren immerhin durchführbar. Niemand gäbe heute einem Wissenschaftler die Erlaubnis, einen Menschen zusammen mit seinem Hund in einem riesigen Schraubglas einzusperren, um herauszufinden, ob ein Mensch mit Hund länger überlebt als ohne. Ob Hunde und Katzen (oder als Haustier gehaltene Schweine, Frettchen oder Truthähne) unsere Gesundheit und unser Wohlbefinden fördern, ist schwer abzuschätzen. Ausgebildete Diensthunde mit besonderen Fähigkeiten, die Behinderte unterstützen oder Krebs erschnüffeln, haben einen offensichtlichen direkten Nutzen für die Menschen, aber wie sieht es mit gewöhnlichen Hunden oder Katzen aus, die als Haustier gehalten werden? In einigen wenigen Studien wurde festgestellt, dass Hunde, und in geringerem Ausmaß auch Katzen, Gefühle wie Stress, Angst und Einsamkeit verringern können, was ungefähr der Wirkung der Käfer auf die Ameisen entspricht, und aus diesem Grund gibt es immer mehr Haustiere aller Art zur emotionalen Unterstützung. Eine Studie kam sogar zum Ergebnis, dass Hundebesitzer sich mit höherer Wahrscheinlichkeit von Herzinfarkten erholen als Menschen ohne Hund, wohingegen Katzenbesitzer schwerer wieder auf die Beine kommen als Personen ohne Katze [4]. Es gibt allerdings nicht viele solche Studien, meist sind es

---

lebende Nachkommen hat, sodass das Überleben der Art wahrscheinlicher wird. Vielleicht sollten wir der Definition, welche Arten uns nützen und welche nicht, allerdings nicht mehr diese amoralische Bewertung der natürlichen Selektion zugrunde legen. Vielleicht leben wir auch mit Arten in einer mutualistischen Beziehung, die unser persönliches Glück und Wohlbefinden (was auch immer damit gemeint ist) steigern, auch wenn dadurch unsere reproduktive Fitness nicht verbessert wird.

Korrelationsstudien, und oft ist die Zahl der Versuchsteilnehmer klein. Außerdem werden die anderen Wirkungen von Hunden und Katzen außer Acht gelassen. So wird nicht berücksichtigt, dass Hunde und Katzen genau wie Stubenfliegen oder deutsche Küchenschaben weitere Arten in unsere Haushalte bringen, die unserer Gesundheit nutzen oder schaden können.

Eine der Arten, die Katzen in unsere Häuser bringen, ist der Parasit *Toxoplasma gondii*,[3] und an diesem soll beispielhaft gezeigt werden, wie durch Haustiere Arten hereingeschleppt werden und wie schwierig es ist zu beurteilen, ob Haustiere gut oder schlecht für uns sind. Die Geschichte von *Toxoplasma gondii*, die hier erzählt werden soll, nahm ihren Anfang in den 1980er-Jahren. Eine Forschergruppe in Glasgow untersuchte mit *Toxoplasma gondii* infizierte Hausmäuse. Sie bemerkten, dass die angesteckten Mäuse im Vergleich zu den nichtangesteckten Mäusen hyperaktiv schienen, und fragten sich, ob dies mit dem Parasiten zusammenhing. Um dies zu prüfen, bekam jede Maus ein Hamsterrad, und ein Student im Team, J. Hay, zählte, wie viele Runden jede Maus lief. In den ersten drei Tagen schafften die nichtinfizierten Mäuse mehr als 2000 Durchläufe, also eine ganze Menge, aber die infizierten Mäuse drehten *doppelt* so viele Runden – mehr noch, sie schienen von Tag zu Tag aktiver zu werden. Am 22. Tag des Experiments liefen die angesteckten Mäuse 13.000-mal durch das Hamsterrad, während ihre nichtangesteckten Artgenossen nur 4000 Runden drehten. Die angesteckten Nagetiere waren bemerkenswert aktiv, und die Forscher schlossen daraus, dass im Gehirn der infizierten Mäuse ein außergewöhnlicher Vorgang ablaufen musste. Schließlich stellten sie die Hypothese auf, dass die Hyperaktivität vielleicht das Überleben des Parasiten begünstigte, weil die Mäuse so leichter einer Katze zum Opfer fielen. Davon würde *Toxoplasma gondii* profitieren, denn er kann die letzte Phase seines Lebenszyklus nur in Katzen vollenden [5]. Damit beendeten die Forscher ihre Studie; sie veröffentlichten sie und überließen es anderen Wissenschaftlern, ihre ungewöhnliche Hypothese weiter zu prüfen. Dass diese Geschichte 10 Jahre später eine noch seltsamere Wendung nahm, verdanken wir Jaroslav Flegr (Abb. 10.1).

---

[3]Forscher des Pasteur-Instituts der tunesischen Stadt Tunis entdeckten diesen Parasiten in einem Nagetier mit der Bezeichnung „gewöhnlicher Gundi" *(Ctenodactylus gundi)*. Eigentlich wurden die Gundis als Wirtstiere des Parasiten *Leishmania* untersucht, aber dann stießen die Forscher auf *Toxoplasma gondii. Gundi* ist der maghrebinisch-arabische Begriff für diese Nagetiere. Der Name *Toxoplasma* stammt aus dem Griechischen, wobei *toxo* „Bogen" und *plasma* „geformt" bedeutet. *Toxoplasma gondii* kann also in etwa mit bogenförmiger Parasit des gewöhnlichen Gundis übersetzt werden.

Abb. 10.1 Jaroslav Flegr in seinem Büro. (Standfoto aus *Life on Us,* unter der Regie von Annamaria Talas, Rechte bei Annamaria Talas)

Flegr stammt aus Prag, wo er immer noch lebt. In dieser Stadt machte er Karriere als Evolutionsbiologe, schloss einige interessante Arbeiten ab, erwarb einen Doktortitel und wurde für seine Verdienste schließlich mit einer akademischen Anstellung an der Karls-Universität belohnt. Dort begann Flegr, Parasiten zu erforschen. Zunächst beschäftigte er sich mit dem Parasiten *Trichomonas vaginalis,* der Trichomoniasis verursacht, später, ab dem Jahr 1992, war er immer mehr von *Toxoplasma gondii* fasziniert. Er las vom Experiment, das Hay mit den hyperaktiven Mäusen durchgeführt hatte, und fand die Hypothese, dass der Parasit das Gehirn der Hausmäuse zu seinem eigenen Vorteil manipulierte, überzeugend. Flegr konnte sich gut vorstellen, dass der Parasit weltweit Mäuse dazu brachte, aus ihren Verstecken herauszurennen, sodass sie – zum Vorteil des Parasiten – leicht von Katzen gefangen werden konnten. Es ist schwer zu sagen, weshalb Flegr Hays These so überzeugend fand, und es ist noch schwerer zu erklären, wie er dazu kam, zu überlegen, ob er selbst genauso infiziert sein könnte wie die hyperaktiven Mäuse.

Flegr begann, eine Liste seiner eigenen ungewöhnlichen Verhaltensweisen zusammenzustellen. Seltsamerweise erkannte er sich in den infizierten Mäusen wieder. Natürlich rannte er nicht schneller als andere Menschen in einem Hamsterrad, aber er tat Dinge, die ihn – als Maus – zu einer leichten Beute für Katzen gemacht hätten. Vielleicht ließ der Parasit Mäuse nicht nur aktiver werden, sondern auch weniger risikoscheu, und vielleicht hatte der Parasit diese Wirkung auch auf ihn. Er erinnerte sich daran, wie er einmal in Kurdistan in eine Situation geraten war, bei der Gewehrkugeln um ihn herumgeflogen waren, ohne dass er Angst vor dem Sterben gehabt hätte. In seiner Heimatstadt Prag verhielt er sich im Verkehr oft leichtsinnig und fädelte zwischen kreischend bremsenden und laut hupenden Autos ein und aus, ähnlich wie die infizierten Mäuse ohne jede Scheu aus ihrem Versteck hinausstürzten. Unter dem Kommunismus hatte er seine kontroversen Ideen ohne Bedenken öffentlich kundgetan, obwohl er wusste, dass andere dafür ins Gefängnis gesperrt wurden oder Schlimmeres erdulden mussten. Wie ließ sich das alles erklären? Er musste – davon war er mehr und mehr überzeugt – mit dem Parasiten angesteckt sein und unterlag, ähnlich wie Gregor in Kafkas *Verwandlung,* Vorgängen, die außerhalb seiner Kontrolle lagen.

Als Flegr sich kurze Zeit später auf *Toxoplasma gondii* testen ließ, wurde festgestellt, dass er tatsächlich Antikörper gegen den Parasiten in sich trug, also infiziert war. Er begann sich zu fragen, wann er seine Entscheidungen wirklich selbst traf und wann sein impulsives Verhalten vom Parasiten gesteuert wurde. Schon allein, dass er der bizarren Idee nachging, dass er von einem Parasiten manipuliert sein könnte, war vielleicht eine Folge der Infektion durch den Parasiten. Eine solche Idee schien völlig absurd, und er würde sich damit vermutlich vor seinen internationalen Kollegen lächerlich machen. Nun ja, er lebte in Prag, wo verrückte Ideen eine lange Tradition haben.

Als Flegr anfing, sich näher mit *Toxoplasma gondii* zu beschäftigen, hatten Wissenschaftler bereits neue Erkenntnisse über diesen Parasiten gewonnen. Wie Hay und seine Kollegen festgestellt hatten, infiziert *Toxoplasma gondii* Hausmäuse *(Mus musculus),* aber auch andere Nagetiere aus Häusern, z. B. Wanderratten *(Rattus norvegicus)* und Hausratten *(Rattus rattus)*[4] sowie Geckos, Schweine, Schafe und Ziegen. Der Parasit wird von diesen Tieren versehentlich über in der Erde oder im Wasser enthaltene Oozysten aufgenommen („Oozyste" ist der Fachbegriff für ein Eipaket, das von den griechischen Wörtern *oon* für „Ei" und *kyst* für „Tasche" oder „Blase" abgeleitet ist). Im Zwischenwirt entfaltet sich dann eine Art griechische Tragödie (oder zumindest eine Tragödie, die sich mit Wörtern aus dem Griechischen beschreiben lässt). Die Magenenzyme zersetzen die harte Schale der Oozyste, und der Parasit gelangt daraufhin in seiner Sporozoitenform in den Darm des Tiers („Sporozoit" kommt von den griechischen Wörtern *sporo* für „Samen" und *zoite* für „Tier"). Anschließend

---

[4]Bisher wurde eine Infektion bei fast allen oder sogar allen Säugetieren nachgewiesen, die untersucht wurden.

dringen die Sporozoiten in die Epithelzellen ein und verwandeln sich dort in Tachyzoiten (*tachy* stammt vom griechischen Wort für „schnell"). Diese vermehren sich rasch, bis die Zellen, in denen sie sich befinden, sterben und platzen, woraufhin die Tachyzoiten über den Blutkreislauf zu den Zellen anderer Körpergewebe gelangen und diese besiedeln. Schließlich löst das Immunsystem des Zwischenwirts eine Abwehrreaktion aus, und der Parasit nimmt eine neue Form an. Er wird zu einem Bradyzoit (das Wort *brady* stammt vom griechischen Wort für „langsam") und versteckt sich in Zellen des Zwischenwirts, z. B. im Gehirn, in den Muskeln oder einem anderen Gewebe, wo er geduldig darauf wartet, dass der Zwischenwirt gefressen wird.

Der Parasit wartet ab, weil er seinen Lebenszyklus nur im Darm einer Katze abschließen kann. *Toxoplasma gondii* ist ein Protist,[5] und wie viele Protisten benötigt er ganz besondere Bedingungen für die Paarung und die Produktion von Oozysten. Die Paarung und Eiproduktion sind weder im Boden noch in Nagetieren, Geckos, Schweinen oder Kühen (in denen der Parasit sich ebenfalls manchmal ansiedelt) möglich, denn er ist wählerisch (auch Online-Dating ist keine Option für ihn). Ein erfülltes Liebesleben ist dem Parasiten nur in der Darmschleimhaut einer Katze möglich, wobei die Katzenart keine Rolle spielt; seine erfolgreiche Vermehrung wurde bisher in 17 unterschiedlichen Katzenarten nachgewiesen. Der Lebenszyklus von *Toxoplasma gondii* hängt also sehr stark von einer Reihe relativ ungewöhnlicher Ereignisse ab, die in einer bestimmten Reihenfolge ablaufen müssen, und von dieser Abhängigkeit ist das Leben dieses Parasiten geprägt.

Wenn sich eine männliche und eine weibliche Keimzelle von *Toxoplasma gondii* in einem Katzendarm begegnen und paaren, produzieren sie neue Oozysten, die dann durch den Darm der Katze transportiert und über deren Fäkalien in die Umgebung ausgeschieden werden. Ein einziger kleiner Katzenhaufen kann 20 Mio. Oozysten enthalten, die so ausdauernd wie Samen sind und monate- oder sogar jahrelang unbemerkt ausharren können, bis sie von einer Maus oder einem anderen Tier aufgenommen werden. Es gibt etwa eine Milliarde Katzen weltweit. Selbst wenn nur 10 % der Katzen parasitiert sind und *Toxoplasma gondii* ausscheiden, warten 300 Billionen Oozysten von *Toxoplasma gondii* darauf, von einem Zwischenwirt aufgenommen zu werden. Nach vorsichtigen Schätzungen gibt es mehr als 760-mal so viele Oozysten von *Toxoplasma gondii* wie Sterne in der

---

[5]vom Stamm *Apicomplexa*, zu dem auch der Malariaparasit *Plasmodium* gehört.

Milchstraße, sie bilden also eine wahre Galaxie sich schlängelnder Parasiten [6].[6]

Überall wo Mäuse, Ratten und Katzen in großer Zahl vorkommen, z. B. früher in den Getreidespeichern des antiken Mesopotamiens, können Parasiten ihren Lebenszyklus leichter abschließen. Darüber hinaus hat jede Linie des Parasiten, in der der Zwischenwirt (z. B. die Maus oder Ratte) mit höherer Wahrscheinlichkeit von einer Katze gefressen wird, einen Vorteil und größere Chancen auf Erfolg. Hay hatte dies bereits vermutet, und seine erste intuitive Einschätzung stellte sich in den nachfolgenden Jahren als richtig heraus: Der Parasit manipuliert das Verhalten der Mäuse.

Als Flegr dem Verdacht nachging, dass er infiziert sein könnte, war ihm bereits bekannt, dass sich Menschen oft über Katzenklos in Häusern mit *Toxoplasma gondii* anstecken. Wie oben erwähnt, gelangen die Oozysten des *Toxoplasma*-Parasiten in der freien Natur über die Kothaufen von Katzen in den Boden oder das Wasser, von wo aus der Zyklus erneut beginnen kann. In Häusern enden die Oozysten stattdessen im Katzenklo, manchmal in sehr großen Mengen.[7] Wenn eine Schwangere diese Oozysten versehentlich oral aufnimmt, platzen sie in ihrem Magen und vermehren sich ungeschlechtlich in den Zellen, die ihren Darm auskleiden, bevor sie über den Blutkreislauf zu anderen Körpergeweben transportiert werden und in diese eindringen. Leider macht der Parasit keinen Unterschied zwischen dem Blutkreislauf der Mutter und dem des Fötus und erreicht so auch den Körper des Fötus. Föten haben kein eigenes Immunsystem, sondern nutzen Antikörper ihrer Mutter, nicht jedoch Immunzellen wie entzündliche T-Zellen. Dies ist problematisch, denn normalerweise wird *Toxoplasma gondii* genau durch diese Zellen in Schach gehalten. *Toxoplasma gondii* kann sich daher während der Schwangerschaft unkontrolliert im Fötus vermehren, was zu geistiger Zurückgebliebenheit, Taubheit, epileptischen Anfällen und Netzhautschäden führen kann. (Bereits bestehende Infektionen bergen allerdings nur ein geringes Risiko für Föten, weil sich die Parasiten in diesem Fall wahrscheinlich bereits in den Muskel- oder Gehirnzellen der Mutter befinden und nicht über den Blutkreislauf im Körper verbreitet werden.) Infektionen von ungeborenen Säuglingen sind nicht häufig, aber auch nicht ganz selten

---

[6]Die Ausdauer dieser Parasiten wird in der folgenden Arbeit beschrieben: Dumètre und Dardé 2003 [6].

[7]Und sie sind nicht die einzige Art in Katzenklos. Amy Savage wies in einer Arbeit nach, dass sich dort Hunderte ungewöhnliche, weitgehend unerforschte Arten versammeln.

[7].[8] Jahrelang beschränkte sich die Forschung darauf, dass *Toxoplasma gondii* einen bizarren Zyklus in Mäusen, Ratten und Katzen durchläuft und dass Katzenklos eher zufällig ein Risiko für Schwangere darstellen.

Flegr wusste allerdings auch, dass Schwangere und andere Menschen generell derselben Form des Parasiten ausgesetzt sind wie Mäuse und Ratten. Wenn sich der Parasit in den Gehirnzellen festsetzte, konnte dies theoretisch für Menschen dieselben Folgen haben wie für Mäuse. Nach dem Eindringen in das Gehirn war es eventuell möglich, dass er das menschliche Verhalten manipulierte, auch wenn dies zunächst eher unwahrscheinlich schien, da Mäuse und Ratten ein relativ kleines Gehirn haben und leichter durch einen winzigen Protisten manipuliert werden können als Menschen mit ihrem großen Gehirn. Unser großer Frontallappen und das dadurch ermöglichte bewusste Denken zeichnen uns Menschen aus und haben uns befähigt, Dinge wie Feuer, Quark und Computer zu erfinden. Wir haben komplexe Gedanken, drücken diese aus und fällen bewusste Entscheidungen; wir sind zu clever und zu reflektiert, um biochemischen Reaktionen ausgeliefert zu sein und von den Begehrlichkeiten eines mikroskopischen Tierchens gesteuert zu werden – so dachte fast jedermann außer Flegr.

Die Wirkung eines Parasiten wie *Toxoplasma gondii* auf den Menschen lässt sich nur schwer untersuchen. Das Problem ist, dass wir normalerweise Mäuse oder Ratten als Modellorganismen nutzen, um die Wirkung eines bestimmten Pathogens oder einer bestimmten Behandlung zu überprüfen, und Experimente direkt am Menschen vermeiden. Die taxonomische Ordnung der Nagetiere, Rodentia, ist relativ eng mit unserer eigenen Ordnung der Primaten, Primates, verwandt, d. h., unsere Zellen, unsere Physiologie und sogar unser Immunsystem ähneln dem der Nagetiere so stark, dass bestimmte chemische Stoffe auf Mäuse und Ratten sehr wahrscheinlich denselben Effekt haben wie auf uns. Interessanterweise gibt es trotz der immer wieder auflebenden Diskussionen über die positiven gesundheitlichen Effekte von Hunden und Katzen keine vergleichbaren Debatten über Hausmäuse, Wanderratten oder Fruchtfliegen. Diese in Häusern lebenden Tiere, die den Menschen um die ganze Welt gefolgt sind, haben eine zentrale Bedeutung für die Erforschung der menschlichen Biologie. Sie dienen uns gleichsam als Spiegel und ermöglichen ein besseres

---

[8]In Europa sind zwischen 1 und 10 von 10.000 Säuglingen mit *Toxoplasma gondii* infiziert. 1 bis 2 % von ihnen haben später Lernschwierigkeiten, und bei 4 bis 27 % wird die Netzhaut so stark beschädigt, dass ihr Sehvermögen beeinträchtigt ist.

Verständnis über uns selbst. Im Zusammenhang mit *Toxoplasma gondii* war es problematisch, dass wir bereits wussten, dass der Parasit das Verhalten von Mäusen manipulierte und sie aktiver werden ließ (egal, ob dieser Effekt nun adaptiv war oder nicht). Trotzdem war es schwer vorstellbar, dass etwas Ähnliches auch für uns gelten sollte. Wie konnte dieser Verdacht am besten untersucht werden? Man könnte Menschen mit einer latenten *Toxoplasma-gondii*-Infektion (deren Immunsystem nachweislich mit dem Parasiten in Kontakt gekommen war) heilen, aber das Problem war, dass niemand wusste, wie die langsam wachsende Form von *Toxoplasma gondii,* die in Zwischenwirtzellen lebt (Bradyzoit), abgetötet werden konnte oder wie man Menschen mit lebenden Parasiten in ihren Zellen von Menschen, deren Immunsystem den Parasiten abgetötet hatte, bevor er sich etablieren konnte (deren Abwehrreaktion aber dennoch nachweisbar war), unterscheiden konnte. Ein weiteres Problem bestand darin, dass Flegr für solche Studien die Geldmittel fehlten. Er verfügte nur über Zeit und sein Gehalt. Deshalb beschloss er, auf eine bewährte Methode zurückzugreifen und Infizierte in einer Korrelationsstudie mit Nichtinfizierten zu vergleichen. Mit einer solchen Studie lässt sich zwar kein Kausalzusammenhang nachweisen, aber sie bietet dennoch einen Ausgangspunkt, ein (zugegebenermaßen etwas trübes) Fenster, das einen neuen Blickwinkel eröffnet.

Die Durchführung der von Flegr geplanten Korrelationsstudie war nicht einfach, aber kostengünstig. Er wollte Daten über das Verhalten einer großen Anzahl von Menschen sammeln und sie zu ihrem Persönlichkeitsprofil, ihrer Risikobereitschaft und der Häufigkeit, mit der sie sich durch riskantes Verhalten in schwierige Situationen (wie Autounfälle) brachten, befragen. Wie ein mittelalterlicher Händler zog er von Tür zu Tür und hausierte mit seinen abwegigen Ideen und Bluttests. Allerdings zog er nicht durch die Straßen Prags, sondern nur durch die Gänge seiner Abteilung an der Universität. Die meisten Teilnehmer seiner Studie waren Fachbereichskollegen, Angestellte und Studenten der naturwissenschaftlichen Fakultät der Karls-Universität. Er bat die insgesamt 195 Männer und 143 Frauen die 187 Fragen des weltweit verwendeten Fragebogens zu Cattels 16 Persönlichkeitsfaktoren (PF) auszufüllen, einem in den 1940er-Jahren entwickelten Einschätzungstest, mit dem die Ausprägung von 16 Persönlichkeitsfaktoren wie Wärme, Lebhaftigkeit, soziale Initiative und Dominanz bewertet werden kann. Mit Ausnahme von Flegr und einem Mitarbeiter (die beide ebenfalls an der Studie teilnahmen) wusste niemand vor dem Beantworten der Fragen, ob er mit *Toxoplasma gondii* infiziert war oder nicht. Neben dem Persönlichkeitstest sollte jeder Teilnehmer einen Hauttest für *Toxoplasma gondii* durchführen. Jedem Teilnehmer wurde ein *Toxoplasma-gondii*-Antigen injiziert. Wenn aufgrund einer Immunreaktion nach 48 h eine leichte Schwellung an der Einstichstelle zu sehen war, konnte man davon ausgehen, dass diese Person zu irgendeinem Zeitpunkt mit *Toxoplasma gondii* angesteckt worden war.[9] Dies hieß nicht zwangsläufig, dass dieser Teilnehmer *Toxoplasma gondii* noch immer in seinem Körper trug oder dass der Parasit in seine Zellen eingedrungen war, sondern nur, dass er den Parasiten irgendwann in so großer Menge aufgenommen hatte, dass eine Immunabwehr ausgelöst worden war. Flegr arbeitete in den Jahren 1992 und 1993 über 14 Monate an dieser Studie. Seine Kollegen an der Karls-Universität fanden die Studie ungewöhnlich, waren aber trotzdem bereit, daran teilzunehmen (und viele Details über ihr Leben preiszugeben).

Als Flegr die Daten auswertete, stellte er fest, dass sich die nachweislich mit *Toxoplasma gondii* infizierten Männer – wie er selbst – von den Nichtinfizierten unterschieden. Wie er selbst zeigten sie eine höhere Risikobereitschaft (und erreichten beim Faktor „Soziale Initiative" einen höheren Wert); sie missachteten Regeln und trafen impulsive und potenziell gefährliche Entscheidungen. Bei beiden Geschlechtern unterschieden sich die Persönlichkeitstypen der Infizierten von denen der Nichtinfizierten. Als Flegr die Daten genauer analysierte, wurde für ihn manches klarer. Die 29 negativ auf *Toxoplasma gondii* getesteten Mitprofessoren waren z. B. meist Führungspersönlichkeiten, also Menschen, die zu bedächtigen Entscheidungen fähig waren. 10 dieser 29 Personen waren Abteilungsleiter, Vizedekane oder Dekane, wohingegen nur einer der angesteckten Professoren jemals eine Führungsrolle (als Abteilungsleiter) besetzt hatte.[10] Auch Folgestudien ergaben ein ähnliches Bild. Flegr fand beispielsweise heraus, dass mit *Toxoplasma gondii* Infizierte mit 2,5-facher Wahrscheinlichkeit in Autounfälle verwickelt wurden (dieses Ergebnis wurde später in zwei unabhängigen Studien türkischer Forschungsgruppen, in einer mexikanischen und in einer russischen Studie bestätigt) [8].

Von diesen Ergebnissen ermutigt [9], begann Flegr seine Ideen mit mehr Nachdruck zu vertreten. Auch wenn er sich sicher war, dass seine Annahme berechtigt war, wusste er, dass die Leute z. B. sagen würden, dass Menschen, die sich mit *Toxoplasma gondii* infizierten, von vornherein anders seien; dass nur risikobereite Menschen sich überhaupt mit dem Parasiten infizieren

---

[9]Das Blut von 41 Teilnehmern wurde mit aufwendigeren immunologischen Tests genauer untersucht. Dabei bestätigten sich die Ergebnisse der einfacheren Antigentests.

[10]Eine Infektion mit diesem verhaltensmanipulierenden Parasiten lässt also eine Beförderung zum Abteilungsleiter oder Dekan unwahrscheinlicher werden (ehrlich gesagt hätte ich das Gegenteil erwartet).

würden. Natürlich konnte er das nicht ausschließen, zumindest nicht formal, aber es gab keine überzeugende Erklärung, weshalb furchtloses Verhalten Menschen eher in Kontakt mit einem in Katzenkot vorkommenden Parasiten bringen sollte. Die Vorstellung, dass risikobereite Menschen sich häufiger eine Katze zulegen oder eher unbeabsichtigt mit Katzenkot in Berührung kommen könnten, schien weit hergeholt [10], was man natürlich auch über Flegrs Hypothese sagen konnte.

Wir wissen nicht, wann Menschen erstmals in Kontakt mit *Toxoplasma gondii* kamen. Eine Möglichkeit ist, dass wir bis zum Beginn der Landwirtschaft nur selten gegenüber dem Parasiten exponiert wurden, denn erst zu dieser Zeit fingen wir an, Getreide zu lagern, und diese Getreidespeicher konnten große Populationen von getreidefressenden Insekten und Mäusen *(Mus musculus)* ernähren. Mit der wachsenden Mauspopulation stieg auch die Zahl der mäusefressenden Katzen, und schließlich wurden Katzen domestiziert, sodass ihre Dienste für die Bauern dauerhaft verfügbar waren, denn Getreide war damals sehr kostbar [11].[11] Mit der Katzenhaltung erhöhte sich die Wahrscheinlichkeit, mit ihrem Kot und damit mit *Toxoplasma gondii* in Kontakt zu kommen [12].[12] Um das Jahr 7500 v. Chr. wurde auf Zypern eine Katze in einer flachen Grube direkt neben einem Menschen begraben. Die Katze war weder zerhackt noch gekocht, sondern offenbar sorgsam zusammengerollt worden, ähnlich wie es in vielen Kulturen auch für menschliche Tote gebräuchlich war. Katzen waren auf Zypern nicht einheimisch, sodass diese Katze (oder ihre Vorfahren) vermutlich von Menschen per Schiff auf die Insel gebracht worden war. Der Mensch neben der Katze war mit Edelsteinen und Schmuck als Grabbeigaben bestattet, war also wahrscheinlich reich und mächtig. Diese Grabstätte deutet darauf hin, dass unsere Beziehung zu Katzen schon immer ein Element der Ehrerbietung oder zumindest der Zuneigung aufwies [13]. Wahrscheinlich war diese Katze bereits domestiziert (auch wenn sich dies aus ihren Knochen nur schwer ablesen lässt).

Vielleicht fand unsere erste Begegnung mit *Toxoplasma gondii* in einer frühen landwirtschaftlichen Siedlung wie der auf Zypern statt. Gut möglich, dass sich der Bestattete ebenso wie seine Katze mit dem Parasiten angesteckt hatte. Eventuell fand die Exposition gegenüber *Toxoplasma gondii*

---

[11]Mäuse hatten einen großen Einfluss auf die gespeicherten Getreidearten. Der Grund, weshalb manche unserer modernen Getreidearten so hart sind, ist, dass Mäuse diese weniger leicht auffressen können.

[12]In der frühen Landwirtschaft wurden den Leichen oft unbeabsichtigt Parasiten als Grabbeigaben mitgegeben.

sogar noch früher in der Vorgeschichte der Menschheit statt. Als Jäger und Sammler konnten sich Menschen versehentlich über Erde mit dem Parasiten infizieren, wie es bei Mäusen vorkommt, oder den Parasiten über rohes Fleisch zu sich nehmen (denn eine weitere Ansteckungsmöglichkeit ist das Konsumieren von Schaf- oder Schweinefleisch, in dessen Zellen der Parasit lebt). Hin und wieder wurden unsere Vorfahren von Raubkatzen gefressen, sodass der Parasit seine bevorzugte Endstation manchmal auch direkt über Menschen erreichen konnte. Unsere Vorfahren waren, insbesondere in ihrer frühen Kindheit, stärker gefährdet, Raubkatzen zum Opfer zu fallen, als wir uns dies heute vorstellen können. Aber selbst wenn solche Infektionen manchmal vorkamen, hat sich mit Beginn der Landwirtschaft und der Katzenhaltung in Häusern die Häufigkeit der Interaktionen und Ansteckungen mit dem Parasiten zweifellos erhöht. Wenn Flegr mit seiner Hypothese recht hatte, beeinflusst dieser Parasit unser Verhalten möglicherweise schon lange. Flegr dachte deshalb darüber nach, wie dieser Parasit nicht nur die heutigen Menschen, sondern auch unsere Vorfahren seit vielen Generationen beeinflusst haben könnte. Denkbar ist beispielsweise, dass historische Persönlichkeiten wie Dschingis Khan oder Kolumbus mit *Toxoplasma gondii* infiziert waren.

In den Jahren, in denen Flegr sich damit beschäftigte, welche verschiedenen Wirkungen *Toxoplasma gondii* auf Menschen ausüben könnte, setzten auch andere Biologen und Biologinnen beharrlich ihre Experimente fort, um die Auswirkungen des Parasiten auf Nagetiere zu untersuchen. Eine von ihnen war Joanne Webster, die sich auf durch Tiere verbreitete Pathogene spezialisiert hat (sie selbst bezeichnet sich als zoonotische Insektenkundlerin). Wie Flegr wollte auch Webster die in Edinburgh durchgeführten Experimente Hays fortsetzen. Im Gegensatz zu ihrem tschechischen Kollegen plante sie aber richtige Experimente. Hay hatte mit Hausmäusen gearbeitet, Webster untersuchte dagegen im Labor gezüchtete Wanderratten. Ebenso wie in Hausmäusen teilt sich der Parasit *Toxoplasma gondii* in Wanderratten ungeschlechtlich im Blutkreislauf und verbreitet sich im ganzen Körper, bevor er in Muskelzellen, z. B. des Herzens, oder Gehirnzellen eindringt. Sobald er ins Innere von Gehirnzellen gelangt ist, bildet er eine Zyste und kann in diesem Zustand Jahre überdauern, ggf. bis zum Tod des Zwischenwirts. Webster konnte in vielen sorgfältig durchgeführten Experimenten zeigen, dass Ratten nach einer Infektion mit diesem Parasiten genau wie Hausmäuse aktiver werden [14]. Ratten verlieren außerdem ihre Scheu vor dem normalerweise angsteinflößenden Katzenurin, was wie die Hyperaktivität die Wahrscheinlichkeit erhöht, dass sie von Katzen gefressen werden [15]. In der Natur gibt es also nicht nur Ameisen, die sich fürsorglich um Käfer kümmern, sondern auch Mäuse und Ratten, die direkt in die aufgesperrten Mäuler ihrer Räuber spazieren.

Langsam begann Webster zu verstehen, auf welche Weise der Parasit die Ratten manipulierte. Offenbar produziert er nach seiner Ankunft im Gehirn den Vorläufer von Dopamin [16], der zusammen mit anderen chemischen Stoffen und bisher unerforschten Mechanismen dazu führt, dass Mäuse und Ratten aktiver werden, ihre Furcht vor Katzenurin verlieren und so größere Gefahr laufen, von einer Katze gefangen zu werden. Da die von Katzen gefressenen Arten sowohl drinnen als auch draußen leben können, können sowohl Haus- als auch Freigängerkatzen Träger von *Toxoplasma gondii* sein [17].

Websters Arbeit führte dazu, dass immer mehr Forscher zu untersuchen begannen, wie Parasiten allgemein – nicht nur *Toxoplasma gondii* – das Verhalten von Zwischenwirten manipulieren. Eine solche Beeinflussung durch Parasiten ist häufig: Pilze manipulieren z. B. das Gehirn von Ameisen, Wespen beeinflussen Spinnen, und Bandwürmer steuern das Verhalten von Asseln. Flegr war aber bis dahin der Einzige gewesen, der bei der Erforschung von *Toxoplasma gondii* untersucht hatte, ob der Parasit auch Menschen beeinflussen könnte.

Auch Webster hatte sich noch nicht mit diesem Thema beschäftigt, war aber dazu prädestiniert, die Auswirkungen von *Toxoplasma* auf Menschen zu untersuchen, denn sie hatte eine Fakultätsberufung an die Imperial College School of Medicine erhalten, sodass sie in regelmäßigem Kontakt mit Kollegen stand, die Experten für menschliche Krankheiten sind. Die Korrelationsforschung Flegrs war für diese Kollegen allerdings nicht so überzeugend wie vergleichbare von Webster durchgeführte Experimente. Auch wenn Webster nicht darauf angewiesen war, dass ihre Kollegen ihr Interesse an einem Thema teilten oder von der Bedeutung ihrer Studienergebnisse überzeugt waren, erleichterte ihr dies natürlich die eigene Forschung. Der Alltag an Hochschulen ist geprägt von der Anerkennung, die sich ein Forscher erwirbt oder auch schnell wieder verlieren kann. Wird die Arbeit eines Wissenschaftlers von den Kollegen nicht wertgeschätzt, verliert dieser möglicherweise dauerhaft ihre Unterstützung und Kooperation (und Akademiker sind fast immer auf die Hilfe von Kollegen angewiesen). Webster fehlte aber nicht nur der Rückhalt ihrer Kollegen, sondern sie war auch selbst von Flegrs Ansatz nicht ganz überzeugt. In ihrer Ausbildung hatte sie gelernt, Hypothesen mit Experimenten im Labor zu überprüfen, aber bei der Beziehung zwischen *Toxoplasma* und den Menschen war dies schwierig. Es war ethisch nicht vertretbar, Menschen mit *Toxoplasma gondii* zu infizieren, und es gab noch keine Behandlungsmethode für Menschen, in deren Zellen sich der Parasit etabliert hatte (deshalb war es nicht möglich, Menschen von der Infektion zu heilen und die entsprechenden Auswirkungen zu untersuchen). Als Webster ihre Arbeit fortsetzte, hatte sie allerdings eine Idee. Flegr hatte die Hypothese aufgestellt, dass der Parasit nicht nur das Verhalten, sondern auch die psychische Gesundheit beeinflussen könnte. Ausgehend von Flegrs Arbeit hatten E. Fuller Torrey, ein Psychiater am Stanley Medical Research Institute, und Robert Yolken, ein Professor für Pädiatrie an der Klinik der Johns Hopkins University, Hinweise darauf gefunden, dass *Toxoplasma gondii* teilweise oder sogar vollständig für den Ausbruch von Schizophrenie verantwortlich gemacht werden könnte [18]. In manchen Familien häufen sich sowohl Fälle von Schizophrenie als auch von *Toxoplasma gondii,* die sich nicht rein genetisch erklären lassen (es scheint eher einen Zusammenhang mit den Häusern der Erkrankten zu geben). Außerdem kann ein Medikament, mit dem Schizophrenie-Symptome behandelt werden, manchmal zum Verschwinden der inaktiven Form von *Toxoplasma gondii* in Zellen führen. Als Webster von diesen Beobachtungen erfuhr, fragte sie sich, ob die Medikamente zur Linderung der Schizophrenie nur wirksam waren, weil *Toxoplasma gondii* damit unterdrückt oder sogar abgetötet wurde.

Webster führte also ein Experiment durch (hier war sie in ihrem Element). Dabei verabreichte sie 49 Ratten oral *Toxoplasma gondii* und tat dann so, als ob sie weitere 39 Kontrollratten infizierte, indem sie ihnen oral Salzwasser einflößte. Sowohl die Gruppe mit den infizierten Ratten als auch die Kontrollgruppe wurde dann erneut in vier Gruppen geteilt. Die erste Gruppe erhielt keine weitere Behandlung, der zweiten wurde Valproinsäure (ein Stimmungsstabilisierer) verabreicht, die dritte bekam Haloperidol (ein Antipsychotikum), und die vierte erhielt Pyrimethamin, ein Medikament, von dem bekannt ist, dass es gegen Parasiten wirkt, unter bestimmten Umständen auch gegen *Toxoplasma gondii.* Anschließend setzte sie jede Ratte in einen ein Quadratmeter großen eingezäunten Bereich und markierte jede Ecke dieses Bereichs mit jeweils 15 Tropfen verschiedener Gerüche. In einer Ecke verstreute sie Sägespäne, über die sie Rattenurin träufelte; in der nächsten Ecke Sägespäne mit Wasser als neutral riechender Substanz; in der dritten Ecke verstreute die Forscherin Sägespäne mit Kaninchenurin, wobei sie annahm, dass dieser Geruch keine Wirkung auf die Ratten haben würde, da Ratten von Kaninchen weder angezogen werden, noch Angst vor ihnen haben; über die Sägespäne in der letzten Ecke gab die Forscherin Katzenurin. Webster arbeitet an einer der renommiertesten Universitäten der Welt, und sie hatte bedeutende Entdeckungen gemacht, und jetzt beschäftigte sie sich Tag für Tag mit dem Ausbringen von Urin.

Wenn der eingezäunte Bereich vorbereitet war, wurde eine Ratte hinein-
gesetzt, und Webster oder einer ihrer Mitarbeiter notierte sich, wie viel Zeit
die Ratte in jeder Ecke verbrachte. Dieses Prozedere wurde wiederholt, bis
das Team das Verhalten der 88 Ratten insgesamt 444 h lang beobachtet
hatte. Die aus diesen Beobachtungen gesammelten Daten umfassten
schließlich ganze 260.462 Zeilen. Bei der Datenanalyse stellte sich heraus,
dass die nichtinfizierten Ratten mehr Zeit an den Stellen mit dem vertrauten und sicheren Geruch des eigenen Urins und des Urins der harmlosen Kaninchen verbrachten. Klugerweise mieden sie die Bereiche mit dem
Katzenurin. Die infizierten, aber unbehandelten Tiere verhielten sich völlig
anders. Sie besuchten die Ecke mit dem Katzenurin häufiger, hielten sich
dort meist lange auf und schienen sich der durch den Urin signalisierten
Gefahr gar nicht bewusst zu sein. Erstaunlicherweise verhielten sich die
Ratten, die mit *Toxoplasma gondii* infiziert, aber mit Schizophrenie-Medika-
menten oder dem Mittel gegen Parasiten behandelt worden waren, eher
wie nichtinfizierte Mäuse. Verglichen mit den infizierten Ratten, die keine
Behandlung erhalten hatten, besuchten sie die Ecke mit dem Katzenurin
seltener und hielten sich dort nur kurz auf; sie waren gewissermaßen kuriert
[19].

Webster veröffentlichte ihre Arbeit zu Schizophrenie, Schizophrenie-
Medikamenten und *Toxoplasma gondii* im Jahr 2006. Die Arbeit war sehr
schlüssig, beschränkte sich aber auf Mäuse. Nun musste eine Studie mit
Menschen durchgeführt werden, die (das war Websters Wunsch) nicht nur
auf Korrelationsdaten basierte. Experimente waren allerdings auch nicht
möglich, und so blieb nur eine Längsschnittuntersuchung. Jemand sollte
Menschen über einen längeren Zeitraum beobachten, um festzustellen,
ob Träger von *Toxoplasma gondii* im Lauf der Jahre eher an Schizophrenie
erkrankten als (vergleichbare) Personen, die nicht infiziert waren. Auch
wenn Webster lieber anders vorgegangen wäre, war es dennoch ein
eleganter Test, mit dem sie ihre Studienergebnisse bestätigen und diesen
die angemessene Aufmerksamkeit der Ärzte sichern konnte. Es war schwer
vorstellbar, woher sie die erforderlichen Daten erhalten sollte, denn dazu
mussten wiederholt medizinische Untersuchungen an den Versuchspersonen
durchgeführt und jedes Mal auch Blutproben abgenommen werden. Eine
der wenigen Organisationen weltweit, die über solche Daten verfügen, sind
die Streitkräfte der Vereinigten Staaten.

Alle Rekruten der amerikanischen Streitkräfte werden regelmäßig
medizinisch untersucht und müssen dabei auch Blutproben abgeben. Der
Epidemiologe David Niebhur vom Walter Reed Army Institute of Research
beschloss, diese Daten zu analysieren, um herauszufinden, ob es tatsächlich

einen Zusammenhang zwischen Schizophrenie und *Toxoplasma gondii* gab. Niebhur durchforstete die Militärdatenbank und fand 180 Militärangehörige, die zwischen 1992 und 2001 wegen einer diagnostizierten Schizophrenie aus der Armee, der Marine oder der Luftwaffe ausgeschieden waren. In der Datenbank suchten Niebhur und seine Kollegen dann für jeden Soldaten mit einer diagnostizierten Schizophrenie drei weitere Soldaten ohne Schizophrenie als Kontrollindividuen aus, die dasselbe Alter, dasselbe Geschlecht und denselben ethnischen Hintergrund hatten und derselben militärischen Abteilung angehörten. Als die Forscher die vom Militär genommenen Blutserumproben untersuchten, bestätigte sich tatsächlich der Verdacht, dass die mit *Toxoplasma gondii* Infizierten häufiger an Schizophrenie erkrankten als die Kontrollindividuen. Das Blut der Soldaten, die mit Schizophrenie aus dem Militärdienst ausgeschieden waren, wurde sehr viel öfter positiv auf *Toxoplasma gondii* getestet als das Blut der Soldaten ohne Schizophrenie [20]. Niebhur und seine Kollegen wiesen nach, dass mit *Toxoplasma gondii* infizierte Personen ein 24 % höheres Risiko hatten, irgendwann in ihrem Leben an Schizophrenie zu erkranken, als Nichtinfizierte. Im Lauf der Zeit wurden die Ergebnisse aus den Studien Niebhurs und seiner Kollegen in Parallelversuchen und Versuchswiederholungen um weitere Details ergänzt. Es werden immer mehr Arbeiten zu diesem Parasiten veröffentlicht; Bisher wurde der Zusammenhang zwischen Schizophrenie und *Toxoplasma gondii* in 54 Studien untersucht, und es hat sich in allen außer fünf bestätigt, dass *Toxoplasma gondii* das Risiko für Schizophrenie erhöht [21].

Im Rückblick lässt sich sagen, dass Flegr mit seiner Annahme richtig lag. *Toxoplasma gondii* manipuliert nicht nur das Verhalten von Mäusen und Ratten, sondern auch das von Menschen. Und wir sind nicht die einzigen Primaten, auf die dieser Parasit einen Effekt hat: In einer neueren Studie wurde nachgewiesen, dass eine Infektion mit *Toxoplasma gondii* bei Schimpansen, unseren nächsten Verwandten, dazu führt, dass der Geruch von Katzenurin, insbesondere Leopardenurin, anziehend auf sie wirkt [22]. Infizierte Menschen oder zumindest infizierte Männer finden den Geruch von Katzenurin ebenfalls angenehmer als Männer, die sich nicht mit dem Parasiten angesteckt haben [23].[13]

Der Anteil der mit *Toxoplasma gondii* angesteckten Menschen ist sehr hoch. Manche infizieren sich, wenn sie nicht vollständig durchgegartes

---

[13]Mit Infektionen kann also das Verhalten von Männern mit zu vielen Katzen als Haustieren, aber nicht das von Frauen mit zu vielen Katzen erklärt werden. Siehe: Flegr 2013 [23].

Fleisch verzehren, in dessen Muskelzellen der Parasit überdauert hat, aber oft stecken wir uns direkt bei unseren Katzen an. Aber wie häufig sind Infektionen mit *Toxoplasma gondii* eigentlich? In Frankreich gelten über 50 % aller Menschen als latent infiziert, sodass sich mit diesem Parasiten vielleicht das Verhalten einer ganzen Nation erklären lässt. Dass die Franzosen eine Vorliebe für Rotwein, Fleisch und Zigaretten haben, hängt möglicherweise weniger mit ihrer Kultur als vielmehr mit ihren Parasiten zusammen, die sie Warnungen vor Risiken ignorieren lassen. Die Infektionsrate ist allerdings auch in anderen Ländern hoch. In Deutschland sind 40 % der Bevölkerung infiziert, und in den Vereinigten Staaten haben sich mehr als 20 % der Erwachsenen mit *Toxoplasma gondii* angesteckt. Weltweit haben sich mehr als zwei Milliarden Menschen irgendwann in ihrem Leben mit dem Parasiten infiziert [24].[14]

Schon für sich allein ist die Geschichte von *Toxoplasma gondii* beeindruckend. Gut möglich, dass *Toxoplasma gondii* der am häufigsten vorkommende Parasit in Menschen ist, oder zumindest der häufigste Parasit mit einer großen Wirkung. In meinem Labor werden auch Haarbalgmilben erforscht, die noch verbreiteter sind als *Toxoplasma gondii* (alle Erwachsenen, von denen wir jemals Proben genommen haben, hatten diese Milben) [25], aber Haarbalgmilben scheinen keine negativen Folgen zu haben. Von den Parasiten mit problematischen Auswirkungen scheint der lang vernachlässigte *Toxoplasma gondii* mit Abstand am häufigsten aufzutreten. An der Geschichte von Mäusen, Katzen und *Toxoplasma gondii* sowie anderen Katzenparasiten lässt sich zeigen, welche komplexen Folgen es hat, wenn wir Haustiere in unsere Häuser einladen. Die meisten von uns lehnen Insekten und Mikroben in unserem Zuhause als unerwünscht ab, aber unsere Haustiere bewerten wir durchweg positiv. Wenn unsere Katze durch die Haustür spaziert, kommt mit ihr allerdings auch der Parasit *Toxoplasma* in unsere Wohnung, der alleine keinen Zutritt hätte. Unsere Katze trägt darüber hinaus noch Dutzende weitere Arten in sich, über die wir noch weniger wissen. Katzenliebhaber – egal ob gewöhnliche Frauen oder Männer mit einer seltsamen Vorliebe für den Geruch von Katzenurin – sind übrigens nicht die Einzigen, die mit einem solchen Dilemma konfrontiert sind,

---

[14]Allerdings ist der Parasit nicht überall gleich stark verbreitet. In China, wo bis vor Kurzem Katzen nur selten als Haustiere gehalten wurden, war (wegen der fehlenden Exposition) auch das Auftreten von *Toxoplasma-gondii*-Antikörpern sehr selten. Gerade in einem solchen Land würden sich die Folgen einer Infektion mit *Toxoplasma gondii* für bestimmte Krankheiten leichter untersuchen lassen, da Änderungen des Infektionsstatus gut dokumentierbar wären.

denn für die anderen Haustiere, mit denen wir den Wohnraum teilen, gilt Ähnliches.

In den letzten 12.000 Jahren haben wir unseren Wohnraum mit vielen Haustieren geteilt, z. B. Katzen, Frettchen, Hunden, Meerschweinchen oder Streichelenten, und jedes hat andere Arten mitgebracht: Katzen tragen *Toxoplasma gondii* in sich, und Meerschweinchen übertragen offenbar Menschenflöhe. Hunde stellen allerdings alles in den Schatten. Sie beherbergen ein wahres Sammelsurium an Würmern, Insekten, Bakterien und anderen Organismen.

Vor sieben Jahren startete ich in meinem Labor ein Projekt, bei dem Studenten in einer Datenbank alle Parasiten erfassen sollten, die mit jedem Haustier assoziiert sind. Es sollte eine umfassende Liste für jedes Haustier erstellt werden, und Meredith Spence sollte zunächst die auf Hunden lebenden Arten katalogisieren. Mir schwebte vor, dass nach dem Erstellen einer vollständigen Liste für Hunde ein anderer Student dasselbe für Katzen und wiederum ein anderer eine Liste für Kaninchen erstellen sollte usw. Allerdings kamen wir nie über Hunde hinaus. Meredith Spence arbeitete zuerst ein Jahr an ihrer Liste, dann zwei und schließlich drei. Dann verließ sie die North Carolina State University mit einem Bachelor-Abschluss, arbeitete zwischenzeitlich in einer Tierklinik, kehrte später zur Fortsetzung ihres Studiums an die Universität zurück und steht nun kurz vor ihrem Doktortitel. Noch immer sammelt sie Arten, die auf und in Hunden leben,[15] und ihre Liste wird immer länger. Natürlich umfasst die Liste viele Arten, die erwartbar waren, z. B. neben Flöhen und den in den Flöhen lebenden *Bartonella*-Parasiten [26] eine Vielzahl von drachenköpfigen Würmern wie Bandwürmern der Gattung *Echinococcus*.

Der Taxonomie nach sind Hunde Fleischfresser und gehören damit zur selben Ordnung wie Katzen: Carnivora. Wie wir wissen, sind Hunde keine Endwirte für *Toxoplasma gondii*. Diesem speziellen Parasiten behagt irgendetwas am Darm von Hunden nicht, obwohl dessen Verdauungssystem dem einer Katze ganz ähnlich ist. Parasiten – und in Hunden leben viele davon – sind sehr wählerisch. *Echinococcus*-Bandwürmer fühlen sich z. B. im Hundedarm pudelwohl. Hunde sind der endgültige oder Endwirt von *Echinococcus*-Bandwürmern, was der Fachbegriff dafür ist, dass die Paarung und Eiproduktion der Würmer im Hundedarm erfolgt und sie dort auch sterben.

---

[15]Dieses Thema war außerdem nicht das einzige, womit sich Meredith Spence in diesen Jahren beschäftigte.

Die Erforschung der *Echinococcus*-Bandwürmer steht noch ganz am Anfang. Unser Wissensstand in Bezug auf *Echinococcus* entspricht ungefähr dem, was wir im Jahr 1980 über *Toxoplasma gondii* wussten. Die meisten Bandwurmarten haben als Endwirte Fleischfresser, sind aber ziemlich wählerisch, welche Fleischfresserart sie sich aussuchen (z. B. Hunde, Katzen oder Haie). Erwachsene Stadien der *Echinococcus*-Bandwürmer bevorzugen eindeutig Hunde. Eigentlich könnte man erwarten, dass sich die *Echino-coccus*-Bandwürmer auch in Katzen, die wie Hunde Fleischfresser sind, paaren, aber das ist nicht der Fall (wie auch für *Toxoplasma gondii* eine Vermehrung in Hunden nicht möglich ist). *Echinococcus*-Bandwürmer haben eine eindeutige Vorliebe für den Darm von Hunden.

Sobald sich zwei *Echinococcus*-Bandwürmer in einem Hund gepaart haben, scheidet der Hund mit seinem Kot die befruchteten Eier aus, die dann erst einmal abwarten. Auch wenn dies nicht allgemein bekannt ist, können Weidetiere wie Ziegen oder Schafe beim Grasfressen oft unbemerkt ein wenig Hundekot aufnehmen, und auch Rehe oder Wallabys kommen als Zwischenwirte infrage. Im Magen dieser Zwischenwirte schlüpfen aus den Eiern die *Echinococcus*-Larven, wandern durch den Körper des Tiers und bilden Zysten in Organen oder sogar Knochen. Stirbt das Weidetier, können diese Parasiten wieder in den Hundekörper gelangen, wenn dieser vom toten Tier frisst und dabei eine Zyste verschluckt. Wenn Menschen Fleisch von Weidetieren wie Schafen essen, können die Larven von *Echinococcus*-Bandwürmern auf sie übertragen werden und Zysten bilden, die im Menschen allerdings immer weiterwachsen und die Größe eines Basketballs erreichen können. Zumindest ist es appetitlicher, eine *Echinococcus*-Zyste infolge des Konsums von Schaffleisch zu entwickeln, als sich über die versehentliche Einnahme von Hundekotpartikeln mit dem Parasiten anzustecken, was häufiger vorkommt, als man sich das wünschen würde, z. B. wenn Hunde das Gesicht ihrer Besitzer ablecken. Die Welt ist einfach ein vulgärer Ort.

Die Geschichte des Parasiten *Echnicoccus* wirft noch immer viele Fragen auf. Manipuliert dieser Parasit die infizierten Schafe oder Menschen vielleicht sogar so, dass sie Hunde anziehender finden? Wird die Liebe zu ihren Vierbeinern in Hundebesitzern vor allem durch die biochemischen Substanzen von Bandwürmern geweckt? Wir wissen es nicht, aber angesichts der vielen Merkwürdigkeiten, die die Natur in unserem Alltagsleben hervorbringt, ist es nicht ausgeschlossen.

Einige Hundeparasiten und -pathogene wie die Tollwut treten in einigen Gegenden (oder zu manchen Zeiten) zwar häufig auf, sind aber meist selten, zumindest in der heutigen Zeit. *Echinococcus* war auf der von Meredith Spence zusammengestellten Liste für Hundeparasiten eine der häufigsten

Arten in Hunden und kam in vielen Gegenden vor, wenn auch nicht so oft wie Herzwürmer *(Dirofilaria immitis).* Als Folgeprojekt ihrer Katalogisierung von Hundeparasiten untersucht Meredith Spence heute Herzwürmer in Hunden. Herzwürmer sind Nematoden, die in das lebende Herz und die Lungenarterien von Hunden eindringen, wo sie sich so stark ausbreiten, dass sie schließlich die normale Blutzirkulation verhindern. In den Vereinigten Staaten sind mehr als 1 % der Hunde mit Herzwürmern infiziert, in manchen Ländern über 50 %. Herzwürmer werden von Stechmücken übertragen. Wenn Hunde von Stechmücken gestochen werden, schwimmen die Würmer über den Stechrüssel der Mücke rasch in die kleine Wunde, die beim Stich entsteht. Von dort aus kriechen sie zuerst in das Unterhautgewebe des Hundes und dringen dann über die Muskelfasern in die zum Herz führenden Blutgefäße ein. Wenn die Würmer das Herz erreicht haben, haben sie sich bereits mehrere Male gehäutet und das adulte Stadium erreicht. Als wahre Romantiker paaren sie sich im Herzen. Weder die Evolution des Hundeherzwurms noch die der vielen anderen Herzwürmer wurde bisher im Detail untersucht. Meredith Spence beschäftigt sich damit, welche Entwicklung der Herzwurm in den Stechmücken durchläuft, deshalb wird sie nicht so schnell dazu kommen, die Evolutionsgeschichte von Herzwürmern zu erforschen. Für Interessierte wäre dies ein sehr lohnenswertes Projekt (ich vermute nämlich, dass auch in Ihrer unmittelbaren Nachbarschaft häufig neue, noch völlig unbekannte und namenlose Arten von Herzwürmern mit Stechmücken herumfliegen). Normalerweise befallen Hundeherzwürmer menschliche Herzen nicht, dies geschieht nur selten (der jährliche Befall liegt im dreistelligen Bereich) – diesen Fällen wird aber in medizinischen Kreisen sehr viel Aufmerksamkeit geschenkt. In nur einem Fall gelang es Herzwürmern, sich im menschlichen Herz zu paaren. Die meisten bleiben bei ihrer Wanderung durch den Körper in den Lungenarterien stecken, wo sie sich weder vor- noch zurückbewegen können und sterben. Noch seltener bleibt ein Wurm in den Blutgefäßen der Augen, des Gehirns oder der Hoden hängen und stirbt ab, aber diese Fälle sind, wie gesagt, sehr selten [27].

Nicht selten ist jedoch die Exposition von Menschen gegenüber Herzwürmern, denn viele Menschen haben Antikörper gegen Hundeherzwürmer, was bedeutet, dass viele (vielleicht sogar die meisten) Menschen irgendwann von einer mit Hundeherzwürmern infizierten Stechmücke gestochen wurden. Die Würmer haben sich also in die Haut gegraben (vielleicht auch bei Ihnen), wurden aber vom menschlichen Immunsystem abgetötet. In einem solchen Fall merkt diese Person nichts vom erfolglosen Angriff durch den Parasiten. Neue Forschungsergebnisse legen allerdings nahe, dass selbst eine einzige Exposition gegenüber diesen Würmern dazu führen kann, dass vom Immunsystem mehr Antikörper produziert werden, die Menschen für eine Erkrankung mit Asthma prädisponieren. Es kann also sein, dass Sie von einer Stechmücke gestochen werden und dabei ein Wurm an Sie übertragen wird, den Ihr Immunsystem zwar erfolgreich abtötet, der aber dennoch Ihr Immunsystem so beeinflusst, dass Sie häufiger husten, niesen und keuchen müssen [28]. Die Tatsache, dass wir oft von Stechmücken gestochen werden, die Herzwürmer übertragen, ist hauptsächlich darauf zurückzuführen, dass wir Hunde in unser Leben hineingelassen haben. Die Würmer kommen in unserer Umgebung vor, weil wir mit Hunden zusammenleben (sie können sich zwar auch in Kojoten oder Wölfen vermehren, aber in den meisten von Menschen besiedelten Gegenden gibt es nicht viele dieser wilden Tiere). Sie müssen noch nicht einmal selbst einen Hund haben, um von diesen Würmern befallen zu werden; es reicht schon, dass Hunde in Ihrer Nachbarschaft leben. Nicht weniger als 20 weitere Parasiten treten häufig bei Hunden auf und verweisen auf die Verbindung mit ihren wilden Vorfahren, den Wölfen, und der Welt außerhalb Ihres Zuhauses. Meredith Spence führt in ihrem Katalog außerdem Dutzende weitere Parasiten auf, die zumindest gelegentlich in Haushunden auftreten.

Mich fasziniert die Biologie von *Toxoplasma gondii*, *Echinococcus*-Bandwürmern und Herzwürmern ungemein, aber – wie jeder andere – möchte ich natürlich dennoch lieber nicht mit ihnen infiziert sein. Wer eine Katze oder einen Hund in sein Leben hineinlässt, erhöht das Risiko einer Ansteckung, auch wenn die beunruhigendsten Folgen wie Bandwürmer, Schizophrenie oder tote Herzwürmer in den Hoden in den meisten Gegenden sehr selten sind. Einige der Risiken können durch vorbeugende Maßnahmen der Haustierbesitzer gemindert werden. Durch Herzwurmmedikamente kann die Häufigkeit von Herzwürmern bei Hunden reduziert werden (obwohl ihre Verwendung auch die Ausbildung von Resistenzen gegen diese Medikamente beschleunigt). Mit anderen Risiken wie denen von *Toxoplasma gondii* müssen wir, zumindest zum jetzigen Zeitpunkt, einfach leben.

Auch mir fällt es schwer, zwischen den Vor- und Nachteilen von Haustieren abzuwägen. Entscheidend ist letztendlich, wo wir wohnen und wie unsere Lebensumstände aussehen. In einigen Regionen werden Katzen gebraucht, um das Getreide vor Mäusen und Ratten zu schützen, in anderen hüten Hunde Schafherden und unterstützen so Schäfer bei ihrer Arbeit. In der westlichen Kultur sind diese Tiere allerdings meist vor allem eines: treue Begleiter. In ihrer Rolle als vierbeinige Freunde werden sie umso wichtiger, je städtischer, einsamer und isolierter die Menschen leben. Außerdem können wir bei unserem modernen Lebensstil auch dadurch von Hunden und Katzen profitieren, dass sie uns mit nützlichen Arten in Kontakt bringen.

Der positive Einfluss von Haustieren auf das bakterielle Leben fiel uns das erste Mal auf, als wir die 40 Häuser in Raleigh und Durham, North Carolina, untersuchten. Unter anderem fragten wir die Teilnehmer, ob sie einen Hund hätten, und unglaublicherweise hingen fast 40 % der Abweichungen in Bezug auf Bakterienarten in Häusern damit zusammen, ob ein Hund im Haushalt lebte oder nicht [29].[16] Teilweise war dies auf eine Reihe von Bodenmikroben zurückzuführen, die in Häusern mit Hunden häufiger vorkamen. Zunächst dachten wir, dass die Hunde diese Mikroben einfach von draußen mit ins Haus brächten, aber in einer neueren Studie stellte man fest, dass Bodenmikroben direkt im Fell vieler Säugetierarten leben.[17] Möglicherweise überschneidet sich das normale Fellmikrobiom bei vielen Säugetieren mit dem gewöhnlichen Bodenmikrobiom. Darüber hinaus hinterließen Hunde in Wohnungen mit Speichel assoziierte Bakterien sowie einige Fäkalbakterien, die bei Hunden häufig, bei Menschen dagegen seltener vorkommen (sodass eine charakteristische Mischung entsteht).

Anhand der Daten aus 1000 Häusern konnten wir außerdem nachweisen, dass auch Katzen die Häufigkeit der Bakterienarten in Häusern beeinflussen. Aus bisher unbekannten Gründen werden einige Bakterienarten, darunter auch mit Insekten assoziierte Bakterien seltener, wenn eine Katze im Haushalt lebt [30, 31]. Vielleicht hängt dies mit den Pestiziden zusammen, die Katzen in Form von Flohhalsbändern, Tropfen und Pulvern verabreicht bekommen und die neben den Insekten auch deren Bakterien abtöten (obwohl dies ebenso auf Hunde zutreffen müsste), oder vielleicht werden die Insekten (und damit auch ihre Bakterien) von Katzen gefressen. Dennoch gelangen über Katzen Hunderte Bakterienarten in unsere Häuser, von denen die meisten wie bei Hunden mit ihrem Körper zusammenhängen:

---

[16]Dass Hunde stark beeinflussen, welche Arten in unseren Häusern leben, ist nichts Neues. Jean-Bernard Huchet, der Insektenkundler, der für den Erhalt der Mumien im Musée de l'Homme in Paris zuständig ist, sezierte neulich eine Hundemumie aus der ägyptischen Ausgrabungsstätte in El Deir (im Nildelta nahe bei Kairo) aus dem Zeitraum zwischen 332 und 30 v. Chr. Im Magen eines der Hunde fand Huchet Dattelkerne und Feigen; vermutlich lebte der Hund von Früchten, die er im Haushalt seiner Besitzer fand. Die Ohren des Hundes waren voller brauner Hundezecken *(Rhipicephalus sanguineus)*, einer Art, die sich weltweit gemeinsam mit den Hunden verbreitet hat. Die Zecken waren vermutlich Träger von Pathogenen, die an Menschen übertragen werden konnten; man kennt mittlerweile fast ein Dutzend Pathogene, die bei dieser Zeckenart auftreten. Alle diese Arten gelangten in gewissem Maß über Hunde in die Städte und Wohnungen der Ägypter.

[17]darunter Arten von *Arthrobacter, Sphingomonas* und *Agrobacterium*

ihrem Speichel, ihrem Kot, ihrem Fell und ihrer Haut. Aus unbekannten
Gründen transportieren Katzen aber scheinbar keine Bodenmikroben in
die Wohnungen, vielleicht weil sie kleiner sind oder ihre Pfoten gründlich
putzen.

Vermutlich hätten sich die durchschnittlichen Bakterienarten, Protisten
oder Würmer, die mit einem Hund oder einer Katze in unser Zuhause
gelangen, in der Vergangenheit eher negativ (oder gar nicht) auf uns aus-
gewirkt – aber wir leben in ungewöhnlichen Zeiten. Heute, darauf weist
auch die Biodiversitätshypothese hin, werden Krankheiten genauso häufig
durch das Fehlen von Mikroben verursacht wie durch vorhandene Bakterien
und Parasiten. Möglicherweise hat die Exposition gegenüber den Mikroben,
die über Hunde und Katzen in unsere Häuser gelangen, für Kinder, die
ansonsten nicht mit den richtigen Bakterien in Kontakt kämen, ähnliche
Vorteile wie der artenreiche Staub aus amischen Häusern. Neue Studien
deuten darauf hin, dass durch das Halten eines Hundes das Risiko für
Allergien, Ekzeme und Dermatitis sinkt, insbesondere bei Kindern, die von
Geburt an mit einem Hund im Haushalt leben. Gemäß der gründlichsten
Analyse der aktuell verfügbaren Fachliteratur sinkt für Kinder, die mit Haustieren aufwachsen, das Risiko, an atopischer Dermatitis zu erkranken [32].
In einer ähnlichen Studie in Europa wurde dasselbe für Allergien festgestellt,
auch wenn es hier Abweichungen zwischen verschiedenen Regionen gab
[33]. In allen Untersuchungen hat sich gezeigt, dass Katzen eine ähnliche
Wirkung wie Hunde haben, auch wenn diese meist schwächer und weniger
konsistent ist [34].

In den Teilen der Welt, wo wir den Kontakt zur natürlichen biologischen
Vielfalt verloren haben, können Hunde und Katzen unser Immunsystem
also positiv beeinflussen, was auf zwei Dinge zurückgeführt werden kann:
Zum einen gleichen die von Hunden und Katzen mitgeführten Bakterienarten die ansonsten fehlenden Expositionen aus, denn wir haben oft so
wenig Kontakt mit der biologischen Vielfalt, dass selbst der Dreck an einer
Hundepfote eine Verbesserung bringt. Zum anderen ist denkbar, dass das
Verdauungssystem von Kindern von den Fäkalbakterien der Hunde und
Katzen profitiert. Kinder, die mit Hunden aufwachsen, kommen meist mit
den Bakterien aus dem Hundedarm in Kontakt, wenn sie auf den Boden
gefallene Nahrung essen oder von einem Hund abgeschleckt werden, der
gerade den Hintern eines Artgenossen genauer inspiziert hat [35, 36].
Vielleicht bieten Hunde (und in geringerem Maß auch Katzen) weniger
eine Exposition gegenüber bakteriellem Artenreichtum allgemein, als

vielmehr die Gelegenheit, mit wichtigen Darmbakterien in Kontakt zu kommen, die sonst verschwunden sind. Mittlerweile ist gut dokumentiert, dass die Abwesenheit bestimmter Darmbakterien verschiedene gesundheitliche Probleme (wie Morbus Crohn oder entzündliche Darmerkrankungen) verursachen kann. Wenn die Hypothese in Bezug auf die Übertragung der Darmbakterien zutrifft, ist anzunehmen, dass Säuglinge, die über einen Kaiserschnitt auf die Welt gekommen sind und bei denen deshalb wichtige Expositionen fehlen [37], vom Kontakt mit Hunden besonders profitieren. Dies hat sich offenbar bestätigt. Man kann außerdem erwarten, dass in Häusern, in denen es andere Möglichkeiten gibt, Fäkalmikroben aufzunehmen, z. B. beim Spielen mit Geschwistern, die ihre Hände nicht gewaschen haben, die Wirkung von Hunden nicht ganz so durchschlagend ist, und auch dies scheint zuzutreffen. Hunde haben einen weniger starken Effekt auf Allergien und Asthma von Kindern, die mit Geschwistern aufwachsen. Allgemein gibt es viele Hinweise darauf, dass Hunde uns nützen, indem sie dafür sorgen, dass mehr verschiedene Bodenbakterienarten vorhanden sind, und den Kontakt mit sonst fehlenden Fäkalmikroben ermöglichen. Diese Vorteile kommen allerdings nur zum Tragen, weil wir heute in einer Welt leben, in der wir so wenig Kontakt zur Natur haben, dass dieser Mangel durch den Dreck und die Fäkalienmikroben von Hunden behoben werden muss. Wenn wir neben diesen Überlegungen auch die Risiken von *Echinococcus*-Bandwürmern und Herzwürmern berücksichtigen, ist für die Auswirkung eines Hundes in unserem Leben vermutlich entscheidend, welche Arten Hunde mit ins Haus bringen, ob es sich um Bakterien oder Würmer handelt und um welche Wurmarten es sich ggf. handelt. Manchmal lassen sich keine ganz klaren Entscheidungen zur Verbesserung unseres Lebens treffen, weil die Artenvielfalt zu komplex ist.

Derzeit wissen wir einfach noch nicht, welche durchschnittlichen Folgen Hunde oder Katzen als Haustiere haben, von Frettchen, Zwergschweinen oder Schildkröten ganz zu schweigen. Das Beispiel von Hunden und Katzen zeigt vielleicht auch, wie schwierig es ist abzuschätzen, welche der etwa Hunderttausend Bakterien aus anderen Quellen, die sich manchmal in unseren Häusern oder auf unserem Körper ansiedeln, wünschenswert sind. Dennoch wurde ein solcher Versuch unternommen. In den 1960er-Jahren gab es Überlegungen, ob Ärzte anfangen sollten, auf dem Körper von Säuglingen, vielleicht auch in Wohn- und Krankenhäusern in ganz Amerika, Bakteriengärten anzulegen, und ein derartiges Experiment wurde tatsächlich durchgeführt.

Literatur

1. Kafka (1916) Die Verwandlung. In: Kiermeier-Debre (Hrsg) (2006) Die Verwandlung. Deutscher Taschenbuch Verlag, München, S 7
2. Herodot Historien – Zweites Buch Euterpe. In: Goldmann (Hrsg) (1961) Historien II Euterpe Drittes Buch Thaleia. Goldmann Verlag, München, S 41
3. Danoff-Burg JA (1994) Evolving under myrmecophily: a cladistic revision of the symphilic beetle tribe Sceptobiini (Coleoptera: Staphylinidae: Aleocharinae). Syst Entomol 19(1):25–45
4. McNicholas J, Gilbey A, Rennie A, Ahmedzai S, Dono JA, Ormerod E (2005) Pet ownership and human health: a brief review of evidence and issues. BMJ 331(7527):1252–1254
5. Hay J, Aitken PP, Arnott MA (1985) The influence of congenital *Toxoplasma* infection on the spontaneous running activity of mice. Z Parasitenkd 71(4):459–462
6. Dumètre A, Dardé ML (2003) How to detect *Toxoplasma gondii* oocysts in environmental samples? FEMS Microbiol Rev 27(5):651–661
7. Cook AJC, Holliman R, Gilbert RE, Buffolano W, Zufferey J, Petersen E, Jenum PA, Foulon W, Semprini AE, Dunn DT (2000) Sources of *Toxoplasma* infection in pregnant women: European multicentre case-control study. BMJ 321(7254):142–147
8. Yereli K, Balcioğlu IC, Özbilgin A (2006) Is *Toxoplasma gondii* a potential risk for traffic accidents in Turkey? Forensic Sci Int 163(1):34–37
9. Flegr J, Hrdý I (1994) Evolutionary papers: influence of chronic toxoplasmosis on some human personality factors. Folia Parasitol 41:122–126
10. Flegr J, Havlíček J, Kodym P, Malý M, Smahel Z (2002) Increased risk of traffic accidents in subjects with latent toxoplasmosis: a retrospective case-control study. BMC Infect Dis 2(1):11
11. Morris CF, Fuerst EP, Beecher BS, Mclean DJ, James CP, Geng HW (2013) Did the house mouse (*Mus musculus* L.) shape the evolutionary trajectory of wheat (*Triticum aestivum* L.)? Ecol Evol 3(10):3447–3454
12. Gonçalves MLC, Araújo A, Ferreira LF (2003) Human intestinal parasites in the past: new findings and a review. Mem Inst Oswaldo Cruz 98:103–118
13. Vigne JD, Guilaine J, Debue K, Haye L, Gérard P (2004) Early taming of the cat in Cyprus. Science 304(5668):259
14. Webster JP (1994) The effect of *Toxoplasma gondii* and other parasites on activity levels in wild and hybrid *Rattus norvegicus*. Parasitology 109(5):583–589
15. Berdoy M, Webster JP, Macdonald DW (1995) Parasite-altered behaviour: is the effect of *Toxoplasma gondii* on *Rattus norvegicus* specific? Parasitology 111(4):403–409

16. Prandovszky E, Gaskell E, Martin H, Dubey JP, Webster JP, McConkey GA (2011) The neurotropic parasite *Toxoplasma gondii* increases dopamine metabolism. PLoS ONE 6(9):e23866

17. Castillo-Morales VJ, Acosta Viana KY, Guzmán-Marín EDS, Jiménez-Coello M, Segura-Correa JC, Aguilar-Caballero AJ, Ortega-Pacheco A (2012) Prevalence and risk factors of *Toxoplasma gondii* infection in domestic cats from the tropics of Mexico using serological and molecular tests. Interdiscip Perspect Infect Dis 2012:529108

18. Torrey EF, Yolken RH (2001) The schizophrenia-rheumatoid arthritis connection: infectious, immune, or both? Brain Behav Immun 15(4):401–410

19. Webster JP, Lamberton PHL, Donnelly CA, Torrey EF (2006) Parasites as causative agents of human affective disorders? The impact of antipsychotic, mood-stabilizer and anti-parasite medication on *Toxoplasma gondii's* ability to alter host behaviour. Proc R Soc B 273(1589):1023–1030

20. Niebuhr DW, Millikan AM, Cowan DN, Yolken R, Li Y, Weber S (2008) Selected infectious agents and risk of schizophrenia among US military personnel. Am J Psychiatry 165(1):99–106

21. Yolken RH, Dickerson FB, Fuller Torrey E (2009) *Toxoplasma* and schizophrenia. Parasite Immunol 31(11):706–715

22. Poirotte C, Kappeler PM, Ngoubangoye B, Bourgeois S, Moussodji M, Charpentier MJ (2016) Morbid attraction to leopard urine in *Toxoplasma*-infected chimpanzees. Curr Biol 26(3):R98–R99

23. Flegr J (2013) Influence of latent *Toxoplasma* infection on human personality, physiology and morphology: pros and cons of the *Toxoplasma*-human model in studying the manipulation hypothesis. J Exp Biol 216(1):127–133

24. Torrey EF, Bartko JJ, Lun ZR, Yolken RH (2007) Antibodies to *Toxoplasma gondii* in patients with schizophrenia: a meta-analysis. Schizophr Bull 33(3):729–736. https://doi.org/10.1093/schbul/sbl050

25. Thoemmes MS, Fergus DJ, Urban J, Trautwein M, Dunn RR (2014) Ubiquity and diversity of human-associated demodex mites. PLoS ONE 9(8):e106265

26. Márquez FJ, Millán J, Rodriguez-Liebana JJ, Garcia-Egea I, Muniain MA (2009) Detection and identification of *Bartonella* sp. in fleas from carnivorous mammals in Andalusia, Spain. Med Vet Entomol 23(4):393–398

27. Lee ACY, Montgomery SP, Theis JH, Blagburn BL, Eberhard ML (2010) Public health issues concerning the widespread distribution of canine heartworm disease. Trends Parasitol 26(4):168–173

28. Desowitz RS, Rudoy R, Barnwell JW (1981) Antibodies to canine helminth parasites in asthmatic and nonasthmatic children. Int Arch Allergy Immunol 65(4):361–366

29. Huchet JB, Callou C, Lichtenberg R, Dunand F (2013) The dog mummy, the ticks and the louse fly: archaeological report of severe ectoparasitosis in ancient Egypt. Int J Paleopathol 3(3):165–175

30. Madden AA, Barberán A, Bertone MA, Menninger HL, Dunn RR, Fierer N (2016) The diversity of arthropods in homes across the United States as determined by environmental DNA analyses. Mol Ecol 25(24):6214–6224
31. Leong M, Bertone MA, Savage AM, Bayless KM, Dunn RR, Trautwein MD (2017) The habitats humans provide: factors affecting the diversity and composition of arthropods in houses. Sci Rep 7(1):15347
32. Pelucchi C, Galeone C, Bach JF, La Vecchia C, Chatenoud L (2013) Pet exposure and risk of atopic dermatitis at the pediatric age: a metaanalysis of birth cohort studies. J Allergy Clin Immunol 132:616-622.e7
33. Lødrup Carlsen KC, Roll S, Carlsen KH, Mowinckel P, Wijga AH, Brunekreef B, Torrent M et al (2012) Does pet ownership in infancy lead to asthma or allergy at school age? Pooled analysis of individual participant data from 11 European birth cohorts. PLoS ONE 7:e43214
34. Wegienka G, Havstad S, Kim H, Zoratti E, Ownby D, Woodcroft KJ, Johnson CC (2017) Subgroup differences in the associations between dog exposure during the first year of life and early life allergic outcomes. Clin Exp Allergy 47(1):97–105
35. Song SJ, Lauber C, Costello EK, Lozupone CA, Humphrey G, Berg-Lyons D, Caporaso JG et al (2013) Cohabiting family members share microbiota with one another and with their dogs. Elife 2:e00458
36. Nermes M, Niinivirta K, Nylund L, Laitinen K, Matomäki J, Salminen S, Isolauri E (2013) Perinatal pet exposure, faecal microbiota, and wheezy bronchitis: is there a connection? ISRN Allergy 2013:827934
37. Dominguez-Bello MG, Costello EK, Contreras M, Magris M, Hidalgo G, Fierer N, Knight R (2010) Delivery mode shapes the acquisition and structure of the initial microbiota across multiple body habitats in newborns. Proc Natl Acad Sci U S A 107(26):11971–11975

11

Mikrobengärten auf der Haut von Säuglingen

Wir wollen nun den Kampf ums Dasein etwas genauer betrachten
(Charles Darwin) [1].
... weil die lieben Blumen langsam sind und das Unkraut sich beeilt
(William Shakespeare) [2].

Wenn wir vom Fortschritt träumen, stellen wir uns meist technologische Verbesserungen vor. Dabei scheint die Gegenwart der Vergangenheit überlegen zu sein, und die Zukunft wiederum der Gegenwart. Wenn es aber um den Umgang mit dem Leben um uns herum geht, insbesondere in unseren Häusern, liegen wir mit dieser Vorstellung von Fortschritt möglicherweise falsch. Die zunehmende Kontrolle über gefährliche Pathogene ist zwar ein Fortschritt, aber wir sind damit zu weit gegangen und haben auch die nützlichen Arten eliminiert. Ohne es zu bemerken, haben wir unsere Häuser so gestaltet, dass problematische Arten begünstigt werden: Pilze besiedeln unsere Wände, neue Pathogene tummeln sich in unseren Duschköpfen, und deutsche Küchenschaben besiedeln unsere Wohnräume, Dabei wäre auch eine andere Strategie möglich gewesen. Schon seit Jahren ist bekannt, wie wir nützliche Arten in unseren Häusern begünstigen könnten. Auch wenn ein solcher Ansatz riskant erscheinen mag, ist er weniger gefährlich als die bisher angewandte Strategie, zumal er schon erfolgreich ausprobiert wurde, z. B. auf der Haut von Neugeborenen.

Ihren Anfang nahm diese Geschichte in den späten 1950er-Jahren. Damals breitete sich in den Krankenhäusern der Vereinigten Staaten ein aggressives Pathogen mit der Bezeichnung *Staphylococcus aureus* Typ 80/81

© Springer-Verlag GmbH Deutschland, ein Teil von Springer Nature 2021
R. Dunn, *Nie allein zu Haus,* https://doi.org/10.1007/978-3-662-61586-7_11

aus,[1] das nicht nur die Krankenhauspatienten, sondern nach ihrer Entlassung auch ihre Angehörigen zu befallen drohte. Laut einer damals veröffentlichten Studie waren Säuglinge besonders gefährdet, denn bei ihnen verursachte das Pathogen mehr potenziell schwere Krankenhausinfektionen als jede andere Mikrobe [3].[2]

Staphylococcus aureus Typ 80/81 (kurz „80/81") etablierte sich in der Nase oder im Bauchnabel und konnte dann nicht mehr eliminiert werden, denn die Art war gegen das damals wichtigste Antibiotikum, Penicillin, resistent. Penicillin ist seit 1944 allgemein verfügbar, aber es wirkte schon damals nicht gegen alle Pathogene (für die Behandlung des Tuberkulosebakteriums *Mycobacterium tuberculosis* musste z. B. erst noch das neue, von *Streptomyces*-Bakterien produzierte Antibiotikum Streptomycin entdeckt werden), und auch gegen pathogene Stämme von *Staphylococcus aureus* war es nur so lange effektiv, bis sich der Stamm 80/81 entwickelte. Dieser ließ sich mit Penicillin nicht mehr abtöten [4][3] und verbreitete sich beunruhigend schnell.

Im Jahr 1959 wurde 80/81 auch auf den Säuglingsstationen des Presbyterian-Weill-Cornell-Krankenhauses in New York zu einem Problem. Allerdings gab es hier zwei Mitarbeiter, die beschlossen, eine Lösung für das Problem mit 80/81 zu finden, Heinz Eichenwald und Henry Shinefield [5].[4] Eichenwald war Arzt in der Abteilung für Kinderkrankheiten an der Klinik der Cornell University, und Shinefield war in derselben Abteilung neu zum Assistenzprofessor ernannt worden. Die beiden Männer verfolgten einen ganz neuen medizinischen Ansatz und entwickelten eine innovative Strategie für den Umgang mit dem Leben in Innenräumen.

Sie begannen, die Säuglingsstationen im Presbyterian-Weill-Cornell-Krankenhaus gründlich zu untersuchen, und testeten jeden Tag vor Dienstschluss, ob 80/81 auf den Säuglingsstationen vorhanden war. Worauf ihre Untersuchungen hinauslaufen würden, wussten sie selbst nicht so genau, aber sie verfolgten ihre Arbeit mit großer Hartnäckigkeit, und schließlich wurden die Forscher für ihre Ausdauer mit neuen Erkenntnissen belohnt.

Zunächst beobachteten sie, dass die Säuglingsstationen mit den meisten Infektionen im Presbyterian-Weill-Cornell-Krankenhaus immer von

---

[1]Er wurde auch als 52 oder 52a bezeichnet.

[2]oder zumindest als jede andere Mikrobe in Ländern, in denen es ein öffentliches Gesundheitssystem und eine funktionierende Müllentsorgung gab und Händewaschen regelmäßig praktiziert wurde

[3]Nach aktuellen Schätzungen kam es dazu einige Jahrzehnte früher.

[4]Zuvor hatten sie darauf hingewiesen, dass die Lösung bei solchen Infektionen in der gründlichen Untersuchung der Biologie des Pathogens liege. Jetzt konnten sie ihr Konzept in der Praxis testen.

derselben Krankenschwester betreut wurden, bei der später auch 80/81 in der Nase nachgewiesen wurde (im Folgenden wird sie nur noch „Krankenschwester 80/81" genannt). Diese Krankenschwester 80/81 verursachte viele Ansteckungen und schien ganz klar für die Verbreitung des Pathogens verantwortlich zu sein. Infektionen auf Säuglingsstationen und infektionsübertragende Krankenschwestern waren damals sehr häufig. In den meisten Krankenhäusern wurden solche Krankenschwestern einfach entlassen, um die Neuansteckungen zu stoppen, und zunächst geschah genau dies; die Krankenschwester 80/81 wurde, wie Shinefield und Eichenwald später schrieben, „entfernt". Dabei ließen es die beiden Forscher an diesem Krankenhaus aber nicht bewenden.

Die Krankenschwester 80/81 hatte mit insgesamt 68 Säuglingen Kontakt, mit 37 am Tag der Geburt, und mit 31 erst 24 h nach der Geburt, am zweiten Lebenstag. Von den 37 Säuglingen, die sie in den ersten 24 h ihres Lebens betreute, wurde ein Viertel von 80/81 besiedelt. Von den 31 Säuglingen, um die sie sich erst an deren zweiten Lebenstag kümmerte, wurde kein einziger mit 80/81 infiziert. In deren Nasen fanden sich stattdessen andere Bakterienstämme, z. B. harmlose Stämme von *Staphylococcus aureus*. Die beiden Ärzte standen vor einem Rätsel: Warum wurden die Säuglinge, die von der Krankenschwester 80/81 in den ersten 24 h ihres Lebens betreut wurden, von 80/81 befallen, während die einen Tag älteren Säuglinge gesund blieben? Beim Vergleich dieser beiden Säuglingsgruppen entwickelten Eichenwald und Shinefield eine vage Vorstellung von den grundlegenden Vorgängen. Solche Ideen sind manchmal der Beginn einer großen Karriere, können eine solche aber auch ruinieren [3].

Die beiden Ärzte hatten verschiedene Erklärungsansätze für das von ihnen beobachtete Muster: Die erste und naheliegendere Hypothese war, dass die älteren Säuglinge eine Art immunologische Reife erlangt hatten, die sie besser gegen Pathogene schützte; sie wehrten sich gegen 80/81, und ihr Körper tötete das Pathogen ab, bevor es sich etablieren konnte. Ich möchte dies die Hypothese von der Widerstandsfähigkeit der Säuglinge nennen. Eigentlich sollten Wissenschaftler Hypothesen, die sie langweilig und uninspiriert finden, nicht von vorneherein ablehnen, aber manchmal geschieht dies dennoch. Da Eichenwald und Shinefield die Hypothese von der Widerstandsfähigkeit der Säuglinge nicht gefiel, verwarfen sie diese.

Ihre zweite Hypothese war etwas ausgefallener und schien weit hergeholt, war aber gleichzeitig sehr viel spannender. Eichenwald und Shinefield fragten sich, ob die älteren Säuglinge bereits von anderen „guten" *Staphylococcus-aureus*-Stämmen besiedelt worden waren und diese wie ein Kraftfeld wirkten, mit dem die Säuglinge später ankommende Pathogene (wie 80/81) abwehren konnten. Wenn diese zweite, von Shinefield als „bakterielle Inter-ferenz" bezeichnete Hypothese stimmte, war ein völlig neuer Ansatz denk-bar, bei dem auf dem Körper, auf Krankenhausoberflächen und in Häusern nützliche Bakterien ausgebracht werden konnten.

Bei der Ausarbeitung dieser Ideen war den Männern bewusst, dass Neu-geborene früher oder später immer mit *Staphylococcus aureus* besiedelt werden [6], dies war bereits klar nachgewiesen worden. In einer Reihe von Studien war gezeigt worden, dass die Mikrobenschicht auf der Haut gesunder Erwachsener einem langflorigen Teppich ähnelte. Im dicken Bio-film in der Nase, im Bauchnabel und an einigen anderen Stellen wurde fast immer die Art *Staphylococcus aureus* gefunden. An anderen Stellen, z. B. am Unterarm oder am Hintern, dominierten andere Arten von *Staphylococcus, Corynebacterium* und *Micrococcus* sowie weitere häufig auftretende Körper-mikroben [7].[5] Säugetiere sind normalerweise immer von einer dicken Bakterienschicht bedeckt (auch wenn es von der Säugetierart abhängt, aus welchen Arten diese Schicht zusammengesetzt ist. Selbst nackt sind wir also umhüllt, und auch die Oberflächen in unseren Häusern sind immer von einer Mikrobenschicht bedeckt. Es ist außerdem bekannt, dass bei Embryos in der Gebärmutter noch keine Mikroben auf der Haut (im Darm und in der Lunge) leben und dass Säuglinge erst bei der Geburt mit Organismen besiedelt werden.

Unter Berücksichtigung dieser Tatsachen nahmen Eichenwald und Shinefield an, dass der Mantel der neu etablierten Mikroben auf der Haut der einen Tag alten Neugeborenen, insbesondere in ihren Nasen und Bauchnabeln, die Ansiedlung oder Vermehrung später ankommender Mikroben verhindere. Sie gingen davon aus, dass die nützlichen Stämme von *Staphylococcus aureus* den Konkurrenzkampf mit Pathogenen um Platz und Nahrungsressourcen gewännen, bevor Letztere sich etablieren könnten [8][6] – ein Vorgang, der in der Ökologie als Ausbeutungskonkurrenz bezeichnet wird. Es war auch denkbar, dass die bereits etablierten Arten zusätzlich die mit Antibiotika vergleichbaren Bacteriocine produzierten, mit denen später ankommende Bakterien aktiv abgewehrt oder sogar abgetötet

---

[5]Zusammen mit meinen Kollegen stellte ich später fest, dass diese Bakterien auch in Bauchnabeln dominieren.

[6]Möglicherweise halfen andere Bakterienarten, z. B. von *Micrococcus* oder *Corynebacterium,* bei der Abwehr von 80/81 mit, aber Eichenwald und Shinefield waren der Überzeugung, dass enger mit-einander verwandte Arten stärker miteinander konkurrieren würden als weniger verwandte. In dieser Hinsicht sind Hautmikroben mit Pflanzenarten auf Grünland oder in Wäldern vergleichbar. Enger ver-wandte Pflanzen ähneln sich ökologisch meist, konkurrieren deshalb stärker miteinander und können sich eher gegenseitig verdrängen.

werden könnten [9], was in der Ökologie als Interferenzkonkurrenz bekannt ist.[7] Beide Konkurrenzarten kommen in der Natur häufig vor und sind für Grünlandpflanzen oder Ameisen in Regenwäldern gut dokumentiert, aber die Vorstellung, dass derselbe Vorgang zwischen Bakterien auf dem menschlichen Körper und in Innenräumen stattfinden könnte, war damals neu und radikal. Auch wenn die Idee durchaus Vorläufer hatte, war sie bis dahin im medizinischen Kontext völlig vernachlässigt worden.

Damals konzentrierte sich die medizinische Infektionsforschung darauf, gefährliche Arten oder Stämme abzutöten, sobald diese problematisch wurden. Seit Snow die verunreinigte Quelle im Londoner Stadtteil Soho entdeckt hatte und seit Louis Pasteur herausgefunden hatte, dass einzelne pathogene Arten Krankheiten verursachen können (Keimtheorie), wurde nur diese Strategie verfolgt. Fast niemand suchte nach nützlichen Arten oder dachte daran, dass Krankheiten manchmal auch durch das Fehlen bestimmter Arten verursacht werden konnten [10].[8] Man beschäftigte sich ausschließlich mit den Pathogenen und ihrer Bekämpfung. Die Situation lässt sich mit der Zeit vor der Zähmung wilder Tiere vergleichen, als sich der Umgang mit ihnen darauf beschränkte, ihnen entweder aus dem Weg zu gehen oder sie zu töten. Eichenwald und Shinefield betrachteten die menschliche Gesundheit und die wirksame Behandlung von Krankheiten ganzheitlicher und verfolgten einen anderen Ansatz.

Gemeinsam mit ihrem Kollegen John Ribble dachten sie sich ein Experiment aus. Sie wollten untersuchen, welchen Effekt es haben würde, wenn Neugeborene von einer Station, in der 80/81 kaum auftrat, auf eine Säuglingsstation verlegt würden, in der über die Hälfte aller Neugeborenen infiziert war. Wären die verlegten Säuglinge nach der vorherigen Besiedlung durch andere Bakterien als 80/81 vor dem gefährlichen Pathogen geschützt? Das Experiment wurde im Presbyterian-Weill-Cornell-Krankenhaus durchgeführt. Die Säuglinge verbrachten die ersten 16 h ihres Lebens auf einer sicheren Säuglingsstation ohne 80/81 und wurden anschließend auf eine Station verlegt, auf der 80/81 sehr häufig auftrat. Das Ergebnis war eindeutig: Säuglinge, die ihre ersten Stunden auf einer Station ohne 80/81 verbrachten, waren schon im Alter von einem Tag geschützt [3].

Dieses klug ausgedachte (wenn auch ethisch bedenkliche) Experiment legte nahe, dass nützliche Bakterien bei der Pathogenabwehr eine

---

[7]Unter Ameisen findet sich ein klassisches Beispiel für Interferenzkonkurrenz, z. B. wenn Ameisen der Art *Novomessor cockerelli* die Futtersuche ihrer Konkurrenten, Arten der Ameisen *Pogonomyrmex harvester*, stören, indem sie deren Nesteingänge mit Steinen blockieren.

[8]Eine Ausnahme ist René Dubos.

Rolle spielen; die harmlosen Bakterien schienen sich erfolgreich gegen die Pathogene durchzusetzen oder sie sogar abzutöten. Dennoch gab es andere Erklärungsmöglichkeiten für das Ergebnis, z. B. die etwas langweilige Hypothese von der Widerstandsfähigkeit der Säuglinge. Daher beschlossen Eichenwald und Shinefield, ein weiteres, eindeutiges Experiment durchzuführen: Sie wollten nicht nur die Pathogene benachteiligen, sondern die nützlichen Arten aktiv fördern, indem sie auf dem Körper der Säuglinge einen Mikrobengarten mit harmlosen Arten anlegten.

Im Mikrobengarten sollte ein Bakterienstamm Verwendung finden, den Shinefield von einer anderen Krankenschwester, Caroline Dittmar, isoliert hatte, die auf einer Säuglingsstation ohne 80/81 tätig war und deren Nase vom Stamm *Staphylococcus aureus* 502 A besiedelt war. Der Stamm 502 A kam bei 40 Neugeborenen auf der gesunden Säuglingsstation vor, und Shinefield und Eichenwald hielten ihn für interferenzfähig und ungefährlich. Die beiden Ärzte untersuchten Dittmars Stamm 502 A zwei Jahre lang und fanden keine Verbindung mit irgendeiner Krankheit, weder bei den Säuglingen noch in deren Familien. Später sollte sich herausstellen, dass Dittmars Stamm 502 A keine Infektionen verursacht, weil er die Nasenschleimhaut nicht durchdringen kann, um in den Blutkreislauf zu gelangen. Kommt er jedoch auf irgendeine Weise in den Blutkreislauf, wirkt er genauso pathogen wie andere Bakterienarten [11].[9] Schon während der Untersuchung von 502 A begannen Eichenwald und Shinefield, Säuglinge damit zu impfen. Sie begannen mit niedrigen Dosen und erhöhten diese auf etwa 500 einzelne Bakterienzellen, sobald klar wurde, dass das Bakterium sonst keine Wirkung zeigte [12].[10] 502 A war auch ein Jahr später noch immer in den Nasen (und aus ungeklärten Ursachen seltener im Bauchnabel) der meisten geimpften Kleinkinder vorhanden. Außerdem siedelte sich 502 A auch auf den Müttern der Säuglinge an [3].[11] Das Vorgehen Eichenwalds und Shinefields hatte anscheinend einen dauerhaften Effekt. Unbekannt war allerdings, ob sich durch 502 A eine Besiedlung mit 80/81 verhindern ließe.

---

[9]Dies wurde von einem außergewöhnlichen Forscher mit einem Superheldennamen, Paul Planet, und seinen Mitstreitern herausgefunden.

[10]Das Konzept, dass Erfolg am besten anhand der Anzahl der eingeführten Individuen (oder der Anzahl der Einführungsversuche) vorhergesagt werden kann, gilt auch für andere Ansiedlungen. Ob sich eine eingeführte Ameisenart erfolgreich etabliert, lässt sich z. B. meist am besten über die Zahl der Einführungsversuche vorhersagen.

[11]In den wenigen Fällen, in denen sich 502 A nicht ansiedeln konnte, wurde dies interessanterweise oft dadurch verhindert, dass sich bereits andere *Staphylococcus*-Arten in der Nase und im Bauchnabel der Säuglinge etabliert hatten.

Die beiden Ärzte fühlten sich ermutigt, den nächsten Schritt in Angriff zu nehmen. Sie suchten nach Krankenhäusern im ganzen Land, in denen 80/81 häufig auftrat; oft wurden sie auch von den Krankenhäusern selbst kontaktiert. Das erste war das Allgemeinkrankenhaus von Cincinnati, wo Dr. James M. Sutherland, ein Facharzt für Neonatologie, im Herbst 1961 um Hilfe bat, als sich 80/81 dort stark ausbreitete. 40 % der Neugeborenen wurden von diesem gefährlichen Bakterienstamm besiedelt. Bald darauf reiste Shinefield mit einer Probe von Caroline Dittmars Stamm 502 A in den Bundesstaat Ohio, um im Krankenhaus von Cincinnati Nase oder Bauchnabel (oder beides) von 50 % der Neugeborenen auf jeder Säuglings-station mit dem immunstärkenden Stamm 502 A zu impfen. Die anderen Neugeborenen blieben ungeimpft. Welche Neugeborenen die Behandlung erhielten und auf welcher der drei Säuglingsstationen des Krankenhauses die Neugeborenen betreut wurden, wurde nach dem Zufallsprinzip aus-gewählt. Shinefield und seine Kollegen untersuchten dann, ob sich die mit dem immunstärkenden *Staphylococcus*-Stamm geimpften Säuglinge weniger oft mit 80/81 ansteckten. Wie Landwirte pflanzten sie eine bestimmte Art als Nutzpflanze an, um andere Arten, die Unkräuter, zu unterdrücken. Wie diese hofften sie, dass sie ernten würden, was sie gesät hatten, und dass sich in dem von ihnen angelegten Garten keine unerwünschten Unkräuter ansiedelten (die zu einer Infektion der Säuglinge führen würden).

Die Ergebnisse dieser Studie waren nicht nur für jedes Neugeborene wichtig, das sich in einem Krankenhaus irgendwo auf der Welt mit 80/81 oder einem anderen Pathogen ansteckte, sondern auch für die Bewohner der Häuser, in denen diese Säuglinge nach der Entlassung lebten. Die Studie war wahrscheinlich für Hunderttausende, wenn nicht Millionen von Menschenleben relevant, insbesondere in den Vereinigten Staaten, wo damals bis zu 25 von 1000 Säuglingen noch im Krankenhaus oder kurz nach der Entlassung an einer Infektion starben.

Sutherland und Shinefield mussten nicht lange auf die Ergebnisse der Studie warten. Von den mit dem potenziell nützlichen Staphylococcus-Stamm 502 A geimpften Säuglingen wurden nur 7 % vom pathogenen Stamm 80/81 besiedelt, und die Infektion erfolgte bei keinem dieser Säug-linge im Krankenhaus selbst, sondern erst nach der Entlassung, vermutlich durch bis dahin unentdeckte 80/81-Bakterien in ihren Häusern. Dass der Stamm 502 A das Pathogen in 7 % der Fälle nicht abwehrte, war natürlich nicht ideal (wünschenswert wäre eine erfolgreiche Abwehr in allen Fällen gewesen), aber entscheidend war der Vergleich mit den Säuglingen, die nicht mit dem nützlichen Stamm 502 A geimpft worden waren. Diese wurden sehr viel häufiger, nämlich fünfmal häufiger, vom Pathogen 80/81 befallen.

Sutherlands Vertrauen in Eichenwald und Shinefield hatte sich ausgezahlt [13]. Säuglinge, auf deren Körper 502 A, der Stamm der Krankenschwester Caroline Dittmar, angesiedelt worden war, konnten das gefährliche Pathogen 80/81 meist abwehren.

Während Eichenwald nicht die Zeit hatte herumzureisen, war Shinefield bald auf dem Weg zu weiteren Kliniken; als frisch ernannter Assistenzprofessor hatte er den nötigen Freiraum dafür. Eine Studie in Texas kam zu ähnlichen Ergebnissen wie die erste Studie, diese waren vielleicht sogar noch etwas vielversprechender, denn nur 4,3 % der mit 502 A geimpften Säuglinge wurden später mit dem Pathogen 80/81 infiziert, während sich 39,1 % (fast die Hälfte) der 143 unbehandelten Neugeborenen mit 80/81 oder einer eng verwandten Art ansteckten. Wie in Cincinnati schien das Anlegen des Mikrobengartens zu funktionieren. Eichenwald und Shinefield wiederholten das Experiment auch in Georgia und Louisiana (worüber sie die Artikel „The Georgia Epidemic" und „The Louisiana Epidemic" verfassten) [14, 15].

Das Anlegen eines Mikrobengartens zur Stärkung der Immunabwehr schien eindeutig Wirkung zu zeigen. Dass der Stamm 502 A eine effektive und sichere Bekämpfung des gefährlichsten Pathogens in Krankenhäusern ermöglichte, war nun nachgewiesen, aber Shinefield und Eichenwald wollten noch ein weiteres Experiment durchführen, auch wenn dies durchaus Risiken barg. Sie bemerkten, dass nach Shinefields Studien in Cincinnati und Texas das Pathogen 80/81 kurzzeitig vollkommen aus den Säuglingsstationen verschwand, und wollten testen, ob sich der Stamm 80/81 mithilfe von Interferenz ganz aus Krankenhäusern verbannen ließe.

Shinefield reiste von einem Krankenhaus zum nächsten und impfte Neugeborene mit *Staphylococcus aureus* 502 A, ohne noch Kontrollgruppen zu verwenden. Jetzt wollte er nur noch Kinder heilen bzw. verhindern, dass sie sich jemals mit dem Pathogen ansteckten. Die Ergebnisse waren erstaunlich. Bis zum Jahr 1971 hatte er auf dem Körper von 4000 Neugeborenen erfolgreich einen Mikrobengarten mit 502 A angesiedelt. Das Auftreten von 80/81 in Krankenhäusern wurde dadurch nicht nur verringert, sondern mancherorts konnte das Pathogen sogar dauerhaft ausgerottet werden. Eichenwald schloss aus diesen Ergebnissen, dass bei einer schwerwiegenden Epidemie, die durch pathogene *Staphylococcus*-Arten ausgelöst wurde, der Einsatz von 502 A die sicherste und effektivste Methode zum sofortigen Beenden der Epidemie darstellte und dass auf der Grundlage der von ihm gesammelten Daten zu mehreren Tausend Säuglingen die Behandlung als sicher angesehen werden konnte [16]. Mit der Zeit begann man genauer zu verstehen, wie der angesiedelte nützliche Stamm *Staphylococcus aureus* 502 A vor Pathogenen wie *Staphylococcus aureus* 80/81 schützte. Nützliche Stämme von *Staphylococcus* produzieren Enzyme, die die Ausbildung eines Biofilms durch Pathogene verhindern; sie hindern sie also daran, eine schützende Umgebung für sich anzulegen. Außerdem produzieren sie Bacteriocine, die auf andere Bakterien toxisch wirken. Der Stamm 502 A verwendet Bacteriocine, um jede Art abzutöten, die sich an Stellen anzusiedeln versucht, wo sich der nützliche Stamm bereits etabliert hat [9]. Schließlich stimuliert 502 A möglicherweise (auch) das menschliche Immunsystem, sodass eine Ansiedlung weiterer Bakterien erschwert wird.[12]

Direkt nach der Veröffentlichung der Ergebnisse bekam die Studie sehr viel Aufmerksamkeit. Manche erwarteten, dass dieser Ansatz in vielen Krankenhausabteilungen und Häusern zum Einsatz kommen werde, wo Menschen und Oberflächen geimpft werden könnten. Ärzte begannen sogar, Erwachsene, die an Problemen mit dem ansteckenden *Staphylococcus aureus* litten, mit 502 A zu impfen, wobei bei Erwachsenen die Behandlung nicht so einfach war, da die Ärzte zunächst alle Pathogene in der Nase mit Antibiotika abtöten mussten (ähnlich wie man ein Beet vor einer Neuanpflanzung jätet) und erst dann die Impfung mit 502 A durchführen konnten. In 80 % der Fälle war die Behandlung erfolgreich. Shinefield, Eichenwald und seine Kollegen hatten somit eine völlig neue medizinische Strategie entwickelt. Neben der Ansiedlung einer einzelnen Bakterienart auf der Haut von Neugeborenen ergaben sich aus der Idee der Interferenzkonkurrenz noch weitere Möglichkeiten.

Im Jahr 1959 veröffentlichte der britische Ökologe Charles Elton ein Buch mit dem Titel *The Ecology of Invasions by Animals and Plants,* in dem er (unter anderem) behauptete, dass auf Grünland, in Wäldern oder Teichen mit einer größeren biologischen Vielfalt die Wahrscheinlichkeit sinke, dass sich dort neu eingeführte Unkräuter, Schädlinge und Pathogene etablieren könnten [17]. Auf ähnliche Weise wie Shinefield und Eichenwald argumentierte Elton, dass Tiere bei der Invasion in artenreichen Ökosystemen keine freien Plätze für die Aufzucht ihrer Jungen, keine ungenutzten Nahrungsressourcen und keine unbesetzten Unterschlupfmöglichkeiten fänden und aufgrund der großen Konkurrenz abgewehrt oder sogar sterben würden. Je artenreicher ein Ökosystem, desto geringer die Wahrscheinlichkeit, dass sich neu eindringende Arten erfolgreich etablieren könnten. Elton war außerdem überzeugt, dass in einem artenreichen Ökosystem eher Räuber oder Pathogene vorhanden seien, die die eindringende

---

[12]Diesen Verdacht hegt Paul Planet.

Art auffressen oder töten würden, sodass ein Ökosystem mit großer biologischer Vielfalt besser gegen das Eindringen fremder Arten geschützt sei.
In den letzten 60 Jahren haben Folgestudien gezeigt, dass dieses Prinzip sehr
oft greift, aber nicht immer – in der Ökologie gibt es immer Ausnahmen.
Immerhin greift es so oft, dass Ökologen, die normalerweise nicht zur
Übertreibung neigen, die Fähigkeit von artenreichen Ökosystemen, sich
dem Eindringen fremder Arten zu widersetzen, als Kernstück des Lebens-
erhaltungssystems unseres Planeten bezeichnen [18, 19].[13] Das Eindringen
fremder Arten in ein bestehendes Goldrutenfeld wird schwieriger, wenn dort
mehrere Goldrutensorten [20] oder mehrere verschiedene Pflanzenfresser
vorkommen. Eltons Hypothese bezog sich ursprünglich auf Muster zwischen
Pflanzen- und Säugetierarten, aber sie lässt sich vermutlich auf Körper und
Häuser übertragen. Das bedeutet, dass die Interferenz auf der Haut oder
anderswo in unserem Alltagsleben möglicherweise sogar besser funktioniert,
wenn mehrere ausgewählte Arten angesiedelt werden. Es ist durchaus denkbar, dass es irgendwann normal sein wird, gemäß Shinefields und Eichenwalds Theorie artenreiche Mikrobengärten in Schlafzimmern, auf dem
menschlichen Körper oder vielleicht sogar auf Säuglingen anzulegen.

Natürlich kann es sein, dass sich ein bestimmtes Prinzip auf Säugetiere
und Goldruten, nicht aber auf Mikroben anwenden lässt. Der eleganteste
Test dafür, ob Eltons Hypothese auch auf Mikroben zutrifft, wäre die Untersuchung von Mikrobengemeinschaften, die sich aus verschieden vielen Arten
zusammensetzen. Mit solchen Varianten könnten natürliche Schwankungen
der Mikrobenvielfalt auf verschiedenen Körpern oder Oberflächen in
Häusern nachgestellt werden. Anschließend könnte man in diese Mikrobengemeinschaften eine invasive Art einführen, um zu ermitteln, ob sich diese
in artenreicheren Gemeinschaften weniger gut etablieren oder festsetzen
kann. Zu Eltons Lebzeiten (er starb im Jahr 1991) wurde dies nicht mehr
geprüft, aber vor einigen Jahren führte eine niederländische Forschergruppe
unter Leitung des Ökologen Jan Dirk van Elsas eine Studie zu diesem Zweck
durch. Unsere Vorstellungen von Medizinethik haben sich seit den 1960er-
Jahren beträchtlich gewandelt, sodass die Experimente statt auf der Haut
von Neugeborenen in Petrischalen durchgeführt wurden.

Van Elsas und seine Kollegen füllten Kolben mit sterilisiertem Boden
und Bakteriennahrung und fügten anschließend immer dieselbe Gesamtzahl an Zellen aus verschieden vielen Bakterienstämmen hinzu, die alle aus
dem Boden von Grünland in den Niederlanden isoliert worden waren [18].

---

[13]Siehe: van Elsas et al. 2012 [18]. Eine allgemeine Besprechung finden Sie in: Levine et al. 2004 [19].

Eine Variante enthielt 5 Stämme, eine andere 20 Stämme, eine weitere 100 Stämme. Als letzte Variante verwendete van Elsas' Team einfach den natürlichen Boden mit seiner wilden Vielfalt aus Tausenden Arten. Den Kontrollgemeinschaften wurden nur die Bakteriennahrung und keine Bakterien hinzugefügt. Van Elsas und seine Kollegen führten dann einen nichtpathogenen Stamm von *Escherichia coli* (auch als das Bakterium *E. coli* bekannt und berüchtigt) in die Gemeinschaft ein und beobachteten die Varianten 60 Tage lang. Wie 80/81 übernahm *E. coli* die Rolle der invasiven Art. Die Forscher sagten voraus, dass es für *E. coli* mit steigender Artenvielfalt immer schwieriger werde, sich zu etablieren und festzusetzen, da die Konkurrenz um Platz, wichtige Ressourcen und sogar die von anderen Bakterien erzeugten Stoffe immer stärker werde. Außerdem wurde vermutet, dass mit zunehmender Vielfalt in der Gemeinschaft die Wahrscheinlichkeit steige, dass einige Bakterienstämme Antibiotika produzieren könnten, die die Neuankömmlinge abtöteten, bevor diese eine Chance zur Ansiedlung bekämen. Die Nischen der Gemeinschaft seien also entweder bereits vollständig von miteinander konkurrierenden Bakterien besetzt oder toxisch.

Van Elsas und sein Team vermehrten *E. coli* zunächst alleine, und das Bakterium gedieh gut, wie man es auf einer sterilen Oberfläche in Ihrem Zuhause erwarten würde, die mit ein wenig Mikrobennahrung wie Kekskrümeln oder toter Haut bestäubt war. Während der gesamten Dauer des 60-tägigen Experiments wurde *E. coli* in konstanter Anzahl nachgewiesen. Als van Elsas *E. coli* jedoch der Bodenprobe hinzufügte, in der fünf andere Bakterienstämme angesiedelt waren, vermehrte sich die Art deutlich langsamer und nahm im Lauf der Zeit ab; im Boden mit 20 oder 100 anderen Stämmen verschwand der Eindringling sogar noch schneller. Als *E. coli* dem großen Artenreichtum im natürlichen Boden ausgesetzt wurde, war *E. coli* kaum noch in der Probe nachweisbar. Je mehr verschiedene Bakterienarten vorhanden waren, desto schwieriger wurde es für *E. coli*, sich durchzusetzen. Van Elsas konnte zeigen, dass dies daran lag, dass die zahlreichen Stämme in den artenreicheren Bakteriengemeinschaften die verschiedenen Ressourcen effizienter ausnutzten als die wenigen Stämme in weniger vielfältigen Gesellschaften [21],[14] sodass für *E. coli* einfach weniger Ressourcen übrigblieben. Der Effekt war noch stärker, als van Elsas ein weiteres Experiment durchführte, das die natürlichen Vorgänge im Boden noch besser

---

[14]Die Ergebnisse sind nicht nur für die von van Elsas und seinen Kollegen untersuchten *E.-coli*-Bakterien relevant, sondern wurden in vergleichbaren Studien zur Invasion des Bodens um Weizenwurzeln durch die Bakterienart *Pseudomonas aeruginosa* bestätigt.

abbildete. Er stellte Gemeinschaften zusammen, die neben den Tausenden Bodenbakterienarten auch alle bakterienabtötenden Viren enthielten, die natürlicherweise im Boden vorkommen.

Die logische Schlussfolgerung aus van Elsas' Ergebnissen für die Bedingungen in unseren Körpern oder Häusern ist, dass sich Pathogene auf weniger artenreichen, sterileren Oberflächen besser ansiedeln können (weil sie weniger Konkurrenz haben). Dies trifft natürlich nur zu, wenn die Mikroben Nahrung vorfinden (was eigentlich immer gegeben ist) und in den Körpern und Häusern nicht alles Leben fehlt (was niemals der Fall ist). Diese völlig neuartige Idee ist eine Weiterentwicklung des von Shinefield und Eichenwald entwickelten Umgangs mit dem uns umgebenden Leben. Wir können die Invasion pathogener Arten durch die Förderung der biologischen Vielfalt auf unserem Körper und in unseren Häusern verhindern. Dasselbe Prinzip gilt vermutlich auch für Insekten (je mehr unterschiedliche Insektenarten wie Spinnen, parasitäre Wespen oder Hundertfüßer in Ihrem Zuhause vorkommen, desto eher werden Schädlinge wie Stubenfliegen oder deutsche Küchenschaben in Schach gehalten). Ein weiterer Vorteil ist, dass wir mit mehr verschiedenen Bakterien in Kontakt kommen, was gemäß der Biodiversitätshypothese die Gesundheit unseres Immunsystems erhält. Es gibt hier also eine ganz praktische Anwendung für Eltons ökologische Erkenntnisse.

Angesichts dessen, dass der ökologische Ansatz gemäß Shinefield und Eichenwald unter Berücksichtigung von Eltons Erkenntnissen nachweislich funktioniert und in Krankenhäusern oder sogar Häusern eingesetzt werden könnte, fragen Sie sich vielleicht, weshalb Sie noch nie von Mikrobengärten auf Säuglingen und in Häusern gehört haben. Der Grund dafür ist, dass die moderne Medizin seit Beginn der 1960er-Jahre einen anderen Weg eingeschlagen hat.

Nach den anfänglichen Erfolgen bekam Eichenwalds und Shinefields Idee zunächst sehr viel Anerkennung und wurde als zukunftsweisend gepriesen, dann wurde sie aber verworfen, weil es zu einem einzelnen Todesfall kam, als der „gute" *Staphylococcus-aureus*-Stamm 502 A über die Einstichstelle einer Nadel versehentlich in den Blutkreislauf eines Säuglings geriet. Im Blutkreislauf kann jedes Bakterium eine Infektion hervorrufen, und der Unterschied zwischen Gut und Böse, zwischen Freund und Feind verschwindet. Außerdem führten die Impfungen mit der nützlichen *Staphylococcus*-Art (bei 1 von 100 Säuglingen) zu Hautinfektionen, die sich zwar mit Antibiotika behandeln ließen, aber natürlich unerwünscht waren. Die Frage, ob es in einigen Fällen Komplikationen gab, ist allerdings weniger relevant als die Frage, ob mehr Probleme verursacht als gelöst wurden, was klar verneint werden kann.

Eichenwald hatte schon früh erklärt, dass er und Shinefield nur einen von mehreren Ansätzen ausgewählt hatten. Es gab die Möglichkeit, einen Mikrobengarten mit nützlichen Stämmen anzulegen, die eine Interferenzkonkurrenz mit invasiven Pathogenen erzeugten und deren Ansiedlung verhinderten. Alternativ konnte man auch versuchen, den natürlichen Zustand des Körpers wiederherzustellen und dafür zu sorgen, dass dieser mit einer ähnlichen bakteriellen Vielfalt besiedelt wurde wie die Körper unserer Vorfahren (ohne die Pathogene natürlich). Oder man konnte versuchen, *Staphylococcus* (oder andere Pathogene) mit Vernichtungsmaßnahmen zu bekämpfen, sobald eine Infektion auftrat. Es gab also die Möglichkeit, einen Mikrobengarten anzulegen oder den natürlichen Zustand wiederherzustellen oder die Pathogene abzutöten. Die dritte Strategie war laut Eichenwald in zweierlei Hinsicht problematisch, da die Pathogene mit der Zeit gegen die Vernichtungsmaßnahmen resistent und bei diesem Versuch sowohl die guten als auch die schlechten Bakterien abgetötet werden, was die Ansiedlung unerwünschter Arten langfristig begünstigt [6].[15] In diesem Dilemma befinden wir uns oft, wenn wir entscheiden müssen, wie wir mit den uns umgebenden Arten umgehen.

Trotz Eichenwalds und Shinefields Erkenntnissen wählten Krankenhäuser, Ärzte und Patienten kollektiv den dritten Ansatz, bei dem Pathogene abgetötet werden. Dies schien raffinierter und in eine großartige Zukunft zu weisen, in der wir Menschen die Welt mit immer neuen chemischen Substanzen wie Antibiotika, Pestiziden oder Herbiziden effektiv kontrollieren. Auch wenn diese Strategie mit einigen Problemen verbunden war, würde man diese schon noch lösen, sodass dies der einfachste Weg zu sein schien. Das Antibiotikum Methicillin war mittlerweile billig und für Krankenhäuser leicht verfügbar. Es war einfach anzuwenden, und die Notwendigkeit, Impfungen durchzuführen oder Mikrobengärten anzulegen, entfiel. Methicillin war eines der ersten synthetischen Antibiotika der zweiten Generation, gegen die sich Bakterien nur schwer zur Wehr setzen

---

[15]Im Rückblick auf frühere Gesellschaften fragen wir uns oft, weshalb niemand vor den Folgen warnte, wenn dort falsche Entscheidungen getroffen wurden. Wir versuchen uns dies oft damit zu erklären, dass unsere Vorfahren vor einigen Jahrtausenden, Jahrhunderten oder Jahrzehnten nicht genug wussten, um sich richtig zu entscheiden, aber in diesem Fall waren die Risiken wohlbekannt. Im Jahr 1965 warnten Shinefield und Eichenwald klar vor den Problemen, die sich daraus ergäben, sich ausschließlich auf Antibiotika zu verlassen.

konnten, und mit diesem Medikament ließen sich durch *Staphylococcus aureus* 80/81 ausgelöste Infektionen gut behandeln.

Aber selbst in jenen frühen Tagen erkannten verschiedene Wissenschaftler – nicht nur Eichenwald und Shinefield –, dass sich die Bakterien irgendwann an die neuen Antibiotika anpassen würden wie die Schädlinge an Pestizide und die Unkräuter an Herbizide. Alexander Fleming, der Entdecker des Antibiotikums Penicillin, wies schon im Jahr 1945 in seiner Nobelpreisrede auf diese Gefahr hin.[16] Unter Wissenschaftlern galt als gesichert, dass bei einem Einsatz von Antibiotika insbesondere bei Neugeborenen Pathogene zwar wirksam bekämpft werden, aber gleichzeitig eine Gruppe ungewöhnlicher, eher schädlicher Bakterien gefördert wird. Auch Shinefield hatte sich ähnlich geäußert und dabei klar gemacht, dass dieses Risiko für ihn völlig klar auf der Hand lag und dass jeder darüber Bescheid wissen sollte. Die frühen Erfolge des Einsatzes von Antibiotika waren unbestritten, aber kritische Wissenschaftler waren sich von Anfang an der langfristigen Probleme bewusst: Antibiotika sind einfach anzuwenden, aber sie wirken schädlich auf die nützlichen Mikroben in und auf unserem Körper und drohen durch Resistenzbildung bald nutzlos zu werden. Wenn Antibiotika mit Bedacht und nur im Notfall eingesetzt werden, bilden sich Resistenzen nur langsam aus; bei einer übermäßigen Anwendung entwickeln sie sich jedoch schneller. Obwohl all diese Aspekte in Bezug auf den Einsatz von Antibiotika bekannt waren, wurde die Vernichtungsstrategie gegen Pathogene gewählt. Antibiotika werden häufig und bedenkenlos eingesetzt, egal ob ihr Einsatz unbedingt erforderlich ist oder nicht.

Als Fleming und andere vor Resistenzen warnten, gingen sie davon aus, dass deren Entwicklung wahrscheinlich war, ohne dass sie genau wussten, auf welche Weise diese entstehen. Heute verstehen wir genau, mit welchen Mechanismen sich Bakterien an Antibiotika anpassen. In großen Bakterienpopulationen ist die Wahrscheinlichkeit hoch, dass einige Individuen Mutationen aufweisen (oder entwickeln), die sie besser mit den Antibiotika

---

[16]Fleming warnte, dass die Gefahr bestehe, dass ein Unwissender sich leicht eine zu geringe Dosis verabreichen könne und dadurch die Mikroben einer nichttödlichen Menge des Medikaments exponiert würden, sodass sie resistent werden könnten. Er führte folgendes hypothetisches Beispiel auf: Herr X. hat Halsweh, erwirbt Penicillin und verabreicht sich das Medikament mit einer zu niedrigen Dosis, die nicht zum Abtöten der Streptokokken ausreicht, aber es ihnen ermöglicht, eine Resistenz auszubilden. Dann steckt er seine Frau an, die daraufhin an Lungenentzündung erkrankt und mit Penicillin behandelt wird. Da die Streptokokken nun gegen das Penicillin resistent sind, ist die Behandlung nicht erfolgreich und Frau X. stirbt. Wer ist nun hauptsächlich für den Tod von Frau X. verantwortlich? Laut Fleming ist es Herr X, dessen verantwortungsloser Umgang mit dem Penicillin die Änderung der Mikrobe herbeigeführt hat.

zurechtkommen lassen. Diese Bakterien müssen im gewöhnlichen Konkurrenzkampf zwischen den Arten nicht besonders erfolgreich sein, sie müssen nur die Antibiotikabehandlung überleben, die alle Mitkonkurrenten beseitigt. Die Entstehung solcher Mutationen und ihre zunehmende Häufigkeit bei einer Antibiotikaanwendung kann im Labor nachgewiesen werden. Bei einem kürzlich durchgeführten Experiment füllten Michael Baym, Roy Kishony und weitere Kollegen der Harvard Medical School eine lange Wanne (0,6 m auf 1,20 m) mit Bakteriennahrung in einem Agarmedium. Bei diesem Experiment stellten Baym, Kishony und ihre Kollegen die Bakterien vor eine Herausforderung. Sie mischten einen Teil des Agars in der rechteckigen Petrischale mit Antibiotika. Am rechten und linken Rand der Petrischale, wo die Bakterien platziert wurden, waren keine Antibiotika vorhanden. Zur Mitte hin nahm die Antibiotikakonzentration aber immer mehr zu, sodass die Dosis im Zentrum der Petrischale deutlich höher war als bei einer klinischen Antibiotikaanwendung. Eine so hohe Konzentration lässt sich für die Mikrobenwelt mit einer Nuklearkatastrophe auf der Erde vergleichen. Die Forscher zeichneten dann mit einer Kamera auf, wie sich die Bakterien entwickelten.

Zuerst vermehrten sich die Bakterienstämme an den antibiotikafreien Stellen, bis dort schließlich das gesamte Agar wie ein Rasen dicht mit Mikroben bewachsen war. Aber dann begann die Nahrung knapp zu werden, und die Bakterien hörten auf sich zu teilen. Jenseits der antibiotikafreien Zone gab es natürlich Nahrungsressourcen, aber durch die Antibiotika war der Zugriff verhindert. Bakterien, die fähig wären, in die unbesiedelten Bereiche vorzustoßen und die mit Antibiotika getränkte Nahrung zu nutzen, würden eher überleben, könnten neue Generationen produzieren und hätten dann das Monopol über die Nahrungsressourcen. Selbst wenn sie sich anfangs in der Nahrung ohne Antibiotika gegenüber anderen Varianten nicht so erfolgreich behauptet hatten, wären sie jetzt im Vorteil. Keine der Bakterienzellen in der Petrischale hatte zu Beginn des Experiments Gene, die sie gegen die Antibiotika resistent machten. Anfangs fielen alle Bakterienzellen den Antibiotika gleichermaßen zum Opfer. Dies hätte so bleiben können, die Bakterien hätten an der Grenze zu den Antibiotika zu wachsen aufhören können und das wäre das Ende des Experiments gewesen – aber es gab eine neue Entwicklung.

In der kurzen Periode, in der sich die Bakterien vermehrten, bildeten sich Mutationen, immer nur einige wenige pro Generation, aber die Generationen folgten einander in so kurzen Abständen, dass die Bakterien bald an den Stellen mit niedrigen Antibiotikakonzentrationen überlebten und sich vermehrten. Aufgrund der Mutationen und der kurzen bakteriellen

Fortpflanzungszyklen konnten also einige Stämme in die mit Antibiotika getränkten Bereiche vordringen. Schnell waren die Nährstoffe im Agar mit der niedrigen Antibiotikakonzentration verbraucht, und die Nahrung wurde erneut knapp, aber bald darauf entwickelte ein erstes Bakterium eine Mutation, die es ihm ermöglichte, Agar mit einer noch höheren Antibiotikakonzentration zu besiedeln. Diese Entwicklung setzte sich fort, bis schließlich die Nährstoffe in der gesamten Petrischale aufgebraucht und das Agar vollständig mit Bakterienzellen bedeckt war. In nur 11 Tagen vollzog sich ein erstaunliches Kunststück der Evolution [22].

Ein Zeitraum von 11 Tagen scheint kurz, aber in Krankenhäusern laufen solche Entwicklungen noch schneller ab. Dort (und in Wohnungen) müssen Bakterien nicht darauf warten, bis sich Mutationen entwickeln, denn sie können Gene von anderen Bakterien ausleihen, die die Resistenz gegen Antibiotika auf sie übertragen. Unter realen Bedingungen wäre dieser Evolutionsschritt also deutlich kürzer als 11 Tage, und ähnliche Vorgänge haben sich schon oft wiederholt, seit die Strategie der Impfung von Säuglingen mit nichtpathogenen Bakterien aufgegeben wurde und stattdessen immer häufiger Antibiotika zum Einsatz kommen.

Infolge der übermäßigen Antibiotikaanwendung haben sich die Probleme durch resistente Pathogene in Krankenhäusern im Vergleich zur Situation in den 1950er-Jahren, als 80/81 zum ersten Mal auftrat, verschlimmert – nicht nur bei Neugeborenen, sondern allgemein. Anfangs konnten manche (wenn auch nicht alle) Stämme von 80/81 erfolgreich mit Penicillin bekämpft werden, aber in den späten 1960er-Jahren wurden nahezu alle Infektionen mit *Staphylococcus aureus* durch Penicillinresistente Erreger verursacht. Wenig später entwickelten einige *Staphylococcus-aureus*-Stämme außerdem eine Resistenz gegen Methicillin und andere Antibiotika. Im Jahr 1987 wurden bereits 20 % der Ansteckungen mit *Staphylococcus aureus* in den Vereinigten Staaten durch Stämme ausgelöst, die sowohl gegen Penicillin als auch gegen Methicillin resistent waren, im Jahr 1997 über 50 % und im Jahr 2005 sogar 60 %. Und es steigt nicht nur der Anteil der durch resistente Pathogene verursachten Infektionen, sondern auch die Zahl der Infektionen insgesamt. Sowohl in den Vereinigten Staaten als auch weltweit werden immer mehr Antibiotika wirkungslos. Viele Infektionen werden heute durch *Staphylococcus*-Stämme verursacht, die gegen alle Antibiotika resistent sind, außer den Reserveantibiotika, z. B. den Carbapenemen, die Ärzte wirklich nur im Notfall verwenden sollten [23], und manche Infektionen sind nun selbst gegen solche Antibiotika resistent. Diese Infektionen kosten das Gesundheitssystem jedes Jahr allein in den Vereinigten Staaten Milliarden von Dollar und führen jährlich zu Zehntausenden Todesfällen [24], wobei die Vereinigten Staaten kein Einzelfall sind; in vielen anderen Ländern weltweit sieht es ähnlich aus. Resistenzen treten nicht nur bei *Staphylococcus aureus* auf, sondern auch immer häufiger beim Tuberkulose auslösenden Bakterium *Mycobacterium tuberculosis* sowie bei Darminfektionsbakterien wie *E. coli* und *Salmonella*. In einigen Fällen hängt die Zunahme der Resistenzen vor allem mit der übermäßigen Antibiotikaanwendung bei Menschen zusammen; in anderen zusätzlich damit, dass Antibiotika auch bei Nutztieren zu häufig verabreicht werden, z. B. damit Schweine und Kühe schneller an Gewicht zulegen.[17]

Trotz der unvermeidlichen Evolution hin zu gefährlichen Arten und dem zunehmenden Wissen um die Folgen eines übermäßigen Einsatzes von Antibiotika reagieren viele Krankenhäuser auf die Zunahme resistenter Bakterien, indem sie Mikroben noch aggressiver bekämpfen. Es werden z. B. strenge Regeln für das Händewaschen eingeführt, was bestimmt sinnvoll oder zumindest nicht schädlich ist. Nach heutigem Wissensstand wird beim Händewaschen mit Seife die natürliche Bakterienschicht auf der Haut nicht beschädigt, sondern es werden nur die neu angekommenen Arten entfernt, die in Krankenhäusern oft Pathogene sind. Die Anwendung von Antibiotika hat aber auch durch einen radikalen proaktiven Ansatz bei der Bekämpfung von Pathogenen zugenommen, der als „Dekolonisierung" bezeichnet wird. Bei einer Dekolonisierung werden die Nasengänge von Patienten vor einer Operation, vor der Dialyse oder vor der Verlegung auf die Intensivstation mit hoch dosierten Antibiotika behandelt, um alle *Staphylococcus-aureus*-Bakterien zu vernichten. Diese kurzfristig erfolgreiche Strategie wird von den Krankenhäusern, wo sie verfolgt wird, als erfolgversprechend gepriesen [25], aber die langfristigen Folgen liegen nur zu klar auf der Hand: Durch die Dekolonisierung siedeln sich in den Nasengängen dieser Patienten die Krankenhauskeime an und die Ausbildung von Resistenzen wird begünstigt. Die Fehler der Vergangenheit werden an diesen Patienten wiederholt, auch wenn es heute einen Unterschied gibt. Wegen der übermäßigen Antibiotika-anwendung und fehlender Forschungsgelder entwickeln Bakterien schneller Resistenzen, als neue Antibiotika als Ersatz für nutzlos gewordene entdeckt werden können, und dies wird vermutlich auch so bleiben [26, 27].[18] In der heutigen Medizinkultur werden Eichenwalds und Shinefields Erkenntnisse bei der Bekämpfung von Pathogenen auf Körpern, in Krankenhäusern oder

---

[17]Weshalb Antibiotika Kühe und Schweine schneller wachsen lassen, ist noch nicht genau erforscht.

[18]Weitere Informationen zu Richtlinien zum Beheben des Resistenzproblems finden Sie in: Jorgensen et al. 2016 [27].

Häusern noch immer weitgehend ignoriert. Und Ähnliches gilt auch bei der Bekämpfung von Insekten und Pilzen, obwohl wir in Bezug auf das uns umgebende Leben dringend eine neue Strategie brauchen.

Es wäre schwierig, Shinefields und Eichenwalds Programm heute neu zu starten; noch schwieriger wäre der ehrgeizige Versuch, Mikrobengärten in unseren Häusern und Krankenhäusern anzulegen, denn unsere Einstellung zu Bedrohungen hat sich geändert, und wir empfinden heute einen Mikrobengarten als zu gefährlich, ignorieren aber die Risiken unseres Kriegszugs gegen Mikroorganismen. Neben diesen schlechten Nachrichten gibt es allerdings auch Ermutigendes.

Antibiotikaresistente Bakterien können sich ebenso wie pestizidresistente Insekten im Konkurrenzkampf mit anderen Arten nur schlecht behaupten. In der freien Natur sind die meisten dieser resistenten Organismen Schwächlinge oder – wie es Ökologen ausdrücken – ruderale Arten, d. h., sie überleben nur in Umgebungen, wo die Bedingungen so chronisch schlecht sind, dass dort keine anderen Lebensformen gedeihen können. Van Elsas hat gezeigt, dass *E. coli* in artenreichen Mikrobengemeinschaften im Boden abnimmt und sich dort nur schwer etablieren kann. Aber die von van Elsas untersuchte *E.-coli-Art* war nicht gegen Antibiotika resistent, sonst wäre es sehr wahrscheinlich noch schwieriger für sie gewesen, sich in einer vielfältigen Gemeinschaft durchzusetzen. Wie deutsche Küchenschaben haben antibiotikaresistente Bakterien ihre Biologie optimal an die von uns geschaffenen modernen Bedingungen angepasst. Sie vermehren sich schnell und besetzen unseren Körper und unsere Häuser erfolgreich, wenn keine konkurrierenden Arten, Viren und Räuber vorhanden sind und Antibiotika eingesetzt werden. Unter solchen Voraussetzungen gedeihen resistente Organismen gut, allerdings haben die von den Genen produzierten Substanzen zum Erlangen einer Resistenz einen hohen Preis; sie verbrauchen Energie, die den Bakterien andernfalls für den Stoffwechsel und die Teilung zur Verfügung stünde. Wenn es keine Konkurrenz gibt, ist es egal, ob das Leben langsamer oder aufwendiger ist; wenn Konkurrenten vorhanden sind, sind resistente Mikroben mit einem verlangsamten Stoffwechsel allerdings im Nachteil. Dies ist einer der Gründe dafür, dass oft die schlimmsten gegen Antibiotika resistenten Bakterien in Krankenhäusern vorkommen, denn hier sind Bakterien ständig Antibiotika ausgesetzt. So werden alle nicht gegen Antibiotika resistenten Bakterien entfernt, und die überlebenden Bakterien können sich – von der Konkurrenz befreit – entfalten. Selbst wenn keine Antibiotika mehr verwendet werden, wird die Konkurrenz unterdrückt, sodass sich resistente Mikroben in Krankenhäusern besonders gut vermehren können und durch die Konkurrenzentlastung zusätzlich begünstigt werden (ähnlich wie die deutschen Küchenschaben in Innenräumen). Sobald sie Konkurrenz bekommen und mit Artenreichtum konfrontiert werden, geraten sie in Schwierigkeiten. Nur unter den unnatürlichen Bedingungen, die wir auf unserem Körper und in unseren Häusern geschaffen haben, sind sie erfolgreich. Um unsere Situation zu verbessern, müssen wir nicht unbedingt in unserer gesamten Umgebung Mikrobengärten anlegen, sondern nur wieder etwas mehr wildes natürliches Leben hineinlassen. Wir müssen herausfinden, wie wir anfangen können, das Gleichgewicht zu verschieben, sodass wir anstelle von Pathogenen wieder die biologische Vielfalt fördern, die uns im Kampf gegen tödliche Mikroben unterstützt. Wir brauchen wieder mehr biologische Vielfalt, nicht nur um chronisch entzündliche Erkrankungen wie Allergien und Asthma zu bekämpfen, sondern auch aus anderen Gründen, und dies ist gar nicht so schwer. Die heutige Situation ist so extrem, dass wir schon mit kleinen Schritten viel erreichen können, und Inspirationen für zukunftsweisende Ideen lassen sich auch an unerwarteten Orten finden, z. B. in Küchen und Bäckereien.

Literatur

1. Darwin C (1859) Die Entstehung der Arten. In: Darwin C (1963) Die Entstehung der Arten durch natürliche Zuchtwahl. Reclam, Berlin, S 100
2. Shakespeare (1592) King Richard III. In: Shakespeare (2004) König Richard III. Stauffenburg Verlag, Tübingen, S 150
3. Shinefield HR, Ribble JC, Boris M, Eichenwald HF (1963) Bacterial interference: its effect on nursery-acquired infection with *Staphylococcus aureus*. I. Preliminary observations on artificial colonization of newborns. Am J Dis Child 105:646–654
4. McAdam PR, Templeton KE, Edwards GF, Holden MTG, Feil EJ, Aanensen DM, Bargawi HJA et al (2012) Molecular tracing of the emergence, adaptation, and transmission of hospital-associated methicillin-resistant *Staphylococcus aureus*. Proc Natl Acad Sci U S A 109(23):9107–9112
5. Eichenwald HF, Shinefield HR (1960) The problem of staphylococcal infection in newborn infants. J Pediatr 56(5):665–674
6. Shinefield HR, Ribble JC, Eichenwald MB, Sutherland JM (1963) Bacterial interference: its effect on nursery-acquired infection with Staphylococcus aureus. V. An analysis and interpretation. *Am J Dis Child* 105(6):683–688
7. Hulcr J, Latimer AM, Henley JB, Rountree NR, Fierer N, Lucky A, Lowman MD, Dunn RR (2012) A jungle in there: bacteria in belly buttons are highly diverse, but predictable. PLoS ONE 7(11):e47712

8. Burns JH, Strauss SY (2011) More closely related species are more ecologically similar in an experimental test. Proc Natl Acad Sci U S A 108(13):5302–5307

9. Janek D, Zipperer A, Kulik A, Krismer B, Peschel A (2016) High frequency and diversity of antimicrobial activities produced by nasal *Staphylococcus* strains against bacterial competitors. PLoS Pathog 12(8):e1005812

10. Van Epps HL (2006) René Dubos: unearthing antibiotics. J Exp Med 203(2):259

11. Parker D, Narechania A, Sebra R, Deikus G, LaRussa S, Ryan C, Smith H et al (2014) Genome sequence of bacterial interference strain *Staphylococcus aureus* 502A. Genome Announc 2(2):e00284-e314

12. Suarez AV, Holway DA, Ward PS (2005) The role of opportunity in the unintentional introduction of nonnative ants. Proc Natl Acad Sci U S A 102(47):17032–17035

13. Shinefield HR, Sutherland JM, Ribble JC, Eichenwald HF (1963) Bacterial interference: its effect on nursery-acquired infection with Staphylococcus aureus. II. The Ohio epidemic. Am J Dis Child 105(6):655–662

14. Shinefield HR, Boris M, Ribble JC, Cale EF, Eichenwald HF (1963) Bacterial interference: its effect on nursery-acquired infection with Staphylococcus aureus. III. The Georgia epidemic. Am J Dis Child 105(6):663–673

15. Boris M, Shinefield HR, Ribble JC, Eichenwald HF, Hauser GH, Caraway CT (1963) Bacterial interference: its effect on nursery-acquired infection with Staphylococcus aureus. IV. The Louisiana epidemic. Am J Dis Child 105(6):674–682

16. Eichenwald HF, Shinefield HR, Boris M, Ribble JC (1965) „Bacterial Interference" and staphylococcic colonization in infants and adults. Ann N Y Acad Sci 128(1):365–380

17. Elton CS (1958) The ecology of invasions by animals and plants. Methuen, London

18. van Elsas JD, Chiurazzi M, Mallon CA, Elhottová D, Krištůfek V, Salles JF (2012) Microbial diversity determines the invasion of soil by a bacterial pathogen. Proc Natl Acad Sci U S A 109(4):1159–1164

19. Levine JM, Adler PM, Yelenik SG (2004) A meta-analysis of biotic resistance to exotic plant invasions. Ecol Lett 7(10):975–989

20. Knops JMH, Tilman D, Haddad NM, Naeem S, Mitchell CE, Haarstad J, Ritchie ME et al (1999) Effects of plant species richness on invasion dynamics, disease outbreaks, and insect abundances and diversity. Ecol Lett 2:286–293

21. Matos A, Kerkhof L, Garland JL (2005) Effects of microbial community diversity on the survival of *Pseudomonas aeruginosa* in the wheat rhizosphere. Microb Ecol 49:257–264

22. Baym M, Lieberman TD, Kelsic ED, Chait R, Gross R, Yelin I, Kishony R (2016) Spatiotemporal microbial evolution on antibiotic landscapes. Science 353(6304):1147–1151

23. Lowy FD (2003) Antimicrobial resistance: the example of *Staphylococcus aureus*. J Clin Invest 111(9):1265

24. Klein E, Smith DL, Laxminarayan R (2007) Hospitalizations and deaths caused by methicillin-resistant *Staphylococcus aureus*, United States, 1999–2005. Emerg Infect Dis 13(12):1840

25. Huang SS, Septimus E, Kleinman K, Moody J, Hickok J, Avery TR, Lankiewicz J et al (2013) Targeted versus universal decolonization to prevent ICU infection. N Engl J Med 368(24):2255–2265

26. Laxminarayan R, Matsoso P, Pant S, Brower C, Røttingen JA, Klugman K, Davies S (2016) Access to effective antimicrobials: a worldwide challenge. Lancet 387(10014):168–175

27. Jorgensen PS, Wernli D, Carroll SP, Dunn RR, Harbarth S, Levin SA, So AD, Schluter M, Laxminarayan R (2016) Use antimicrobials wisely. *Nature* 537(7619); Lewis K (2013) platforms for antibiotic discovery. Nat Rev Drug Discov 12:371–387

12

Der Geschmack der biologischen Vielfalt

Nichts am Leben drinnen ist empfehlenswert. – A Really Big Lunch (Jim Harrison) [1].

Sage mir, Muse, die Taten des vielgewanderten Mannes, welcher so weit geirrt... – Die Odyssee (Homer) [2].

Wie anziehend ist es, ein mit verschiedenen Pflanzen bedecktes Stückchen Land zu betrachten, mit singenden Vögeln in den Büschen, mit zahlreichen Insekten, die durch die Luft schwirren, mit Würmern, die über den feuchten Erdboden kriechen, und sich dabei zu überlegen, dass alle diese so kunstvoll gebauten, so sehr verschiedenen und in so verzwickter Weise voneinander abhängigen Geschöpfe durch Gesetze erzeugt worden sind, die noch rings um uns wirken. – Die Entstehung der Arten (Charles Darwin) [3].

Eines Tages werden wir in unseren Häusern und auf unserem Körper vielleicht genau die Mikrobengärten kultivieren, die wir brauchen. Wir werden hoffentlich lernen, mit den für uns wichtigen Arten so umzugehen, dass sie uns Tag für Tag nützen und unser Leben schöner, erhabener und gesünder machen. Dazu werden wir allerdings außergewöhnliches Geschick und das nötige Wissen über die Biologie der meisten (wenn nicht aller) Arten auf unserem Körper und in unseren Häusern benötigen. Mich würde es nicht wundern, wenn bald Flaschen oder Schraubgläser mit Bakterien auf den Markt kämen, die Sie in Ihrem Zuhause ausbringen können. Eigentlich wissen wir aber noch zu wenig darüber, welche Bakterien tatsächlich nützlich für uns sind. Statt Mikrobengärten anzulegen, sollten wir einfach wieder mehr Natur und Wildnis in unsere Häuser hineinlassen, auch wenn wir dabei etwas selektiv vorgehen sollten.

© Springer-Verlag GmbH Deutschland, ein Teil von Springer Nature 2021
R. Dunn, *Nie allein zu Haus*, https://doi.org/10.1007/978-3-662-61586-7_12

Ich plädiere nicht dafür, einen Zustand wiederherzustellen, bei dem wir keine Kontrolle darüber haben, welche Arten zusammen mit uns leben, sondern nur für etwas mehr Augenmaß. Wir brauchen Trinkwasser mit einer niedrigen Pathogenkonzentration. Gründliches Händewaschen ist eine wichtige Maßnahme, um die Verbreitung von Pathogenen zu unterbinden. Gegen Pathogene, für die Impfstoffe existieren, sollten sich alle Menschen impfen lassen. Außerdem müssen Antibiotika verfügbar sein, mit denen bakterielle Infektionen bei Bedarf behandelt werden können. All dies ist nirgendwo offensichtlicher als in den vielen Teilen der Welt, in denen sauberes Wasser, gute Hygienebedingungen, Sanitäranlagen, Impfstoffe und Antibiotika fehlen. Wo aber all diese Grundanforderungen erfüllt sind und die größten gesundheitlichen Gefahren ausgeschaltet sind, müssen wir die verbleibende biologische Vielfalt zum Blühen bringen. Wir müssen lernen, uns wie Antoni van Leeuwenhoek an Bakterien, Pilzen und Insekten in unserem Alltag zu erfreuen.

Wenn wir die biologische Vielfalt wieder in unser Leben einladen, tun wir nicht nur etwas für den Artenschutz, sondern profitieren zudem von den vielen anderen positiven Auswirkungen auf unser Leben. Eine große biologische Vielfalt von Pflanzen und Bodenorganismen fördert die Gesundheit unseres Immunsystems. Artenreiche Wassersysteme können sicherstellen, dass die Pathogene im Wasser in Schach gehalten werden. Wenn wir der biologischen Vielfalt in unseren Häusern und Hinterhöfen Aufmerksamkeit schenken, können wir Kindern dasselbe Staunen über die Natur vermitteln, das auch Leeuwenhoek empfand und das auch mich Tag für Tag inspiriert. Ein großer Artenreichtum bei Spinnen, parasitären Wespen und Hundertfüßern unterstützt uns bei der Schädlingsbekämpfung. Die biologische Vielfalt in unseren Häusern ermöglicht es uns zudem, nützliche Enzyme, Gene und Arten zu entdecken, mit denen wir neue Biersorten brauen oder Abfall in Energie umwandeln können. Den Artenreichtum zu fördern und gleichzeitig das Auftreten gefährlicher Arten zu unterbinden, ist eigentlich nicht weiter kompliziert. Schon mit dem Backen von Brot oder dem Zubereiten von Kimchi lässt sich viel erreichen – das wurde mir kürzlich bei einem gemeinsamen Mittagessen mit Joe Kwon und seiner Mutter Soo Hee Kwon (auch bekannt als Mama Kwon) klar.

Ich hatte mich mit den beiden verabredet, um über koreanisches Essen zu reden. Joe Kwon ist international als Cellist der populären Bluegrass-Rockband „The Avett Brothers" bekannt, deren Songs Joe Kwon mit den tiefen Tönen seines Cellos untermalt. In Raleigh ist Joe Kwon allerdings auch für seine Liebe zum Essen bekannt. Der unregelmäßige Zeitplan, der durch die Tourneen mit seiner Band entsteht, lässt Joe Kwon längere freie Zeiträume, in denen er sich manchmal einen ganzen Tag lang dem Zubereiten eines Schweinebratens widmen kann. Joe Kwon und seine Schweinebraten sind sehr beliebt, sodass oft Leute vorbeikommen, um ihm bei seinen ausgedehnten Kochsessions Gesellschaft zu leisten. Die Zubereitung eines guten Schweinebratens braucht Zeit; nur so lässt sich der Wert des Schweins und die Großartigkeit des Universums gebührend würdigen.

Am Tag unseres Treffens ging es allerdings nicht um Joe Kwons Musik oder seine Schweinebraten, sondern um die Kochkünste seiner Mutter. Diese wuchs in Korea auf, wo sie die Zubereitung traditioneller koreanischer Gerichte wie *Haemul Pajeon* (eine Art Meeresfrüchte-Pfannkuchen), *Jajangmyeon* (Nudeln in schwarzer Bohnenpaste) und *Tteokbokki* (pikante gebratene Reiskuchen) erlernte. Ihr wurden allerdings nicht nur die Schritte für die Zubereitung dieser Gerichte beigebracht, sondern auch, dass Kochen ein Ausdruck von Liebe ist und dass das Essen mit den Händen bearbeitet werden muss. Bei der Zubereitung von koreanischem Essen müssen die Hände intensiv arbeiten. Der Kohl muss mit den Händen gerollt werden, und der Fisch muss von Hand mit Salzlake eingeschmiert werden. Die Hände berühren und verarbeiten jede Zutat mit einer Zartheit und Präzision, die typisch koreanisch und zugleich unglaublich individuell ist.

Die Zubereitung koreanischer Speisen hätte eigentlich gar nichts mit Häusern zu tun, gäbe es nicht das wichtige Konzept *sson mhat* (손맛), wobei *sson* für „Hand" steht und *mhat* für „Geschmack". *Sson mhat* hat nichts mit den Lebensmitteln selbst zu tun, sondern mit dem Geschmack, den das Essen im konkreten Sinn durch die Hände der Köchin (traditionell kochen in Korea die Frauen) und im übertragenen Sinn durch ihre Persönlichkeit und die Art erhält, wie sie Dinge berührt, durch das Leben geht und Lebensmittel bearbeitet. Von dieser Idee inspiriert wollte ich mit Joe Kwon und seiner Mutter über die Hypothese sprechen, dass die Mikroben vom Körper der koreanischen Köchin den von ihr zubereiteten Speisen einen eigenen Geschmack verleihen, wodurch sich ihre Gerichte von denen ihrer Schwester oder Kusine unterscheiden.

Joe Kwon, Soo Hee Kwon und ich bestellten Essen und Getränke und begannen, uns zu unterhalten. Mich interessierte, was Joe Kwons Mutter über *sson mhat* dachte und welche Bedeutung das Wort für sie hatte. In der koreanischen Küche werden Speisen, häufiger als in fast jeder anderen Küche, fermentiert (d. h. der Zucker in den Nahrungsmitteln wird von Bakterien oder Pilzen chemisch abgebaut, und dabei entstehen Gase, Säuren, Alkohol oder eine Kombination davon). Die Nebenprodukte dieser Fermentation verleihen dem Essen Aromen und Geschmack, z. B. dem

Joghurt seinen typischen säuerlichen Geschmack; sie können aber auch betrunken machen (wenn das Nebenprodukt Alkohol ist). Zudem werden sie für andere Mikroben giftig, denn Alkohol tötet ebenso wie Säure die meisten Pathogene ab. Als die Cholera in London grassierte, überlebten biertrinkende Menschen eher als solche, die Wasser tranken, weil der Alkohol im Bier die Keime im Wasser vernichtet. Joghurt ist haltbarer als Milch; durch den Säuregehalt darin wird die Ansiedlung anderer Mikroben verhindert. Der Säuregehalt wird auf einer Skala von 0 bis 14 gemessen. Substanzen mit einem pH-Wert von 7 sind neutral, bei Werten über 7 sind sie basisch, und bei Werten unter 7 sauer. Der pH-Wert von Joghurt entspricht normalerweise 4 und ähnelt damit dem pH-Wert im Magen eines Pavians [4]. Für den Säuregehalt von Starterkulturen für Sauerteigbrot, Kimchi und Sauerkraut gilt Ähnliches. Die fermentierenden Mikroben, die die Säure produzieren (oft Arten der Gattung *Lactobacillus*), sind säuretolerant, andere Arten aber meist nicht. Einige fermentierte Speisen wie das japanische *Nattō* sind basisch, was die Pathogene ähnlich wie Säure unter Kontrolle hält. Arten, die aufgrund ihrer Gene in Alkohol oder in einer sehr sauren oder basischen Umgebung gedeihen können, wachsen – im Gegensatz zu den sich meist schnell vermehrenden Pathogenen – langsam. Die Fermentation verbessert nicht nur unsere Lebensmittel durch das Kultivieren nützlicher Arten, sondern unterstützt uns auch bei der Bekämpfung von Pathogenen. Fermentierte Lebensmittel sind Ökosysteme, die sich eigenständig um das Entfernen unerwünschter Arten kümmern.

Aufgrund dieser Vorteile gibt es in den meisten Kulturen fermentierte Speisen. Auf meinem Schreibtisch liegt ein Handbuch über die Tausenden unterschiedlichen fermentierten Lebensmittel, die weltweit hergestellt werden und zumeist unerforscht sind [5]. Einige, z. B. fermentierter Haifisch oder mit fermentiertem Alkvogel gefüllte fermentierte Robbe, sind bestimmt ein wenig gewöhnungsbedürftig, aber viele sind unserem westlichen Gaumen wohlvertraut: Brot, Essig, Käse, Wein, Bier, Kaffee, Schokolade und Sauerkraut sind alles fermentierte Lebensmittel. Wir nehmen solche Lebensmittel tagtäglich zu uns, ob wir uns dessen bewusst sind oder nicht.

Zu den komplexesten und artenreichsten fermentierten Speisen gehört Kimchi, ein koreanisches Grundnahrungsmittel. Der durchschnittliche Pro-Kopf-Verbrauch dieses wertvollen Lebensmittels liegt in Südkorea bei 80 Pfund im Jahr. Bei der Herstellung von Kimchi teilt man den Kohlkopf, salzt ihn ein und lässt ihn etwas anwelken. Nach mehreren Stunden wird das Salz abgewaschen, und der Kohlkopf wird geviertelt oder feiner geschnitten und von Hand mit einer breiigen Masse aus Klebreis, (fermentierter) Fischpaste, (ebenfalls fermentierter) Garnelenpaste, Ingwer, Knoblauch, Zwiebeln und Rettich gemischt. Jedes Kohlblatt muss mit der Paste eingeschmiert und mit Fingern und Daumen gut durchgeknetet werden, dann werden die Blätter erneut mit der Paste bedeckt und erneut mit den Händen bearbeitet. Der fertige Kohl wird in (manchmal kleine, aber oft riesige) Gläser gefüllt und zum Fermentieren stehen gelassen. Dies ist das Grundrezept, aber es gibt viele Varianten, sodass es Hunderte Kimchis mit unterschiedlichen Gewürzen, Gemüsearten und Zubereitungsschritten gibt. Man kann wahrscheinlich sagen, dass es so viele Kimchi-Arten wie Kimchi-Köchinnen gibt.

Mir schmeckt dieses Gericht vorzüglich. Alle Menschen haben Geschmacksrezeptoren für Süßes, Saures, Salziges, Bitteres und Umami. Der Umami-Geschmacksrezeptor wurde allerdings erst vor Kurzem entdeckt (deshalb haben Sie in der Schule vielleicht noch nicht davon gehört); mit ihm können wir den Geschmack einiger würziger Speisen, darunter den vieler Fleischgerichte, wahrnehmen. Der Lebensmittelzusatzstoff Mononatriumglutamat (MNG) schmeckt uns so gut, weil er den Umami-Geschmacksrezeptor anspricht. Kimchi gehört zu den wenigen Gemüsegerichten mit Umami-Geschmack (sonnengetrocknete Tomaten sind ein weiteres). Für mich ist Kimchi gleichbedeutend mit Freude; wenn ich Kimchi esse, bekomme ich meist gute Laune. Als Soo Hee Kwon ein kleines Mädchen war, bereitete ihr Kimchi aber nicht nur Freude, sondern bedeutete vor allem harte Arbeit. Der Kohl war ebenso wie der Rettich im November erntereif. Riesige Mengen von Kohl und Rettich mussten geerntet und anschließend mit Chilis und anderen Zutaten vermengt werden. Das Kimchi aus Chinakohl und Rettich war wichtig, denn es diente während des gesamten Winters als wichtige Nährstoffquelle und wurde als gemüse- und proteinhaltige Beilage zum Reis gegessen. Als Soo Hee Kwon klein war, waren die Winter in Korea lang und kalt. Kimchi schmeckte nicht nur köstlich, sondern half vor allem, den langen Winter zu überstehen. Wie bei anderen Lebensmitteln diente die Fermentation von Kimchi vor allem der Haltbarmachung; das darin enthaltene Gemüse blieb lange essbar. Außerdem berichtete mir Joe Kwons Mutter, dass Kimchi zum Essen mit dem stärksten *sson mhat* gehört, denn das Kimchi jeder Köchin hat einen eigenen Handgeschmack.

Manchmal gibt Soo Hee Kwon Kochkurse. Sie erzählte, dass sie einmal alle Zutaten für die Kursteilnehmer, die gemeinsam mit ihr Kimchi zubereiten wollten, bereits kleingeschnitten hatte. Alle führten gleichzeitig dieselben Schritte aus und verwendeten dieselben Zutaten. Die Teilnehmer befolgten Soo Hee Kwons Anweisungen genau und versuchten, jede ihrer Handbewegungen zu kopieren, auch wenn die Bewegungen natürlich nicht genau identisch waren; wie jemand, seine Hand bewegt und Gemüse knetet und bearbeitet, ist sehr individuell.

Als die Kimchis einige Wochen später fertig waren, schmeckten alle unterschiedlich. Das Kimchi jedes Teilnehmers hatte einen anderen Handgeschmack. Einige waren süßer, andere saurer; einige rochen etwas fruchtig, andere weniger; einige waren köstlich, andere laut Soo Hee Kwon nicht ganz so gelungen. Das machte mich hellhörig, das Essen auf meinem Teller interessierte mich nicht mehr. Ich war zunehmend überzeugt, dass dieser Handgeschmack teilweise mit den Mikroben auf dem Körper der Kimchi-Köchinnen und in deren Häusern zusammenhing. Die Mikroben im Kimchi gehören vielen Arten an: Manche davon stammen wahrscheinlich vom Kohl oder vom Rettich, aber andere zählen zu den bekannten Körpermikroben von Menschen. *Lactobacillus*-Arten sind z. B. für Kimchi extrem wichtig, manchmal sogar *Staphylococcus* [6],[1] beides häufig vorkommende Körpermikroben. Von manchen Mikrobenarten und -stämmen ist bekannt, dass sie im Darm oder in der Vagina leben, aber *Staphylococcus* ist eine Mikrobe der menschlichen Haut. Jede dieser Arten und Gattungen produziert unterschiedliche Enzyme, Proteine und Geschmäcker, und jede trägt etwas zum Endprodukt bei.

Joe Kwons Mutter erinnert sich noch gut daran, wie kalt die Luft und das Wasser, in dem der Kohl eingeweicht und stehengelassen wurde, für sie als Kind waren, aber Kimchi war einfach wichtig, deshalb stand sie oft über die riesigen Eimer gebückt und mühte sich ab. Diese Arbeit war keineswegs ein reines Vergnügen, aber die Zubereitung und Fermentation war ein wichtiger Teil ihrer Identität.

Das Winter-Kimchi war nur eines von vielen fermentierten Gerichten, die in Soo Hee Kwons Elternhaus hergestellt wurden. Im Sommer-Kimchi wurden z. B. andere Gemüsearten verarbeitet, und auch Krabben und Fische wurden fermentiert, wenn diese gefangen wurden oder es sich ihre Eltern leisten konnten, welche zu kaufen. Wenn ein fermentiertes Lebensmittel nicht direkt in der Küche ihrer Mutter hergestellt wurde, dann stammte es zumindest von einem Ort ganz in der Nähe. Manchmal wurden Sojabohnen mit ihren eigenen Mikroben zu einer Paste *(Doenjang)* oder Sauce

---

[1]Kimchi ist artenreicher als die meisten anderen fermentierten Lebensmittel. Nicht nur enthalten einzelne Kimchi-Arten Dutzende oder sogar Hunderte verschiedene Arten, darüber hinaus gibt es große Unterschiede von Köchin zu Köchin und zwischen den verschiedenen Kimchi-Arten. Siehe: Park et al. 2012 [6]. Neben *Staphylococcus* und *Lactobacillus* gehören *Leuconostoc* und die damit nah verwandte Mikrobe *Weisella* (beide kommen sehr oft in Kühlschränken vor), *Enterobacter* (eine Fäkalmikrobe) und *Pseudomonas* zu den häufigen Bakteriengattungen in Kimchi.

(Ganjang) verarbeitet, in anderen Fällen mit einem speziellen Bakterium *(Chongkukjang)* [7].[2] Auch fermentierte Chilis wurden zu einer Würzpaste *(Gochujang)* verarbeitet. Fermentiertes Essen blieb auch durch den längsten Winter hindurch haltbar. Wenn diese Lebensmittel fermentiert wurden, verteilten sich die darin enthaltenen Mikroben in der Luft und auf allen Oberflächen im Haus. Es ist leicht vorstellbar, dass Soo Hee Kwons Mikroben (sowie die der übrigen Familienmitglieder), die Lebensmittelmikroben und die Mikroben ihres Elternhauses sich gegenseitig beeinflussten und vermischten. Vielleicht erhielt das Kimchi seinen Geschmack nicht nur über den mikrobiellen Handgeschmack, sondern auch über etwas, wofür es keinen koreanischen Begriff gibt, über den „Hausgeschmack". Und vielleicht beeinflusst die Kombination von mikrobiellem Handgeschmack und Hausgeschmack das alltägliche Leben und Wohlbefinden der Bewohner von Häusern, in denen regelmäßig Kimchi und andere Speisen fermentiert werden. Ich hatte nach Wegen gesucht, um die Vielfalt von nützlichen Arten in unseren Häusern und auf unserem Körper zu fördern, und Kimchi konnte vielleicht eine solche Möglichkeit sein.

Nach dem Gespräch mit Joe Kwon und seiner Mutter wollte ich ein neues Projekt starten, um die Biologie des Handgeschmacks, des Hausgeschmacks und anderer Geschmäcker zu untersuchen. Kimchi ist ein gutes Beispiel dafür, wie die um und auf uns lebenden Mikroben unsere Lebensmittel beeinflussen, aber Kimchi eignete sich eventuell nicht so gut für unsere erste umfangreiche Studie zu Nahrungsmitteln. Sein Geschmack ist stark mit einer bestimmten Kultur, ihrer Geschichte und ihren Traditionen verknüpft. Wir könnten stattdessen Käse untersuchen, denn wie Kimchi hängt Käse von vielen Arten ab (Abb. 12.1). Mich interessierte z. B. der französische Mimolette-Käse, für dessen Herstellung sowohl Körpermikroben des Menschen als auch Käsemilben *(Tyrophagus putrescentiae)* erforderlich sind [8],[3] oder der berühmte sardische Käse Casu Marzu, der mithilfe von Körpermikroben und den durchsichtigen Maden der gewöhnlichen Käsefliege *(Piophila casei)* hergestellt wird [9]. Diese Käsesorten sind wie Kimchi biologisch komplex, und Köche und Bäcker wissen mehr darüber als Wissenschaftler. Es sind aber auch Lebensmittel, die nicht jedermann ansprechen (es

---

[2]*Bacillus subtillus* ist eine Bakterienart, die für Fußschweiß verantwortlich ist (und massenhaft auf der Internationalen Raumstation vorhanden war). Weitere Informationen zur koreanischen Fermentation finden Sie in: Patra et al. 2016 [7].

[3]Ich empfehle Ihnen dringend, sich den 1903 entstandenen Dokumentarfilm *Cheese Mites* (produziert von Charles Urban unter der Regie von F. Martin Duncan) anzusehen. In diesem Film wird die Schönheit dieses Tierchens dargestellt, das die Umwandlung eines Lebensmittels in ein anderes ermöglicht.

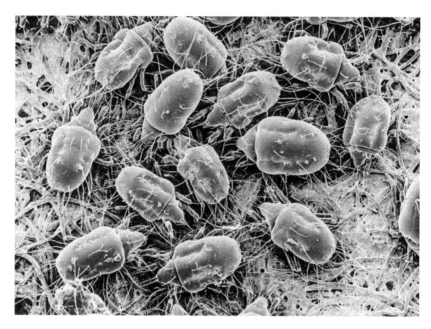

Abb. 12.1 Käsemilben, die eine wichtige Rolle bei der Käseproduktion spielen. (Bild des Agricultural Research Service des Landwirtschaftsministeriums der Vereinigten Staaten)

ist sogar illegal, Casu Marzu zu produzieren und zu verkaufen, obwohl man ihn immer noch auftreiben kann). Wir mussten mit einem Nahrungsmittel beginnen, an dessen Herstellung Körper- und Hausmikroben beteiligt waren, das sich für Experimente eignete und das viele Menschen lecker fanden: Brot erschien uns dafür ideal.

Sauerteigbrot geht auf, weil die Mikroben im Teig Kohlendioxid produzieren, das sich in Luftblasen im Brot sammelt. Wenn Sie einen Laib Sauerteigbrot durchschneiden, sehen Sie die vielen Poren, die entstanden sind, weil manche Hefearten im glutenhaltigen Teig Kohlendioxid ausgeatmet haben. Ohne Mikroben entsteht im Brotteig kein Kohlendioxid, und ohne Gluten kann der Teig das von den Mikroben ausgeschiedene Kohlendioxid nicht auffangen. Die ersten Brote wurden mit Gerste hergestellt, die allerdings zu wenig Gluten für ein Aufgehen des Teigs enthält, sodass nur flache ungesäuerte Brote daraus gebacken werden konnten [10].[4] Aber schon im Jahr 2000 v. Chr. hatten ägyptische Bäcker gelernt,

---

[4]Eine schöne Beschreibung der frühen Geschichte von Brot und eine Erzählung über den Versuch, eine alte Brotbackmethode wieder zum Leben zu erwecken, finden Sie in: Wood 1996 [10].

Brote aus dem glutenhaltigen Emmerweizen zu backen; solche Brote können aufgehen, wenn die richtigen Mikroben vorhanden sind [11].[5] In der ägyptischen Kunst kann man den Wechsel von nichtaufgegangenem zu aufgegangenem Brot leicht erkennen. In der frühen ägyptischen Kunst werden die Laibe flach dargestellt, später sehen sie dann runder und höher aus. Diese Brote gingen mithilfe von Hefen auf. In traditionellem Brot produzieren Hefen Kohlendioxid, und gleichzeitig sorgen Bakterien dafür, dass sie säuerlich schmecken. Fast alle traditionellen aufgegangenen Brote schmecken zumindest ein bisschen säuerlich, und dieser Geschmack wird (mit wenigen Ausnahmen) durch Bakterienarten der Gattung *Lactobacillus* verursacht, die sich auch in Joghurt finden. Man weiß nicht, wie die alten Ägypter die bei der Brotherstellung verwendeten Hefen und Bakterien kontrollierten,[6] aber dank der Abbildungen von aufgegangenem Brot in der ägyptischen Kunst wissen wir, dass sie dazu in der Lage waren.

Heute wird die beim Backen von aufgegangenem gesäuertem Brot verwendete Mikrobengemeinschaft Starterkultur genannt. Um diese anzusetzen, vermischt man die Zutaten, meist nur Mehl und Wasser, und lässt sie in einem Gefäß stehen.[7] Die Mikroben beginnen dann, die Stärke im Mehl zu fermentieren [12]. Wenn wiederholt Wasser und Mehl hinzugefügt werden, entwickelt sich irgendwann eine stabile, relativ einfache Gemeinschaft von Arten, die in der klebrigen, gärenden, sauren Mischung überlebt. Wie bei Kombucha, Sauerkraut oder Kimchi gilt: Je saurer die Starterkultur, desto schlechter können Pathogene überleben.[8] Genau das erhoffen wir uns allgemein beim Umgang mit dem Leben in Häusern: Wir möchten auf einfache

---

[5]Brot wurde als Zahlungsmittel, als Ration und wie Bier als eine Art Währung verwendet. Mit dem Backen von Brot wurde das schwer verarbeitbare Getreide in ein Lebensmittel verwandelt, das einfach gelagert, verkauft und gegessen werden konnte.

[6]Diese Frage hat noch niemand ernsthaft erforscht. Es hat z. B. noch niemand in den mumifizierten Broten, die den Bestatteten im alten Ägypten mitgegeben wurden, nach alter DNA gesucht. Über Gräber haben wir bereits viele Einblicke in das Alltagsleben des alten Ägyptens erhalten, und wir können darüber noch viel mehr lernen, auch wenn ich nicht sicher bin, dass die Ägypter dies für ihr Leben nach dem Tod anstrebten.

[7]Die Details dieses Prozesses variieren. Manche verwenden nur destilliertes Wasser, andere Regenwasser. Bäcker verwenden aber auch unterschiedliche Mehlsorten, bewahren die Starterkulturen bei verschiedenen Temperaturen auf und fügen manchmal mikrobenreiche Nahrungsmittel (z. B. Früchte) zur Mischung hinzu.

[8]In einer Studie zu Bäckereien wurde herausgefunden, dass das als Zutat verwendete Mehl sogar Bakterien der Gattung *Enterobacter* (potenziell pathogene Fäkalmikroben) enthielt, aber diese Bakterien etablieren sich nie in Starterkulturen für Sauerteigbrot. Vermutlich werden sie von den Sauerteigbakterien und der von ihnen produzierten Säure abgetötet. In derselben Studie wurden im Mehl, in der Teigschüssel und sogar im Brotkasten sehr vielfältige Bakterien entdeckt – nicht aber im Sauerteig, wo eine einfache, stabile Mikrobengemeinschaft wuchs.

Weise nützliche Arten fördern und gleichzeitig die problematischen in Schach halten.[9] Starterkulturen eigneten sich also ideal zur experimentellen Untersuchung von Mikrobengemeinschaften: Sie sind biologisch vielfältig und halten durch ihren Artenreichtum Pathogene unter Kontrolle.

Vor 100 Jahren wurde jedes gesäuerte Brot mithilfe einer Starterkultur aus einer Mischung von Bakterien und Hefen gebacken, aber dies hat sich geändert. Im Jahr 1876 entdeckte der französische Wissenschaftler Louis Pasteur, der Begründer der Keimtheorie (die besagt, dass einzelne Pathogenarten Krankheiten auslösen), dass einige Mikroben, mit denen Bier und Wein hergestellt wurde, auch als Backtriebmittel eingesetzt werden konnten. Kurze Zeit später fand Emil Christian Hansen, ein dänischer Pilzbiologe, heraus, dass bei der Bierfermentation eine *Saccharomyces*-Art entscheidend war. Später stellte man fest, dass mit *Saccharomyces cerevisiae* ein neuartiges Brot (Hefebrot) gebacken werden konnte, das nicht säuerlich schmeckte, nicht von Bakterien abhing und dennoch aufging. Man begann, *Saccharomyces cerevisiae* im Labor in Monokultur massenhaft zu vermehren und die Art anschließend gefriergetrocknet um die Welt zu schicken. Damit ließ sich die Produktion von Brot enorm steigern. Heute werden fast alle käuflich erwerbbaren Brote aus nur wenigen Weizenarten mit nur einer Hefeart gebacken, die massenhaft herangezogen und anschließend an Backunternehmen verkauft wird [13].[10] Diese Hefe hat mehrere Bezeichnungen, was eine Vielfalt suggeriert, die nicht existiert. Sie müssen kein Ernährungsberater sein, um zu wissen, dass der Wechsel von selbstgemachtem Sauerteigbrot zu abgepacktem pappigem Weißbrot weder in Bezug auf den Geschmack noch in Bezug auf den Nährgehalt einen Fortschritt bedeutet. Die Massenproduktion von Brot führt zwar nicht zwangsläufig, aber doch fast immer zu minderwertigen Produkten. Leckeres Brot mit guter Textur,

---

[9]Als Gefriertruhen und Kühlschränke erfunden wurden, eröffneten sie neue alternative Möglichkeiten zur Lagerung von Lebensmitteln, aber zumeist sind sie weniger wirkungsvoll als Fermentationen. Wenn Sie Lebensmittel kaufen, sind sie voller Mikroben (auch die vakuumverpackten Nahrungsmittel). Durch die Aufbewahrung im Kühlschrank können die Mikroben unsere Lebensmittel nur noch langsam fressen und sich nur noch langsam vermehren. Das Mindesthaltbarkeitsdatum zeigt eigentlich an, wie lange die Mikroben in den Lebensmitteln unter den kalten Bedingungen im Kühlschrank dafür brauchen, das Essen abzubauen und sich so stark zu vermehren, dass das Essen verdirbt. Eigentlich sollte der Text neben dem Mindesthaltbarkeitsdatum eher lauten: „Erträgliche Mikrobendichte bis zum 4. Januar", aber wie lang das Essen tatsächlich haltbar ist, hängt davon ab, mit welchen Mikroben Ihre Lebensmittel jedes Mal, wenn Sie das entsprechende Schraubglas öffnen, über Ihre Küche, Ihre Hände und Ihren Atem in Kontakt kommen. Die Aussage „Mindestens haltbar bis 4. Januar" ist eigentlich eine Lüge, liefert aber einen guten Anhaltspunkt zur Vermeidung von Lebensmittelvergiftungen.

[10]Manchmal bekommen diese Brote ihren säuerlichen Geschmack, indem der ursprünglich in Nagetierfäkalien vorkommende Stamm *Lactobacillus reuteri* hinzugefügt wird. Wenn Sie meine Aussage anzweifeln, lesen Sie: Su et al. 2012 [13].

feinem Geschmack, wertvollen Nährstoffen und den richtigen Mikroben ist nur schwer zu finden.

Glücklicherweise setzen viele Hobby- und Berufsbäcker noch immer ihre eigenen Starterkulturen an oder kultivieren bestehende Starterkulturen weiter. Wie die Menschen vor 100 oder auch 1000 Jahren rühren diese Bäcker Mehl und Wasser an und lassen die Mischung eine Weile stehen [14].[11] Manchmal wiederholen sie die in ihren Familien überlieferten Schritte und Handbewegungen genau; manchmal setzen sie neue Starterkulturen nach Rezepten aus dem Internet an. In jedem Fall müssen sie jedoch darauf warten, dass sich in der Mischung Mikroben ansiedeln, und diese dann weiterkultivieren. Die Starterkulturen in Bäckereien und Haushalten können sehr unterschiedlich sein, auch wenn niemand die genauen Gründe dafür kennt. In manchen Starterkulturen finden sich z. B. über 60 verschiedene Arten von Milchsäurebakterien und ein halbes Dutzend Hefearten. Um zu verstehen, weshalb Starterkulturen sich so stark unterscheiden, wollten wir eine zweiteilige Studie durchführen. Im ersten Teil der Studie, einem richtigen Experiment, sollten 15 Bäcker aus 14 Ländern die gleiche Starterkultur mit identischen Zutaten ansetzen. Die einzigen nichtkontrollierten Faktoren waren die Körper der Bäcker und die Luft in ihren Küchen oder Backstuben. Diesen veränderlichen Faktoren sollte die Starterkultur ausgesetzt werden. Beim Gespräch mit Soo Hee Kwon war mir ja die Hypothese in den Sinn gekommen, dass die Mikroben auf der Haut von Bäckern und in ihren Küchen und Backstuben die Starterkulturen beeinflussen könnten, und dies wollten wir im Experiment überprüfen. Im zweiten Teil der Studie, einer Umfrage, wollten wir die Mikroben von Starterkulturen aus aller Welt identifizieren.

Für den ersten Teil der Studie, das Experiment, arbeiteten wir mit dem Puratos Center für Brotgeschmack im belgischen Saint Vith zusammen. Im Frühling 2017 half uns Puratos, identische Zutaten für Starterkulturen für Sauerteigbrot an die 15 Bäcker aus 14 Ländern zu verschicken. Jeder Bäcker sollte dann das Mehl mit Wasser verrühren und das Gemisch stehen lassen. Sobald sich eine lebende Starterkultur herausgebildet hatte, sollten die

---

[11]Die Hefe *Saccharomyces cerevisiae* scheint in Starterkulturen nur selten vorzukommen, wobei die uns verfügbaren Daten vielleicht auch keine objektive Beurteilung ermöglichen. Bei Verwendung von abgepackter Hefe in Bäckereien wird diese anscheinend schnell Teil der dortigen Hefegemeinschaft (und siedelt sich auf den Mischgeräten, im Mehl, in den Vorratsbehältern usw. an), sodass sie neue Starterkulturen leicht „verunreinigen" kann. Die Starterkulturen werden dadurch nicht daran gehindert, sich gut zu entwickeln, aber ihr Artenreichtum wird verringert. Es erfolgt – angestoßen durch die industrielle Produktion und Verwendung von *Saccharomyces* – eine subtile Homogenisierung der Mikroben.

Bäcker diese mit dem von uns bereitgestellten Mehl weiter füttern. Später im Sommer wollten wir die Mikroben in allen Starterkulturen identifizieren und ermitteln, ob diese mit dem Mehl, dem Wasser oder mit den Händen und der Umgebung der Bäcker assoziiert waren. Das Experiment wurde von mir selbst und Anne Madden, einer Expertin für die Evolution und Ökologie von Hefe, geleitet.

Gleichzeitig mit dem Versand der Zutaten für die Starterkulturen begann der zweite Teil des Projekts, eine Umfrage zu Starterkulturen aus aller Welt. Wir baten Menschen aus Israel, Australien, Thailand, Frankreich, den Vereinigten Staaten und vielen anderen Ländern, uns ihre Starterkulturen zuzusenden. Wir erwarteten in den internationalen Proben neue Arten von Startermikroben zu finden; Arten, die nur in einer bestimmten Region oder sogar nur in einer Familie vorkämen. Beim Experiment in Saint Vith wollten wir uns darauf konzentrieren, wie stark sich die Starterkulturen unterschieden, wenn alle Faktoren bis auf die Bäcker konstant waren. Bei der weltweiten Umfrage gab es keine Konstanten; hier wollten wir einfach die Vielfalt der Starterkulturen in all ihrer Pracht katalogisieren. An der weltweiten Umfrage nahmen Menschen teil, die durch das Kultivieren von Starterkulturen für Sauerteigbrot und das Backen von Brot Traditionen und Mikroben am Leben erhielten und so zu Kuratoren der nützlichen Vielfalt von Brotmikroben wurden. Für die Durchführung dieses zweiten globalen Teils des Experiments war ein riesiges interdisziplinäres Team erforderlich. Zum Team gehörten erneut Noah Fierer, aber auch Anne Madden, Liz Landis, Ben Wolfe und Erin McKenney als Experten für Lebensmittelmikroben, Lori Shapiro als Expertin für Getreidemikroben, Angela Oliveira, die für die Sequenzierung und Analyse zuständig war, Matthew Booker, der die Geschichten der Menschen zu ihren Starterkulturen aufzeichnete, Lea Shell und Lauren Nichols zur allgemeinen Projektunterstützung sowie viele andere, nicht zuletzt die Bäcker selbst, die uns ihre Starterkulturen überließen. Mehr als in jedem anderen unserer Projekte waren die Projektteilnehmer, die Hobby- und Berufsbäcker, die uns ihren Sauerteig zusendeten, für jeden Projektschritt maßgeblich.

Als wir uns mit den Teilnehmern der weltweiten Umfrage über ihre Starterkulturen austauschten, wuchs unser Fragenkatalog immer weiter an. Zu vielen Starterkulturen gab es Geschichten, die Hunderte von Jahren zurückreichten, und die meisten Starterkulturen hatten Namen. Die Menschen sprachen über sie wie über Haustiere und schienen eine extrem enge Bindung zu ihnen zu haben. Eine Mutter setzte einen Teig mit derselben Starterkultur an, die auch ihre Mutter gepflegt hatte, und vielleicht war diese sogar schon von ihren Groß- oder Urgroßeltern kultiviert worden.

Wenn die Menschen Geschichten über die Starterkulturen erzählten, schienen sie über ein nahezu unsterbliches Mitglied ihrer Familie zu sprechen. Eine Starterkultur hieß z. B. Herman, und die Frau, die uns Herman zuschickte, erzählte folgende Geschichte:

Im Jahr 1978 gingen meine Eltern nach Alaska, und weil sie wussten, wie gerne ich Sauerteigbrot esse, brachten sie mir als Souvenir eine Starterkultur für Sauerteigbrot mit, die über 100 Jahre alt war. Ich wässerte die Starterkultur, fütterte sie und begann sie zu verwenden. Da es sich um einen lebendigen Organismus handelte, nannten wir ihn Herman und bewahrten ihn in unserem Kühlschrank auf, wo er viele Jahre lang lebte und uns half, Brot, Brötchen, Waffeln und vieles mehr zu backen. Hermans Geschichte nahm allerdings eine unerwartete Wendung. Im Jahr 1994 gab es zwei wichtige Ereignisse in unserer Familie. Zum einen wurde Los Angeles von einem Erdbeben erschüttert, das in unserer Region riesige Schäden verursachte. Zum anderen wechselte Herman kurz vor dem Erdbeben – zum ersten Mal – die Farbe und wurde rosa.[12] Dies war schrecklich, weil es bedeutete, dass unser geliebter Herman von unerwünschten Bakterien befallen worden war, sodass ich ihn wegwerfen musste. Ich war jedoch nicht übermäßig besorgt, weil ich einer Freundin zuvor eine Starterkultur von Herman gegeben hatte. Als ich einige Zeit nach dem Erdbeben dazu kam, sie darum zu bitten, mir etwas von ihrem Herman zurückzugeben, sah sie mich entgeistert an. Es stellte sich heraus, dass ihr Mann nach dem Erdbeben aufgeräumt und ein Glas mit einer weißgräulichen, etwas klebrigen Substanz hinten im Kühlschrank bemerkt hatte. Er hielt die Masse für schlecht gewordenes Essen – und warf sie deshalb weg. Meine Familie war über diese zweifache Katastrophe untröstlich. Es fühlte sich an, als hätten wir ein liebes Familienmitglied verloren. Ich kaufte andere Starterkulturen und setzte selbst neue an, aber sie hatten einfach nicht das Aroma und den Geschmack von Herman. Ende 1993 war meine Mutter gestorben. Sie liebte es, Leute einzuladen, und kurz vor ihrem Tod hatte sie geplant, ein Fest in ihrem Sommerhaus zu veranstalten. Im folgenden August, im Jahr 1994, beschlossen mein Vater, meine Geschwister und ich, mit unseren Ehepartnern das Sommerhaus zu besuchen und das von meiner Mutter geplante Fest nachzufeiern. Als wir dort ankamen, fiel mir auf, dass meine Mutter das Haus bei ihrem letzten Aufenthalt aufgrund ihrer Krankheit wohl überstürzt verlassen hatte und dass der Kühlschrank dringend gereinigt werden musste. Ich kniete mich vor dem Kühlschrank hin und begann, die Sachen durchzusehen. Dann erblickte ich etwas, das mich erst lachen und dann weinen machte. Sobald ich die grauklebrige Masse sah, erkannte ich Herman

---

[12]Ich habe keine Ahnung, warum sich Herman rosa verfärbte, aber vermutlich gab es keinen Zusammenhang mit dem Erdbeben.

wieder. Mir fiel ein, dass ich meiner Mutter vor längerer Zeit ein Glas von ihm gegeben hatte. Unsere Kinder bezweifelten zunächst, dass es wirklich Herman sein könne, aber als wir den Deckel öffneten, schlug uns sein einzigartiges, würziges Aroma entgegen. Es war, als ob meine Mutter aus dem Himmel herabgereicht und uns Herman zurückgegeben hatte. Jetzt habe ich vier Gläser von Herman, und sicherheitshalber habe ich ihn auch bei meinen Kindern und Freunden deponiert. Ich bin sicher, unsere Geschichte mit Herman wird noch viele Generationen weitergehen.

Viele Teilnehmer, auch Hermans Besitzerin, stellten Fragen. Sie wollten z. B. wissen, ob sich Starterkulturen im Lauf der Zeit änderten; ob ihre Starterkulturen dieselben Mikroben wie vor 100 Jahren enthielten; ob die Aufbewahrungstemperatur einen Einfluss auf die Starterkultur hatte; und wie man Starterkulturen herstellen konnte, mit denen das Brot mehr oder weniger säuerlich wurde.

Bei der Untersuchung der Starterkulturen aus der weltweiten Umfrage wollten wir versuchen, so viele dieser Fragen wie möglich zu beantworten. Wir wollten über die Identifizierung der vorhandenen Mikroben in den Starterkulturen ihre genealogische Familiengeschichte verfolgen (oder umgekehrt auch herausfinden, ob einzelne Bakterien- oder Hefearten so oft in Starterkulturen absterben oder diese neu besiedeln, dass Großmutters Starterkultur nicht mehr allzu viel mit der Großmutter zu tun hat). Wir wollten auch versuchen zu ermitteln, wie stark Faktoren wie Geografie, Klima, Alter und Zutaten beeinflussten, welche Arten in der Starterkultur vorhanden waren. Die Mikroben in Starterkulturen unterschieden sich möglicherweise von Region zu Region; vielleicht waren die lokalen Mikroben in manchen Regionen gar nicht in der Lage, eine Fermentation in Gang zu bringen. In der Vergangenheit wurde z. B. schon spekuliert, ob in den Tropen keine traditionellen Starterkulturen für Sauerteigbrot angesetzt werden können, obwohl dies noch nie von jemandem untersucht wurde (außer von Bäckern in den Tropen).

In der Zwischenzeit beschäftigten wir uns weiterhin intensiv mit den Fragen, die mit dem Experiment in Saint Vith beantwortet werden sollten: Woher kommen die Sauerteigmikroben überhaupt? Zur Herstellung von Sauerteig mischt man Mehl und Wasser. Und egal, ob das billige Mehl in einer Papiertüte aus dem nächsten Geschäft mit Leitungswasser oder vom Bäcker handgemahlenes Mehl mit dem Tau von Löwenzahnblättern nach dem ersten Vollmond verwendet wird, siedelt sich wie durch ein Wunder die richtige Mischung von Bakterien und Pilzen an.

Im August 2017 kamen alle 15 Bäcker mit ihren 15 experimentellen Starterkulturen nach Saint Vith. Manche Bäcker waren jünger, andere älter. Einer arbeitete in einer Bäckerei, die Baguettes an Tausende von Geschäften liefert. Ein anderer stellte ein sehr beliebtes, relativ teures, aber köstliches Toastbrot her und verkaufte nur einige Hundert Brotlaibe pro Tag, manchmal auch weniger. Manche Bäcker verwendeten viele verschiedene Starterkulturen für ihre unterschiedlichen Produkte; andere nur eine einzige, die für sie eine eigene Persönlichkeit und einen Namen hatte. Allen Bäckern gemein war eine starke, emotionale, obsessive Leidenschaft für gutes Brot. Wir trafen uns alle im Puratos Center für Brotgeschmack. Bei unserer Ankunft war das Gebäude verschlossen, sodass wir vor dem Center warten mussten. In etwas angespannter Atmosphäre wurden mehrsprachige Gespräche geführt. Die Nervosität rührte daher, dass die Bäcker am nächsten Tag mit den zu Hause hergestellten Starterkulturen aus dem Experiment Brot backen sollten. Da dies nicht ihre normalen Starterkulturen waren, befürchteten die Bäcker, dass diese nicht gut sein und sie schlechtes Brot backen könnten.

Als sich die Türen zum Center für Brotgeschmack schließlich öffneten, gingen wir alle hinein, und nach einer Einführung stellten Anne Madden und ich die Starterkulturen auf den Tisch und begannen, Proben zu nehmen. Wir hatten erwartet, dass die Bäcker uns dabei mit etwas Abstand beobachten würden, aber stattdessen kamen sie immer näher und beugten sich über den Tisch. Man konnte spüren, dass sie gewohnt waren, die Kontrolle zu haben. Sie wollten statt für ihre Starterkultur lieber für das beurteilt werden, was sie daraus produzieren konnten. Die Bäcker hätten am liebsten sofort damit begonnen, ihre Starterkultur zu füttern und zu vermehren;[13] sie wollten nicht herumstehen und warten. Während es Diskussionen darüber gab, was eine bessere, perfektere Methode zum Ansetzen der Starterkulturen gewesen wäre, und die Bäcker ihre Meinungen austauschten, streifte sich Anne Madden ihre Handschuhe über und zog ein Notizbuch heraus. Dann begannen wir, die Proben zu nehmen: Ich öffnete nacheinander alle Gefäße mit den Starterkulturen und steckte einen Wattetupfer hinein, bevor ich ihn in einem sterilen Gefäß verschloss. Schon bei diesem Vorgang konnten wir deutliche Unterschiede zwischen den Sauerteigen bemerken. Manche rochen extrem

---

[13]Wir wollten nicht, dass sie die Starterkulturen vor der Probenahme fütterten, weil das Füttern in der Küche stattfinden sollte, sodass eine unbeabsichtigte Besiedlung der Starterkulturen durch die Mikroben der Küche völlig unvermeidlich gewesen wäre. Indem wir die Proben vorher entnahmen, konnten wir am ehesten sicherstellen, dass in den einzelnen Proben nur die Mikroben ihrer Körper und ihrer Häuser enthalten waren.

säuerlich, andere fruchtig, wieder andere etwas fade. Nach der Probenahme durften die Bäcker ihre Starterkulturen füttern, und nicht nur die Bäcker sahen erleichtert aus, sondern auch ihre Kulturen, die dankbar Bläschen zu werfen und aufzugehen begannen.

Den Abend verbrachten die Bäcker damit, belgisches Bier (das Mönche mithilfe einer Bakterien- und Hefemischung hergestellt hatten) zu trinken und dabei (wunderbarerweise) Lieder über das Brot zu singen, während die Bakterien in den Starterkulturen die Nacht damit verbrachten, sich über ihre neue Futterration herzumachen. Am nächsten Morgen nahmen Anne Madden und ich dann Proben von den Händen der Bäcker. Anne Madden strich mit einem Wattetupfer langsam und sorgfältig über jede Hand und achtete darauf, keine Falte oder Runzel zu übergehen.

Anschließend durften die Bäcker dann endlich mit ihren Starterkulturen einen Teig zubereiten. Jeder Bäcker machte den Teig auf dieselbe Weise, oder zumindest bekam jeder Bäcker dieselben schriftlichen Anweisungen. Die Beziehung zwischen Bäcker und Teig ist etwas sehr Intimes und folgt ungeschriebenen Gesetzen, sodass die einzelnen Bäcker die Teige unterschiedlicher behandelten, als wir uns das gewünscht hätten. Manche Bäcker bearbeiteten ihren Teig sanft und rollten die Teigkugel fast zärtlich hin und her; andere behandelten ihn aggressiv. Manche Brote wurden gestreichelt, andere wurden geschlagen. Manche Bäcker verwendeten Löffel, für andere wäre dies undenkbar gewesen.[14] Am Ende war das Experiment im Detail auch den unterschiedlichen Traditionen und Stilen der Bäcker unterworfen.

Am letzten Abend fand im Puratos Center eine Bier- und Brotverkostung statt. Jedes Brot wurde auf den Tisch gelegt und gründlich begutachtet. Wir rochen an der Kruste; wir drückten es zusammen und rochen am Brotinneren, an der Krume; wir hielten das Brot an unser Ohr und lauschten, ob etwas zu hören war, wenn es etwas gequetscht wurde; wir drückten Dellen in die Krume, um die Elastizität zu prüfen; wir kauten das Brot, erst alleine, dann mit einem Schluck Bier; und wir verkosteten ganz bewusst den Geschmack der leicht unterschiedlichen Mikrobenzusammensetzung in jedem Laib.

Zu diesem Zeitpunkt waren wir mehr und mehr davon überzeugt, dass Brot wie Kimchi die Möglichkeit bietet, die subtile Biologie unserer Häuser zu erleben. Unsere Studien zu Häusern und Körpern hatten bereits enthüllt,

---

[14]Wir konnten größere Abweichungen verhindern, mussten aber die ganze Zeit sehr wachsam sein. Wir mussten sogar darauf achten, dass die Bäcker keine weiteren Zutaten beifügten, die manche aus ihren Hosentaschen und Kitteln hervorzauberten und unbedingt im Teig verkneten wollten: „Wie wäre es mit ein bisschen Knoblauch? Nur ein bisschen? Oder mit etwas Sesam?"

dass alle Menschen und Wohnungen unterschiedliche Mikroben beherbergen. Diese Mikroben mussten, so vermuteten wir, zwangsläufig in die Starterkulturen hineinfallen. Wenn unsere Annahme richtig war, essen wir mit dem Brot – ob wir uns dessen bewusst sind oder nicht – tagtäglich einige der uns umgebenden Arten. Auch wenn die Arten mit bloßem Auge unsichtbar sind, können wir sie schmecken. In einem Laib Brot, einem Glas Bier, einem Happen Kimchi oder Käse finden sich Spuren der Tätigkeiten der uns umgebenden Arten. Auf Französisch werden die Aromen, die mit dem Boden, der biologischen Vielfalt und der Geschichte eines bestimmten Orts verknüpft sind, *terroir* genannt. Wenn wir etwas essen oder trinken, können wir also das *terroir* schmecken. Ökologen nennen die Vorgänge, die sich aus der biologischen Vielfalt ergeben, prosaischer „Ökosystemdienstleistungen". Zu den Ökosystemdienstleistungen der Artenvielfalt in unseren Häusern und Hinterhöfen gehört, dass sie uns staunen machen und sich positiv auf unser Immunsystem auswirken; zu diesen Dienstleistungen zählen außerdem die potenziell nutzbaren neuen Technologien wie die Verwendung der Darmbakterien von Höhlenschrecken für den Abbau von Industrieabfällen und auch die Dienstleistungen, die weit entfernt von unserem Zuhause erbracht werden, z. B. das Filtern unseres Leitungswassers durch die biologische Vielfalt in Aquiferen. Während wir die Brote verkosteten und zwischendurch jeweils einen Schluck Bier zu uns nahmen, dachte ich über all dies nach. Wir stießen „Auf das Brot" und „Auf die Mikroben" an, aber mich beschäftigte bereits, was die Ergebnisse unserer Saint-Vith-Studie wohl zeigen würden. Die Bäcker begannen wieder zu singen: „Auf das Brot und die Mikroben!" und auf das Haus, in dem beides köstlich schmeckt. „Auf das Brot und die Mikroben!" und auf Häuser, in denen alle gesund sind. „Auf das Brot und die Mikroben!" und auf ein Leben voller natürlicher Arten, die noch zu erforschen sind; Arten, die uns mit ihren Geheimnissen umgeben und Dienstleistungen erbringen, die wir eben erst zu verstehen beginnen. „Auf das Brot und die Mikroben!" und unser einzigartiges wildes Leben.

Damit war das Saint-Vith-Experiment erst einmal zu Ende. Die Sauerteige waren angesetzt, die Brote gebacken und die mikrobiologischen Proben an das Labor meines Kollegen Noah Fierer an der University of Colorado gesendet worden, wo ihre DNA sequenziert und die darin enthaltenen Arten identifiziert werden sollten. In Colorado wurden die Saint-Vith-Proben direkt neben den Proben aus aller Welt aufbewahrt. Ich erwartete eigentlich, dass dies bei Veröffentlichung des Buchs alles sei, was wir über das Thema sagen könnten, aber ich bat Noah Fierer trotzdem, sich für alle Fälle zu beeilen; Noah Fierer trieb wiederum seine technische Mitarbeiterin Jessica Henley an, und diese wiederum Angela Oliveira, eine neue Studentin in Noah Fierers Labor. Im Dezember 2017 schickte uns Angela Oliveira die Ergebnisse sowohl für das Saint-Vith-Experiment als auch für die weltweite Studie. Normalerweise dauert die Auswertung solcher Ergebnisse Monate, aber Anne Madden und ich waren so gespannt, dass wir nicht anders konnten, als sofort mit der Analyse zu beginnen. Ich war gerade in Deutschland, und es war spätabends. Anne Madden befand sich in Boston und hatte noch einen langen Tag vor sich. Wir legten sofort los.

Zu Beginn hatten wir den Bäckern vom Saint-Vith-Projekt gegenüber betont, dass die wissenschaftliche Auswertung der Starterkulturproben schwierig sein würde, aber das war nicht ganz richtig ausgedrückt. Teile des Saint-Vith-Experiments hätten ebenso wie die weltweite Umfrage einfach scheitern können. In diesem Fall wären die Ergebnisse wissenschaftlich irrelevant gewesen, sodass all unsere Bemühungen – so viel Vergnügen sie uns auch bereitet hatten – umsonst gewesen wären. Das Projekt hätte z. B. misslingen können, wenn wir nicht ausreichend DNA aus den Proben erhalten hätten, wofür es mehrere Gründe hätte geben können, aber glücklicherweise trat dies nicht ein. Es hätte auch wegen einer Verunreinigung der Proben scheitern können, entweder durch Mikroben auf meiner oder Anne Maddens Haut oder sogar durch Mikroben, die während der Herstellung der sterilen Probengefäße in deren Inneres gelangt waren. Bei entsprechenden Kontrollen konnten wir solche Verunreinigungen allerdings nachweislich ausschließen. Auch aus banaleren Gründen hätte das Experiment misslingen können: Die Proben hätten verloren gehen können (was bei wissenschaftlichen Proben nicht ungewöhnlich ist), die DNA hätte beim Versand Schaden nehmen können, oder die Sequenzierung der Proben hätte aus beliebigen anderen menschlichen, technischen oder unerklärlichen Fehlern scheitern können – aber alles lief glatt: Die Päckchen wurden nicht zerdrückt und kamen an; es wurden keine Proben verschüttet, und die Sequenzierungsläufe wurden fehlerfrei abgeschlossen. Wir konnten die Daten ohne Schwierigkeiten verarbeiten. Wir hatten viel Arbeit in das Projekt gesteckt, und nun hatten wir offenbar auch noch das notwendige Quäntchen Glück. Trotzdem befürchteten wir, dass die Ergebnisse, insbesondere die der Saint-Vith-Studie, nicht aussagekräftig sein könnten. Wir hatten mit den Bäckern nicht über die Sorge gesprochen, dass sich aus den Ergebnissen möglicherweise nicht ableiten ließe, ob sich die Hände der Bäcker, ihr Alltagsleben und ihre Bäckereien auf die Starterkulturen auswirkten. Selbst wenn die Hände der Bäcker die Starterkulturen stark beeinflussten, würden wir dies, angesichts aller anderen veränderlichen Faktoren, möglicherweise nicht mit Sicherheit nachweisen können. Glücklicherweise trat dies nicht ein.

Als wir mit der Datenauswertung begannen, entdeckten wir, dass die Bakterien und Pilze in den Saint-Vith-Starterkulturen eine Untergruppe der in den Starterkulturen der weltweiten Umfrage gefundenen Mikroben waren. Bei der weltweiten Umfrage fanden wir Hunderte Arten von Hefe und Hunderte Arten von *Lactobacillus* und verwandten Bakterien. Die Starterkulturen waren verglichen mit den Mikrobengemeinschaften im Boden, in Häusern oder auf der menschlichen Haut nicht besonders artenreich, aber sie enthielten zumindest mehr Arten, als zuvor von Ernährungswissenschaftlern oder Bäckern angenommen worden war. In unterschiedlichen Regionen gab es unterschiedliche Mikroben. Ein bestimmter Pilz kam z. B. fast nur in Australien vor, und vielleicht verleiht er australischen Broten einen einzigartigen Geschmack.

In den Starterkulturen der nach Saint Vith angereisten 15 Bäcker fanden wir 17 verschiedene Hefearten und 22 Arten von *Lactobacillus*-Bakterien. Dass bei den Saint-Vith-Starterkulturen relativ wenig Bakterien- und Pilzarten nachgewiesen wurden, entsprach mehr oder weniger unseren Erwartungen, denn wir hatten hier nur von relativ wenigen Starterkulturen Proben genommen und für alle Starterkulturen dieselben Zutaten ausgegeben. Dann wandten wir uns den Ergebnissen in Bezug auf die Hände der Bäcker zu.

Auf der Grundlage früherer Studien wussten wir, dass Hände (genau wie Nasen, Bauchnabel, Lungen, Darm und alle anderen Oberflächen des Körpers) immer von einer Mikrobenschicht umhüllt sind. Man könnte leicht annehmen, dass beim Händewaschen alle Mikroben entfernt würden, aber wenn man eine Probe der Mikroben auf den Händen einer Person nimmt und nach einem gründlichen Händewaschen die Probenahme wiederholt, ist die Gesamtzusammensetzung der Mikroben unverändert. Noah Fierer war der erste Forscher, der ein solches Experiment durchführte, und die Ergebnisse waren eindeutig und sind bisher unbestritten. Händewaschen (nicht aber das Desinfizieren der Hände) verhindert die Übertragung von Pathogenen und rettet viele Menschenleben. Beim Händewaschen werden nur die neu hinzugekommenen, noch nicht auf der Haut etablierten Mikroben entfernt. Als Wissenschaftler in einem Experiment eine nichtpathogene Variante von *E. coli* auf den Händen von Menschen ausbrachten, wurde dieses Pathogen mit Wasser und Seife weitgehend entfernt. Es war irrelevant, ob das Wasser warm oder kalt war, und es war egal, wie lange die Hände gewaschen wurden (solange es mindestens 20 s waren). Außerdem eliminierte ein gewöhnliches Stück Seife *E. coli* wirkungsvoller als antimikrobielle Seife [15]. Sie sollten also Ihre Hände weiterhin einfach mit Wasser und Seife waschen.

In früheren Studien von Noah Fierer und anderen Forschern wurden folgende Arten als häufig vorkommende Handmikroben nachgewiesen: *Staphylococcus*-Arten (diese dominieren auf der Haut und in einigen Käsesorten, kommen aber in Brot nicht vor), das Achselhöhlenbakterium *Corynebacterium* und das *Propionibacterium* [16]. Auch *Lactobacillus*-Arten besiedeln die Hände, und wir vermuteten, dass diese Bakterien und ihre Verwandten für die Impfung des Sauerteigs verantwortlich sein könnten. Allerdings sind *Lactobacillus*-Arten auf den Händen ziemlich selten – diese machten in Noah Fierers Studie nur 2 % der Mikroben bei Männern und 6 % der Mikroben bei Frauen aus [17]. Auf den Händen können auch Pilze leben, aber sie treten weder massenhaft auf, noch sind sie artenreich. Wir erwarteten, auf den Händen der Bäcker die bekannten Arten zu finden, denn es gab keinen Grund dafür, mit etwas anderem zu rechnen – Hände sind schließlich Hände. Dann betrachteten wir die Ergebnisse.

Die erste Überraschung war, dass die Bäckerhände komplett von allen zuvor untersuchten Händen abwichen, denn auf den Bäckerhänden waren durchschnittlich 25 %, manchmal bis zu 80 % aller Bakterien *Lactobacillus* und verwandte Arten. Ebenso waren fast alle auf den Bäckerhänden vorkommenden Pilze Hefearten, die in den Starterkulturen für Sauerteigbrot enthalten sind, z. B. *Saccharomyces*-Arten. Dieses Ergebnis war extrem überraschend für uns, und wir verstehen es noch immer nicht ganz. Meine Vermutung ist, dass die Bäckerhände den Teig (und die Starterkulturen) so oft kneten und bearbeiten, dass sie mit den dort vorherrschenden Bakterien und Pilzen besiedelt werden. Denkbar ist sogar ein Szenario, bei dem die *Lactobacillus*-Bakterien und *Saccharomyces*-Hefen auf den Bäckerhänden andere Mikroben verdrängen, indem sie Säure bzw. Alkohol produzieren. Eine solche Mikrobengemeinschaft stärkt möglicherweise sogar das Immunsystem der Bäcker. Dies ist natürlich eine spekulative Annahme, aber das Ergebnis ist wirklich außergewöhnlich und wirft viele neue Fragen auf. Ich frage mich, ob alle Menschen, die mit Lebensmitteln arbeiten, ungewöhnliche Handmikroben entwickeln und ob vor 100 oder vor 5000 Jahren, als noch mehr Menschen selbst kochten, die Übereinstimmung zwischen Lebensmittel- und Handmikroben viel höher war als heute. Die Ergebnisse haben viele Fragen aufgeworfen, sodass wir unbedingt weitere Experimente durchführen möchten. Aber dies war nicht das einzige erstaunliche Resultat.

Bei einer Analyse der Bakterien in den Starterkulturen stellten wir fest, dass fast alle im Mehl enthaltenen Bakterien in die Starterkulturen übernommen worden waren. Keine Starterkultur enthielt alle Bakterien aus dem Mehl, aber zumindest in einer Starterkultur waren die meisten Arten daraus vorhanden. Zu den Arten aus dem Mehl gehörten Mikroben aus dem

Inneren der Getreidekörner, die die Keimung des Samens fördern (diese Mikroben überleben den Mahlvorgang unbeschadet), aber auch Bodenmikroben aus der Region, in der das Getreide angebaut wurde. Dominant waren jedoch Arten, die sich vom Zucker im Getreide und Mehl ernähren, darunter *Lactobacillus*-Arten. Ähnliche Ergebnisse erhielten wir für die Hefen; die Hälfte der Hefearten in den Starterkulturen stammte aus dem Mehl. Keine der Bakterien oder Hefepilze in den Starterkulturen stammten übrigens aus dem verwendeten Wasser. Mittlerweile wissen wir, welche Mikroben normalerweise im Wasser leben, und solche Mikroben fehlten in den Starterkulturen vollständig. Es gab z. B. keine Spur vom Bakterium *Delftia,* das Gold verklumpen kann, oder von *Mycobacterium.* Das verwendete Wasser hatte also keinen Einfluss auf die Starterkulturen. Aber warum wichen die Starterkulturen dann voneinander ab?

Teilweise konnte man die Abweichungen damit erklären, dass es manchen Arten aus dem Mehl zufällig gelang, sich zu etablieren; teilweise hingen sie mit den Bäckerhänden zusammen. Wir vermuteten ja, dass die Hände und das Alltagsleben der Bäcker einen Einfluss auf die Starterkulturen hatten, und tatsächlich stimmten die Bakterien in jeder Starterkultur mehr mit den Bakterien der Hände ihres eigenen Bäckers überein als mit denen der anderen Bäcker. Für Pilze galt Ähnliches, wobei der Zusammenhang nicht ganz so klar war. Die Hände der Bäcker steuerten Bakterien und Pilze (und damit vermutlich auch einen bestimmten Bakterien- und Pilzgeschmack) zur Starterkultur bei. Bei der Auswertung der Daten waren auch einige anekdotische Details aufschlussreich. Einer der Bäcker in unserer Gruppe stach dadurch hervor, dass seine Starterkultur den relativ ungewöhnlichen Pilz *Wickerhamomyces* enthielt (Abb. 12.2). Dieser Pilz fand sich nicht nur in der von ihm angesetzten Starterkultur, sondern auch auf seinen Händen. Nur seine Starterkultur enthielt diesen Pilz, und bei keinem anderen Bäcker wurde der Pilz auf den Händen nachgewiesen. Darüber hinaus fanden wir auch Hefen und Bakterien in den Starterkulturen, die nicht aus dem Mehl, aus dem Wasser oder von den Bäckerhänden stammten – Mikroben, die vermutlich mit den in den Bäckereien lebenden Organismen zusammenhingen.

Mit Ausnahme der in den Starterkulturen enthaltenen Mikroben wurden die Brote im Experiment mit identischen Zutaten gebacken, und die unterschiedlichen Starterkulturen wirkten sich offensichtlich auf den Geschmack des Brots aus. Laut einem Expertengremium von Brotverkostern schmeckten einige Brote säuerlicher, andere cremiger. Jedes Brot hatte einen einzigartigen Mikrobengeschmack, der natürlich auch durch den Zufall, vor allem aber durch die Mikroben im Mehl, auf den Bäckerhänden und in den Bäckereien entstand. Wenn wir die Ergebnisse und Starterkulturen aus

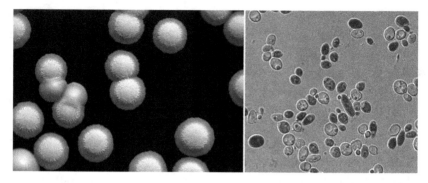

Abb. 12.2 Fotos von Kolonien (links) und Einzelzellen (rechts) der in Brot manchmal vorkommenden Hefe *Wickerhamomyces anomalus*. (Fotos von Elizabeth Landis)

unserer weltweiten Umfrage näher untersuchen, können wir voraussichtlich sagen, ob die uns zugesendeten Starterkulturen, die noch unterschiedlicher sind als diejenigen im ersten Teil der Studie, noch charakteristischere Brote liefern. Halten Sie sich auf dem Laufenden. Nach den bisherigen Erkenntnissen haben die Mikroben in der Starterkultur einen großen Einfluss auf die Brote, und alle unsere Annahmen zur Herkunft der Mikroben haben sich bis zu einem gewissen Grad bestätigt. Wir müssen allerdings auch einiges neu überdenken. Bei unseren ursprünglichen Fragen zur Beziehung zwischen Haus, Körper und Brot haben wir einen wichtigen Vorgang ignoriert, der sowohl unsere Nahrungsmittel als auch unser Leben allgemein betrifft. Beim Brotbacken wird die Starterkultur durch die Mikroben in unseren Häusern und auf unseren Körpern beeinflusst. Aber die Starterkultur beeinflusst auch die Mikroben auf unseren Händen (möglicherweise auch in unseren Häusern). Beim Brotbacken findet also eine Renaturierung statt; unsere Lebensmittel, unsere Körper und unsere Häuser werden artenreicher, und in unseren Häusern sind all diese Prozesse miteinander verbunden. Wenn wir eine Starterkultur für Sauerteigbrot herstellen, beeinflussen unser Körper und unsere Wohnung den Geschmack des Brots. Bei diesem Prozess werden aber auch unsere Körper- und Hausmikroben durch das Mehl, die Starterkultur und das Brot bereichert. Ähnliches lässt sich wahrscheinlich auch über Käse, Sauerkraut, Kimchi und viele andere Lebensmittel sagen, die wir zu Hause fermentieren können.

Zum jetzigen Zeitpunkt haben meine Kollegen und ich schätzungsweise etwa 200.000 Arten in Häusern gefunden. Die genaue Anzahl der Arten (wobei die Definition einer Art von den Fachbereichen, den Methoden usw. abhängt) ist aus Studien, die zu unterschiedlichen Zeiten und mit unterschiedlichen

Methoden durchgeführt werden, schwer abzuleiten, aber 200.000 Arten ist eine realistische Schätzung. Etwa drei Viertel davon sind Bakterien, die im Staub, auf dem Körper, im Wasser, auf Nahrungsmitteln und im Darm leben; ein Viertel sind Pilze; die Gliederfüßer, die Pflanzen und andere Taxa stellen den Rest; die Viren haben wir noch nicht einmal zu zählen begonnen. Manche Häuser sind allerdings sehr viel artenreicher als andere; in manchen Häusern dominieren die nützlichen Arten, in anderen eher die problematischen. Ursprünglich hatte ich beabsichtigt, das Buch mit einer Geschichte über Architekten, Bauingenieure und vergleichbare Experten abzuschließen, die herausgefunden haben, wie man ein gesundes Haus voller nützlicher Arten bauen kann, aber obwohl ich für dieses Buch Tausende Stunden recherchierte, habe ich nichts über solche Menschen oder Gebäude gefunden. Natürlich wird in einigen neuen und innovativen Häusern und Städten mehr dafür getan, nützliche Arten und die biologische Vielfalt zu fördern, aber die Lösung wird dabei nicht in zukunftsweisenden Neuentwicklungen, sondern in einer Rückkehr zum einfachen Leben der Steinzeit gesehen. Es werden offener gestaltete Häuser aus nachhaltigeren Materialien gebaut, was natürlich unterstützenswert, aber kein Allheilmittel ist.

Schon zu Beginn des Buchs hätte mir klar sein müssen, dass die Architekten ihre innovativsten Lösungen in einmaligen Projekten realisieren: Sie bauen ein einzelnes Haus, ein einzelnes Stadtviertel für immens viel Geld. Diese Innovationen werden für die breite Masse vermutlich nie verfügbar sein. In absehbarer Zukunft wird es nicht möglich sein, ein neues Haus zu bauen, das die biologische Vielfalt umfassend fördert, so sehr ich das auch wünschte. Wenn ich Menschen von diesem Buch erzähle, fragen sie zugegebenermaßen auch nicht, wie ein perfektes Haus aussähe. Sie fragen eher: „Hat sich durch die Erforschung des Lebens in Häusern Ihr Lebensstil geändert?"

Auf diese Frage gibt es einige einfache Antworten: Ich lasse das Fenster häufiger offenstehen und versuche, die zentrale Klimaanlage möglichst ausgeschaltet zu lassen. Wenn ich genügend Zeit habe, spüle ich das Geschirr von Hand ab, um zu verhindern, dass der im Geschirrspüler lebende Pilz im ganzen Haus verteilt wird [18]. Wenn Wasser in mein Haus eindringt, sorge ich dafür, dass die Stelle wieder trocken wird. Eine Weile habe ich überlegt, ob ich mir einen Hund anschaffen soll, mich aber dagegen entschieden (weil wir zu viel reisen). Manchmal sehe ich meine Katze misstrauisch an und frage mich, ob ich durch sie mit *Toxoplasma gondii* infiziert sein könnte. Ich habe einen Garten mit Obstbäumen angelegt und verbringe mehr Zeit als früher damit, die Insekten in meinem und anderen Häusern zu beobachten. So habe ich auch begonnen, gemeinsam mit meinem Sohn

Insekten zu zeichnen. Und natürlich beschäftigt mich, welchen neuen Wert jede dieser Arten haben könnte (im Moment bin ich vom Potenzial von Silberfischchen fasziniert). Die magischen Dienstleistungen, die im Wasser alter, unbehandelter Aquifere erbracht werden, erfüllen mich mit großem Staunen, und ich genieße das *terroir* von biologisch artenreichem Wasser bewusst. Schließlich kaufe ich mehr Lebensmittel von Bauern vor Ort, denn dort ist die Wahrscheinlichkeit größer, dass die Produkte noch mit den Mikroben des Bauernhofs bedeckt sind. All diese Dinge habe ich geändert. Meinen Duschkopf habe ich allerdings nicht gewechselt, auch wenn ich das daraus strömende Wasser etwas misstrauisch beäuge.

Die Erfahrungen mit den Bäckern haben mich dazu inspiriert, mit meinen Kindern Sauerteigbrot zu backen. Wir haben begonnen, mit unterschiedlichen Starterkulturen zu experimentieren (eine lasse ich z. B. draußen vor dem Fenster stehen, um zu sehen, ob sich ein interessanter Außenpilz darin ansiedelt). An den Starterkulturen fasziniert mich, dass es möglicherweise einfache, ausgewogene und maßvolle Methoden gibt, um eine für uns nützliche biologische Vielfalt zu fördern, während gleichzeitig Pathogene in Schach gehalten werden. Diese Erkenntnisse haben mein Leben nicht vollständig umgekrempelt, aber sie haben meine Perspektive geändert. An dem Bäckerexperiment hat mich am meisten beeindruckt, dass die Bäckerhände mit den Bakterien und Pilzen des Sauerteigs bedeckt sind und dass man an der Haut der Bäcker erkennen kann, was für ein Leben sie führen. Aber nicht nur an der Haut, auch an den in unseren Häusern lebenden Arten wird ersichtlich, wie wir uns im Alltag verhalten. Im Mittelalter war man der Ansicht, dass Gott im Herzen der Menschen lebe und im Inneren des Herzens über jede gute Tat und jede Sünde Buch führe. Heute wissen wir, dass das Herz eine mechanische Pumpe ist, aber die biologische Vielfalt unserer Körper und Wohnungen dokumentiert tatsächlich unser Leben, z. B. lassen die Bakterien auf den Händen der Bäcker klar erkennen, wie oft diese backen. Ich möchte auch erwähnen, dass sobald klar war, dass die Hände mancher Bäcker von Starterkulturbakterien besiedelt waren, jeder wissen wollte, wessen Hände am meisten Bakterien aufwiesen. Wer unter ihnen hatte die engste Beziehung zum Brot?

Die wichtigste Lektion, die ich gelernt habe, ist, dass sich an den Arten in unseren Häusern unser Leben ablesen lässt. Die frühen Höhlenmalereien unserer Vorfahren dokumentierten, welche Arten sie beobachteten, jagten und fürchteten. Der Staub auf unseren Wänden lässt erkennen, welche Arten uns jeden Morgen beim Aufwachen umgeben; mit welchen Arten wir in Kontakt kommen und mit welchen nicht. Man kann daraus ablesen, wie wir unsere Zeit verbringen. Ich wünsche mir, dass der Staub über mich aussagt, dass ich ein Leben inmitten von biologischer Vielfalt führe; dass ich mich mit meiner Familie genauso viel draußen wie drinnen aufhalte; und dass ich in engem Kontakt mit dem großartigen Artenreichtum und seinen Dienstleistungen lebe. Mich erfüllen die mich umgebenden Arten – ähnlich wie Leeuwenhoek, den ersten Mikrobiologen – jeden Tag mit Ehrfurcht. Leeuwenhoek war sich beim Aufwachen in seinem Haus jeden Tag aufs Neue bewusst, dass die meisten Organismen nützlich oder harmlos und größtenteils unerforscht sind. Wie Leeuwenhoek leben wir in einer Zeit, in der die Erforschung der biologischen Vielfalt eben erst begonnen hat.

Literatur

1. Harrison J (2017) A really big lunch. Grove Press, New York
2. Homer – Die Odyssee. In: Von der Mühll P (Hrsg) (1964) Homers Ilias und Odyssee. Birkhäuser, Basel
3. Darwin C (1859) Die Entstehung der Arten. In: Darwin C (1963) Die Entstehung der Arten durch natürliche Zuchtwahl. Reclam, Berlin, S 678
4. Beasley DE, Koltz AM, Lambert JE, Fierer N, Dunn RR (2015) The evolution of stomach acidity and its relevance to the human microbiome. PLoS ONE 10(7):e0134116
5. Campbell-Platt G (1987) Fermented foods of the world. A dictionary and guide. Butterworth Heinemann, Oxford
6. Park EJ, Chun J, Cha CJ, Park WS, Jeon CO, Jin-Woo Bae JW (2012) Bacterial community analysis during fermentation of ten representative kinds of kimchi with barcoded pyrosequencing. Food Microbiol 30(1):197–204
7. Patra JK, Das G, Paramithiotis S, Shin HS (2016) Kimchi and other widely consumed traditional fermented foods of Korea: a review. Front Microbiol 7:1493
8. Urban C, Duncan FM (1903) Cheese mites. BFI national archive: https://www.youtube.com/watch?v=wR2DystgByQ. Zugegriffen: 30. Aug. 2020
9. Manunza L (2018) Casu Marzu: a gastronomic genealogy. In: Halloran A, Flore R, Vantomme P, Roos N (Hrsg) Edible insects in sustainable food systems. Springer International, Cham
10. Wood E (1996) World sourdoughs from antiquity. Ten Speed Press, Berkeley
11. Samuel D (1999) Bread making and social interactions at the Amarna workmen's village, Egypt. World Archaeol 31(1):121–144
12. De Vuyst L, Harth H, Van Kerrebroeck S, Leroy F (2016) Yeast diversity of sourdoughs and associated metabolic properties and functionalities. Int J Food Microbiol 239:26–34

13. Su MSW, Oh PL, Walter J, Gänzle MG (2012) Intestinal origin of sourdough *Lactobacillus reuteri* isolates as revealed by phylogenetic, genetic, and physiological analysis. Appl Environ Microbiol 78(18):6777–6780

14. Minervini F, Lattanzi A, De Angelis M, Celano G, Gobbetti M (2015) House microbiotas as sources of lactic acid bacteria and yeasts in traditional Italian sourdoughs. Food Microbiol 52:66–76

15. Jensen DA, Macinga DR, Shumaker DJ, Bellino R, Arbogast JW, Schaffner DW (2017) Quantifying the effects of water temperature, soap volume, lather time, and antimicrobial soap as variables in the removal of *Escherichia coli* ATCC 11229 from hands. J Food Prot 80(6):1022–1031

16. Ross AA, Muller K, Weese JS, Neufeld J (2017) Comprehensive skin microbiome analysis reveals the uniqueness of human-associated microbial communities among the class Mammalia. biorxiv:201434

17. Fierer N, Hamady M, Lauber CL, Knight R (2008) The influence of sex, handedness, and washing on the diversity of hand surface bacteria. Proc Natl Acad Sci U S A 105(46):17994–17999

18. Döğen A, Kaplan E, Öksüz Z, Serin MS, Ilkit M, de Hoog GS (2013) Dishwashers are a major source of human opportunistic yeast-like fungi in indoor environments in Mersin, Turkey. Med Mycol 51(5):493–498

13

Danksagungen

Wenn ich die Danksagungen am Ende von Büchern lese, interessiere ich mich vor allem für Geheimnisse, für die Magie hinter dem Buch. Das erste Geheimnis dieses Buchs ist, dass es – mehr als meine anderen Bücher – am Esstisch entstanden ist. Viele Geschichten in diesem Buch sind das Produkt von Gesprächen über das uns umgebende Leben, die ich mit meiner Frau Monica Sanchez und unseren Kindern führte. Inspirationen für das Buch fand ich in unserem eigenen Haus, aber auch an Plätzen auf der ganzen Welt und an den vielen archäologischen Stätten, die wir gemeinsam besuchten. Mein Interesse, die Geschichte von Häusern zu verstehen, führte meine Kinder zu antiken Behausungen in einem Dutzend Länder und in viele Museen mit Nachbildungen frühgeschichtlicher Häuser. Auf der Suche nach versteckten und unerforschten römischen Villen rannten sie mit uns über die Felder kroatischer Bauern. Sie wurden in feuchte Höhlen hinabgelassen, um Silberfischchen zu finden. Sie wohnten tagelangen Brotbackexperimenten bei und erlebten Bäcker, die Lieder anstimmten, um das Brot zu besingen. Natürlich halfen sie mir außerdem, neue Projekte zu Ameisen in Hinterhöfen, Höhlenschrecken in Kellern, Sauerteigmikroben und vielem mehr zu testen.

Das erste Geheimnis ist also, dass mir meine Familie half, dieses Buch zu schreiben. Das zweite Geheimnis ist, dass mich darüber hinaus Dutzende, vielleicht auch Hunderte Menschen, mit denen ich in meinem eigenen Labor und in Labors von Kollegen an anderen Instituten zusammenarbeite, beim Verfassen dieses Buchs unterstützt haben. Hier möchte ich eine kurze Erklärung einschieben: Als Ökologe meine ich mit dem Begriff

© Springer-Verlag GmbH Deutschland, ein Teil von Springer Nature 2021
R. Dunn, *Nie allein zu Haus*, https://doi.org/10.1007/978-3-662-61586-7_13

Labor nicht nur die Laborräume mit hohen Bänken und den Menschen, die das Labor neben dem Inventar belegen. Für Ökologen hat der Begriff eine andere Bedeutung, denn für vieles, was Ökologen tun, ist nicht viel Geld notwendig, und oft ist ein Eimer voller Schlamm so wichtig wie ein modernes Gerät. Für Ökologen ist das Labor manchmal zwar auch eine Gruppe Menschen, die an einem Ort zusammenarbeitet, aber öfter noch ist diese Gruppe Menschen über die ganze Welt verstreut. Mein Labor ist eine Gruppe von denkenden Menschen, die eine gemeinsame Mission haben und sich der Suche nach spannenden neuen Entdeckungen und dem Einbeziehen der Öffentlichkeit in diesen Prozess verschrieben haben. Die Arbeit meines Labors ist dabei eng verbunden mit anderen Laboren, egal ob sie sich nun in Colorado (Noah Fierers Labor), Massachusetts (Ben Wolfes Labor), San Francisco (Michelle Trautweins Labor) oder einem halben Dutzend anderer Orte befinden. Jedes Kapitel in diesem Buch wurde von diesem Netz denkender Menschen beeinflusst. Einigen Personen sind Sie auf den Seiten dieses Buchs begegnet, andere werden nicht erwähnt, viele davon, weil ihre Beteiligung so wichtig und umfassend ist, dass es schwierig ist ihre Rolle genau zu definieren. Dies ist ein kniffliger Teil der Wissenschaft: Immer soll genau festgelegt werden, wer was getan hat, aber manchmal ist das extrem schwierig.

Hier möchte ich beispielhaft einige Menschen aufführen, die dieses Buch ermöglicht haben, aber nur flüchtig oder gar nicht erwähnt werden. Andrea Lucky und Jiri Hulcr kamen als Paar in mein Labor und ließen einen neuen Gemeinschaftsgeist aufleben. Andrea Lucky initiierte unser Projekt „School of Ants" (Ameisenschule), um die Öffentlichkeit in die Erforschung von Ameisen einzubinden. Andrea Lucky und Jiri Hulcr starteten gemeinsam mit der Studentin Britne Hackett unser weltweites Projekt zur Erforschung der biologischen Vielfalt in Bauchnabeln, um mithilfe von Bauchnabelproben mehr darüber zu erfahren, welche Hautmikroben häufig sind und welche selten (und warum). Zur gleichen Zeit übernahm Meg Lowman die Leitung des Nature Research Center am North Carolina Museum of Natural Sciences. Meg Lowman packte das Einbinden der Öffentlichkeit mit viel Leidenschaft und Enthusiasmus an, und ihre Unterstützung war für die ersten Schritte unserer Projekte zu Ameisen und Bauchnabeln extrem wichtig. Die Zusammenarbeit mit Meg Lowman und dem Museum wurde durch Dan Solomon, dem damaligen Dekan am College of Sciences, und Betsy Bennet, der damaligen Leiterin des North Carolina Museum of Natural Sciences, erleichtert, indem sie die erforderlichen politischen Kontakte herstellten und die finanziellen Mittel fanden, um die Einbeziehung der Öffentlichkeit in großem Stil zu ermöglichen. Unsere Arbeit zu Ameisen und Bauchnabeln wird in diesem Buch nur am Rande erwähnt, aber ohne sie wären die Studien zu Häusern und auch dieses Buch nicht möglich gewesen.

Kurz bevor Andrea Lucky und Jiri Hulcr dann gemeinsam an die University of Florida wechselten, stellte ich Holly Menninger ein. Ihre Aufgabe war es, unsere Projekte unter Einbeziehung von Hobbyforschern und naturwissenschaftlichen Studienanfängern zu organisieren. Sie entwickelte ein Konzept, wie Teilnehmer aus aller Welt praktisch an unseren wissenschaftlichen Projekten beteiligt werden konnten. Holly Menninger war auch die Stimme der Vernunft, wenn ich wieder einmal eine Idee für ein neues verrücktes Projekt hatte, für das weder Geld, noch Zeit noch die erforderlichen Mitarbeiter verfügbar waren. Ohne Holly Menninger hätten wir kaum etwas von unserer Arbeit zur Biologie in Häusern realisiert. Heute ist sie Leiterin für die Einbeziehung der Öffentlichkeit und die Vermittlung von Naturwissenschaften am Bell Museum in Minnesota, und das Museum und der gesamte Bundesstaat Minnesota können sich wahrhaft glücklich dafür schätzen. Sie kommt im Buch kaum vor, gerade weil ihre Arbeit so zentral war, vor allem beim Entwickeln der sozialen und intellektuellen Infrastruktur, die es uns ermöglichte, gemeinsam mit Tausenden Menschen Wissenschaft zu betreiben.

Als Holly Menninger (schon vor ihrem Wechsel nach Minnesota) begann, neue Aufgaben zu übernehmen, z. B. die Orchestrierung eines Public-Science-Clusters an der North Carolina State University (einer neuen Fakultätsgruppe zur Einbeziehung der Öffentlichkeit an der wissenschaftlichen Forschung), übernahmen Lauren Nichols, Lea Shell und Neil McCoy mehr Aufgaben innerhalb der Öffentlichkeitsarbeit. Lauren Nichols und Neil McCoy haben fast alles Bildmaterial im Buch und auch viele der anderen Materialien angefertigt, die wir für die Darstellung des Lebens in Häusern verwenden. Lauren Nichols übernahm außerdem viele Rechercheaufgaben für das Buch, verfolgte offene Enden und deckte viele leicht übersehbare Unstimmigkeiten auf. Lauren Nichols las das Buch wiederholt Korrektur, formatierte Zitate, betrieb Recherche, überarbeitete störrische Absätze und sorgte dafür, dass komplexe wissenschaftliche Sachverhalte verständlich dargestellt wurden. Sie beantwortete E-Mails mit einem Betreff wie „Ahhh, der lektorierte Text ist zurückgekommen, und wir haben nur fünf Tage für die Überarbeitung des ganzen Buchs. Kannst Du alles andere stehen und liegen lassen?" Danke, Lauren! Auch Lea Shell las das Buch von der ersten bis zur letzten Seite und stellte sicher, dass es die Fakten enthält, die unsere Projektteilnehmer am meisten interessieren. Lea Shell erkundigte sich bei Tausenden Teilnehmern unserer Projekte, welche Fragen sie zum Leben in

Häusern hatten, und die entsprechenden Antworten fanden Eingang in dieses Buch. Ich hoffe sehr, dass auch all Ihre Fragen beantwortet werden.

Neben meinen Labormitarbeitern haben auch andere Kollegen zum Buch beigetragen, und viele haben dafür mehr als einen Gefallen bei mir gut. Noah Fierer wird im Buch wiederholt erwähnt. Er ist ein wunderbarer Kollege, und für die Zusammenarbeit mit ihm bin ich sehr dankbar. Er hat nicht nur das gesamte Buch aufmerksam gelesen, sondern mir auch mit einzelnen schwierigen Passagen geholfen, bei denen ich mir unsicher war. Carlos Goller gehörte formal nie zu meinem Labor, ist aber dennoch oft an unseren spannendsten Projekten beteiligt. Er hatte viele Ideen, wie die Studenten der Universität in diese Arbeit miteinbezogen werden könnten. Auch Jonathan Eisen las das gesamte Buch und hinterfragte jeden Absatz kritisch. Laura Martin trug Ideen zur Historie des menschlichen Einflusses auf Ökosysteme bei. Catherine Cardelus, Katie Flynn und Sean Menke gaben mir kluge Anregungen, wie das Buch in die Lehrpläne an der Universität eingebunden werden könnte.

Viele der im Buch vorgestellten Wissenschaftler und viele, deren Fachbereich einen Bezug zum Buch hat, unterstützten mich, indem sie einzelne Kapitel lasen und meine vielen Fragen beantworteten. Lesley Robertson empfing mich in Delft und unterhielt sich zwei Tage lang mit mir über Leeuwenhoek und seine Arbeit. Doug Andersen las das Kapitel über Leeuwenhoek und gab mir ebenso wie Lesley Robertson eine klarere Vorstellung davon, wie dieser frühe Mikrobiologe wohl als Mensch war. David Coil und Jenna Lang halfen mir, das mikrobiologische Leben auf der Internationalen Raumstation besser zu verstehen. Das Kapitel über Duschköpfe wurde durch die Anmerkungen Matt Gerberts, eines Studenten in Noah Fierers Labor, stark verbessert. Ich bin ihm zwar nie persönlich begegnet, schätze seine Arbeit aber sehr. Jenn Honda erklärte mir viele Details zur medizinischen Mikrobiologie von Mykobakterien. Alexander Herbig und Johannes Krausse gaben mir Einblicke in die Geschichte von *Mycobacterium* unter unseren Vorfahren. Christopher Lowry brachte mir viel über die Nützlichkeit von *Mycobacterium*-Arten bei. Christian Griebler vermittelte mir die Großartigkeit von Aquiferen und las das Kapitel über Duschköpfe. Auch Fernando Rosario-Ortiz sah dieses Kapitel durch und eröffnete mir neue Blickwinkel auf die chemische Behandlung von Leitungswasser.

Illka Hanski erlebte die Veröffentlichung des Buchs nicht mehr, aber die E-Mails mit ihm gaben mir viele Denkanstöße, und er sah sich eine frühe Version des Kapitels an, in dem es um seine Arbeit geht. Ich begegnete ihm nur einmal persönlich während meines Studiums. Mein Laborkollege Sacha Spector und ich konnten es kaum erwarten, mit ihm über Mistkäfer zu sprechen, und unsere Erwartungen an ihn wurden nicht enttäuscht. Damals hätte ich mir niemals vorstellen können, dass wir viele Jahre später erneut Kontakt haben würden, um uns über das Leben in Häusern auszutauschen. Niklas Wahlberg, ein früherer Student Illka Hanskis, sorgte dafür, dass die Geschichte seines Professors richtig dargestellt wird. Tal Haahtela und Leena von Hertzen halfen mir, ihre Arbeit und die Bedeutung des Karelienprojekts besser zu verstehen. Megan Thoemmes, Hjalmar Kühl, Fiona Stewart und Alex Piel gaben mir neue Ideen zur Ökologie von Schimpansen in der freien Wildbahn und erklärten mir den Zusammenhang mit der Ökologie unserer Vorfahren. Erin McKenney lieferte kritische Einsichten zu Lebensmitteln und Fäkalien.

Fast alle am Projekt über Höhlenschrecken Beteiligten werden im entsprechenden Kapitel erwähnt, und sie alle lektorierten das Kapitel. Mein Dank geht vor allem an Mary Jane Epps, Stephanie Mathews und Amy Grunden. Jennifer Wernegreen half mir, ebenso wie Julie Urban, immer wieder, die Evolution von mit Insekten assoziierten Bakterien zu überdenken. Mithilfe von Genevieve von Petzinger und John Hawks setzte ich mich mit der Geschichte der in der Steinzeit lebenden Höhlenmenschen auseinander. Das Kapitel über Pilze wurde (wiederholt) von Birgitte Andersen überarbeitet, und sie amüsierte sich dabei über meine Gedanken zu Raumstationen. Birgitte Andersen widmet sich einer Arbeit, die vielen anderen zu schwierig ist, sie brachte mir die Komplexität der Grundlagenbiologie von Pilzen in Häusern nahe und erinnerte mich immer wieder daran, dass sogar der gefährliche *Stachybotrys* auf seine Art schön ist. Von Martin Taubel lernte ich viel über die Auswirkungen von *Stachybotrys* in Häusern, und er klärte mich darüber auf, was wir über diesen Pilz wissen und was nicht. Rachel Adams hinterfragte kritisch, wie viel wir wirklich darüber wissen, wann Pilze in unseren Häusern tot oder lebendig sind und wann sie einen aktiven Stoffwechsel haben. Sie brachte mich auch auf die Idee, mich mit Raumstationen zu beschäftigen.

Die Kapitel über Insekten entstand unter Mithilfe von Matt Bertone, Eva Panagiatakopulu, Piotr Naskrecki, Allison Bain, Misha Leong und Keith Bayless, und sie alle lasen die entsprechenden Kapitel durch. Insbesondere Matt Bertone möchte ich für seine stetige Unterstützung danken. Mit Michelle Trautwein habe ich seit fünf Jahren, seit Beginn unserer Studien zu Häusern, immer wieder über dieses Buch geredet. Unsere Arbeit zu in Häusern lebenden Gliederfüßern und unsere Gespräche über Gliederfüßer und das Leben allgemein begannen bereits, als sie noch am North Carolina Museum of Natural Sciences arbeitete. Glücklicherweise setzen wir unseren regen Austausch auch seit ihrem Wechsel zur California Academy of

Sciences fort. Christine Hawn unterhielt sich mit mir über die Rolle von Spinnen bei der biologischen Schädlingsbekämpfung. Das Kapitel über Schaben wurde von allen Insektenkundlern in meinem Umkreis vorangebracht, darunter Ed Vargo, Warren Booth, Coby Schal, Ayako Wada-Katsumata und Jules Silverman. Alle diese Wissenschaftler widmen ihre gesamte oder einen Teil ihrer Forschung der Frage, wie wir die Schädlinge, die selbst die meisten Insektenkundler verabscheuen, unter Kontrolle halten können. Eleanor Spicer Rice (eine von Jules Silvermans Studentinnen) machte mich darauf aufmerksam, wie wichtig die Arbeit zur deutschen Küchenschabe für Jules Silverman war. Ich möchte auch Derek Aday und Harry Daniels danken, die meine Abteilung leiteten, während ich das Buch verfasste.

Mit dem Kapitel über Heinz Eichenwald begann ich vor über fünf Jahren, aber irgendetwas daran war nicht stimmig. Erst als ich Mitglied in einer Arbeitsgruppe am National Socio-Environmental Synthesis Center (SESYNC) unter Leitung von Peter Jorgenson und Scott Carrol wurde, verstand ich, welche Bedeutung Eichenwalds innovative Experimente hatten, auch wenn unsere Gesellschaft sich letztendlich doch gegen diesen Ansatz entschied. Ich möchte SESYNC, Scott Carrol und Peter Jorgenson, aber auch der gesamten Arbeitsgruppe, darunter Didier Wernli, für ihre Anregungen danken. Dank gebührt auch Kriti Shaarma, die wie ein Bakterium denkt. Schließlich möchte ich Paul Planet erwähnen, der seine Einsichten und sein Wissen mit mir geteilt und darüber hinaus den Kontakt zu Henry Shinefield hergestellt hat. Freundlicherweise war Henry Shinefield damit einverstanden, dass ich seine Geschichte im Buch erzählte, und sorgte dafür, dass im entsprechenden Kapitel alles richtig dargestellt wurde. Er ist ein wahrer Visionär, dazu noch ein sehr freundlicher.

Jaroslav Flegr, Annamaria Talas, Tom Gilbert, Roland Kays, David Storch, Meredith Spence, Michael Reiskind, Kirsten Jensen, Richard Clopton und Joanne Webster trugen alle zum Kapitel über Hunde und Katzen bei und lasen das Manuskript. Danken möchte ich vor allem Meredith Spence für ihren jahrelangen Einsatz bei der Katalogisierung von Hundeparasiten und -pathogenen (und Nyeema Harris für die Idee zu diesem Projekt). Langsam zahlt sich Meredith Spences Arbeit wirklich aus. Nate Sanders, Neal Grantham, Brian Reich, Benoit Guenard, Mike Gavin, Jen Solomon, Joana Ricou, Annet Richer und Anne Madden unterstützten mich bei verschiedenen Kapiteln des Buchs, die später gestrichen wurden (Kapitel zu Forensik, Wespen und Hefen und zum Taubenparadox). Ursprünglich war dieses Buch 200.000 Wörter lang, es gibt also noch viel mehr über das Leben in Häusern zu berichten, als hier Platz hatte. Ein besonderer Dank gilt auch den Bibliotheken der North Carolina State University und ihren wunderbaren Mitarbeitern. Karen Ciccone las das gesamte Buch und machte viele hilfreiche Anmerkungen. Mama Kwon, Joe Kwon, Josie Baker, Stefan Cappelle, Aspen Reese, Anne Madden und Emily Meineke trugen viel zum Kapitel über Lebensmittel bei. Meine Agentin, Victoria Pryor, sah das Buch wiederholt kritisch durch und brachte es auf vielerlei Weise voran. Vielen Dank für Deine Hilfe, Tory. Außerdem war das Buch auch der übernatürlichen Selektion meines Herausgebers, TJ Kelleher, unterworfen, der auch schon mein erstes Buch, *Every Living Thing,* herausbrachte. Erneut zusammenzuarbeiten war wunderbar. Ein riesiges Dankeschön schulde ich auch Carrie Napolitano, denn sie und TJ Kelleher haben, wie so viele andere in der Welt der Bücher, immer viel zu viele Texte auf ihrem Schreibtisch liegen und zu wenig Zeit zum Lesen, und doch gelang es ihnen, dieses Buch beharrlich und umfassend zu betreuen. Meine herausragenden Lektoren Collin Tracy und Christina Palaia ergänzten fehlerhafte Sätze, reparierten problematische Nebensätze und sorgten dafür, dass jeder Buchstabe, jedes Komma, jeder Punkt und Doppelpunkt seinen richtigen Platz bekamen. Das Buch wurde von der Sloan Foundation finanziell unterstützt, und ich möchte der Organisation, insbesondere Paula Olsiewski, dafür danken. Während ich das Buch schrieb, wurde ich mit einem sDiv-Stipendium in Form eines Sabbaticals unterstützt und hatte die Möglichkeit, mich tagtäglich mit den Wissenschaftlern des Deutschen Zentrums für integrative Biodiversitätsforschung (iDiv) auszutauschen. Jon Chase, Nico Eisenhauer, Marten Winter, Stan Harpole, Tiffany Knight, Henrique Pereira, Aletta Bonn, Aurora Torres und viele andere eröffneten mir unter Berücksichtigung der Erkenntnisse der theoretischen Ökologie ganz neue Blickwinkel auf die Biologie von Häusern.

Zuletzt möchte ich mich herzlich bei den vielen Teilnehmern bedanken, die sich im Lauf der Jahre an unseren Projekten beteiligt haben (Abb. 13.1). Tausende von Menschen haben unsere Projekte zur Erforschung von Häusern unterstützt, indem sie unsere neugierigen Fragen zu ihrem Leben beantworteten und sich an unserer ungewöhnlichen Mission beteiligten. Oft stellten sie Fragen, durch die unsere Forschung immer wieder in neue Richtungen gelenkt wurde, und sie haben uns immer wieder an die Freude am Entdecken, insbesondere am gemeinsamen Entdecken und Erforschen, erinnert. Dankeschön.

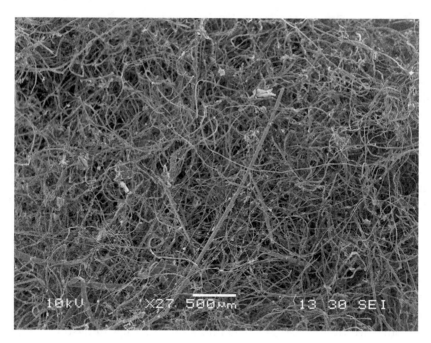

Abb. 13.1 Mikroskopisches Bild von Staub: Staub hat viele Elemente, so wie auch dieses Buch das Ergebnis der Einflüsse vieler, vieler Menschen ist. (Bild von Anne A. Madden mit Unterstützung der Nanomaterials Characterization Facility der University of Colorado, Boulder)

Stichwortverzeichnis

© Springer-Verlag GmbH Deutschland, ein Teil von Springer Nature 2021
R. Dunn, *Nie allein zu Haus*, https://doi.org/10.1007/978-3-662-61586-7

CPSIA information can be obtained
at www.ICGtesting.com
Printed in the USA
LVHW080452080221
678687LV00013B/818

9 783662 615850